Kohlen/Müller

Quality Reinvented!

Ralf Kohlen, Rudolf A. Müller

Quality Reinvented!

Zusammenarbeit kreativ gestalten,
Organisation sinnstiftend entwickeln,
ISO 9001 wertschöpfend einsetzen

HANSER

Die Autoren:
Ralf Kohlen, Chieming
Rudolf A. Müller, Dietramszell

MIX
Papier aus verantwortungsvollen Quellen
FSC® C083411

Bibliografische Information der Deutschen Nationalbibliothek:

Die Deutsche Nationalbibliothek verzeichnet diese Publikation in der Deutschen Nationalbibliografie; detaillierte bibliografische Daten sind im Internet über <http://dnb.d-nb.de/> abrufbar.

Print-ISBN 978-3-446-46411-7
E-Book-ISBN 978-3-446-46537-4
ePub-ISBN 978-3-446-46793-4

www.hanser-fachbuch.de
Lektorat: Lisa Hoffmann-Bäuml
Herstellung: le-tex publishing servives GmbH, Leipzig
Satz: Kösel Media GmbH, Krugzell
Coverrealisation: Max Kostopoulos
Titelmotiv: © Max Kostopoulos
Druck und Bindung: CPI books GmbH, Leck
Printed in Germany

Zeit für Qualität!

Qualität scheint aus dem Fokus der eigentlichen Unternehmenstätigkeiten verschwunden und in ein Nebenreich von Spezialisten umgesiedelt zu sein. Dabei könnte sie so viel beitragen, zur Be-Sinnung und Orientierung, in unserer beunruhigten Welt. Im Kern ist dieses Buch ein Plädoyer und ein Wegweiser, um „Qualität“ in einer zeitgemäßen Bedeutung als unternehmensleitenden Wert und erfolgskritische Kompetenz zu positionieren. Es will helfen, Qualität im aktuellen Kontext von Globalisierung, Digitalisierung, Umwelt- und Klimakrise neu zu begründen und zum Alleinstellungsmerkmal zu entwickeln. Dafür gilt es, die einzigartigen Stärken und Potenziale des individuellen Unternehmens zu verwirklichen. Der Schlüssel hierzu liegt im „Faktor Mensch“. Mit neuen Formen der menschlichen Zusammenarbeit entfalten die Organisationen ungekannte, kreative Energien.

In dem Buch erläutern wir, warum und auf welche Weise ressourcenbindender und wertevernichtender Ballast wie das konventionelle Qualitätsmanagement abzuwerfen ist. Unserer Überzeugung nach wäre es häufig effektiver und wirtschaftlicher, auch auf die Anwendung der Norm ISO 9001 und ähnlicher Regelwerke zu verzichten. Da sie aber bereits weltweit verbreitet ist und ihre Umsetzung vielfach verlangt wird, empfehlen wir einen möglichst agilitätsverträglichen, wertschöpfenden Umgang mit ihr.

Unser Buch will Unternehmen befähigen, sich umfassend *sinn*-voll auszurichten, sich von System- und Konformitätszwängen zu befreien und die Anforderungen von Kunden, Mitarbeitenden, Gesellschaft und Umwelt in den Mittelpunkt zu stellen. Start-ups möchten wir davor bewahren, aus vermeintlicher Opportunität Irrwege zu wählen. Wir hoffen, dass unsere Thesen und Konzepte hinterfragt und erprobt werden, denn nur so kann ihr wahrer Nutzen sichtbar und wirksam werden.

Quality Reinvented! bedeutet eine Wiederbelebung und Neuentwicklung von Qualität hin zu mehr Sinn und Verträglichkeit mit den Anforderungen des Wissenszeitalters.

Chieming und Dietramszell, Herbst 2020

Ralf Kohlen

Rudolf A. Müller

Inhalt

Einleitung

Qualität ist das Kernthema allen professionellen Tuns und Schaffens. Qualität äußert sich in Produkten und Leistungen, die ihr Geld wert sind - wegen ihres Nutzens, ihrer Verträglichkeit, Attraktivität, Funktionalität, Nachhaltigkeit, ihres Mehrwerts für den Kunden. Qualität manifestiert sich in Produkten und Leistungen, die das bieten, was sie versprechen, und gerne noch ein bisschen mehr. Sie zeigt sich in Produkten und Leistungen, die uns das Leben erleichtern, verschönern und es möglichst sogar bereichern. Darum geht es, um das Angebot derartiger Produkte und Leistungen. Entstanden in Unternehmen, die solch ein Verständnis von Qualität in allen Aspekten ihrer Tätigkeit verwirklichen. Das Geldverdienen ist die Folge davon - nicht Sinn und Zweck unseres Tuns.

Qualität ist aus dem Fokus der eigentlichen Unternehmenstätigkeiten verschwunden und in ein Nebenreich von Spezialisten umgesiedelt, die sich ausschließlich um sie, die Qualität, kümmern. Das könnte eine gute Nachricht sein, ist es aber nicht: Die Spezialisten sprechen nur sehr selten über die Anforderungen unserer Kunden und der Welt, in der wir leben und arbeiten. Stattdessen sprechen sie über die Anforderungen von Normen, denen wir zu genügen haben. Hin und wieder finden Audits statt, in denen demonstriert werden soll, dass alles so gemacht wird, wie es die Norm verlangt. Und obwohl man sich mit erheblichem Extraaufwand bemüht, alles normgerecht durchzuführen, gibt es immer wieder Qualitätsprobleme. Haben womöglich das aufwendige Qualitätsmanagement und die tatsächlich realisierte Qualität gar nicht so viel miteinander zu tun?

Folgenden Nutzen hält das Buch für Sie bereit:

- Es erklärt, warum das konventionelle Qualitätsmanagement einer zeitgemäßen Unternehmensführung im Weg steht.
- Es zeigt auf, wie Sie sich von Bürokratismus und Dokumentenwahn befreien können.
- Es entwickelt ein radikal neues, motivierendes und richtungweisendes Verständnis von Qualität.

- Es erläutert, wie Sie ein wertebasiertes Managementsystem aufbauen, in dem Ihre Mitarbeitenden eigenverantwortlich Qualität erzeugen.
- Es macht Sie mit Formen der Kommunikation und Führung vertraut, die Kreativität und Agilität fördern.
- Es präsentiert Ihnen Prinzipien, Methoden und Tools, um die individuellen Stärken Ihres Unternehmens und der darin arbeitenden Menschen zu realisieren.
- Es erklärt, wie Sie eine Lernkultur in Ihrem Unternehmen etablieren und zu schnelleren, besseren Entscheidungen kommen.
- Es ermöglicht Ihnen, die ISO 9001 aus einem neuen Blickwinkel zu betrachten und wertschöpfend umzusetzen.
- Es befähigt Sie, Ihr qualitätsbestimmtes Managementsystem mit Überzeugung in Audits zu vertreten.

Für wen dieses Buch geschrieben wurde:

- Unternehmer*innen und Geschäftsführer, die ihr Unternehmen zukunftsfähig gestalten wollen und dazu auf weniger Bürokratie und mehr Kreativität, Flexibilität und eigenverantwortliches Handeln setzen.
- Gründer*innen von Start-ups, die ihre Identität und „ISO“ verbinden wollen.
- Qualitätsmanager*innen, die einen Kulturwandel und eine Qualitätsinitiative im Unternehmen vorantreiben wollen.
- Zertifizierungsgesellschaften, die ihre Zertifizierungen aufwerten und mehr Nutzen für Ihre Kunden bieten möchten.
- Auditoren*innen, die geschätzt und willkommen sein wollen.
- QM-Berater*innen, die mehr Anerkennung und Geld verdienen möchten.
- Business-Coaches, die mehr Qualitätssicherung für ihre Arbeit suchen.
- Alle, die den Irrweg des Qualitätsmanagements nicht mehr weitergehen wollen.

Wer dieses Buch NICHT lesen sollte:

- Qualitätsbeauftragte auf der Suche nach schnellen, einfachen Lösungen zur „ISO-Zertifizierung“.
- Alle, die unangenehme Wahrheiten nicht ertragen können.
- Alle, die der Meinung sind, Veränderungen fangen bei anderen an.

Wie ist dieses Buch aufgebaut?

Dieses Buch ist in sieben Kapitel gegliedert. Es empfiehlt sich, das Buch - ganz traditionell - von vorne bis hinten zu lesen, auch wenn es verlockend ist, sich direkt den Lösungsansätzen in den Kapiteln 4, 5 und 6 zuzuwenden. Die Kapitel 1, 2 und 3 sind wesentlich, um die Zusammenhänge und die Motivation, das „Warum" und „Wozu", und damit auch die Argumentation für die Notwendigkeit des Wandels in Ihrem Unternehmen zu erschließen.

Kapitel 1 stellt fest, wo wir heute stehen. Es reflektiert und bewertet kritisch die konventionelle Lehre und Umsetzung von Qualitätsmanagement. Anhand von Beispielen, Erfahrungen und einschlägiger Fachliteratur werden Irrtümer entlarvt, Fehlinterpretationen und daraus resultierende, wertevernichtende Tätigkeiten aufgedeckt. Durch eine abschließende Ursachenanalyse werden erste Handlungsfelder identifiziert.

Das zweite Kapitel zeigt auf, was vor uns liegt, im Kontext der Industrie 4.0. Welche Anforderungen stellen die Weltphänomene Komplexität, Globalisierung, Digitalisierung, die Umwelt- und Klimakrise sowie die Erwartungen der Menschen an die Ausrichtung und Führung unserer Unternehmen?

Kapitel 3 vollzieht einen Paradigmenwechsel und stellt Qualität an den ihr gebührenden Platz: ins Zentrum der Unternehmensführung. Es weist den Weg zu einem zeitgemäßen, lebendigen Qualitätsverständnis - *Quality Reinvented*. Eine neue Definition von Qualität und sechs Prinzipien manifestieren das neue Paradigma.

Das Kapitel 4 stellt Ansätze, Modelle, Methoden und Tools vor, um das neue Qualitätsparadigma im Unternehmen zu verwurzeln. In dem Kapitel wird erklärt, warum und wie Business Coaching ein wirkungsvoller Ansatz für die Entwicklung von Qualität zum Alleinstellungsmerkmal sein kann. Anhand von Beispielen und Referenzprojekten wird erläutert, wie Sie sich von der Last des konventionellen Qualitätsmanagements befreien und frische Energien freisetzen können.

In Kapitel 5 stellen wir Ihnen sechs soziale Prozesse vor, mit denen Sie auch ohne größere Organisationsänderung Qualität im Unternehmen wachsen lassen. Wir bezeichnen sie als „soziale Prozesse", weil sie sich auf die Menschen im und um das Unternehmen und deren Beziehungen zueinander fokussieren. Die sozialen Prozesse sind Repräsentanten unserer Qualitätsprinzipien und bilden die Basis für eine nachhaltige qualitätsbestimmte Transformation und Unternehmensentwicklung.

Wir vermuten, dass sich viele von Ihnen, mehr oder weniger freiwillig, mit der ISO 9001 „anfreunden" müssen oder mussten. Kapitel 6 soll Sie dazu befähigen, die Norm wertschöpfend einzusetzen. Dazu wird die ISO 9001:2015 als Führungssystem für agile Organisationen innovativ gedeutet bzw. reframed. Die Forderungen der Norm werden dabei in ein neues, unternehmerisches Prozessmodell eingebracht. Es entsteht ein Rahmenwerk, innerhalb dessen die Prozesse, Methoden und Werkzeuge aus den Kapiteln 4 und 5 angewendet werden können. Hilfestellungen zur Vorbereitung auf eine Zertifizierung ergänzen das Kapitel.

Das abschließende Kapitel 7 möchte Sie sensibilisieren und ermutigen, die Herausforderungen anzugehen und mit den zukünftigen Krisen zu arbeiten und nicht gegen sie. Es gibt Ihnen Hinweise für die Umsetzung und will Sie vorbereiten auf das, was Sie an Widerständen zu erwarten haben. Wir gehen in diesem Kapitel darauf ein, was Ihre Aufgaben und Spielräume als Gründer*innen/CEO/Geschäftsführer*innen sind und was Sie tun können, wenn Sie nicht diese Rollen ausüben.

Jedes Kapitel hat Unterkapitel. Zu Beginn eines jeden Unterkapitels finden Sie eine inhaltliche Vorschau, am Ende folgen Kernaussagen als Zusammenfassung oder Handlungsanweisung. Die sieben Hauptkapitel sind in ein Rahmengespräch zwischen einer CEO, einem QM-Beauftragten und einer Personalleiterin eingebettet. Das Gespräch lässt Sie an der Gedankenwelt und den Sichtweisen der Protagonisten zu den Themenfeldern teilhaben und führt Sie durch das Buch.

Als lebendige Praxisbeispiele stellen wir Ihnen drei Unternehmen vor, die das neue Qualitätsparadigma, wissentlich oder unwissentlich, bereits verinnerlicht und umgesetzt haben. Die Unternehmen stammen aus unterschiedlichen Branchen und haben ganz unterschiedliche Größen und Strukturen. In den im Buch veröffentlichten Interviews mit den Geschäftsführern und QM-Beauftragten stellen sie uns ihre individuellen Lösungen und außergewöhnlichen Praktiken der qualitätsbestimmten Unternehmensführung vor.

Schreibweisen, Begriffe, Definitionen

Das Buch ist in Unternehmersprache geschrieben. QM-Fach- und Normensprache werden weitestgehend vermieden.

(Qualitäts-)Management: Diese Schreibweise ist dann gewählt, wenn wir keinen Unterschied zwischen Qualitätsmanagement und Management im Allgemeinen machen möchten.

ISO: Wenn wir das Akronym ISO verwenden, dann meinen wir die ISO 9001 in ihrer gültigen Fassung (aktuell die ISO 9001:2015).

Häufig verwendete Abkürzungen:

- QM: Abkürzung für Qualitätsmanagement
- QS: Abkürzung für Qualitätssicherung
- QMB: Abkürzung für Qualitätsmanagementbeauftragter
- QMS: Abkürzung für Qualitätsmanagementsystem

Die Wörter Organisation, Unternehmen und Unternehmung verwenden wir synonym.

Wenn wir über Menschen sprechen, benutzen wir die weibliche, die männliche und geschlechtsneutrale Formen in unregelmäßigem Wechsel. Die männliche Bezeichnung dominiert vielleicht insgesamt, weil es sich unserer Meinung nach einfacher liest. Gemeint sind aber immer alle (m/w/d).

Drei besonders erfolgreiche Unternehmen

Unsere Realisierungsansätze und Prozesse sind praxiserprobt. Die folgenden drei Unternehmen leben eine qualitätsbestimmte Unternehmensführung. Sie dienen daher als konkrete Quelle aus der Praxis.

betterplace lab

Das betterplace lab, 2010 von der Sozialunternehmerin Joana Breidenbach gegründet, ist ein digital-sozialer Think-and-Do-Tank und ein Schwesterunternehmen von betterplace.org, Deutschlands größter Online-Spendenplattform. betterplace lab will mit Hilfe von innovativen Projekten die Digitalisierung sozial gestalten und für das Gemeinwohl nutzbar machen. Es gibt sich folgende Mission: „Die Digitalisierung verändert unser Leben. Das betterplace lab verändert die Digitalisierung. Wir erforschen, finden und fördern, was das Digitale sozial macht.“ [betterplace-lab.org]

2014 hatte Joana Breidenbach vor, die operative Führung des Unternehmens abzugeben, um sich neuen Themen zu widmen. Inspiriert von dem Buch Reinventing Organizations von Frederic Laloux und dem Beispiel des US-amerikanischen Computerspielherstellers Valve, wollte sie bei betterplace lab die hierarchischen Strukturen und festen Abläufe durch Selbstorganisation und Selbstführung ablösen. Den Transformationsprozess, der sich über mehrere Jahre erstreckte, gestaltete Joana Breidenbach zusammen mit der Organisationsentwicklerin Bettina Rollow. Über ihre Erfahrungen mit diesem Unternehmensumbau und den grundlegend anderen Arbeits- und Führungsformen berichten die beiden in ihrem Buch „New Work needs Inner Work“ (Joana Breidenbach, Bettina Rollow 2019).

betterplace lab ist strategisch, operativ und wirtschaftlich erfolgreich und beschäftigt heute zwölf feste Mitarbeiter*innen sowie etwa nochmal so viele Werkstudent*innen und Freelancer. Zusätzliche Autonomie soll betterplace lab durch eine anstehende Ausgründung als gemeinnützige GmbH erhalten. Als GmbH-Geschäftsführerin ist Franziska Kreische vorgesehen, die vor fünf Jahren als Praktikantin ins Team kam.

In Abschnitt 4.5 finden Sie ein Interview mit Joana Breidenbach und Franziska Kreische.

ALPHA LASER GmbH

ALPHA LASER ist führender Hersteller von Lasersystemen von mobilen, flexiblen und leistungsstarken Lasersystemen zum Laserschweißen, Laserschneiden, Laserhärten und Pulverauftragsschweißen. Das Unternehmen in Puchheim bei München wurde 1994 von Josef Höllbauer gegründet und hat – Stand März 2020 – ca. 90 Mitarbeiter. Neben Josef Höllbauer führen zwei weitere Gesellschafter das Unternehmen. Es gibt Abteilungen, aber keine Abteilungsleiter und keine klassischen Vorgesetzten. Die ALPHA LASER hat eine QS-Abteilung, jedoch kein formelles QMS und keine ISO-9001-Zertifizierung. Bis dato gab es von Kundenseite keine Forderung nach einer ISO-9001-Zertifizierung.

Um den Nutzen und Aufwand einer ISO-9001-Zertifizierung zu erörtern, wurden wir 2019 beauftragt, eine Gap-Analyse im Unternehmen durchzuführen. Das Ergebnis zeigte, dass die ALPHA LASER viele Forderungen der Norm nicht oder unzureichend erfüllt. „Zu wenig festgelegt, zu viel Vertrauen und Zuversicht, zu wenig Systematik und Kontrolle." So würde vermutlich das Urteil eines gemeinen typischen Auditors ausfallen. Die Geschäftsführung sah die Gefahr, dass sich das Unternehmen so stark „verbiegen" müsste, um eine Zertifizierung zu erlangen, dass es seine Identität und Leistungsfähigkeit verlieren würde. Man entschied sich daher bewusst gegen eine Zertifizierung.

In Abschnitt 5.7 finden Sie ein Interview mit dem Geschäftsführer Thomas Golinske.

SoftwareONE Deutschland GmbH

Mit rund 5400 Mitarbeitern in 90 Ländern bietet SoftwareONE etwa 65 000 Geschäftskunden Software- und Cloud-Lösungen von mehr als 7500 Herstellern. Die SoftwareONE Deutschland GmbH wurde von uns 2019 zur ISO 9001-Zertifizierung begleitet und erwarb diese ohne Abweichungen. Das Tochterunternehmen hat keine QM-Abteilung, sondern ein abteilungsübergreifendes, interdisziplinäres Team von sogenannten Quality Coaches und internen Auditoren, die von uns ausgebildet wurden. Bei der Ausgestaltung ihres Managementsystems setzt die SoftwareONE Deutschland GmbH auf einen dosierten Umfang an Standards, kombiniert mit individuellen Lösungen. Ein formelles QMS gibt es nicht. Flache Hierarchien, gepaart mit einem hohen Maß an Freiheit und Vertrauen, fördern Agilität und Geschwindigkeit. Sieben *Core Values* sind dafür das Leitbild.

In Abschnitt 6.6 finden Sie ein Interview mit dem „Qualitätsbeauftragten" Hermann Gusmik.

Eine Geschichte aus dem Alltag

Es war an einem Freitagnachmittag im Mai 2020, als Peter (QMB) in das Büro von Corinna (CEO) eintrat.

P: Ich habe eine gute Nachricht für Dich. Das ISO-Überwachungsaudit im Juni findet dank CORONA remote statt.

C: Das heißt?

P: Das heißt, dass wir lediglich eine vierstündige Videokonferenz haben und den Auditoren vorab einige Dokumente zusenden müssen.

C: Das ist gut. Ich hatte schon befürchtet, dass uns das Audit wieder mehrere Tage beschäftigen wird. Wer soll teilnehmen?

P: Erst einmal nur wir beide. Eventuell müssen wir kurzfristig noch andere hinzunehmen. Aber ich denke, das wird nicht nötig sein. Ich habe schon alle Unterlagen auf den aktuellen Stand gebracht. Außerdem hatten wir ja beim letzten Mal keine Abweichungen, so dass wir nichts zu befürchten haben.

C: Klingt gut. Ein Audit ist in dieser schwierigen Phase nicht gerade das, was wir gebrauchen können.

Peter schwieg und Corinna bemerkte eine Traurigkeit in seinem Gesicht. Eigentlich wollte sie noch ihre E-Mails checken und beantworten. Doch das konnte auch warten. Sie spürte, dass Peter etwas bedrückte. Peter war nicht die Sorte von Mitarbeitern, die ihre Gefühle nach außen tragen. Er war der ruhige, besonnene Typ. Corinna versuchte mit einem Umweg die Gründe für Peters Traurigkeit herauszufinden.

C: Wie geht es Dir eigentlich zurzeit mit Deinem Job? Bist Du glücklich? Würdest Du Dir irgendetwas wünschen?

P: Na ja, ich bin schon motiviert und mache meine Arbeit so gut ich kann. Und ich glaube auch, dass sie wichtig ist. Aber manchmal würde ich mir wünschen, dass ich nicht so wie ein Interessenvertreter von einem ungeliebten Kind wahrgenommen werde. Sondern dass die Kollegen einfach mit Freude mit mir zusammenarbeiten würden. Damit die Qualität passt. Ich meine, das ist doch wichtig. Das ist doch etwas Großartiges. Darauf können wir dann alle stolz sein.

C: Ja. Das würde ich mir auch wünschen. Dass es wirklich um Qualität geht. Und nicht um Administration, das Erfüllen von Normen, Pflichtübungen. Dass wir als Firma stolz sein können, auf die Produkte, die wir erzeugen. Dass die Menschen stolz sind, daran mitzuarbeiten. Aber diese Qualitätsbürokratie verdirbt einem direkt die Lust auf Qualität. Peter, wir haben da ein gemeinsames Anliegen. Was glaubst Du denn, was sich ändern müsste, damit die Zusammenarbeit der Kolleginnen und Kollegen mit Dir besser wird?

P: Ich habe darüber schon oft nachgedacht. Ein bisschen was haben wir ja auch schon verbessert. Aber dennoch, wir müssen nun mal die Normen erfüllen, die Audits bestehen. Schließlich wollen wir unsere Zertifikate behalten. Und das ist nun mal mit viel Aufwand verbunden.

C: Ich weiß. Und genau das ist ein Problem für mich bzw. für uns. Gerade jetzt in der Krise, wo es um Kostenbegrenzung und Konzentration auf die Wertschöpfung geht. Glaube mir, ich schätze Dich sehr als Mitarbeiter und würde Dich viel lieber anderweitig einsetzen als primär zur Pflege unseres QM-Systems. Bitte nicht falsch verstehen. Wir benötigen natürlich ein QM-System. Aber vieles davon scheint mir reine Normbefriedigung zu sein, die für Qualität nichts bringt, und hält uns von der eigentlichen Arbeit ab.

P: Ja. Das ist mir auch klar. Aber die Normen müssen wir nun mal erfüllen.

C: Ist schon merkwürdig, oder? Die Normen stehen ja für einen Qualitätsstandard. Ich habe aber das Gefühl, dass sie mehr zusätzliche Arbeit verursachen, als unsere Arbeit zu verbessern.

P: Ist vielleicht auch so. Mir wäre schon geholfen, wenn Du Dich mehr für die ISO interessieren würdest. Ganz so unsinnig ist die Norm nämlich nicht. Aber ich sehe ja, dass Du dafür eigentlich kaum Zeit hast.

C: Klar, aber so kann es ja nicht weitergehen! Vielleicht hilft es, wenn wir gemeinsam mal eine Art Bestandsaufnahme machen? Wir schauen mal – jeder aus seinem Blickwinkel – darauf, was Sinn macht und was nicht und was funktioniert und was nicht.

P: Das klingt gut. Danach wirst Du mich und meine Arbeit sicher auch besser verstehen.

C: Und Du wirst vielleicht meine Sicht und meinen Standpunkt besser verstehen.

P: Dann los, das finde ich richtig gut!

Die Bestandsaufnahme sollte ähnlich wie interne Audits ablaufen, nur dass diesmal Corinna als CEO teilnahm und die Normüberprüfung nicht im Vordergrund stand. Stattdessen sollten in offenen Gesprächen der Sinn und Unsinn des QM reflektiert werden.

1 Die Verirrung des Qualitätsmanagements

Irrsinn heißt, wir haben uns im Sinn geirrt.

Es gibt eine erhebliche Diskrepanz zwischen dem, was im Qualitätsmanagement (QM) gelehrt, praktiziert und kommuniziert wird, und dem, was Mitarbeitende und Führungskräfte davon als sinnvoll und wertschöpfend erachten. Diese Aussage bedarf keiner Statistik, keiner Datenbasis und keiner groß angelegten Umfrage. Sie, liebe Leserin und lieber Leser, werden es auf Grundlage Ihrer eigenen Erfahrung bestätigen. Wir können dem QM-Irrweg jeden Tag und an jeder Ecke begegnen:

Da sind die QM-Trainer, die gleich zu Beginn ihrer Seminare die Teilnehmer auffordern: „Streichen Sie das Wort ‚Qualität' aus ‚Qualitätsmanagement'!" Da sind die QM-Instanzen, die QM in den Stand einer eigenständigen Managementdisziplin erheben, die Qualität in Funktionen (QM-Abteilung) und Systeme (QM-System) „abteilen" und dann versuchen, alle wieder dafür zu gewinnen. Da sind die Qualitätsmanagementbeauftragten, die nichts anderes mehr machen, als First-Party-, Second-Party- und Third-Party-Audits zu planen, vorzubereiten, durchzuführen und den geforderten Maßnahmen hinterherzulaufen, obwohl die Auditierten und die Geschäftsleitung ganz andere Probleme drücken. Da sind Beratungsunternehmen, die Geschäftsprozessmanagement, Projektmanagement, Lean Production, SCRUM und dergleichen in den Unternehmen einführen, um bessere Produkte kostengünstiger herzustellen und die Kundenzufriedenheit zu erhöhen. Dass es sich hier um wirkliches „Qualitätsmanagement" handelt, wird nicht zum Thema gemacht. Wir beobachten all das und fühlen uns unbehaglich damit. Aber: Es ändert sich nichts.

„The elephant in the room", so wird im angelsächsischen Sprachraum ein offensichtliches Problem benannt, das nicht adressiert wird, weil man sich aus irgendwelchen Gründen nicht traut. Zum Beispiel, weil man damit gegen eine übermächtige, herrschende Lehre verstieße. Unser Elefant heißt Qualitätsmanagement und wir sehen in ihm einen Repräsentanten und Produzenten von Verirrungen. Er beansprucht viel Platz und frisst massenhaft Energie. Energie, die dringend gebraucht würde – für produktive Arbeit, zum Führen und Managen unserer Unternehmen in diesen wirklich nicht einfachen Zeiten.

In diesem Abschnitt untersuchen wir den Elefanten nach allen Regeln der Kunst, um seine Defekte genau zu verstehen. Wir decken das grundlegende Missverständnis über den Zusammenhang von Management und Qualität auf. Wir entlarven Fehlinterpretationen der Qualitätsnormen, durch die wir uns unnötige Zwänge auferlegt haben. Wir identifizieren den Fetisch der System- und Normbefriedigung, um uns davon zu befreien. Wir entwickeln Impulse und erste Ideen, um Qualität wieder zum Leben zu erwecken.

1.1 Konstrukt – warum kann Qualitätsmanagement keine Managementdisziplin sein?

„Qualitätsmanagement ist Management bezüglich Qualität.“

ISO 9000:2015

Haben Sie über diese Definition schon einmal nachgedacht? Nein? Dann lassen Sie uns das jetzt gemeinsam tun.

In diesem Abschnitt erfahren Sie,

- wieso die Verirrungen im Qualitätsmanagement hausgemacht sind,
- warum Qualitätsmanagement zum Selbstzweck mutiert ist,
- warum es bisher keine wirksamen Lösungen gibt.

1.1.1 Gründe der Verirrung

Letztlich betrachten wir hier ein Erbe der Industriellen Revolution des 19. Jahrhunderts. Mit dem Ziel, die Produktivität der Industriebetriebe zu erhöhen, entwickelte der US-amerikanische Ingenieur Frederick Winslow Taylor Grundsätze der Arbeitsorganisation, die auch den Ursprung der Entwicklung des Qualitätswesens bilden. Das Grundprinzip von Taylors *Scientific Management* [Taylor, 1911] war die Trennung von Kopf- und Handarbeit und, damit verknüpft, die Entqualifizierung der Arbeiter. Die Gesamtleistung des Betriebs sollte dadurch maximiert werden, dass jeder Arbeiter nur noch einzelne, durch das Arbeitsbüro genauestens vorgegebene, mechanisch optimierte Bewegungsabläufe durchführte.

Im Arbeitsbüro finden wir den Vorläufer der Arbeitsvorbereitungs- und Qualitätsabteilungen: eine von der Produktion und dem Management abgetrennte, betriebliche Spezialistenabteilung, die, versehen mit den Weihen der „Wissenschaftlichkeit“, hohe Produktivität und Qualität planmäßig sicherstellen sollte. Da sich die Realität aber immer wieder auch der besten Planung entzieht, wurde zusätzlich das Berufsbild des Qualitätskontrolleurs oder „Inspekteurs“ geschaffen. Dessen Aufgabe war es, quasi als langer Arm des Arbeitsbüros, defekte Produkte zu entdecken und auszusortieren.

Auf die Ära der puren Qualitätskontrolle folgten die statistische Qualitätssteuerung um 1930 und die Einführung von Vorbeugemaßnahmen um 1960. Diese Vorgehensweisen werden noch heute unter dem Begriff *Qualitätssicherung* (QS) zusammengefasst. In den darauffolgenden Jahren wurden weitere Methoden und Werkzeuge entwickelt, die organisationsumgreifend eingesetzt werden sollten. Es entstand das Qualitätsmanagement (QM).

Qualitätssicherung bzw. qualitätssichernde Maßnahmen sollen gewährleisten, dass die hergestellten Produkte in Ordnung sind, das heißt den zugrunde gelegten Anforderungen entsprechen. Qualitätssicherung ist somit ein natürlicher Bestandteil des Herstellprozesses und integrale Aufgabe des Managements. Das Prüfen und Freigeben eines Angebots vor der Abgabe ist QS. Der monatliche Projektmanagementbericht dient der QS. Die Berechnung einer Festigkeit ist QS. Jedes Unternehmen betreibt notwendigerweise QS. Jede Managementmethode beinhaltet einen Anteil an QS. Für QS braucht es weder eine Qualitätsmanagementabteilung noch eine Zertifizierung. Erst recht braucht es nicht Qualitätsmanagement als eigene Managementdisziplin. Letzteres Verständnis wird noch heute von der Mehrzahl der Wirtschaftswissenschaftler gepflegt - ein fataler Fehler.

1.1.2 Der Kernfehler

Teilbereiche des funktionalen Managements werden auch als Managementdisziplinen bezeichnet. Managementdisziplinen sind z. B. Finanzmanagement, Projektmanagement, Lieferantenmanagement, Umweltmanagement, Arbeitssicherheitsmanagement, Energiemanagement (Bild 1.1). Managementdisziplinen haben gemeinsam, dass sie spezifische Anforderungen erfüllen bzw. dafür sorgen, dass diese erfüllt werden. So sorgt Personalmanagement dafür, dass die Anforderung des Personals und an das Personal erfüllt werden. Finanzmanagement stellt sicher, dass die finanziellen Anforderungen erfüllt werden. Umweltmanagement gewährleistet, dass die Anforderungen der Umwelt und an die Umwelt erfüllt bzw. angemessen berücksichtigt werden. Was aber erfüllt Qualitätsmanagement?

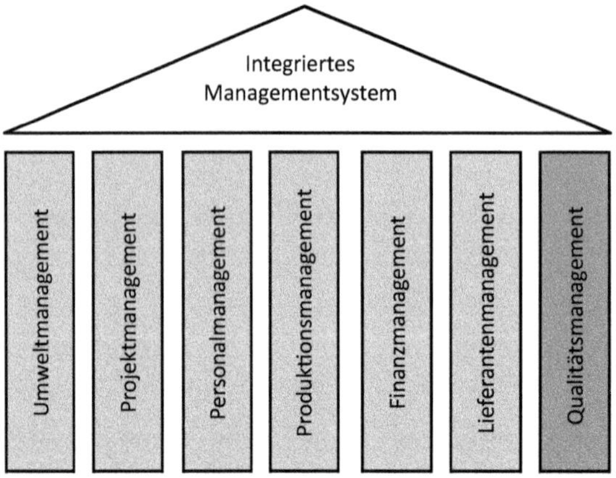

Bild 1.1
QM als eigenständige Managementdisziplin

Dass Qualitätsmanagement als separate Managementdisziplin verstanden, gelehrt und als eigenständiges System betrieben wird, ist der Kernfehler und die reich sprudelnde Quelle von Verirrungen. Qualität **ist** die Erfüllung von Anforderungen [Philip B. Crosby, 1967]. Qualität ist (hoffentlich) das Ergebnis von (gutem) Management. Mache ich aus dem Ergebnis eine eigene Disziplin, ist Selbstzweck vorprogrammiert. Die Definition der ISO 9000:2015 *Qualitätsmanagement ist Management bezüglich Qualität* ist der dazugehörige Offenbarungseid.

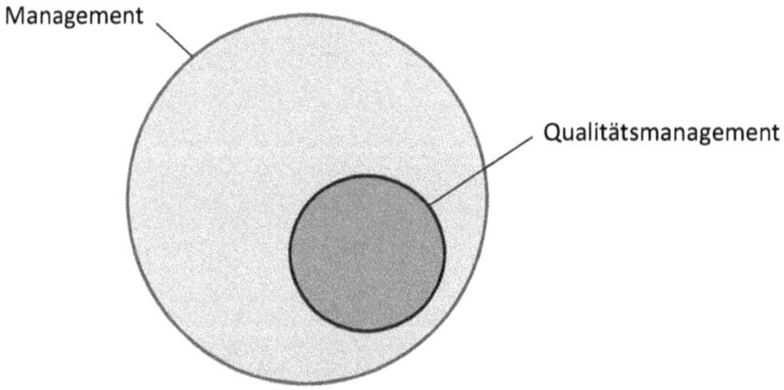

Bild 1.2 Qualitätsmanagement als Fachbereich des Managements

Lassen Sie Bild 1.2 einfach einmal auf sich wirken. Das Bild zeigt die Botschaft, die wir mit Qualitätsmanagement (unbewusst) senden. Qualitätsmanagement isoliert Qualität vom Rest des Managements! Welches Management findet in dem äußeren Bereich statt? Spielt da Qualität keine Rolle? Geht es hier nicht um die Erfüllung von Anforderungen?

> Qualitätsmanagement isoliert Qualität vom Management! Ein separates Qualitätsmanagement ist ein Hinweis darauf, dass das Unternehmensmanagement seine Verantwortung für die Kernprozesse des Unternehmens nicht angemessen wahrnimmt.

Wenn das Unternehmen ein Problem mit Qualität hat, schauen alle mit vorwurfsvollem Blick den Qualitätsmanager an und beauftragen ihn, das Problem aus der Welt zu schaffen. Der wird seinen Spezialistenwerkzeugkasten öffnen, eine Ursachenanalyse durchführen und, darauf basierend, Abhilfemaßnahmen vorschlagen. In den meisten Fällen wird dabei herauskommen, dass operative Mitarbeiter*innen irgendwelche Regeln nicht angemessen umgesetzt haben. Daher werden die Mitarbeitenden diszipliniert, an die Regularien erinnert, nachgeschult. Eventuell werden neue, schärfere Regeln eingeführt.

Der Betrieb einer Disziplin namens Qualitätsmanagement durch eine vom Wertschöpfungsprozess abgetrennte Abteilung impliziert, dass das Unternehmensmanagement seine Verantwortung für die Kernprozesse des Unternehmens nicht angemessen wahrnimmt.

Statt dass alle in den Spiegel schauen und beraten, was sie, individuell und kollektiv, tun sollten, um nachhaltig Qualität zu erzeugen, delegiert man das Thema an eine Stabsstelle, die nicht die Macht hat, wirklich grundlegende Maßnahmen durchzusetzen. Sie muss sich damit begnügen, in der ihr zugestandenen Welt der Normen und Formalien zu operieren, wird aber damit getröstet, dass sie Urteile und Verfügungen in Bezug auf das Verhalten der noch Schwächeren, der operativen Mitarbeiter*innen, erlassen darf. Qualitätsmanagement wirkt als Stabilisator der bestehenden, hierarchischen Strukturen und Rollenverteilungen. Qualitätsmanagement bekräftigt effektiv die Grundregel, dass das Management im Zweifelsfall keine Verantwortung für operative Probleme hat. Für Erfolge dagegen schon: Uns ist kein Fall bekannt, dass ein Qualitätsbeauftragter dafür gepriesen wurde, dass das Geschäft gut läuft. Qualitätsexperten sind ja im Grunde auch keine Experten für Qualität. Sie sind Experten für die Umsetzung der Normen und für Fehleranalysen.

Nochmal gesagt: Wir halten QM für eine Fehlentwicklung und das Selbstverständnis von QM als Managementdisziplin für einen fatalen Irrtum. Das Gleiche gilt übrigens für Risiko- und Changemanagement. Davon wird noch die Rede sein.

Die QM-Community versteht sich selbst gern als Sachwalter der großen Schule der Qualität, etwa verkörpert durch Philipp B. Crosby. Der Beitrag von Heinz Gaugler, einem langjährigen, engen Wegbegleiter Crosbys, macht deutlich, dass schon Crosby vor der Fehlentwicklung eines vom Management separierten QMs gewarnt hat.

Beitrag von Heinz Gaugler, Qualitätsexperte, Unternehmensberater und langjähriger, enger Mitarbeiter von Philipp B. Crosby, zur Entwicklung des Qualitätsmanagements, zur aktuellen Situation der Qualität und was nötig wäre, um Qualität wieder zu fördern

Über den Umgang mit Qualität seit 1990

Das Thema ist aus den Chefetagen verschwunden, es ist nur auf der Agenda, wenn's wieder mal schief ging und Rückrufe oder Lieferverzögerungen bekannt gemacht werden müssen. Allerdings passiert das immer häufiger. In der Automobilindustrie haben wir seit über 20 Jahren eine fast konstante Zunahme von Rückrufen, erzwungenen und freiwilligen. Die Zahl hat sich von 2010 bis 2019 verdreifacht, ein Großteil der Probleme sind Softwarefehler. In der IT, speziell im Softwarebereich sieht es demgemäß nicht besser aus, der Fall VW ID.3 steht da stellvertretend für viele. Und halbgare Betriebssysteme und fehlerhafte Apps kennt jeder zur Genüge, endlose Telefonwarteschleifen und pampige Call-Center-Stimmen ebenso. Es scheint aber die Verursacher nicht wirklich zu kümmern, jedenfalls habe ich die Vorstände von Audi oder VW beispielsweise nie beim Kunden um Entschuldigung und Wiedergutmachung für Fehlleistungen und Schummeleien vorsprechen sehen, und auch vom CEO von Microsoft habe ich nie etwas gehört, wenn Windows mal wieder abstürzt oder Fehler produziert. Und das ist das Hauptproblem: Qualität ist an ein System von Spezialisten und Prozeduren delegiert und das Management sieht seine Aufgabe als erledigt an, wenn es dem System die Mittel zur Verfügung stellt. Aber Qualität ist keine Frage von Systemen und Prozeduren, sondern von Einstellung, Verantwortung, Kultur. Wer das Bemühen um Qualität institutionalisiert (QMS), gibt dem Management das falsche Gefühl, es sei nicht mehr verantwortlich. Ich zitiere Philip B. Crosby:

„The true role of a quality manager is to make clear to the rest of management that they are the problem rather than the victims."

Wesentliche Ursachen für das Versagen des Managements in dieser Frage sind zum einen Zeitdruck, alles muss schneller fertig sein, „time to market" als KPI, die Schnellen fressen die Langsamen, „schnell" ist das neue „gut" und was sonst noch alles in den vergangenen Jahren zu hören und zu erleiden war. Dass damit Qualität kompromittiert wird, liegt auf der Hand. Und zum anderen ist es der „Quartalsdruck", durch den Investoren, Aktionäre etc. die Unternehmen zu kurzfristigen zählbaren Erfolgen zwingen, was teilweise zu absurden Entscheidungen bei Produkten und Dienstleistungen führt. Die Langzeitwirkung solchen kurzfristigen Denkens ist allen Beteiligten bewusst, aber der Investor ist erstmal zufriedengestellt und das Management vielleicht nicht mehr da, wenn die Langzeitfolgen eintreten.

Das alles ist nachvollziehbar, aber keine Entschuldigung. Das Management versucht, das Dilemma zu umgehen, indem es Qualität entpersonalisiert. Auch dazu Crosby:

„There is an illusion among management that quality can be delegated, that there is an agreed body of knowledge (perhaps ISO 9000) whose application by specialists will produce conforming products and services; there is an illusion by professionals that the application of techniques and programs to the workforce will change the

management culture of the company; there is an illusion by governments and associations that giving awards for having the proper procedures will improve quality."

Die Zitate stammen aus dem Jahr 1992, die Illusionen sind allgegenwärtig. Wir stehen also wieder am Anfang.

Und noch eins hat sich in den vergangenen 30 Jahren entwickelt: die Resignation vieler Kunden aus Erfahrung, siehe oben, und die Gleichgültigkeit der Arbeitenden als Ergebnis dümmlicher Sprüche.

Moderne Manager sagen stolz, dass ihre Mitarbeiter auch Fehler machen dürfen. Das ist gut gemeint, aber der Begriff führt in die Irre. Gemeint ist, dass man Neues ausprobieren, unkonventionelle Wege suchen, innovativ und entwicklungsfreudig sein soll. Dass dabei wie beim klassischen Innovations- oder Entwicklungsprozess unerwartete oder überhaupt keine Ergebnisse entstehen, liegt in der Natur der Sache, ist aber kein „Fehler". Ein Fehler ist die Abweichung von einer Norm, Regel oder Vereinbarung. Wenn es eine Regel gibt, dann ist sie einzuhalten, dann darf man eben keinen Fehler machen. Leider haben sich im alltäglichen Sprachgebrauch ein paar unheilvolle Sprüche eingebürgert wie „nobody is perfect", „irren ist menschlich", „wer arbeitet macht Fehler" usw., die unterstellen, dass fehlerfreie Arbeit nicht möglich sei, dass es unvermeidbare Fehler gäbe. Darüber kann man geteilter Meinung sein, aber darauf kommt es gar nicht an, sondern darauf, was man mit diesen Sprüchen bewirkt, anrichtet. Wer zehnmal täglich hört: „wer arbeitet macht Fehler", der wird die Forderung nach fehlerfreier Arbeit als Zumutung empfinden, Fehler als unvermeidlich hinnehmen und nichts gegen die Wiederholung tun. So rechtfertigt man low performer und leistet der Qualität Sterbehilfe.

Nebenbei: Wenn Fehler unvermeidlich sind, warum versuchen wir dann, sie zu reduzieren? Und wenn wir sie reduzieren können, wie können sie dann unvermeidlich sein?

Diese „Shit-happens-Mentalität" ist bei Unternehmen wie bei Kunden weit verbreitet. Sie ist die unwidersprochene Lebenserfahrung des 21. Jahrhunderts und Ursache vielen Übels. Einen ähnlich misanthropischen Ansatz kennen wir von Motivationstrainern und von leistungsbezogenen Vergütungssystemen.

Was müsste geschehen, um Qualität in der heutigen Zeit zu Wirkung und Entwicklung zu verhelfen?

Zuallererst braucht es ein Stück Hegelscher Einsicht in die Notwendigkeit. Schließlich bedeutet jeder Fehler eine Schwächung des Unternehmens in vielerlei Hinsicht – Nacharbeit, Ersatzbeschaffung, Kundenverluste ... – und damit eine Stärkung der Wettbewerber. Wer Fehler macht, arbeitet für die Konkurrenz. Das ist die schlechte Nachricht. Die gute ist, dass die Konkurrenz in der Regel ebenso viele Fehler macht. Aber allzu lange sollte man sich nicht auf die Hilfe der Konkurrenz verlassen.

Dann sollten alle die Lautstärke ihrer Marketingmaschinen ein wenig herunterdrehen. Weniger versprechen, mehr liefern ist besser und einfacher, als den Glücksverheißungen der eigenen Werbung chancenlos hinterherzulaufen.

Die Institutionalisierung der Qualitätsverantwortung muss der Personalisierung weichen. Keine „Institution Qualitätsmanagement“, kein „System“, sondern Qualität als Führungsaufgabe. Wer selbst die Verantwortung für Qualität im eigenen Arbeitsbereich hat, kann die beliebte Ausrede, das System habe versagt, nicht mehr vorbringen. Zu sehen aktuell im Wirecard-Skandal, wo bedauernd behauptet wird, das System habe versagt. Das ist Unsinn, denn versagt haben die Personen bei Wirecard, EY, BAFIN etc.

Damit zusammenhängend sollten auch Zertifikate, Rewards, Awards und dergleichen abgeschafft werden. Die Arbeit fehlerfrei, d. h. den vereinbarten Anforderungen gemäß zu gestalten, muss eine Selbstverständlichkeit sein, die keines Zertifikats oder Preises bedarf, deren Wirkung ohnehin kontraproduktiv ist. Zum Nachdenken:

Do rewards motivate people? Yes, they motivate people to get rewards.“

Alfie Kohn

Und schließlich müssen wir alle, Unternehmen und Konsumenten, die fatale „Shit-happens-Einstellung“ ablegen. Wir müssen aufhören, Fehler schönzureden und kleinzurechnen. Dann ist schon viel gewonnen.

Verwendete Quellen:

Alfie Kohn: Punished by Rewards. Houghton Mifflin Co., NY 1933.

Rückrufstatistik: ADAC News vom 21. 1. 2020

Crosby-Zitate aus einem Gastbeitrag im Magazin „Quality for Europe” 1992 und von persönlichen Aufzeichnungen von HG in Crosby-internen Veranstaltungen.

Über den Autor: Heinz Gaugler war Gründer der Crosby Associates Deutschland GmbH 1984 und deren Geschäftsführer bis 1990, zuständig für Deutschland, Österreich, Schweiz, Schweden und Finnland. Er vertritt die Gedanken und Methoden Crosbys - in teilweise adaptierter Form - als selbstständiger Berater bis heute. Er hat Vorworte für die deutsche Übersetzung seiner Bücher geschrieben und stand in sehr guter professioneller und persönlicher Beziehung zu Crosby bis zu dessen Tod 2001. ■

1.1.3 Der Versuch der Fehlerbehebung

Ein Versuch, QM aus seinem Schattendasein, seiner „Abteilung“ zu holen und als Haltung bzw. Philosophie im Unternehmen zu etablieren, war der in den 1990er-Jahren aufkommende TQM-Ansatz. Das Akronym TQM steht für *Total Quality Management*. Das *Total* soll verdeutlichen, dass Qualität in allen Bereichen, von allen Mitarbeiter*innen verantwortet und erzeugt werden soll. Es wäre nur konsequent gewesen, wenn der TQM-Ansatz das QM als Institution und Managementdisziplin abgeschafft hätte und durch „Qualitäts-Management“, im Sinne von „gutem Management“, ersetzt hätte (Bild 1.3). Doch TQM führt bis heute ein Nischendasein und wird außerhalb der QM-Community fälschlicherweise als eine besondere Form oder Weiterentwicklung des QM verstanden.

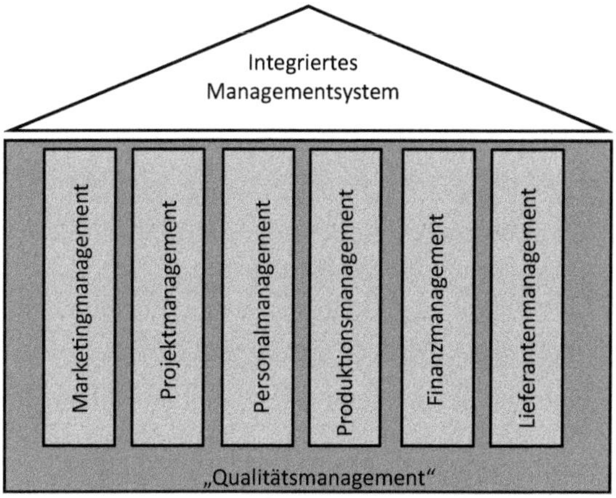

Bild 1.3
Total-Quality-Management-Ansatz

Die Realität sieht so aus: Sobald das Wort *Qualität* oder das Kürzel *QM* auftaucht, in einem Artikel, in einer Managementmethode oder in einem Seminar, bleibt die QM-Community unter sich und die anderen distanzieren sich. Seit Jahren versuchen Akademien vergeblich, Führungskräfte in ihre QM-Seminare zu locken. Es ist kein Problem, dass Marketingseminare von Marketingexperten und Projektmanagementseminare von Projektleitern besucht werden. Aber es ist ein großes Problem, dass QM-Seminare nur von QM-Experten besucht werden. „Eigentlich müsste mein Chef doch jetzt hier sitzen." Dieser Satz fällt meist schon innerhalb der ersten Stunde bei einem Training für Qualitätsfachkräfte. Solange es eine Qualitätsfachschaft in den Unternehmen gibt, kann der TQM-Ansatz nicht gelebt werden. Anders ausgedrückt: Wenn Sie möchten, dass jeder seinen Arbeitsplatz sauber hält, sollten Sie keine Putzkolonne bilden!

Die DGQ (Deutsche Gesellschaft für Qualität) kommt zu einem anderen Lösungsansatz und möchte für die Industrie 4.0 die Qualitätssicherung vom Qualitätsmanagement trennen. Sie definiert im Bericht zur GQW-Jahrestagung 2016 in Kassel:

Qualitätssicherung (4.0) heißt, das Produkt sowie die Entwicklungs-, Produktions- oder Dienstleistungsprozesse so zu gestalten, dass das angestrebte Ziel mit adäquatem Ressourceneinsatz erreicht wird.

Und:

Qualitätsmanagement (4.0) heißt, die Organisation systematisch und ganzheitlich so zu gestalten, dass sie im Kontext ihrer Strategie eine optimale Qualitätsfähigkeit erhält.

Qualitätsmanagement und Qualitätssicherung sollen also zukünftig zwei eigenständige Fach- und Aufgabengebiete sein. Qualitätssicherung (4.0) bezieht sich auf Prozesse, Dienstleistungen und Produkte, Qualitätsmanagement (4.0) betrifft die Organisation. Auch dieser Ansatz ignoriert den grundlegenden Irrweg im Konstrukt. *Qualitätsmanagement (4.0)* wird Qualität von der längst etablierten *Organisationsentwicklung* (OE) „abteilen". Es entsteht wieder eine Schattenwelt.

Es gibt nur eine sinnvolle Lösung: Schaffen Sie Qualitätsmanagement als Institution und Managementdisziplin in Ihrem Unternehmen ab! Verteilen Sie die „QM-Aufgaben" auf die Führungskräfte und Mitarbeiter*innen im gesamten Unternehmen. Nur so nehmen Sie alle in die Verantwortung für Qualität.

Die **Kernaussagen dieses Abschnitts** sind:

- Qualitätsmanagement als Managementdisziplin zu verstehen, ist ein Irrweg.
- Qualitätssicherung ist ein natürlicher Bestandteil von Management.
- Solange es Qualitätsabteilungen, Qualitätsmanagementbeauftragte und Qualitätsfachkräfte gibt, führt die Qualität ein Schattendasein.
- Schaffen Sie QM als Institution und Managementdisziplin ab!

1.2 Zwei Systeme – warum mutiert QM immer zum Schattensystem?

Sie kennen sicher einen Handwerksbetrieb oder ein anderes Kleinunternehmen, das in Ihren Augen Qualität liefert, obwohl das Unternehmen weder ein QM-System noch eine Zertifizierung hat. Wie kann das sein?

In diesem Abschnitt erfahren Sie,

- warum erfolgreiche Unternehmen kein QM-System benötigen,
- warum ein QM-System gleichzeitig wirksam und nicht wirksam ist,
- welche Redundanzen ein QMS erzeugt.

„Ein Qualitätsmanagementsystem bietet Ihnen echten Mehrwert." Dieser Satz steht häufig auf den Angeboten der Zertifizierungsgesellschaften oder fällt zu Beginn eines Beratungsgesprächs. Wenn diese Aussage zutrifft und in der mehr als dreißigjährigen Existenz der QM-Normenreihe bestätigt wurde, wieso führen Unternehmen ein Qualitätsmanagementsystem (QMS) meist nur auf Druck einer externen Partei, meist eines Kunden oder einer Behörde, ein? Wieso schieben Start-ups die Einführung eines QMS und eine Zertifizierung so lange hinaus, bis sie dazu

gezwungen werden? Wieso holen Unternehmen die Roland Bergers und Co. und keine Qualitätsmanagementberater ins Haus, um die Wertschöpfung von Produkten und Prozessen zu steigern? Die Antwort ist einfach: Weil die Einführung eines (formellen) QMS häufig eben keinen Mehrwert bietet und lediglich die Kosten erhöht.

Wenn die QM-Normen sinnvolle Anforderungen für ein gelebtes (Qualitäts-)Managementsystem formulieren - und davon gehen wir einmal aus -, dann sollte alles in einem erfolgreichen Unternehmen schon vorhanden bzw. erfüllt sein. Anders könnte es nicht erklärt werden, dass es viele sehr erfolgreiche Unternehmen, insbesondere im Mittelstand, gibt, die ganz ohne QMS und Zertifizierung hervorragende Leistung bringen. Ein gelebtes, wertschöpfendes „Qualitäts- Managementsystem" hat jedes Unternehmen, ob mit oder ohne Zertifikat. Sonst könnte es unter Wettbewerbsbedingungen nicht existieren. Mit der Einführung eines formellen QMS entsteht zusätzlich ein Schattensystem im Unternehmen. Wertschöpfend ist dabei meist nur der Anteil der Qualitätssicherung (Bild 1.4).

Ein gelebtes, wertschöpfendes „Qualitäts-Managementsystem" hat jedes erfolgreiche Unternehmen, ob mit oder ohne Zertifikat.

Mit der Einführung eines formellen Qualitätsmanagementsystems entsteht ein Schattensystem.

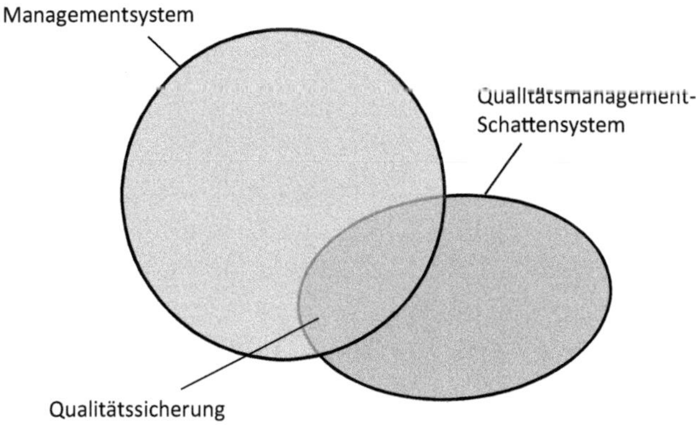

Bild 1.4 Das QMS-Schattensystem

Am gelebten, wertschöpfenden Managementsystem arbeiten die Geschäftsführung, die Abteilungsleiter sowie externe Berater. Sie führen Analysen durch und implementieren neue (agile) Methoden wie *SCRUM, Design Thinking* und Ähnliches. Sie verbessern Prozesse und bewerten das System bzw. das Unternehmen regelmäßig. Und natürlich geht es dabei auch um Qualität. Die Einführung und der Betrieb eines formellen QMS sind dann die Aufgabe des QM-Beauftragten bzw. der

QM-Berater. Daraus sind profitable Geschäftsmodelle entstanden: QM-Beratungsunternehmen halten ein zu 80 % fertiges QMS für ihre Kunden bereit. Es besteht aus einem QM-Handbuch, meist nach Normkapiteln gegliedert, und vielen anderen Dokumenten, in die man nur noch das Logo der Firma einsetzen muss. Die Pflege dieses formellen QMS wird in Kleinunternehmen gerne an die Assistenz der Geschäftsführung oder auch an externe QM-Beauftragte übertragen, nur, um die ungeliebte Aufgabe wieder los zu sein.

Bei einem Zulieferer in der Luftfahrt bestand das „QM-System" aus zwei dicken Ordnern, in denen jedes Blatt in einer Klarsichthülle steckte. Mit der Verwaltung dieser zwei Ordner wurden seit Jahren die Zertifizierungsaudits mit viel Lob seitens des Auditors bestanden – ohne dass es tatsächlich zu einer wirklichen Organisationsentwicklung in Richtung mehr Qualität gekommen wäre.

Beide Systeme erfüllen ihren jeweiligen Zweck. Das gelebte Managementsystem dient dazu, das Unternehmen zu führen, Markt und Kunden zu verstehen, sowie Produkte und Dienstleistungen zu entwickeln, zu produzieren und zu verbessern. Es war schon immer da, ist integraler Bestandteil des Unternehmensgeschehens – ob gut oder schlecht. Das formelle QMS hat, abgetrennt vom eigentlichen Unternehmensgeschehen und in einer eigenen Welt von Formalien und Begrifflichkeiten, den Zweck, eine Zertifizierung zu erlangen und aufrechtzuerhalten.

Das vermeintliche, formelle QMS hat den Zweck, eine Zertifizierung zu erlangen und aufrechtzuerhalten. Diesen Selbstzweck erfüllt das Schattensystem sehr effektiv.

Bild 1.5 zeigte eine Gegenüberstellung von gängigen Managementaufgaben im gelebten, wertschöpfenden Managementsystem (MS) und ihr Pendant im formellen QMS.

Gelebtes, wertschöpfendes Managementsystem	Formelles Qualitätsmanagementsystem
Eigner: Geschäftsführung	Eigner: QMB
Entwicklung eines Geschäftsmodells	Kapitel „Kontext der Organisation" im QMH
Strategische und operative Unternehmensziele	Q-Ziele, die kurz vor dem Audit aktualisiert werden
Untersuchungen und Analysen	Interne (Pflicht-)Audits
Strategie-Review und Organisationsentwicklung	Managementreview-Bericht
Leitbild und Unternehmenspolitik	Q-Politik im QM-Handbuch (QMH)
Prozessmanagementsystem	QM-Handbuch nach Normkapitel
Risiken- und Chancenbetrachtung als Führungsaufgabe und Teil von Entscheidungen	Kapitel oder Tabelle mit Risiken und Chancen in den Prozessbeschreibungen

Bild 1.5 Die zwei Systeme im Unternehmen

Es ist eine Illusion, von der Einführung eines formellen QMS eine Verbesserung der Leistung des Unternehmens zu erwarten. Das Gegenteil ist die Regel. Die Entwicklung und Aufrechterhaltung eines formellen QMS kosten zusätzliche Ressourcen und Zeit, einzig gerechtfertigt durch eine benötigte Zertifizierung. Und die Unternehmen werden kreativ, wenn es darum geht, diesen Mehraufwand so gering wie möglich zu halten. Ein großes, renommiertes, deutsches Transportunternehmen hat sich dazu entschlossen, nur diejenigen Bereiche nach ISO 9001 zertifizieren zu lassen, für die eine externe Partei dies fordert. Sie zeigten uns ein Organigramm mit ca. 40 Bereichen, von denen lediglich drei zertifiziert waren. Das Unternehmen rangiert seit Jahren unter den Besten seiner Branche weltweit. Es zieht die Konsequenz aus der Erkenntnis, dass gelebte Qualität und formelles QM wenig miteinander zu tun haben.

Die Pflege und kontinuierliche Verbesserung von zwei Systemen, die das Unternehmensgeschehen mit jeweils eigener Sprache und Ausrichtung steuern sollen, überfordert Mitarbeiter*innen und Führungskräfte. Kein Wunder, dass der Betrieb des formellen QMS daher aus der Kernorganisation ausgelagert und in die Hände von Spezialisten gelegt wird. Mit höchst problematischen Konsequenzen: Es entsteht ein ressourcenverzehrendes, wertschöpfungsbehinderndes Schattensystem. Unsere Lösung in dieser Problemlage ist einfach, aber nicht leicht: Führen Sie kein Qualitätsmanagementsystem ein! Wie Sie Ihr Unternehmen entwickeln und eine Zertifizierung nach ISO 9001 ohne QMS erhalten können, erfahren Sie in diesem Buch.

Die **Kernaussagen dieses Abschnitts** sind:

- Die Einführung eines formellen QMS erzeugt ein Schattensystem.
- Ein QM-Schattensystem ist hochwirksam, soweit es um die Erlangung und Aufrechterhaltung einer Zertifizierung geht. Aber nur hierfür!
- Führen Sie kein formelles QMS ein!

1.3 Systembefriedigung und Dokumentenwahn – wer dient hier wem?

„Ich könnte und würde Ihnen ja gerne helfen, aber unser System, unsere Vorgaben, erlauben das nicht.“ Solche eine Aussage kennen Sie sicher im Umgang mit Behörden und Großunternehmen. Hier geht Systembefriedigung über Kundenzufriedenheit. Was ist passiert?

In diesem Abschnitt erfahren Sie,

- wie sich Systembefriedigung einschleicht,
- woran Sie Systembefriedigung erkennen,
- wie Sie Systembefriedigung vermeiden können,
- warum Auditoren immer nach Dokumenten fragen,
- warum es schwieriger ist, ein Kleinunternehmen zu auditieren als ein Großunternehmen.

1.3.1 Die Systembefriedigung

„Wir müssen unser Qualitätsmanagementsystem der neuen Norm anpassen.“ Immer wenn eine Norm revidiert wird, fällt dieser Satz, in jedem zertifizierten Unternehmen. Der Satz erscheint uns so normal und geläufig, dass wir seine Tragweite, seine Verirrung nicht reflektieren. Ein Gedankenspiel: Sie sind Inhaber eines erfolgreichen, mittelständischen Unternehmens. Sie führen das Unternehmen in der dritten Generation. Sie kennen den Markt und Ihren Wettbewerb. Sie haben gute Produkte. Die Kunden sind zufrieden. Natürlich haben Sie Ihre Probleme, aber insgesamt läuft das Geschäft richtig gut. Frage: Was passiert, wenn Sie jetzt Ihr funktionierendes Managementsystem an eine neue Norm anzupassen haben? Ohne dass Ihre Geschäftstätigkeit solche Veränderungen erfordern oder auch nur spürbar davon profitieren würde? Es liegt auf der Hand, dass Sie diese Anforderungen eher als störend, denn als willkommen empfinden werden. Sie werden auf einmal im Unternehmen seltsame Dinge zu tun haben, die Sie vorher nicht getan haben,

und Dokumente erstellen, die Sie vorher nicht gebraucht haben. Ihr QMB wird Ihnen die schlechte Botschaft überbringen, dass die Anpassung an die neue Norm viel Zeit und Geld kosten wird. Sie werden ihm zähneknirschend Budgetmittel zur Verfügung stellen. Ihre Meinung über QM wird sich dadurch wohl eher nicht verbessern.

In den drei Jahren, in denen die Unternehmen ihr QMS auf die neue Norm anpassen müssen, um ihr Zertifikat zu behalten, verdienen sich QM-Berater und -Akademien goldene Nasen. Sie bauen Handlungsdruck mit Sätzen auf, wie: „Um die Forderung des neuen Kapitels XY zu erfüllen, müssen Sie dies und jenes tun!" Vor dieser Verirrung sind selbst die renommiertesten Unternehmen nicht gefeit. Eine Qualitätsfachkraft eines deutschen Premium-Automobilherstellers berichtete Ende 2015, dass das Unternehmen aufgrund der Revision 2015 der ISO 9001 in all seinen Prozessblättern eine Spalte mit Chancen und Risiken aufgenommen hat. Sie taten dies, um dem Ansatz des *Risikobasierten Denkens* zu entsprechen. Das Management des Unternehmens selbst fand dieses Vorgehen irrsinnig. Es war ein Akt der puren Norm- bzw. Systembefriedigung aufgrund einer unangemessenen Interpretation der Norm, wie sie von Experten der Fachschaft Qualität, von Bildungseinrichtungen und nicht zuletzt von schlechten Zertifizierungsauditoren vertreten wird.

Klassische Ergebnisse solcher Fehlinterpretation und Systembefriedigung sind:

- QM-Handbuch nach Normkapiteln
- Qualitätspolitik im Handbuch, vom QMB geschrieben
- Kapitel *Kontext der Organisation* im QM-Handbuch
- Tabelle der interessierten Parteien mit ihren Erfordernissen und Erwartungen
- Tabelle oder Absatz mit *Risiken und Chancen* in Prozessbeschreibungen
- Stellenbeschreibungen, die vor einem Audit mit großem Aufwand aktualisiert werden und im Arbeitsalltag nicht benötigt werden
- Auditprogramme nach Normkapiteln
- 8D-Reports mit acht Feldern und einer Zeitvorgabe für die Erstellung
- FMEAs, in die Risiken eingetragen werden, für die es schon Lösungen gibt
- Das Erheben von Prozesskennzahlen, die keiner benötigt
- Managementreview-Bericht, vom QMB geschrieben und von der GF unterschrieben.

Der Grundstein zur Normbefriedigung wird ganz unauffällig mit dem Auftrag der Geschäftsführung an den QMB gesetzt, eine Zertifizierung zu erlangen oder aufrechtzuerhalten. Der QMB möchte seine Arbeit gut machen und strebt ein Audit ohne Abweichungen an. Also wird er eine umfangreiche Dokumentation erstellen, die er dem Zertifizierungsauditor präsentieren kann. Dafür erhält er Lob vom Auditor. Nach dem erfolgreich bestandenen Audit bekommt er dann Lob von der Geschäftsführung. Good Job! Das Problem dabei: Es wurde nur die Norm befriedigt und das QMS herausgeputzt, aber kein wirklicher Mehrwert für das Unternehmen erzeugt. Diese System- bzw. Normbefriedigung ist die Regel, nicht die Ausnahme.

Systembefriedigung finden wir in vielen Bereichen des Unternehmens und in der Gesellschaft. Das Charakteristische an der Systembefriedigung ist, dass Mittel und Zweck vertauscht sind. Menschengemachte Systeme sollen Mittel zu einem Zweck sein. Ein Managementsystem ist ein Mittel zum Führen und Steuern einer Organisation [ISO 9000:2015]. Eine Zertifizierung wäre dann die Bestätigung, dass das Mittel einem bestimmten Standard entspricht und somit gut geeignet ist, seinem Zweck zu dienen. Wenn sich aber die Aufmerksamkeit nur darauf richtet, dass das System den von außen gesetzten Standards entspricht, und die tatsächliche Dienlichkeit für seinen eigentlichen Zweck gar keine Rolle spielt, verkommt das System und die ganze Arbeit daran zum ressourcenschluckenden Selbstzweck. Dies gilt verbreitet für das Qualitätsmanagement, aber auch in anderen Managementbereichen besteht die Gefahr, dass die Fütterung und Befriedigung von Systemen Vorrang vor den Bedürfnissen der Kunden und des Unternehmens genießen.

Wir füttern und befriedigen das System, anstatt uns um die Bedürfnisse der Kunden und des Unternehmens zu kümmern.

Wie kontraproduktiv die Forderungen nach Systembefriedigung geworden sind, zeigt sich am Beispiel des Gesundheitswesens. Ärzte, Krankenschwestern und Pfleger müssen bei der Behandlung bzw. der Pflege der Patienten so viele Papiere, Formulare und IT-Masken ausfüllen, dass das Gefährdungsrisiko wegen dieser Arbeiten größer ist, als die durch sie gewonnene Sicherheit. Der Leiter einer Rettungswache des Deutschen Roten Kreuzes berichtete, dass sich das immer irrsinnigere QMS spürbar negativ auf die Motivation seiner Mitarbeiter*innen auswirkt. Er erkannte die große Gefahr, dass dadurch mehr Fehler passieren.

„Die Mitarbeiter sind grundsätzlich motiviert. Es sind die Systeme und die Arbeitsbedingungen, die Mitarbeiter demotivieren.“ [Reinhard K. Sprenger, Mythos Motivation]

Die Kernfrage ist: Wer dient hier wem? Unterstützt mich mein System oder hindert es mich an der eigentlichen Arbeit? Anders ausgedrückt: Schafft das System Mehrwert oder vernichtet es Wert? Eine Vorschrift kann als sinnvoll angesehen werden oder als lästige Gängelung.

„Eine als sinnlos empfundene Regel erzeugt Umgehungsenergie. Jede neue Regel erzeugt neue Umgehungsenergie. Dann fühlen sich die Führungskräfte bestätigt und erstellen weitere Regeln.“

Reinhard K. Sprenger

Die Kunst ist es, den optimalen Umfang an Regelungen zu finden. Regeln Sie nur so viel, wie unbedingt nötig. Wie viel und was das im Einzelnen ist, hängt von einer Reihe von Faktoren ab, wie Unternehmenskultur, Art der Tätigkeit, Kompetenz der Mitarbeiter*innen. Seien Sie sich dessen bewusst, dass es bei jedem Regelungssystem einen Punkt gibt, an dem es kippt und kontraproduktiv wirkt, weil sich Sinnhaftigkeit in Irr-Sinn umkehrt. Berücksichtigen Sie, dass wir uns in Deutschland, Österreich und der Schweiz in der beneidenswerten Position befinden, über im Weltmaßstab hervorragend qualifizierte Belegschaften zu verfügen. Die Gefahr, durch zu viele und zu detaillierte Regelungen Kompetenz und Motivation der Mitarbeitenden zu unterdrücken, ist weit größer, als die Notwendigkeit, Kompetenzdefizite durch Standards und Vorgaben zu kompensieren.

Die in Bild 1.6 aufgeführten Methoden und Werkzeuge sind Beispiele. Auch wo Sie sich auf der Kurve befinden, ist beispielhaft und repräsentiert den uns bekannten Durchschnitt. Vielleicht zählen Sie zu den Ausnahmeunternehmen, die einen individuellen, wertschöpfenden Einsatz einer FMEA gefunden haben?

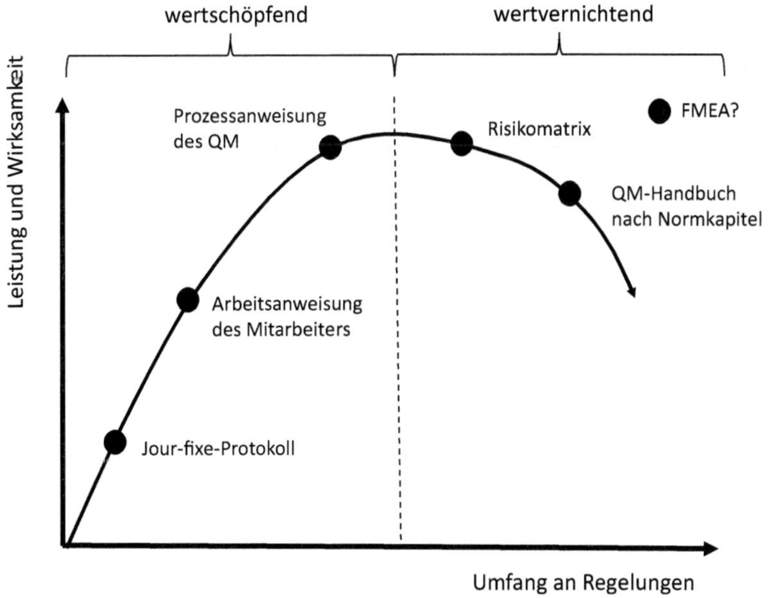

Bild 1.6 Leistungskurve von Managementsystemen

Während Verschwendung vielleicht irgendwann durch Lean-Aktivitäten entdeckt wird, bleibt die Systembefriedigung meist unentdeckt. Verschwendung dient keinem legitimierbaren Zweck, Systembefriedigung dient dem System und scheint dadurch legitimiert zu sein.

Es gibt aber eine einfache Methode, um Systembefriedigung zu entdecken. Fragen Sie sich:

> Wenn ich keine Zertifizierung mehr benötigen würde und kein Audit zu bestehen hätte, was würde ich nicht mehr tun?

Seien Sie kritisch mit Ihrem System! Entlarven Sie die Verirrungen!

Wie Sie die sich hier ergebenden Einsichten umsetzen, die Systembefriedigung also abschalten und trotzdem eine Zertifizierung erlangen können, erfahren Sie in den Kapiteln 4 und 6. In jedem Fall benötigen Sie hierzu ein tiefes Verständnis der Norm und von Sinn und Zweck ihrer Forderungen. Denn:

> Es sind nicht die Normen, die zwangsläufig zu Systembefriedigung und damit zu Schattensystemen führen, es sind das Unverständnis und die unangemessene Interpretation der Normen.

1.3.2 Der Dokumentenwahn

„Haben Sie das irgendwo aufgeschrieben?“

Es gibt grundsätzlich zwei Arten der Nachweisführung in Audits: Dokumentierte Information oder mündliche Information, gerne auch Statements genannt. Statements haben den großen Nachteil, dass sie durch mehrere, gleichlautende Aussagen bestätigt werden müssen. Das braucht Zeit im Audit, die in der Regel nicht vorhanden ist. Welcher Geschäftsführer will auch schon unnötig viel Zeit und Kosten in externe Audits investieren? QM-Berater und Auditoren drängen ihre Kunden dazu, umfangreiche Dokumentationen zu erstellen, da dies die Nachweisführung in Audits ungemein erleichtert. Es entstehen Dokumente, die vorher keiner vermisst hat, die die Norm nicht fordert und die für die Leistung des Unternehmens nicht von Bedeutung sind.

So ist das QM-Handbuch nach Normkapiteln immer noch anzutreffen und bei Auditoren sehr beliebt. Zwanghaft wird zu jedem Kapitel der Norm ein Absatz geschrieben. Wir haben schon so absurde Sätze gefunden wie „Die Norm fordert von uns, dass wir den Kontext unserer Organisation analysieren“. Schon beim Lesen der ersten Zeilen wird deutlich, dass das Handbuch für den Auditor und nicht für die Mitarbeitenden geschrieben wurde. Dokumente des QM-Schattensystems haben üblicherweise den Zertifizierungsauditor als (unbewussten) Adressaten. Es liegt auf der Hand, dass sich dann die Mitarbeiter*innen nicht angesprochen fühlen. Nicht selten wird das QM-Handbuch von keinem Mitarbeitenden je gelesen, geschweige denn gebraucht. Von einem langjährig leidgeprüften Qualitätsmanager der Luftfahrt ist der Satz überliefert: „Wenn ich einen Geldschein besonders sicher verstecken möchte, stecke ich ihn ins QM-Handbuch."

Alle Dokumente, die ausschließlich für die Zertifizierung erstellt werden, sind Normbefriedigung. Trennen Sie sich von denen, weniger ist mehr! Schreiben Sie nichts für den Zertifizierungsauditor!

„QM ist, wenn du das, was du tust, dokumentierst." So lautet eine Interpretation.

Überdokumentation kann viele Ursachen haben. Fehlinterpretationen von Normforderungen, Absicherung wegen mangelnden Selbstvertrauens, Kontrollsucht oder Perfektionismus sind einige davon. Ein weiterer Grund kann Expertentum sein. Experten haben häufig den Hang, zu viel von ihrem Wissen und ihrer Kompetenz in das Unternehmen einbringen zu wollen. Wenn ein Projektmanagementexperte den Auftrag bekommt, Projektmanagement im Unternehmen einzuführen, ist die Gefahr groß, dass er über das Ziel hinausschießt und mehr an Methoden, Tools und Dokumenten einführt, als die Mitarbeitenden benötigen. Dann wird auch Projektmanagement schnell zum Selbstzweck.

Um Dokumentenwahn zu vermeiden, hilft die Frage:

Unterstützt das Dokument meine Arbeit oder besteht meine Arbeit darin, das Dokument zu erstellen?

Den Trend zur Überdokumentation hat das Technische Komitee 176 (Verfasser der ISO 9001) erkannt und wollte ihm mit dem Ansatz des *Risikobasierten Denkens* entgegenwirken. „Wollte" deshalb, da dieser Ansatz häufig falsch bzw. nicht verstanden wird, auch von Zertifizierungsauditoren, die dann Unsinniges von ihren Kunden fordern.

Die ISO 9001:2015 äußert sich eindeutig, was dokumentiert werden muss. Sie finden an diesen Stellen immer den Satz: Die Organisation muss dokumentierte Information aufrechterhalten oder aufbewahren. „Aufrechterhalten" zielt auf die Vorgabedokumente, „Aufbewahren" auf die Nachweisdokumente. Markieren Sie die Stellen, an denen die Norm dokumentierte Information fordert! Sie werden verblüfft sein, wie wenige Stellen das sind. Die Liste der Vorgabedokumente ist so kurz, dass wir sie hier aufführen können:

- Der Anwendungsbereich muss dokumentiert werden.
- In erforderlichem Umfang müssen Vorgaben für die Prozesse dokumentiert sein.
- Die Qualitätspolitik muss dokumentiert werden.
- Die Merkmale der Produkte und Dienstleitungen sind zu dokumentieren.
- Die zu erzielenden Ergebnisse sind zu dokumentieren.

Mehr nicht. Im Umkehrschluss bedeutet das, dass vieles durch direkte Kommunikation und mündliche Anordnung geregelt werden kann. Ein Kleinbetrieb kann beispielsweise seine Rollen, Verantwortungen und Befugnisse rein mündlich regeln. Vielleicht haben Sie gerade den kleinen Schreinerbetrieb vor Augen, wo der Inhaber jeden Morgen die Rollen neu einteilt, um so flexibel zu bleiben. Dies wäre normkonform. Fixe Stellenbeschreibungen für seine Mitarbeiter*innen würde der Firmenleiter vehement ablehnen, da er mit solch einem starren System nicht arbeiten kann. Ein Organigramm benötigt er auch nicht. Ebenso normkonform wäre, dass er in unregelmäßigem Abstand mit seinem Vorarbeiter über neue relevante Themen spricht (Kontextanalyse) und die Herausforderungen und Möglichkeiten des anstehenden Auftrags erörtert (Risikobasiertes Denken), ohne dabei Aufzeichnungen zu machen. Für die Durchführung der Schreinerarbeiten gibt es nur wenige Vorgaben wie Zeichnung und Stückliste (Prozessvorgaben). Mehr benötigen seine Mitarbeitenden nicht, da sie über die nötige Kompetenz verfügen. All das wäre normkonform, aber nicht leicht zu auditieren bzw. nachzuweisen.

Das Auditieren großer Unternehmen ist nicht schwieriger als das von kleinen. In großen Unternehmen werden erheblich mehr Dokumente benötigt, da eine direkte Kommunikation mit allen Mitarbeiter*innen nicht möglich ist. Es finden sich somit auch viel mehr schriftliche Nachweise. Das naturwüchsige, hoch wirksame und agile Managementsystem von Kleinunternehmen zu auditieren, ist dagegen eine Herausforderung.

> Zur Vorbereitung des Zertifizierungsaudits bei einem unserer Kunden, einem Kleinunternehmen in der Metallbearbeitung, fragte der Auditor nach dem QM-Handbuch, dem Organigramm, nach einer beispielhaften Prozessbeschreibung und nach dem Management-Review-Bericht. Der Auditor wurde wahrnehmbar nervös, als wir ihm mitteilten, dass unser Kunde kein einziges dieser Dokumente hätte. Unser Kunde hat das Zertifikat letztlich dennoch erhalten.

Alles, was die Norm fordert, ist in einem gut geführten Unternehmen schon vorhanden. Oder mit anderen Worten: Unser Schreiner könnte ohne Zusatzaufwand eine Zertifizierung für sein einfaches und agiles Managementsystem erhalten. „Könnte", denn dem stehen zwei Hindernisse im Weg. Erstens: Der Auditor hat zu wenig Zeit, um sich Nachweise über mehrere gleichlautende, mündliche Aussagen zu holen. Erschwerend kommt hinzu, dass er auch noch über die Gespräche Protokoll führen müsste. Zweitens: Er müsste die bis hierhin besprochenen Verirrungen im QM reflektiert haben. Diese Haltung ist bisher unter den Auditoren noch wenig verbreitet. Sie hätte auch gravierende Auswirkungen auf ihre Tätigkeit.

Vielleicht verspüren Sie jetzt den Drang, die Dokumentation in Ihrem QMS zu verschlanken. Gehen Sie dabei umsichtig vor! Ein schlankeres QM-Handbuch für den Auditor bleibt Systembefriedigung. Besser Sie löschen es ganz. Fragen Sie Ihre Mitarbeiter*innen, was sie wirklich benötigen!

Die **Kernaussagen dieses Abschnitts** sind:

- Ein Großteil der Dokumentation dient lediglich der Normbefriedigung.
- Ohne Reflexionshilfe bleiben Systembefriedigung und Dokumentenwahn meist unerkannt.
- Die ISO 9001:2015 fordert nur wenig Dokumentation.
- Je weniger dokumentierte Nachweise, desto schwieriger das Audit.
- Schaffen Sie alle Dokumente ab, die keinen Nutzen für das eigentliche Geschäft und den betrieblichen Alltag haben.
- Erlangen Sie ein tiefes Verständnis der Norm – erschließen Sie sich Sinn und Zweck der Normforderungen.

1.4 Audits – warum belügen wir uns so gerne selbst?

Werbung einer QM-Beratungsfirma:

„Wir zeigen Ihnen, warum ein Audit eine zentrale Forderung zur Überprüfung z. B. eines Qualitätsmanagement-Systems ISO 9001 durch ein internes Audit ist."

Vermutlich unfreiwillig illustriert dieser Satz das Ausmaß an Verirrung und Verwirrung in Teilen der Qualitätsfachschaft.

In diesem Abschnitt erfahren Sie,

- wann Sie ein Audit abbrechen sollten,
- warum Sie selbst, und weniger der Auditor, den Mehrwert von Audits beeinflussen,
- warum Auditprogramme meist nur die Norm befriedigen,
- warum Auditnormen und Fragenkataloge eher hinderlich sind,
- wonach Sie ein gutes Audit bewerten können.

Die meisten Mitarbeiter*innen mögen keine Audits. Auch die meisten Führungskräfte mögen keine Audits. Und die meisten Auditoren sind nicht zufrieden mit ihren Audits.

Die Mehrzahl der Audits, ob interne oder externe, sind Theater. „Theater ist die Bezeichnung für eine szenische Darstellung eines inneren und äußeren Geschehens als künstlerische Kommunikation zwischen Akteuren (Darstellern) und dem Publikum." [https://de.wikipedia.org/wiki/Theater] Diese Formulierung beschreibt das Geschehen in Audits sehr treffend. Für die szenische Darstellung werden die Schauplätze aufgeräumt und gesäubert oder sie findet direkt in einem Theatersaal, dem Besprechungsraum, statt. Für die künstlerische Kommunikation werden den Akteuren Fragen und Antworten vorgegeben. Wenn die Gefahr besteht, dass ein Kleindarsteller den Text nicht behalten kann oder sich um Kopf und Kragen redet, wird er oder sie auch gerne beurlaubt. Dann gibt es noch die Akteure der „Obersten Leitung", gemäß Drehbuch ISO 9001:2015 mit tragender Rolle. Sie tauchen aber – wenn überhaupt – in der Regel nur im ersten und letzten Akt auf und überlassen es gerne dem Hauptdarsteller QMB, ihre Rolle mit zu übernehmen.

Im Folgenden nennen wir Ihnen verschiedene Gründe dafür, dass Audits, und hier insbesondere die Zertifizierungsaudits, wie Theaterstücke inszeniert werden.

1.4.1 Unzureichende Kompetenz des Zertifizierungsauditors

Es hat den Anschein, dass nicht wenige Zertifizierungsauditoren ähnlich bequem wie ihre Kunden sind und die Normen, in denen sie Experten sein sollten, nicht selbst lesen. Stattdessen erwerben sie ihre Normenkenntnisse in Schulungen. Es liegt dann nahe, dass sie Interpretationen und Überzeugungen des Ausbilders übernehmen. So wirken Ausbilder und in ihrer Folge Zertifizierungsauditoren als Multiplikatoren für Verirrungen. Die durchgängige Fehlinterpretation des risikobasierten Denkens ist ein Beispiel dafür.

Um den strategischen Anteil der ISO 9001 und ihrer Ableger sachgerecht zu auditieren, fehlt vielen Zertifizierungsauditoren Erfahrung in Führung und Unternehmensleitung. Auditoren haben meist einen technischen Background und Erfahrung mit Qualitätssicherung, nicht aber mit strategischem Management. Wenn Kontext- und Stakeholder-Analyse sowie die strategische Planung des Managementsystems rein mündlich, über Statements, nachgewiesen werden, muss der Auditor auf Augenhöhe mit der Geschäftsleitung kommunizieren können. Hier trennt sich die Spreu vom Weizen. Unsichere Auditoren flüchten sich dann schnell in „ihre" Welt von Formalien und erheben nicht sachgerechte Forderungen, z. B. nach Dokumenten.

Um den strategischen Anteil einer Norm zu auditieren, sollte man über Erfahrung im strategischen Management verfügen.

Unzureichende Kompetenz des Auditors kann sogar zum Verlust des Zertifikats führen, so geschehen bei einem Zulieferanten in der Luftfahrtindustrie. Wenn ein Zulieferer in der Luftfahrtindustrie seine EN-9100-Zertifizierung verliert, muss er dies unverzüglich seinem Kunden mitteilen. Dieser veranlasst möglicherweise eine sofortige Sperrung des Lieferanten, der Verlust der Zertifizierung kann also existenzbedrohend sein. In diesem Fall allerdings vertraute der Kunde weiterhin dem Lieferanten. Beim Wiederholungsaudit mit einer anderen Zertifizierungsgesellschaft bestand der Zulieferer die Zertifizierung dann auch mit Bravour. Es stellte sich auch heraus, dass von den neun zuvor festgestellten Hauptabweichungen keine einzige gerechtfertigt war und alle Normanforderungen über die Maßen erfüllt wurden.

Der Abbruch eines Audits durch die auditierte Organisation ist sicherlich die letzte Lösung. Im vorliegenden Fall wäre es jedoch sinnvoll gewesen. Da der Zulieferant das Ergebnis des Audits, trotz Verwunderung und großer Skepsis, akzeptierte, verlor er sein Zertifikat und musste die Kosten des Audits tragen. Ein Abbruch hätte dazu geführt, dass sich der Auditor gegenüber seinem Auftraggeber, der Zertifizierungsgesellschaft, hätte rechtfertigen müssen. Auch wenn der Auditor bzw. die Zertifizierungsgesellschaft eine besondere Stellung und sicher auch eine gewisse Macht innehaben, sind sie dennoch Dienstleister und sollten vom Kunden nur für gute Arbeit bezahlt werden.

Dieses Beispiel stellt einen Extremfall und hoffentlich eine Ausnahme dar. Dennoch bleibt unzureichende Kompetenz von Zertifizierungsauditoren ein Problem. Als allererstes müsste sichergestellt werden, dass die Auditoren die Normen wirklich aus erster Hand kennen und hinsichtlich ihres Sinns und Zwecks in der Unternehmenspraxis verstanden haben. Darüberhinaus gehören Themen wie Agilität, Netzwerkorganisation, Digitalisierung, virtuelle Teams, Umgang mit Komplexität und Ungewissheit, Selbstorganisation und Selbstführung in eine zeitgemäße Auditorenausbildung. Von dieser Zielvorstellung sind die QM- und Auditorenausbildungen weit entfernt. Ihre Lernziele und Inhalte haben sich in den letzten zehn Jahren kaum verändert.

1.4.2 Fehlende eigene Anforderungen an das Audit

Es ist eine Frage meiner Anforderungen, meines eigenen Anspruchs, für welche Leistung im Audit ich zu zahlen bereit bin. Zahle ich für das Zertifikat oder dafür, dass das Audit hilft, das Unternehmen zu entwickeln? Es ist eine Frage meiner

Anforderungen, ob ich eine Auseinandersetzung mit dem Auditor und der Zertifizierungsstelle bei unbefriedigender Leistung scheue oder eingehe.

Ein Zertifizierungsaudit oder ein sonstiges externes Audit wäre eine sehr gute Gelegenheit, das Managementsystem bzw. das Unternehmen von einer unabhängigen Instanz durchleuchten zu lassen. Je mehr Lücken und Verbesserungspotenziale gefunden werden, desto wertvoller ist das Audit. Oder nicht? In der Regel gilt das Gegenteil. Das Ziel ist meist, das Audit ohne größere Mängel, am besten ganz ohne *Findings* zu bestehen. Meine Anforderung, für deren Erfüllung ich dann gern bezahle, besteht darin, dass ich als Ergebnis des Audits möglichst nichts erkennen und verändern muss. Dafür werden die bekannten Probleme beziehungsweise die Lücken im System bestmöglich vertuscht. ,„Die Braut wird hübsch gemacht" und das normkonforme Schattensystem wird präsentiert.

Dieses Theater kann auch von einem kompetenten Auditor nicht leicht vermieden werden. Besserung ist allerdings in Sicht. Unternehmer und Geschäftsführer stellen zunehmend höhere Anforderungen an das Zertifizierungsaudit und an die Kompetenz des Auditors. Aussagen wie „Hauptsache das Zertifikat hängt an der Wand" existieren aber nach wie vor.

1.4.3 Systembefriedigung interner Audits

Dass externe Audits mit dem Fokus auf das erwünschte Ergebnis organisiert werden, lässt sich noch nachvollziehen. Dass jedoch auch interne Audits inszeniert werden, ist schlichtweg Irrsinn. Frage: Würden Sie interne Audits durchführen, wenn Sie es nicht mehr müssten? Wenn Sie die Frage mit „Nein" beantworten, ist es sehr wahrscheinlich, dass Sie mit Ihren internen Audits lediglich die Norm und das System befriedigen.

Die Systembefriedigung beginnt in der Regel mit dem Erstellen des Auditprogramms. Üblicherweise wird es vom QMB erstellt. Hier liegt schon der erste, grundlegende Fehler: Ein Auditprogramm soll eine zielgerichtete Unternehmensentwicklung unterstützen. Es sollte Ergebnis strategischer Überlegungen sein und gehört somit in den Verantwortungsbereich der Geschäftsführung. Im Gegensatz hierzu erstellen viele QMBs Auditprogramme nach dem Gießkannenprinzip: In einem Zeitraum von drei Jahren werden alle Bereiche bzw. alle Prozesse mindestens einmal auditiert. Nicht selten werden dabei die Normkapitel im Auditprogramm aufgeführt (Bild 1.7). Diese Vorgehensweise macht für ein Zertifizierungsaudit vielleicht noch Sinn, für interne Audits ist sie Irrsinn.

Monat Bereich	J	F	M	A	M	J	J	A	S	O	N	D
Vertrieb	8.2											
Entwicklung				8.3 10.3								
Produktion						8.5 8.6						
Einkauf			8.4									
Personal										7.2		
GF												9.3

Bild 1.7 Sinnfreies Auditprogramm zur Normbefriedigung

Während es das Ziel von Zertifizierungsaudits ist, zu überprüfen, ob Normforderungen erfüllt sind, ist in internen Audits darüber hinaus zu prüfen, ob die Umsetzung wirksam und sinnvoll ist (siehe ISO 9001:2015, Abschnitt 9.2.1, a) und b)). Zertifizierungsaudits überprüfen nur das *WAS*, interne Audits überprüfen darüber hinaus das *WIE* (Bild 1.8). Der Zertifizierungsauditor wird die Sinnhaftigkeit und Wirksamkeit einer Umsetzung nicht diskutieren. „Wir können auch einem Hersteller von Schwimmwesten aus Beton ein Zertifikat erteilen, wenn er die Normforderungen erfüllt", so die Aussage eines Zertifizierungsauditors.

Wenn Sie das *WIE* überprüfen, stellt sich die Frage nach dem *WAS* nicht mehr. Oder anders ausgedrückt: Wenn Sie überprüfen, ob Ihre Prozesse und Methoden sinnvoll und wirksam sind, überprüfen Sie indirekt auch, ob die Normforderungen erfüllt sind.

> Interne Audits sollten primär überprüfen, ob Prozesse und Methoden sinnvoll sind. Konformitätsprüfung gegenüber der Norm sollte immer nur ein Abfallprodukt von internen Audits sein.

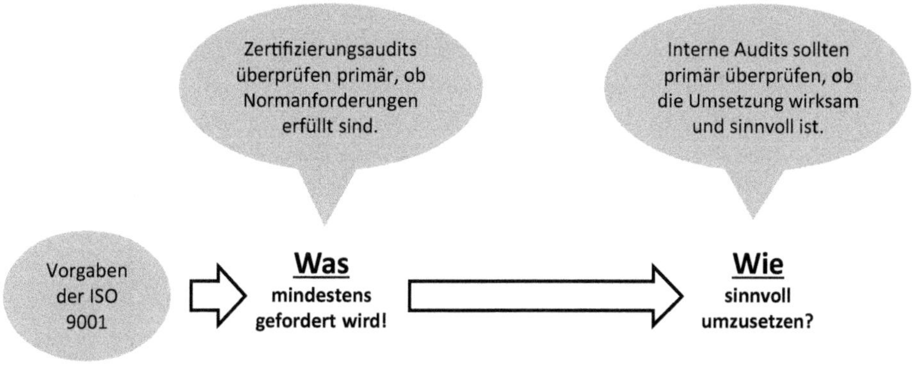

Bild 1.8 Vom externen zum internen Audit

Aus einem Auditprogramm nach dem Gießkannenprinzip folgen Audits ohne konkretes Ziel. „Gemäß unserem Auditprogramm müssen wir heute hier ein Audit machen.“ „Wir sind hier, um die Normforderungen zu überprüfen.“ Dies sind keine Auditziele, dies ist Systembefriedigung. Fragenkataloge nach Normkapiteln sind ebenfalls irrsinnig und ein Hinweis auf Normbefriedigung. Standardisierte, vorgefertigte Fragen können nicht ein konkretes Ziel verfolgen. Des Weiteren ist es damit fast unmöglich, auf die Situation und die Bedürfnisse des Gegenübers einzugehen. Als grober Leitfaden können Fragenkataloge einem ungeübten Auditor Sicherheit geben. Es gilt jedoch wie für jede zu erlernende Tätigkeit: Zu Anfang sind Hilfestellungen willkommen und zweckmäßig, mit wachsender Kompetenz sind sie für die Weiterentwicklung einer Tätigkeit und für die Kreativität hinderlich. Dies führt uns zu der Frage: Wie viele Vorgaben bzw. wie viel Freiheit habe ich für meine internen Audits?

1.4.4 Die ungenutzte Freiheit

Für Zertifizierungsaudits, auch Third Party Audit genannt, gilt die Norm DIN EN ISO 17021. Sie ist eine Akkreditierungsnorm und stellt sicher, dass die Zertifizierungsgesellschaften und die Auditoren über die benötigte Kompetenz verfügen und vergleichbare Zertifizierungsaudits durchführen. Dies hat umfangreiche, stark einschränkende Forderungen für das Audit zur Folge. Die DIN EN ISO 17021 ist für Zertifizierungsaudits verpflichtend. Für alle anderen Auditarten **kann** die DIN EN ISO 19011 herangezogen werden (Bild 1.9). Diese Norm trägt den Titel *Leitfaden zur Auditierung von Managementsystemen.* Sie ist nicht verpflichtend bzw. bindend. Mit anderen Worten, interne Audits, Lieferanten- und Kundenaudits können nach diesem Leitfaden durchgeführt werden, man darf sie aber auch völlig anders gestalten.

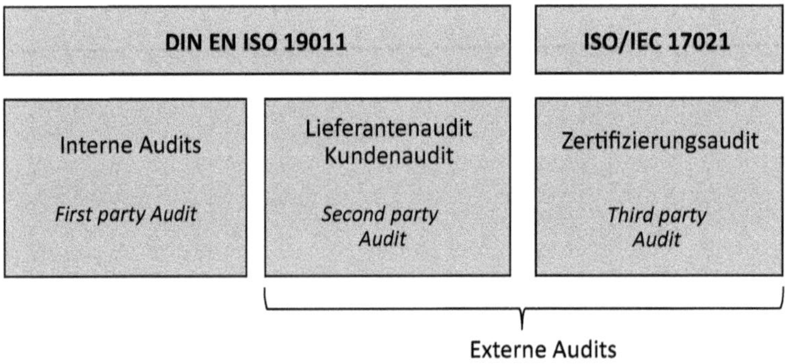

Bild 1.9 Normen zum Auditieren

Diese Freiheit wird in den gängigen QM- und Audit-Seminaren nicht klar genug kommuniziert und daher üblicherweise nicht genutzt. Die Ausbildungen zum (internen) Auditor basieren regelmäßig auf der DIN EN ISO 19011 und bieten keine alternativen Ansätze, obgleich alle nach Alternativen suchen.

1.4.5 Fehlende Kundenorientierung

Wer ist der Kunde im Auditprozess? Nur wenige machen sich Gedanken zu dieser Frage.

Ohne Wenn und Aber, der Auditee, also die auditierte Organisation, ist der Audit-Kunde. Interne Audits sind als Dienstleistungsprozess für die KollegInnen im Unternehmen zu betrachten. Aber benehmen sich die Auditoren tatsächlich wie Dienstleister und fühlen sich die auditierten KollegInnen als Kunden? Dies ist eher selten der Fall. Und das, obwohl die Auditoren betonen, dies zu beabsichtigen.

Das liegt zunächst an der Struktur des Prozesses: Die auditierten Mitarbeiter*innen nehmen im konventionellen Audit eine passive Rolle ein. Der Auditor ist Herr des Prozesses, bestimmt Bedarf, Umfang, Methode und Zeitpunkt des Audits. Es kann nicht verwundern, wenn sich die Auditierten in einem solchen Szenario nicht als wertgeschätzte Kunden, sondern lediglich kontrolliert fühlen. Sie lassen das Audit über sich ergehen und wollen es möglichst ohne große Blessuren bestehen.

Ob der Mitarbeiter in Audits als Kunde betrachtet wird und ob er sich als Kunde fühlt, prägt den Charakter und den Nutzen des Audits.

Ob der auditierte Bereich und seine Mitarbeitenden als Kunden betrachtet werden und ob sie sich als Kunden fühlen, hat entscheidenden Einfluss auf den Nutzen des Audits. Legen Sie größten Wert darauf, die internen Audits kundenorientiert zu gestalten! In Kapitel 5 erhalten Sie Handreichungen zu der wirklich wertschöpfenden Form des *Coachenden Auditierens*. Vorab noch zwei Hinweise:

- Je formeller ein Audit, desto schlechter wird es. Die Qualität des Audits steigt signifikant mit der Aufmerksamkeit und Wertschätzung, die Sie Ihrem Gegenüber schenken. Formalitäten sind dafür eher hinderlich.
- Das Wort „Audit“ kommt vom lateinischen Wort „audire“, was so viel heißt wie „zuhören“. Damit sind wir auf ein Wesensmerkmal des Auditierens gestoßen: das Zuhören. Welchem Anteil des Audits hören Sie wirklich zu? Wie viel Zeit verbringen Sie mit Fragen und Dokumentation? Vielleicht denken Sie gerade an Ihre letzte Erfahrung als Auditierter, als Sie völlig genervt waren, weil der Auditor sich hinter seinem Laptop versteckt hat, um zeitgleich den Auditbericht zu erstellen. Stattdessen hätten Sie sich mehr Aufmerksamkeit und aktives Zuhören gewünscht.

1.4.6 Fehlende Leistungsindikatoren

In der Regel werden weniger Abweichungen als Verbesserung des Auditwesens interpretiert. Dieses Ziel setzt jedoch falsche Anreize. Mitarbeitende und Führungskräfte könnten geneigt sein, Probleme und Lücken im System zu verbergen, um ihre Ziele zu erreichen. Erstrebenswert könnte für sie sein, im internen Wettbewerb mit anderen Abteilungen gut da zu stehen. Völlig irrsinnig ist es, wenn eine Reduzierung der Auditabweichungen als Ziel für den QMB bzw. für die QM-Abteilung definiert wird.

Auch das Gegenteil, viele Nichtkonformitäten als Indikator eines guten Audits zu betrachten, kann nicht sinnvoll sein. Schließlich muss ein fehlerfreies Produkt, ein fehlerfreier Prozess, angestrebt und gewürdigt werden können. Nachfolgend möchten wir zweckmäßige Leistungsindikatoren für interne Audits aufführen:

- Anzahl von Anfragen zur Durchführung von internen Audits
- Anzahl durchgeführter interner Audits
- Grad der Zufriedenheit des Auditkunden
- Anzahl an Verbesserungsmöglichkeiten
- Potenzial der Verbesserungsmöglichkeiten
- Wirksamkeit der Umsetzungsmaßnahmen
- Leistungssteigerung durch die Umsetzungsmaßnahmen

Auditieren Sie Ihren Auditprozess! Erfragen Sie die Erwartungen und Erfordernisse aller interessierten Parteien. Arbeiten Sie so lange an dem Prozess, bis Sie aus der Organisation den Ruf hören: „Wir benötigen Unterstützung. Kannst Du bitte für uns ein Audit durchführen?“ Mit unserem Ansatz *Coachendes Auditieren* zeigen wir in Kapitel 5 einen an den Bedürfnissen des Unternehmens und seiner Mitarbeitenden orientierten Auditprozess.

Die **Kernaussagen dieses Abschnitts** sind:

- Die Wirksamkeit der Audits sinkt mit steigendem Formalismus.
- Viele Audits sind Norm- und Systembefriedigung.
- Der Auditkunde wird meist nicht bewusst definiert und als solcher behandelt.
- Es braucht Leistungsindikatoren für interne Audits, die Sinn und Zweck der Audits ausdrücken und nachgehalten werden.
- Nutzen Sie die Freiheiten der Normen für interne Audits und werden Sie kreativ!

1.5 Irrweg des Risikomanagements – wie geht risikobasiertes Denken?

Die meisten Unternehmen haben wegen der Revision ISO 9001:2015 die Dokumentation erweitert, obwohl die Norm weniger Dokumentation versprochen hat. Wie kann das sein?

In diesem Abschnitt erfahren Sie,

- warum formelles Risikomanagement meist nur Systembefriedigung ist,
- warum Risikomanagement kontraproduktiv sein kann,
- warum Entscheidungen auf Basis von Intuition und Bauchgefühl sinnvoll sein können,
- wie Sie sich auf die ISO 9001:2015 berufen können, um Vorgaben und Dokumentation zu reduzieren.

Bevor wir die Verirrungen im konventionellen Risikomanagement reflektieren und den Ansatz des risikobasierten Denkens verstehen lernen, ist es hilfreich, Herkunft und Natur des Begriffs *Risiko* zu betrachten. Die Definitionen von Risiko sind vielfältig:

- Risiko: möglicher negativer Ausgang bei einer Unternehmung, mit dem Nachteile, Verlust, Schäden verbunden sind (DUDEN)
- Risiko ist ein unerwünschter Zustand oder Sachverhalt, der sowohl durch die Wahrscheinlichkeit des Auftretens als auch durch eine potenzielle, negative Auswirkung gekennzeichnet ist (EN 9100).
- Risiko ist die Wahrscheinlichkeit der Ereignisse, die die Hoffnung, aber auch die Angst der Menschen vor dem Morgen bestimmen (Pierre Simon LaPlace).
- Risiko ist die vornehmste Quelle der Inspiration (Hans Magnus Enzensberger).

Die Definition des Dudens ist sicher die am meisten in den Köpfen der Beteiligten vertretene Definition. Wird mit Risiko ausschließlich ein negatives, zu vermeidendes Ereignis verbunden, spricht man von der einseitigen Risikodefinition [Ottmar Schneck, Risikomanagement]. Die Definition von Hans Magnus Enzensberger ist die zweiseitige Risikodefinition. Hier gilt:

Risiko = Chance

Risiken eingehen, heißt, Chancen zu ergreifen! Kein Risiko einzugehen, heißt, keine Chance zu ergreifen. Es gibt diese zwei Begriffe nur zusammen. Welche Seite ich betrachte, beruht allein auf meiner Entscheidung.

Risiken und Chancen sind die beiden Seiten derselben Medaille.

Die Betrachtung von Risiken und Chancen ist ein bewusster oder unbewusster, natürlicher Vorgang. Bei jeder Entscheidung, die wir treffen, wägen wir Risiken und Chancen ab. Die meisten Entscheidungen treffen wir dabei unbewusst. Wir betreiben also ein ganz selbstverständliches *Risikomanagement*, jeden Tag, für jede Entscheidung, für jede Aufgabe.

Wenn Sie ein formelles Risikomanagementsystem (RMS), z. B. nach ISO 31000, in Ihrem Unternehmen einführen, bedeutet das, dass Sie einen formellen Entscheidungsprozess einführen. Dagegen ist nichts einzuwenden, solange der Prozess sinnvoll und wirksam ist. Die meisten uns bekannten Unternehmen sind aber mit ihrem formellen RMS nicht zufrieden. Zu aufwendig, wenig alltagstauglich, lautet das Urteil. Meist sind die Systeme auf Druck einer externen Partei, einer Behörde oder eines Kunden, installiert worden. So musste eines unserer Kundenunternehmen auf Forderung des Bundesamtes für Güterverkehr ein RMS nach ISO 31000 und Risiko-Assessment-Methoden nach ISO 31010 einführen. Das Kleinunternehmen mit ca. 40 Mitarbeitenden hatte zwei Jahre zuvor ein QMS nach ISO 9001 eingeführt. Es entstand ein bürokratisches Monster mit vielen Redundanzen.

Formelle RMS verlangsamen die Entscheidungsprozesse. Wenn dann noch komplizierte, umfangreiche Methoden zur Ermittlung und Bewertung der Risiken zum Einsatz kommen, ist das Risikomanagement (RM) einer kleinen Gruppe von Spezialisten in der Organisation vorbehalten. RM ist dann, wie das QM, institutionalisiert und entkoppelt vom großen Ganzen des Managementsystems bzw. dem eigentlichen Geschäftsbetrieb. Wieder entsteht ein Schattensystem und auch das RMS mutiert zu einem reinen Selbstzweck. Typische Symptome der Befriedigung dieses RM-Schattensystems sind:

- Einsetzung eines Risikomanagement-Beauftragten,
- Risikomanagement-Handbuch nach Normkapiteln, z. B. ISO 31000,
- Risikopolitik, vom Risikomanager erstellt,
- Risikoregister, mit nachträglich identifizierten Risiken und Chancen für bereits vorhandene Prozesse und Produkte,
- Risiko-Bewertungsmatrix, in der die Bewertungen an die bereits vorhandenen Ergebnisse angepasst werden,
- FMEA, die am Ende der Entwicklung oder des Projekts noch schnell erstellt wird.

Das gelebte, informelle RM findet parallel in den Fachbereichen statt. Hier werden schnelle Entscheidungen gefällt, komplizierte Methoden kommen dabei nicht oder selten zur Anwendung. Sachkundige Intuition bestimmt des Öfteren die Entscheidung. Neben der Tendenz, dass formelles RM ein Schattensystem erzeugt, gibt es noch ein weiteres, meist nicht reflektiertes Problem mit diesen Systemen.

1.5.1 Risiko vs. Ungewissheit

Man kann sichere und unsichere Zukunftszustände unterscheiden. Sichere Zukunftszustände, auch als Gewissheit bezeichnet, bedürfen keiner Planung. Es wird beispielsweise als Gewissheit angesehen, dass morgen wieder die Sonne aufgeht. Ebenso betrachten es viele Mitarbeitende als Gewissheit, dass sie regelmäßig ein Gehalt bekommen, dass sie feste Arbeitszeiten und 30 Tage Urlaub im Jahr haben. Je mehr „Gewissheit" wir verspüren, desto besser fühlen wir uns. Aktuellen Studien zufolge ist das Bedürfnis nach „Certainty" bei der Mehrzahl der Menschen das am stärksten ausgeprägte psychologische Bedürfnis.

Ein Großteil der Zukunftszustände ist aber unsicher. Bei genauerer Betrachtung gibt es sogar keinerlei sichere Zukunftszustände, sondern allenfalls „an Sicherheit grenzende Wahrscheinlichkeiten". Unsichere Zukunftszustände lassen sich in zwei Gruppen einteilen: Risiko und Ungewissheit (Bild 1.10). Als „Risiko" werden alle bekannten, weil für möglich gehaltenen, und damit kalkulierbaren, Zukunftszustände bezeichnet. Risiken sind in dem Moment „bekannt", in dem sie gedacht werden. Mit der heute verfügbaren hohen Rechenleistung von Computern kann eine enorme Fülle an Informationen und Ursache-Wirkungs-Beziehungen verarbeitet werden, um Zukunftszustände durch das Betrachten und Kalkulieren von Risiken vorauszusagen und Entscheidungen davon abzuleiten. Solche Risiko-/Wahrscheinlichkeitsberechnungen sollen dem Bedürfnis nach Gewissheit Genüge tun [Ottmar Schneck, Risikomanagement].

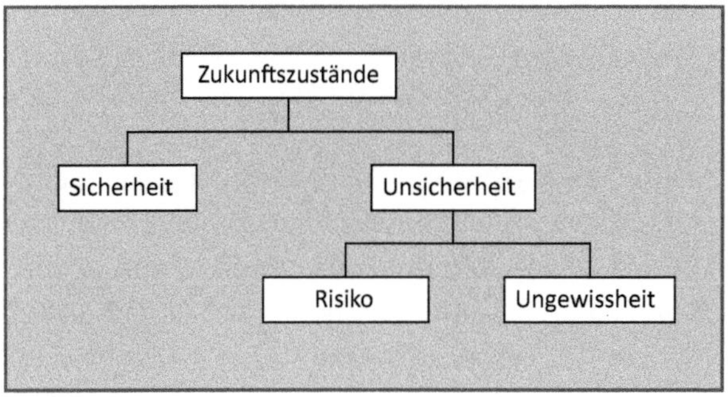

Bild 1.10 Unsicherheit, Risiko und Ungewissheit (Schneck, 1994)

Am 29. 10. 2018 stürzte ein Passagierflugzeug des Typs Boeing 737 MAX über Indonesien ab. 189 Todesopfer waren die schreckliche Bilanz. Bei dem Unglück hatte eine Fehlfunktion des Flugsteuerungssystems MCAS eine entscheidende Rolle gespielt. Daraufhin stellte die amerikanische Luftfahrtbehörde FAA Berechnungen hinsichtlich der Wahrscheinlichkeit eines weiteren, durch MCAS verursachten Unfalls an. Die Rechnung ergab eine zu erwartende Anzahl von 15,373 (!) durch MCAS ausgelöste Unfälle über die voraussichtliche Einsatzdauer des Flugzeugmodells von 45 Jahren. Aufgrund dieses Ergebnisses entschieden sich die FAA-Experten gegen ein unmittelbares Flugverbot („Grounding") für die 737 MAX, da solch ein Absturz nur etwa alle drei Jahre zu erwarten sei. Dieser Schlussfolgerung lag unter anderem die Annahme zugrunde, dass die betroffenen Piloten in 99 von 100 Fällen die durch eine Fehlfunktion des MCAS verursachten Probleme meistern würden.

Viereinhalb Monate später, am 10. 03. 2019 kam es zum Absturz einer äthiopischen 737 MAX mit 157 Todesopfern. Erneut war eine MCAS-Fehlfunktion aufgetreten. Die Piloten – wohl wieder aus der 1 %-Population – konnten das Flugzeug nicht retten, obwohl sie die von Boeing vorgeschriebene Notfallprozedur durchführten. Es war schon zu spät gewesen: Um die Katastrophe abzuwenden, hatte ihnen ein Gesamtzeitfenster von 40 Sekunden zur Verfügung gestanden. (Quelle: aeroTELEGRAPH vom 12. 12. 2019)

Bei komplexen Systemen, und das sind vor allem sämtliche Zusammenhänge, in denen Menschen mitwirken, ist größte Vorsicht im Umgang mit solchen Wahrscheinlichkeitsberechnungen und Prognosen angebracht. Viele Unfälle basieren auf einer Interaktion von Faktoren, die niemand vorher bedacht hat. Das Unvorstellbare ist passiert! Oder auch – wie in unserem Beispiel der 737 MAX: In die Wahrscheinlichkeitsberechnung sind folgenschwere unrealistische Annahmen eingeflossen.

Für etwas, an das niemand gedacht hat, für etwas, das unvorstellbar war, gibt es keinen Eintrag in ein Risikoregister und damit auch keine Vorbeugemaßnahme. Hier sind Pläne, Vorgaben, feste Regeln, nicht nur unwirksam, sie sind oft sogar schädlich. Ein auf Compliance gedrilltes Managementsystem bzw. Unternehmen kann mit Ungewissheit, mit Überraschungen nur schlecht umgehen. Hier beginnt dann der Irrweg im konventionellen, formellen Risikomanagement: Die Überraschung wird als – vermeidbarer – Mangel des Managementsystems angesehen. Bei jedem unvorhergesehenen, unerwünschten Ereignis tappen die Unternehmen erneut in die Falle, eine neue Regel, eine neue Anweisung, ein weiteres Risikoregister einzuführen, um für das nächste Mal besser gewappnet zu sein. Das Problem ist aber, dass es exakt die gleiche Konstellation kein zweites Mal geben kann. Das konventionelle Risikomanagement nährt eine fatale Illusion, nämlich dass alles mit technisch-organisatorischen Maßnahmen in den Griff zu bekommen sei. „Wir müssen für das nächste Mal besser planen", „Wir brauchen für das nächste Mal einen Plan B". Es darf gemutmaßt werden, dass durch die Covid-19-Krise viele neue RM-Instrumentarien in den Unternehmen Einzug gehalten haben.

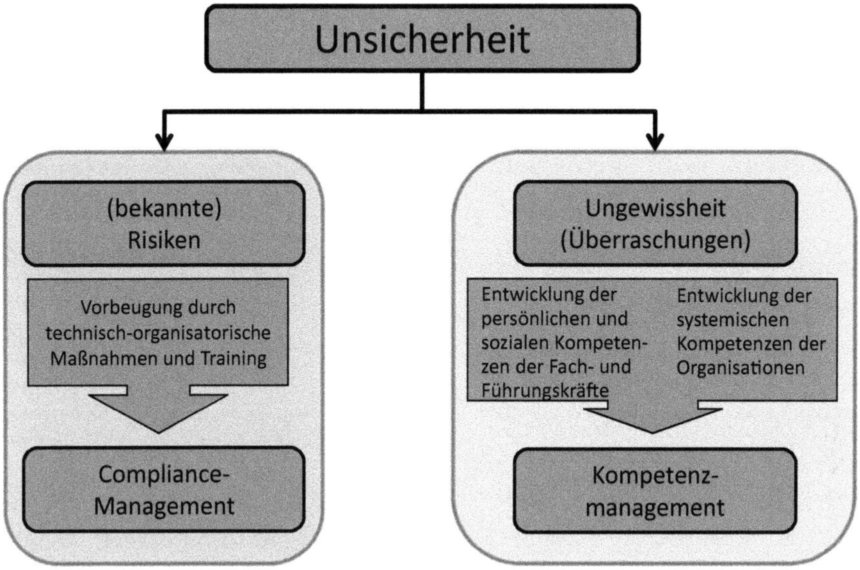

Bild 1.11 Compliance- vs. Kompetenzmanagement (HFEX GmbH)

Ungewissheit bzw. Überraschungen sind ihrer Natur zufolge unvermeidbar. Wenn etwas unvermeidbar ist, ist man gut beraten, es zu akzeptieren und zu lernen, damit umzugehen. Die Fähigkeit, Krisen zu bewältigen und sie durch Zugriff auf persönliche und sozial vermittelte Ressourcen als Anlass für Entwicklungen zu nutzen, wird in der Psychologie als ***Resilienz*** bezeichnet. In der Wirtschaft spricht man von resilienten Organisationen. Eine Organisation, die mit Überraschungen gut umgehen kann, in Krisensituationen handlungsfähig bleibt und aus Krisen lernt, ist resilient. Für die Steigerung der Resilienz von Organisationen gibt es zwei Stellhebel: die Entwicklung der persönlichen und sozialen Kompetenzen ihrer Fach- und Führungskräfte sowie die Entwicklung der systemischen Kompetenzen der Organisation (Bild 1.10).

> Wenn die Risiken bekannt sind, verlangen gute Entscheidungen logisches und statistisches Denken. Wenn Risiken unbekannt sind, erfordern gute Entscheidungen auch Intuition und kluge Faustregeln. [Gerd Gigerenzer, Risiko]

Faustregeln und Intuition (selbst wenn sie auf Sachkunde beruhen) als Basis für Entscheidungen widersprechen dem konventionellen RM und auch dem konventionellen QM. Dessen Grundsatz ist die *faktengestützte Entscheidungsfindung* (siehe

QM-Grundsätze der ISO 9000). Mit dem Ansatz des risikobasierten Denkens kann dieser Widerspruch aufgelöst werden.

1.5.2 Der Ansatz des risikobasierten Denkens

Der Ansatz des risikobasierten Denkens in der ISO 9001:2015 hat zu Missverständnissen und irrgeleiteten Handlungen geführt. „Die ISO fordert jetzt ein Risikomanagement“ war oft zu hören, als die Norm 2015 veröffentlicht wurde. Dies ist schlichtweg falsch. Der Ansatz und die Intention des risikobasierten Denkens sind im Anhang A4 der ISO 9001:2015 klar beschrieben. Die Kernaussagen möchten wir hier aufführen und reflektieren:

Die Anwendung des risikobasierten Denkens wird verkörpert in der Planung und Verwirklichung von Prozessen des QMS und hilft bei der Bestimmung des Umfangs von dokumentierter Information.

Risikobasiertes Denken ist also kein separater Prozess. Es findet statt, wenn Prozesse oder Produkte geplant und verwirklicht werden. Es ist somit integraler Bestandteil von Management bzw. Unternehmensführung. Die Einschätzung und der Umgang mit Chancen und Risiken haben Einfluss auf Art und Umfang der Dokumentation. In einem System mit vielen Vorgaben, Regeln und Reports wird das Risiko, dass Freiräume zu Fehlern führen, als relativ hoch eingestuft.

Es ist eine Kernaufgabe des QMS, als Vorbeugeinstrument zu wirken. Daher gibt es keine separaten Vorbeugemaßnahmen.

Hier hat das Technische Komitee 176 (die Autoren der Norm) dazugelernt und die Redundanzen in der Vorgängerversion eliminiert. Das Erstellen von Kapazitätsplänen, von Prozess- und Arbeitsanweisungen dient dazu, die Zukunft bzw. das Gelingen der Arbeit sicherzustellen und Fehlern vorzubeugen. Ein Managementsystem ist somit auch ein Vorbeugeinstrument. Führt man zusätzlich Vorbeugungsmaßnahmen ein, wie es in der ISO 9001:2008 in Kapitel 8 gefordert war, so wird es zu Redundanzen bzw. zu überflüssigen Tabellen, Matrizen, Maßnahmenlisten etc. kommen.

Das risikobasierte Denken steckt in der Formulierung von Anforderungen des QMS.

Anders ausgedrückt: Pläne, Prozesse, Verfahren, Arbeitsanweisungen sind das Ergebnis des risikobasierten Denkens. Es macht wenig Sinn, sich nachträglich über die Risiken und Chancen Gedanken zu machen, nachdem ein Produkt oder ein Prozess festgelegt ist. Dies sollte selbstverständlich vorher, in deren Entwicklungsphase passieren.

Unter Berücksichtigung von Risiken und Chancen können Vorgaben für Tätigkeiten teilweise reduziert und durch Zielfestlegungen ersetzt werden. Dadurch ergibt sich eine höhere Flexibilität bei Prozessvorgaben, Dokumentation und Verantwortung als in der ISO-9001:2008-Norm.

Befürworter von Selbstorganisation, Abbau von Hierarchien und Bürokratie wähnen in diesem Satz eine Goldgrube. Man könnte die Aussage des Satzes verständlicher formulieren: Überlass es den Mitarbeitenden, wie sie das Ziel erreichen, und baue auf ihr Verantwortungsbewusstsein und ihre Kompetenzen. Nur so kannst Du darauf vertrauen, dass der Mitarbeitende auch bei Überraschungen handlungsfähig bleibt und angemessene Entscheidungen trifft. Der Ansatz des risikobasierten Denkens unterstützt somit auch den Umgang mit Ungewissem – ein bedeutender Vorteil gegenüber dem konventionellen RM.

Die erlaubte Flexibilisierung durch Reduzierung der Vorgaben wurde an manchen Stellen falsch verstanden und führte zum Gegenteil. Unternehmen betrieben zusätzlichen Aufwand im konventionellen Risikomanagement, also dem Umgang mit bekannten Risiken.

Es sind keine formellen Methoden oder ein Risikomanagement-Prozess erforderlich.

Hier betont das Technische Komitee 176 noch einmal explizit die Abgrenzung zum formellen Risikomanagement.

Prozesse haben einen unterschiedlichen Risikograd. Dieser wird aus den Maßnahmen zur Behandlung der Risiken und Chancen deutlich.

Mit anderen Worten: Dort, wo die Organisation keine oder geringe Risiken sieht, müssen auch keine Vorbeugemaßnahmen getroffen werden.

Die Bestimmung von Risiken und Chancen kann, muss aber nicht dokumentiert werden.

Einem Kleinunternehmen ist es demnach erlaubt, Risiken und Chancen mündlich zu besprechen und darauf basierende Maßnahmen einzuleiten. Dies entspricht dem natürlichen „Risikomanagement" bzw. der natürlichen Entscheidungsfindung innerhalb von KMU. Im vorigen Abschnitt haben wir aber auf die Problematik von Statements als Nachweis in Audits aufmerksam gemacht. Wir halten es daher für sinnvoll, die Überlegungen und Entscheidungen auf dem Weg zu einem neuen Produkt oder Prozess mit möglichst geringem Aufwand zu dokumentieren, beispielsweise in Form eines Meetingprotokolls. In jedem Fall muss man die Frage beantworten können: Welche Überlegungen führten zu der Entscheidung, zu dem Ergebnis?

Die geeigneten Strategien zum Umgang mit (bekannten) Risiken und mit Ungewissheit verhalten sich umgekehrt proportional. Je mehr ich auf Kontrolle, Vorgaben und Fremdbestimmung setze, desto weniger kann ich Vertrauen, Eigenverantwortung und Selbstorganisation fördern. Letztere Prinzipien und Fähigkeiten sind jedoch im Umgang mit Ungewissem essenziell. Es gilt also, die richtige Balance zu finden (Bild 1.12). Zu welcher Seite ein Unternehmen mehr tendiert, ist ein Ausdruck der gelebten Kultur bzw. der Haltung und Werte der Führungskräfte. Das Modell der Waage erklärt, warum viele Unternehmen bei dem Versuch, agiler und schneller zu werden, scheitern. Es wird an Vertrauen, Eigenverantwortung und Selbstorganisation appelliert, aber die Kultur, die Grundsätze, die Politik, die Ausgestaltung des Managementsystems und das alltägliche Verhalten bleiben unverändert.

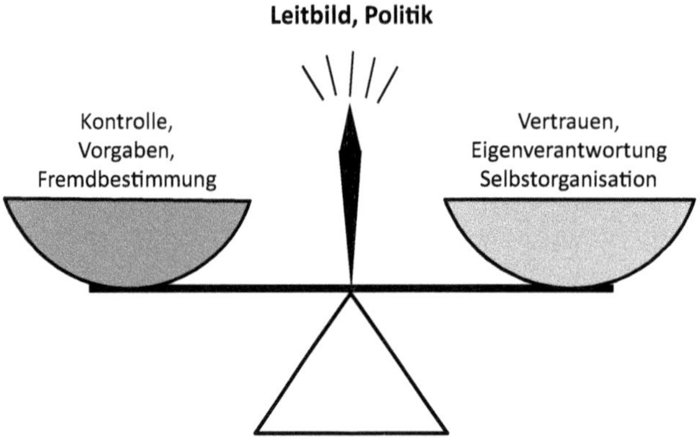

Bild 1.12 Gelebte Politik (Kultur) als Gradmesser des balancierten Managementsystems

Die **Kernaussagen dieses Abschnitts** sind:

- Risikomanagement ist ein formeller Entscheidungsprozess, den es kritisch zu bewerten gilt.
- Risiken und Ungewissheit sind unterschiedliche Arten von Unsicherheiten und erfordern gegensätzliche Herangehensweisen.
- Ungewissheit kann nicht mit konventionellem Risikomanagement begegnet werden.
- Risikobasiertes Denken ist ein Ansatz zum Umgang mit Risiken und Ungewissheit.
- Mit risikobasiertem Denken kann der nötige Dokumentationsumfang ermittelt und ggf. reduziert werden.
- Machen Sie sich den natürlichen Entscheidungsprozess des risikobasierten Denkens zu Nutze!

1.6 Managementbewertung – warum geben wir uns mit einem Bericht zufrieden?

Auch die Managementbewertung gerät meist zur System- bzw. Normbefriedigung. Das Erstellen des Berichts steht dabei im Vordergrund. Wenn bei Ihnen die Geschäftsführung zur Managementbewertung einlädt, können Sie den Abschnitt überspringen. Sonst lesen Sie bitte weiter.

In diesem Abschnitt erfahren Sie,

- wie Sie eine Managementbewertung strategisch nutzen,
- wie Sie einen umfangreichen Bericht vermeiden.

Was ist der Sinn und Zweck einer Managementbewertung? Eine Managementbewertung ist, wie das interne Audit, ein Instrument zur Bewertung des Managementsystems bzw. des Unternehmens hinsichtlich Wirksamkeit (Bild 1.13). Es gibt jedoch einen wesentlichen Unterschied der beiden Instrumente: Das interne Audit dient der operativen Steuerung und Verbesserung, während sich die Managementbewertung in der grundlegenderen und längerfristigen, strategischen Dimension bewegt. Das interne Audit beantwortet die Frage: Funktioniert unser System bzw. unser Unternehmen auf operativer Ebene? Die Managementbewertung soll darüber hinaus die Frage beantworten: Ist das System bzw. das Unternehmen auf Dauer richtig aufgestellt und ausgerichtet? Gemessen an dieser Zielsetzung ist es übrigens äußerst fraglich, ob ein Unternehmen mit einer nur jährlich durchgeführten Managementbewertung in diesen so turbulenten Zeiten auskommt.

Operativer Charakter | Strategischer Charakter

	Internes Audit (Kap. 9.2)	Managementbewertung (Kap. 9.3)
Zweck (nach ISO 9001:2015)	Feststellen, ob MS-(Norm-) Anforderungen erfüllt und diese wirksam verwirklicht und aufrechterhalten werden	Die Wirksamkeit und die fortdauernde Eignung und Angemessenheit des MS sicherstellen
Zu klärende Frage	Funktioniert das System bzw. das Unternehmen auf operativer Ebene?	Ist das System bzw. das Unternehmen auf Dauer richtig aufgestellt und ausgerichtet?

Bild 1.13 Internes Audit vs. Managementbewertung

Sie können die Managementbewertung auf Ihr QMS, so sieht es die ISO 9001 vor, oder auf Ihr Managementsystem (MS) beziehen. Wirkungsvoller ist es, wenn Sie die Managementbewertung auf Ihr ganzes Unternehmen beziehen. Dann können Sie im gleichen Zug eine Strategiebewertung bzw. ein Strategiereview durchführen. Bleiben Sie schlank!

Eine Managementbewertung klärt die Frage: Sind wir auf Dauer als Unternehmen richtig aufgestellt und ausgerichtet?

Die „Managementbewertung" kann, als umfassendes, von der obersten Leitung orchestriertes Unternehmensreview, zu einem essenziellen Werkzeug der Unternehmensführung werden. Abschnitt 9.3.2 der ISO 9001:2015 bietet eine Liste von Fragen, die Gegenstand eines solchen Rückschau- und Planungsprozesses sein sollten. In Unternehmersprache übersetzt, lauten sie:

- Wie ist der Status der Maßnahmen aus dem letzten Unternehmensreview? Haben wir unseren strategischen Plan umgesetzt?
- Welche externen Veränderungen gibt es? (Märkte, Wettbewerb, Technologien, Politik und Gesetze etc.) Dies sind in der Regel Veränderungen, die das Unternehmen kaum oder gar nicht beeinflussen kann.
- Welche Veränderungen haben wir intern? (Mitarbeiter*innen, Führungskräfte, Prozesse, Maschinen etc.) Dies sind Veränderungen, die das Unternehmen selbst in der Hand hat.
- Wie ist unsere aktuelle Leistung?
  - Wie zufrieden sind die Kunden?
  - Was haben wir für unsere Stakeholder geleistet? (Dazu sollte unbedingt der Stakeholder „Natur/Umwelt" zählen.)
  - Haben wir unsere Ziele erreicht?
  - Wie ist die Produktivität?
  - Wie viele Fehler und Reklamationen haben wir zurzeit?
  - Wie hoch sind die Fehler- und Nacharbeitskosten?
  - Wie entwickeln sich die Gemeinkosten, Stromkosten etc.?
  - Was haben unsere Audits gebracht?
  - Wie gut sind unsere Lieferanten und Partner? Wie gut ist die Zusammenarbeit?
- Haben wir ausreichende Ressourcen und wie gut lasten wir diese aus? (Hier können auch die finanziellen Ressourcen bewertet werden.)
- Ergreifen wir ausreichend Chancen?

- Welche Verbesserungspotenziale wurden bereits identifiziert?
- Wie gut, wie wirksam ist unsere aktuelle Strategie? Welche Maßnahmen ergreifen wir, um uns strategisch optimal auszurichten?

Eine „Managementbewertung" als Unternehmensreview könnte wie in Bild 1.14 geplant sein. Die Agenda folgt dabei dem Abschnitt 9.3.2 der ISO 9001:2015.

Agenda	Uhrzeit	Input, Quelle	Verantwortliche(r)
Status der Maßnahmen des letzten Reviews	09:00	Informationen nach belieben	Abteilungsleiter
Veränderungen von relevanten externe Themen	09:30	Informationen nach belieben	Alle
Veränderungen von relevanten internen Themen	10:45	Informationen nach belieben	Alle
Aktuelle Unternehmensleistung: - Kundenzufriedenheit & andere Parteien - Status der Ziele - Fehler- und Reklamationsquote - Produktivität - Status Korrekturmaßnahmen - Überwachungen/Messungen z.B. Messmittel, Gemeinkosten, Stromverbrauch etc. - Auditergebnisse - Leistung der Lieferanten	12:30	Präsentation, Berichte oder direkter Zugriff auf unser Mgmt-System	Abteilungsleiter
Ressourcenauslastung (Mitarbeiter, Maschinen & Anlagen)	15:00	Präsentation oder Berichte	Abteilungsleiter
Strategiebewertung, Bewertung der derzeitigen Einschätzung von Chancen und Risiken	16:00	Umsätze, Marktanteilsanalysen, Wachstumszahlen etc.	Vertrieb
Verbesserungspotentiale, - Vorschläge	17:00	Informationen nach belieben	Alle
Maßnahmen festlegen (Strategieänderungen, Verbesserungen, Ressourcenanpassung)	18:00	Alle bisherigen Informationen (siehe oben)	Alle

Bild 1.14 Managementbewertung als Unternehmensreview

So interpretiert wird aus der „Managementbewertung" alles andere als eine Pflichtübung zur Befriedigung der Norm.

Die gängige Praxis ist allerdings anders: In den meisten Unternehmen erstellt der QMB die „Managementbewertung" und die Geschäftsleitung unterschreibt diese. Es handelt sich um einen Bericht. Auch Zertifizierungsauditoren erwarten üblicherweise einen Bericht, wenn sie nach der „Managementbewertung" fragen. In den meisten Managementreview-Berichten werden die Eingaben (Abschnitt 9.3.2 der ISO 9001) über mehrere Seiten im Detail dokumentiert bzw. beschrieben. Wenn es dann am Ende des Berichts heißt, „Unser QMS ist wirksam, die Ressourcen sind angemessen", ist es naheliegend, dass die Managementbewertung lediglich zur Befriedigung der Norm bzw. des externen Auditors verfertigt wurde. Wieder das bekannte Bild: Nicht genützte Wertschöpfungspotenziale, verschwendete Ressourcen für Systembefriedigung.

> Die Managementbewertung ist ein Prozess, kein Bericht! Der Prozess erbringt die eigentliche Wertschöpfung. Der Bericht dient lediglich der Unterstützung des Prozesses (Abschnitt 7.5 der ISO 9001:2015: „Dokumentierte Information" ist Unterstützung).

Es kann sinnvoll sein, einen Bericht über die Managementbewertung zu erstellen. Wenn der Bericht die Dokumentation des Prozessergebnisses darstellt, wenn er für die Mitarbeitenden und Führungskräfte erstellt wurde, wenn er intern kommuniziert und genutzt wird, dann ist die Welt in Ordnung. Ist das bei Ihnen so? Schreiben Sie den Bericht nicht für den externen Auditor!

Die Norm fordert übrigens keinen Bericht. Gemäß ISO 9001:2015, Abschnitt 9.3.3, ist lediglich das Ergebnis der Managementbewertung bzw. des Strategiereviews zu dokumentieren. Sie müssen dabei nur drei Fragen beantworten:

- Was können wir verbessern?
- Was müssen wir ändern?
- Welcher Ressourcenbedarf ergibt sich daraus?

Das Ergebnis könnte beispielsweise in einem Protokoll dokumentiert werden.

Mit dem in Kapitel 6 vorgestellten Prozessmodell *ISO 9001 Reframed* können Sie die Managementbewertung als strategisches Planungswerkzeug nutzen und vielseitig wirksam einsetzen. Der Ansatz des risikobasierten Denkens ist inbegriffen.

> Die **Kernaussagen dieses Abschnitts** sind:
> - Die Managementbewertung ist ein strategisches Werkzeug der Geschäftsführung.
> - Die Wertschöpfung der Managementbewertung steckt im Prozess, nicht im Bericht.
> - Nutzen Sie die Managementbewertung als strategisches Planungswerkzeug.
> - Veröffentlichen Sie das Ergebnis der Managementbewertung.

1.7 Der Irrweg der QM-Ausbildung

Qualitätsmanagementseminare boomen, dank Covid-19 jetzt auch online. Die Akademien verzeichnen seit Jahren eine wachsende Zahl von Teilnehmern. Obwohl sich die Welt in den letzten zehn Jahren tiefgreifend gewandelt hat, haben sich die QM-Seminare im selben Zeitraum kaum verändert. Wie kann das sein?

In diesem Abschnitt erfahren Sie,

- warum konventionelle QM-Seminare wenig bewirken,
- warum in QM-Seminaren die falschen Teilnehmer sitzen,
- warum Seminarbewertungsbögen unwirksam sind.

In Marketingseminaren lernen die Teilnehmenden, wie man Marketing betreibt. In Projektmanagementseminaren lernen die Teilnehmer, wie man Projekte managt. Was lernt man in Qualitätsmanagementseminaren? „Von allem etwas", ist die meist genannte Antwort auf diese Frage, die wir regelmäßig unseren Seminarteilnehmern stellen. Während die Qualitätsfachkraft die Grundzüge des Prozessmanagements lernt, lernen die Teilnehmer in Prozessmanagementseminaren professionelles Prozessmanagement. Der QMB lernt das kleine Einmaleins des Projektmanagements. Projektmanagementexperte wird man in Projektmanagementseminaren. Lediglich in Bezug auf die Umsetzung der Normen sind die Qualitätsfachkräfte die Experten.

In QM-Seminaren werden die Experten für das Schattensystem herangebildet. In anderen Seminaren wird die Expertise für die wertschöpfende Umsetzung der Normforderungen aufgebaut.

Da die Qualitätsmanagementfachkraft oder der Qualitätsmanagementbeauftragte von allem etwas wissen und im Audit überall mitreden können soll, ist die Menge an Inhalten von QM-Seminaren sehr umfangreich. Viele der Inhalte bleiben jedoch an der Oberfläche und kommen über den Status „Grundlagen" nicht hinaus. Grundlagen zu *Agile Methoden* werden vielleicht schon Einzug gehalten haben. Ein weiteres Manko ist die Didaktik. Konventionelle QM-Seminare betreiben viel mehr Wissensvermittlung als Fähigkeitsentwicklung. Es findet also keine wirkliche Kompetenzsteigerung statt. Der Zeitrahmen für praktische Übungen und Anwendungen ist knapp. Trotz einer umfangreichen QM-Ausbildung sind die meisten unserer Kunden nicht in der Lage, ohne Beratungshilfe eine Zertifizierung zu erlangen. Wissen ist ausreichend vorhanden. Kompetenz ist Mangelware.

„Wie bewerten Sie die Wirksamkeit der Schulungsmaßnahme?" ist eine oft gestellte Frage eines Auditors. Es gibt allerdings keine richtungsweisenden Lernziele. Die Didaktik der meisten QM-Seminare beschränkt sich auf die theoretische Schulung von Inhalten und Methoden, also des *Was* und des *Wie*. Das *Wozu* und *Wofür* aber fehlt. Ohne Bezug auf ein Lernziel, nämlich, für welche wertschöpfende Tätigkeit die Teilnehmenden qualifiziert werden sollen, ist eine Wirksamkeitsprüfung nicht machbar. Nicht einmal die grundlegendste Frage „Unterrichten wir überhaupt die richtigen Dinge?" lässt sich ohne die Frage nach dem *Wozu* und *Wofür* beantworten. Hier versagen Bildungsträger und ihre Kunden gleichermaßen.

Nahezu alle QM-Seminarbeschreibungen der bekannten Anbieter stellen die Inhalte in den Vordergrund. In einigen findet sich noch eine Beschreibung des Nutzens. Eine Beschreibung der Lernziele fehlt. Für eine Wirksamkeitsprüfung von Schulungsmaßnahmen muss es aber überprüfbare Ziele geben. Ein Fragebogen am Ende des Seminars kann die Wirksamkeit der Schulung nicht bewerten.

„Warum seid ihr hier?" „Was ist euer Ziel?" Stellen Sie diese Fragen in einem QM-Seminar, sind die Antworten meist ernüchternd. „Ich bin hier, um den QMB-Schein zu machen." „Ich bin hier, weil wir eine ISO-9001-Zertifizierung benötigen." „Ich bin hier, um Qualitätsmanagement zu lernen." All diese Ziele dienen nur dem Selbstzweck von Qualitätsmanagement. Ein höheres Ziel, das der Entwicklung des Unternehmens dient, fehlt. Die Six-Sigma-Ausbildungen stellen hier vielleicht eine rühmliche Ausnahme dar: Sie sollen zu realen Kosteneinsparungen in den Unternehmen verhelfen.

Solange ein Unternehmen keine QMS-Zertifizierung benötigt, gibt es keinerlei Begründung für ein QMS, einen QMB und auch für QMB-Schulungen.

Dazu kommt, dass die *Qualitäter* für viele Methoden und Werkzeuge, welche in den QM-Seminaren vorgestellt werden, die falsche Zielgruppe sind. Kontext- und Stakeholder-Analyse, die sinnvollerweise im Rahmen der Managementbewertung bzw. des Unternehmensreviews gemacht werden, sind Aufgabe der Geschäftsleitung. Das Kano-Modell zur Ermittlung und Klassifizierung von Anforderungen und Erwartungen sollte vom Vertrieb eingesetzt werden. Die FMEA ist ein Tool für Entwickler und für Mitarbeitende der Arbeitsvorbereitung. Methoden der operativen Planung gehören in die Fachbereiche Arbeitsvorbereitung oder Projektmanagement oder direkt in die produktiven Ressorts. Jetzt ließe sich argumentieren, dass es die Aufgabe von Qualitätsmanagementfachkräften und Qualitätsmanagementbeauftragten sei, diese Methoden und Werkzeuge im Unternehmen zu schulen und zu implementieren. Sie wären somit interne Trainer und Berater für Prozess- und Methodenentwicklung. Das wäre großartig. Allerdings kommen sie in der Regel dafür nicht in Frage, auch weil ihre Ausbildung hierfür nicht genügt. Trainingsdidaktik, Moderations- und Beratungstechniken stehen zumeist nicht auf der Agenda der QM-Seminare. Und für eine Qualifizierung als Trainer oder Berater mangelt es den QM-Seminaren auch an fachlicher Tiefe (außer in Bezug auf die Norm).

Bei aller Kritik an der Qualität der geläufigen QM-Bildungsmaßnahmen hat auch der eigene Anspruch der Teilnehmenden einen entscheidenden Einfluss auf den Lernerfolg. Wer den Anspruch an sich stellt, etwas lernen zu wollen, der kann auch von schlechten Seminaren profitieren.

Abschließend noch ein Ausblick: Im Bericht zur Jahrestagung der GQW (Gesellschaft für Qualitätswissenschaft e. V.) 2016 in Kassel macht die DGQ (Deutsche Gesellschaft für Qualität) in ihrem Beitrag „Qualitätsmanagement 4.0 als Ansatz zur Organisationsentwicklung in KMU“ eine interessante Feststellung: „Es zeigt sich, dass Qualitätsmanager in ca. einem Viertel der Unternehmen stark oder sehr stark in die Organisationsentwicklung eingebunden sind. Bei KMU ist eine leicht intensivere Einbindung festzustellen.“ Weiter heißt es in dem DGQ-Beitrag: „Langfristig ist es erstrebenswert, Pädagogen, Psychologen und ähnlich qualifizierte Menschen für das Qualitätsmanagement 4.0 auch in Industrieunternehmen zu gewinnen.“

Erkennen Sie wieder den Kernfehler? Anstatt in der *Organisationsentwicklung* (OE), in der schon Pädagogen, Psychologen und Coaches tätig sind, Qualität mehr in den Fokus zu setzen, schaffen wir lieber eine Schattenwelt *Qualitätsmanagement 4.0*.

Qualitätsmanagement 4.0 sollte durch *qualitätsbestimmte Unternehmensführung (inkl. Organisationsentwicklung)* ersetzt werden. Was das heißt und wie Sie das machen, erfahren Sie in den Kapiteln 4 und 5.

Die **Kernaussagen dieses Abschnitts** sind:

- Qualitätsfachkräfte sind Experten für das normbefriedigende QM-Schattensystem.
- Fach- und Führungskräfte der anderen Fachschaften sind Experten für die wertschöpfende Umsetzung der Norm im gelebten Managementsystem.
- Eine Wirksamkeitsüberprüfung von QM-Ausbildungen kann meist nicht stattfinden, da keine Lernziele definiert sind.
- In der jetzigen Form taugen die QM-Ausbildungen nicht, um für Aufgaben der Organisationsentwicklung zu qualifizieren.

1.8 Kundenorientierung – warum dienen wir dem Kunden nicht?

Der Hauptzweck des Qualitätsmanagements liegt, seinem erklärten Selbstverständnis gemäß, in der Erfüllung der Kundenanforderungen und dem Bestreben, die Kundenerwartungen zu übertreffen. So lautet der erste von sieben QM-Grundsätzen der ISO 9001:2015. Leben Sie diesen Grundsatz?

In diesem Abschnitt erfahren Sie,

- was Kundenorientierung beeinflusst,
- warum wir meist nicht kundenorientiert handeln.

Wie wesentlich Kundenorientierung ist, stellt wohl niemand in Frage. Im marktwirtschaftlichen System entscheiden die Kunden über die Existenz von Unternehmen. Aber denken und agieren wir wirklich kundenorientiert? Um diese Frage für das eigene Unternehmen zu beantworten, hilft es, die beiden in Bild 1.15 dargestellten Modelle zu betrachten.

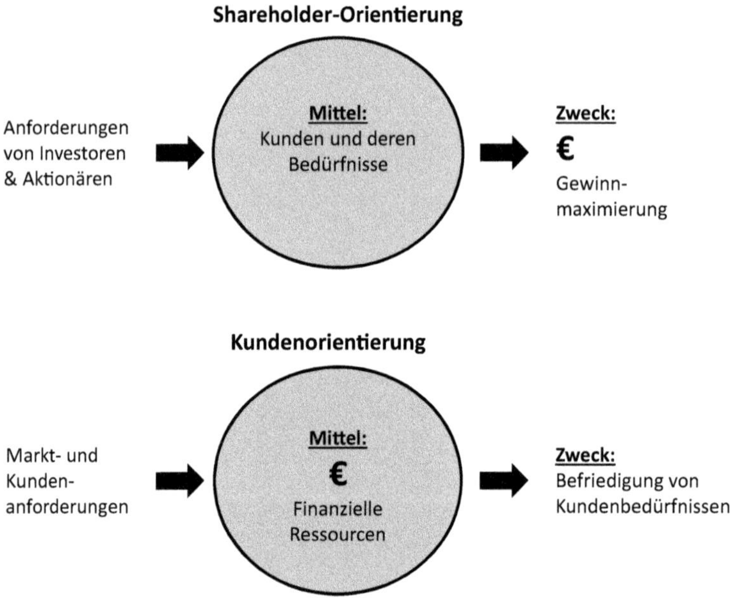

Bild 1.15 Shareholderorientierung vs. Kundenorientierung

Im Modell *Shareholderorientierung* ist es der Zweck des Unternehmens, maximalen Gewinn für die Eigentümer zu erwirtschaften. Die Kunden und ihre Bedürfnisse sind das Mittel zum Zweck. Im Modell *Kundenorientierung* ist der Zweck des Unternehmens die Befriedigung der Kundenbedürfnisse. Gewinn ist dann lediglich eine finanzielle Ressource, also ein Mittel zum Zweck. Die Haltung der Shareholderorientierung hat sich, aus den USA kommend, unter dem Label *Shareholder Value* etwa seit den 1990er-Jahren insbesondere in Großunternehmen verbreitet. Bei familiengeführten Unternehmen im Mittelstand rangieren häufig noch langfristige Kundenbeziehungen in der Wertigkeit vor kurzfristigen Profiten und Kurssteigerungen.

Das Bild, das Mitarbeitende von ihrem Unternehmen haben, ist geprägt von der Wahrnehmung der Handlungen, der Entscheidungen und der Kommunikation der Führungskräfte. Diese zeigen zwei unterschiedliche Denkweisen, wie Tabelle 1.1 darstellt.

Tabelle 1.1 Zwei Denkweisen der Unternehmensführung

Shareholderorientierung	Kundenorientierung
Mit welchen Kunden können wir Geld verdienen?	Welche Bedürfnisse gibt es im Markt?
Wie können wir den Bedarf nach unserem Produkt im Kunden wecken?	Welche Bedarfe hat der Kunde? Wie kann der Kunde seinen Bedarf äußern?
Welche Bedürfnisse könnten wir im Kunden noch wecken?	Gibt es noch einen unbefriedigten Bedarf des Kunden?
Welche Funktionalität könnten wir dem Kunden noch verkaufen?	Welche Funktionalität löst das Problem/den Bedarf des Kunden noch besser?
Wie kann der Kunde uns besser wahrnehmen?	Wie können wir den Kunden besser verstehen?

Welche Denkweise herrscht in Ihrem Unternehmen vor? Welche Sätze aus der Tabelle hören Sie öfter?

Die explizite Botschaft fast aller Unternehmen ist Kundenorientierung. Die implizite Botschaft vieler Unternehmen ist Gewinnmaximierung.

Die Shareholder- und Gewinnorientierung ist aber nicht die einzige Ursache für mangelnde Kundenorientierung. Sonst gäbe es ja diesen Mangel beispielsweise in Behörden nicht. In vielen Organisationen tritt die Egozentrik vor die Kundenorientierung, was auch psychologische Wurzeln hat. Egozentrik zeigt sich in der Gewohnheit, die Welt lediglich durch die eigene Brille zu betrachten und die eigenen Bedürfnisse und Probleme zum Maßstab allen Handelns zu machen. Die Bedürfnisse des anderen wahrzunehmen und sie in den Fokus zu stellen, Empathie also, wird als ungewohnt und anstrengend empfunden und meist vermieden. Sie wäre aber die Grundlage echter Kundenorientierung mit dem Ziel der Kundenzufriedenheit.

Aus der Sicht des Kunden sieht die Welt anders aus.

Es ist daher fraglich, ob der Grundsatz der „Kundenorientierung“ von den (zertifizierten) Unternehmen wirklich befolgt wird. Letzten Endes entscheidet der Anspruch des Unternehmens an sich selbst, nicht die Konformität mit einem Standard.

Qualitätsmanagement wird gerne als interne Dienstleistung im eigenen Unternehmen „verkauft". Wäre dem wirklich so, dann ständen die Bedarfe der KollegInnen im Mittelpunkt. „Was brauchst Du?", „Wie kann ich helfen?" wären passende Fragen. Die von den Mitarbeitenden wahrgenommene Haltung des konventionellen Qualitätsmanagements ist aber eher „Wir müssen den Leuten sagen, was sie zu tun haben". Jede Anweisung, jede Vorschrift nimmt unhinterfragt für sich in Anspruch, zu wissen, was die Mitarbeitenden brauchen. Kundenorientierung sieht anders aus.

Natürlich muss es Regeln und Vorschriften geben, damit ein Miteinander gelingt und ein höheres Ziel erfolgreich verfolgt werden kann. Aber es ist von maßgeblicher Bedeutung, dass die Mitarbeiter*innen den Sinn und Nutzen der Regelungen erkennen. Regelungen, die der Mensch als sinnlos oder schikanös bewertet, wird er versuchen, zu umgehen.

Wie kundenorientiert das System der Zertifizierung von QMS ist, werden wir im nächsten Abschnitt beleuchten.

Die **Kernaussagen dieses Abschnitts** sind:

- Kundenorientierung ist eine anspruchsvolle Denkweise und Haltung. Egozentrik ist eher die Regel, Empathie ist Mangelware.
- Konventionelles Qualitätsmanagement ist wenig kundenorientiert, weil es oft den Kundenbedarf nicht erfragt und Lösungen nicht anpasst.

1.9 Exkurs: Vom Wirken und Leiden der Betroffenen

Im System der Zertifizierung von QMS gibt es viele Parteien mit sehr unterschiedlichen Erwartungen und Anforderungen. Die Zusammenhänge sind dabei nicht immer leicht zu durchschauen.

In diesem Abschnitt erfahren Sie,

- wer die relevanten, interessierten Parteien im System „Zertifiziertes QMS" sind,
- wer welche Rolle spielt,
- wie die ISO 9001 entsteht,
- warum die ISO 9001 bei ihrer Veröffentlichung bereits veraltet ist,
- wieso sich niemand für die Verirrungen im QM verantwortlich fühlt,
- wie wir alle Opfer des Systems „QM" geworden sind.

Nachfolgend eine Kontext- und Stakeholder-Analyse, wie sie in den Abschnitten 4.1 und 4.2 der ISO 9001:2015 gefordert ist, für die Bewertung der Leistung „Zertifiziertes QMS". Sinn und Zweck ist es, die Zusammenhänge (Kontext) und alle relevanten Parteien (besser) zu verstehen und daraus Erkenntnisse über mögliche Auswege aus den Verirrungen im QM zu erhalten. Bild 1.16 zeigt die relevanten Parteien in einem Beziehungsdiagramm. Wir haben sie in drei Gruppen unterteilt: die Gruppe der Kunden/Anwender, die Gruppe der Transformatoren und die Gruppe der Regulatoren. Die beiden Letzteren bilden die QM-Community. Die Wirkungen sind mit Pfeilen gekennzeichnet. Eine Sonderrolle spielt die *Externe Partei* in unserem System.

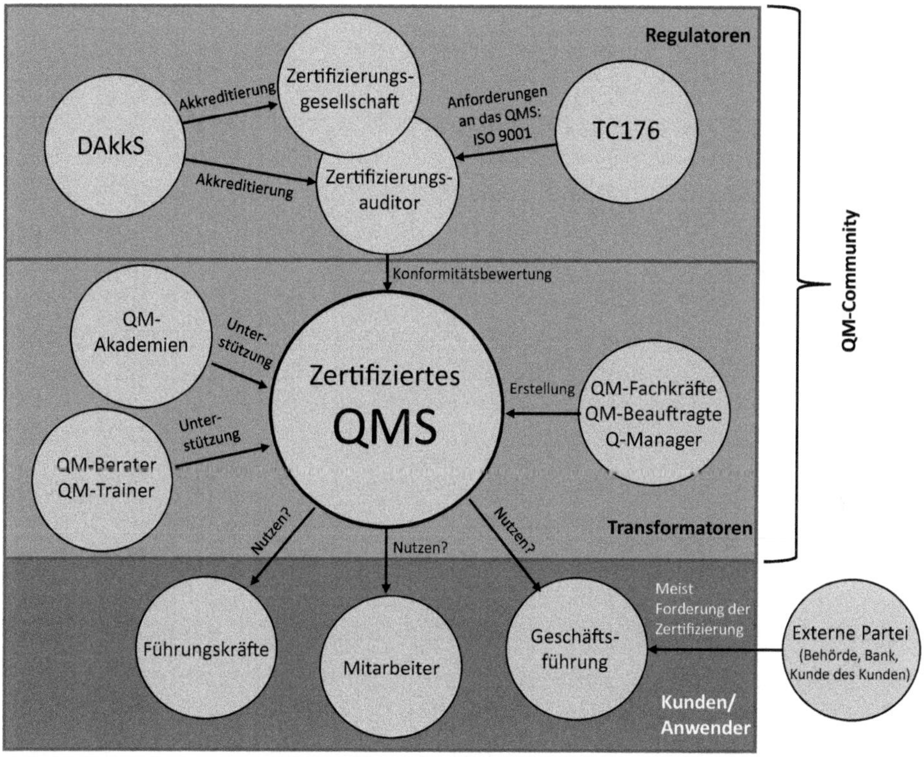

Bild 1.16 Kontext und relevante, interessierte Parteien für ein zertifiziertes QMS

Lassen Sie uns das Wirken und Leiden der Parteien im zertifizierten QMS reflektieren.

1.9.1 Die externe Partei

Die Einführung und Zertifizierung eines QMS starten selten aus freien Stücken, werden also kaum vom Kunden bzw. von der Organisation selbst initiiert. Die deutliche Mehrzahl beschäftigt sich erst mit QM, wenn eine externe Partei Druck aufbaut und eine Zertifizierung fordert. Wenn ein Unternehmen eine Zertifizierung aus eigenem Anspruch anstrebt, tut es dies in der Regel aus Marketing- und Vertriebszwecken und nicht, weil man sich eine Leistungssteigerung erhofft. Hinter dem Motiv des Marketings steckt meist auch eine externe Partei. Branchen wie die Luftfahrt, Automobilindustrie, das Gesundheitswesen lassen nur Spieler mit einer Zertifizierung auf ihr Spielfeld. Das wäre auch gut so, sofern die Zertifizierung tatsächlich ein Gütesiegel darstellen und somit einen überzeugenden Qualitätsstandard sicherstellen würde. Doch dies ist nicht immer der Fall.

Die externe Partei weiß häufig nicht, was eine Zertifizierung bewirkt. Sie agiert meist aus einem Absicherungsbedürfnis heraus. Behörden und Banken fordern eine ISO-9001-Zertifizierung ihrer Kunden, um damit Risiken vermeintlich zu minimieren. Die Einkaufspolitik eines Unternehmens kann lauten: „Wir arbeiten nur mit ISO-9001-zertifizierten Unternehmen." So musste ein kleines Unternehmen der Metallbearbeitung eine EN9100-Zertifizierung erlangen, weil dessen einziger Luftfahrtkunde diese Anordnung seines Auftraggebers einfach weitergegeben hatte. Zuvor war das Unternehmen als *verlängerte Werkbank* (*ausgelagerter Prozess* in der Normensprache) kostengünstig für seinen Luftfahrtkunden tätig. Mit der Zertifizierung wurde die Dienstleistung erheblich teurer, an der Qualität änderte sich nichts.

Nichtzertifizierte Kleinbetriebe sind bei OEM (Original Equipment Manufacturer) sehr beliebt, da sie schnell und flexibel auf Änderungen reagieren. Die OEM wissen, dass dieser Vorteil mit einer Zertifizierung verloren gehen kann. Dann werden Wege gesucht, wie man die Qualitäts- und Einkaufspolitik umgehen kann, um mit diesem Lieferanten weiter ohne Zertifikat zusammenzuarbeiten.

Die externe Partei hat eine tragische Rolle in unserem System. Sie verursacht den Irrweg, ohne sich der Tragweite und Konsequenzen bewusst zu sein.

Schauen wir uns die Gruppe der Regulatoren im System an.

1.9.2 Die Regulatoren

DAkkS (Deutsche Akkreditierungsstelle GmbH)

Die DAkkS ist mit der Aufgabe der Akkreditierung von Konformitätsbewertungsstellen, in unserem Kontext der Zertifizierungsgesellschaften und der Zertifizierungsauditoren, betraut.

Die Akkreditierung stellt sicher, dass Konformitätsbewertungsstellen die nötige Kompetenz haben, um eine Konformitätsbewertung durchzuführen und ein Zertifikat zu erteilen. Während eine Zertifizierung lediglich die Konformität mit einer Anforderung bestätigt, bestätigt eine Akkreditierung darüber hinaus, dass die Anforderungen zielführend umgesetzt werden. Zertifizierungen sind personenunabhängig, Akkreditierungen sind an Personen und deren Kompetenz gebunden. Die Anforderungen an eine Akkreditierungsstelle sind in der ISO/IEC 17011 festgelegt.

Die DAkkS versteht sich als unparteilicher, vertraulicher und staatlich beaufsichtigter Dienstleister für alle Konformitätsbewertungsstellen. Die DAkkS arbeitet nicht gewinnorientiert. Gesellschafter der GmbH sind zu jeweils einem Drittel die Bundesrepublik Deutschland, die Bundesländer Bayern, Hamburg und Nordrhein-Westfalen und die durch den Bundesverband der Deutschen Industrie e. V. (BDI) vertretene Wirtschaft. Als Non-Profit-Organisation hat die DAkkS keinerlei wirtschaftliche Interessen und darf in unserem betrachteten System als neutral bezeichnet werden.

TC176 – das Technische Komitee für QM und QS

Das TC176 besteht aus drei Einheiten. Das TC176/SC1 ist zuständig für Begriffe und Terminologie (ISO 9000). Das TC176/SC2 ist zuständig für QM-Systeme und deren Anforderungen (ISO 9001) und das TC176/SC3 ist verantwortlich für unterstützende Technologien. In unserem System ist also das TC176/SC2 eine relevante Partei. Es legt die Forderungen der ISO 9001 fest. Stand 2019 besteht das TC176/SC2 aus 81 mitwirkenden und 18 observierenden Mitgliedern. Mitglieder sind die Vertreter bzw. Norminstitute der Länder. Das Deutsche Institut für Normung DIN e.V. ist ein mitwirkendes und observierendes Mitglied des TC176/SC2. Dessen Normenausschuss besteht aus Vertretern von Industrie, Handwerk, Verbänden, öffentlichen Verwaltungen und Forschung. Hierdurch soll sichergestellt werden, dass die Kundenbedürfnisse bei der Entwicklung der ISO 9001 berücksichtigt sind bzw. berücksichtigt werden können. Es ist eine freie Entscheidung, bei der Gestaltung der ISO 9001 mitzuwirken. Man dürfte es auch anders formulieren: Wer nicht mitwirkt, darf auch nicht meckern.

Die ISO 9001 wird im Abstand von ca. sechs bis sieben Jahren überarbeitet bzw. revidiert. Wenn 81 Mitgliedsländer an einer Norm arbeiten, darf man davon ausgehen, dass dies ein langer, zäher, mühsamer Vorgang ist. Unsere Welt verändert sich hingegen in einem rasanten Tempo. Es ist naheliegend, dass eine Revision der ISO 9001 zum Zeitpunkt ihrer Veröffentlichung bereits veraltet ist. Eine agile Entwicklung der Norm bzw. der Standards wäre eine mögliche Lösung. Damit würde man allerdings den Begriff *Standard* ad absurdum führen. Vielmehr sollten wir die Diskussion führen, inwieweit Normen und Standards für komplexe Systeme überhaupt sinnvoll sind. Und wenn ja, wie müssen solche „Standards“ in Zukunft aussehen?

Die Interessen der Kunden fanden in der Revision 2015 Berücksichtigung. Mit dem Ansatz des *Risikobasierten Denkens* hat das TC176/SC2 dem Bedürfnis nach mehr Flexibilität, mehr Eigenverantwortung und weniger Dokumentation Rechnung getragen. Dass daraus neue Verirrungen entstanden sind, kann man dem Komitee nicht vorwerfen. Hier müssen wir die anderen Parteien und ihr Wirken näher betrachten.

Zertifizierungsgesellschaften

Zertifizierungsgesellschaften sind Konformitätsbewertungsstellen. Sie arbeiten gewinnorientiert. Sie verdienen ihr Geld mit der Zertifizierung von Managementsystemen, Produkten oder Personen. Dieses Geschäftsmodell birgt einen Interessenkonflikt. Zum einen möchte eine Zertifizierungsgesellschaft aus wirtschaftlichen Gründen so viele Zertifikate wie möglich erteilen und damit ihre Kunden zufriedenstellen, zum anderen ist sie angehalten, Nichtkonformitäten klar zu kommunizieren und ein Zertifikat im Zweifelsfall zu entziehen bzw. nicht zu vergeben. Wenn es dazu kommt, besteht aber die große Gefahr, dass der Kunde unzufrieden ist und verloren geht.

Zertifizierungen von Managementsystemen fallen in den nicht gesetzlich geregelten Bereich, das heißt, sie sind freiwillig. Dadurch ergibt sich eine weitere Herausforderung: Zertifizierungsgesellschaften müssen ein „Produkt“ verkaufen, das sie nicht selbst erstellt haben und das der Kunde vielfach eigentlich gar nicht haben möchte. Dies heizt seit Jahren einen Preiskampf zwischen den Zertifizierungsgesellschaften an.

Was zeichnet eine gute Zertifizierungsgesellschaft aus? Wie entscheidet sich der Kunde für eine Zertifizierungsgesellschaft? Es ist auch an dieser Stelle wieder der eigene Anspruch, der entscheidet. Manche Unternehmen erhoffen sich neben dem Zertifikat als Marketinginstrument und Eintrittskarte in einen neuen Markt auch Impulse für die Verbesserung ihres Managementsystems. Sie sind bereit, für diese „Zusatzleistung“ auch mehr zu bezahlen. Es ist jedoch gar nicht die Aufgabe einer Zertifizierungsgesellschaft bzw. eines Auditors, Verbesserungsvorschläge zu machen. Eine Konformitätsbewertung ist eine „Ja/Nein-Feststellung“. So sollte es jedenfalls sein.

Durch die Interpretation und individuelle Umsetzung der Normforderungen entsteht allerdings ein Graubereich. Und an dieser Stelle trennt sich die Spreu vom Weizen. Das ausführende Organ, das Gesicht der Zertifizierungsgesellschaft, ist der Auditor. Mit der Auswahl und Ausbildung ihrer Auditoren übt eine Zertifizierungsgesellschaft maßgeblichen Einfluss auf die „herrschende“ Interpretation der Norm aus und steht in der Verantwortung, Verirrungen zu erkennen und ihnen entgegenzuwirken. Jetzt entscheidet die Unternehmenspolitik. Handelt die Zertifizierungsgesellschaft kundenorientiert oder profitorientiert?

Zertifizierungsauditoren

Zertifizierungsauditoren sind nicht zu beneiden. Niemand freut sich, sie zu sehen. Sie müssen damit leben, dass die Geschäftsführung des Kunden in Audits wenig bis gar keine Zeit investiert. Ihnen ist bewusst, dass „keine Zeit" bedeutet, die Geschäftsführung hat Besseres, Wichtigeres zu tun. Zertifizierungsauditoren müssen sich dem Preiskampf ihrer Auftraggeber, der Zertifizierungsgesellschaften, beugen und sich mit vergleichsweise niedrigen Tagessätzen zufriedengeben. Häufig verwenden Zertifizierungsauditoren große Teile der Auditzeit auf die Vorabérstellung des Auditberichts, da sie ihn sonst, ohne Bezahlung von Überstunden, abends im Hotelzimmer schreiben müssten.

Es gibt viele schlechte und nur wenige gute Auditoren. Schlecht bedeutet für uns, dass der Auditor Sinn und Zweck von Normforderungen selbst nicht verstanden hat, Abweichungen feststellt, wo keine sind, und in die Irre führende Empfehlungen für Verbesserungen abgibt. Die Qualifizierung und Positionierung von Zertifizierungsauditoren müssen grundlegend revidiert werden. Der Auditor ist der Wegweiser an der Gabelung zum Irrweg. Er trägt Hauptverantwortung für eine angemessene Anwendung der Norm und sollte dafür entsprechend ausgebildet und bezahlt werden.

Wir kommen nun zu der Gruppe der Transformatoren.

1.9.3 Die Transformatoren

QM-Akademien

QM-Akademien zählen zu den Profiteuren in unserem System. Seit Jahren ist ein stetiges Wachstum auf dem QM-Seminarmarkt zu verzeichnen (ohne Berücksichtigung des Corona-Effekts). Die Erklärung hierfür ist einfach: Qualitätsprobleme häufen sich aufgrund von zunehmender Komplexität und immer kürzeren Entwicklungszyklen. Des Weiteren geht offenbar immer weniger ohne Zertifizierung. In den meisten Fällen ist die Motivation, ein QM-Seminar zu besuchen, eine anstehende „ISO-Zertifizierung".

Gerne würden QM-Akademien auch Mitarbeitende aus unterschiedlichen Fachbereichen, Führungskräfte und Geschäftsführer in ihren Seminaren sehen. Hier steht ihnen aber die grundlegende Verirrung im Weg: Qualitätsmanagement ist halt Sache der *Qualitäter*. Es gibt Seminare mit Titeln wie *QM für Führungskräfte*, *QM-Crashkurs für jedermann*. Sie werden kaum angenommen und falls doch, mit der Erwartung, den Stoff mit minimalstem Aufwand beigebracht zu bekommen.

Akademien setzen meist freiberufliche Trainer ein. Die Didaktik, das Seminarkonzept und alle Unterlagen entwickelt die Akademie. Jeder erfahrene Trainer weiß, dass ein im Detail vorgegebenes Seminar den Trainer in seiner Leistung stark einschränkt. Für die Akademien ist der Trainer leicht austauschbar. Das ist gewollt und hat wirtschaftliche Vorteile, wie niedriger Preis und hohe Verfügbarkeit.

Natürlich verbessern die Akademien und Trainer ihre Seminare fortlaufend. Dabei gibt es drei Probleme. Erstens: Die Verbesserungen beruhen nicht auf dem Feedback bzw. den Bedarfen der Endkunden, der Mitarbeiter*innen und Führungskräfte der Unternehmen, sondern auf dem Feedback der Seminarteilnehmer, den Qualitätsfachkräften und beauftragten, die unbewusst Teil der Verirrung sind. Zweitens: Trainer haben Angst, Dinge zu schulen, die der herrschenden Lehre widersprechen. Sie halten sich mit Verbesserungsvorschlägen zurück. Drittens: Der Erfolg der QM-Seminare, gemessen an der Anzahl an Teilnehmern, steht wirklichen, tiefgreifenden Verbesserungen im Weg. Wenn ein QM-Seminar seit Jahren steigende Teilnehmerzahlen hat, warum sollte man etwas ändern? Läuft doch.

Die Tatsache, dass sich die QM-Ausbildungen seit ca. 20 Jahren kaum merklich verändert haben, in einer sich revolutionär verändernden Wirtschaftswelt, kann nur bedeuten, dass die Seminare für die Entwicklung von Unternehmen nicht von großer Bedeutung sind. Das QM-Schattensystem existiert in seiner eigenen Welt und ist weitgehend veränderungsresistent. Man muss nur alle sechs bis sieben Jahre die „neue Norm“ befriedigen.

QM-Trainer und -Berater

Viele QM-Trainer erklären gleich zu Beginn ihrer Seminare den Teilnehmern, dass sie das Wort „Qualität“ aus „Qualitätsmanagement“ streichen sollen. Unterbewusst haben sie längst bemerkt, dass Qualitätsmanagement keine eigene Managementdisziplin sein kann. Sie lehren die kleinen ABCs von Produktionsmanagement, Lieferantenmanagement, Projektmanagement etc. und bemühen sich, die Rolle des Qualitätsmanagements dabei zu vermitteln. Sie kommen regelmäßig in Erklärungsnot, wenn ein Seminarteilnehmer fragt, wie man zwischen Unternehmenspolitik und Qualitätspolitik unterscheidet. Wie zu erklären ist, dass sich die Kontext- und Stakeholder-Analyse nur auf das QMS und nicht auf das Unternehmen bezieht. Sie müssen den Teilnehmern uneingeschränkt Recht geben, wenn diese zum wiederholten Male anmerken, dass doch eigentlich ihre Chefs und ihre Kollegen aus den anderen Fachbereichen an den QM-Seminaren teilnehmen sollten.

QM-Berater, oder „ISO-Berater“, wie sie gerne in den Unternehmen vorgestellt werden, ernten mitleidige Blicke von anderen Beratern und ihren Auftraggebern. Niemand erwartet von ihnen etwas Gutes oder gar wichtige Beiträge zur Unternehmensentwicklung. Eher schon fürchtet man mehr Bürokratie und höhere Kosten im Unternehmen. Es liegt auf der Hand, dass der Kunde für eine solche Beratung nicht bereit ist, viel zu bezahlen. Die Tagessätze von QM-Beratern liegen deutlich unter denen von anderen Beratern, obwohl Qualität doch von größter Bedeutung für die Unternehmen ist.

QM-Berater und QM-Trainer sind die externen Experten für das Schattensystem. Die Schattensysteme sind sehr hilfreich für die Erlangung und Aufrechterhaltung einer Zertifizierung. QM-Berater und QM-Trainer machen damit einen vermeintlich wichtigen Job. Der Kreis schließt sich.

QM-Fachkräfte, QM-Beauftragte

QM-Fachkräfte und -Beauftragte sind die internen Experten für das QM-Schattensystem. Sie sind mit dem Aufbau und der Einführung desselben betraut. Ihr QM-Blick ist geprägt von den QM-Trainern und Zertifizierungsauditoren. Sie wurden selbst in die Irre geführt und setzen nun, mit ehrlicher Bemühung und besten Absichten, den Irrweg fort.

Einen nicht unerheblichen Anteil ihrer Zeit verbringen QMBs mit fruchtloser Überzeugungsarbeit und dem ständigen Antreiben von Fach- und Führungskräften, ihre Hausaufgaben und damit ihren Beitrag zum QMS zu liefern. In Kleinbetrieben wird die unbeliebte QMB-Rolle gerne an die Assistenz der Geschäftsleitung vergeben. „Kümmerst Du Dich bitte um die ISO“, heißt es dann.

„Was ist der Unterschied zwischen einer Qualitätsmanagementfachkraft und einem Terroristen? Der Terrorist hat Sympathisanten.“ Dieser Witz drückt die ganze Tragik dieser Rolle aus. Innerhalb der QM- Community erfahren *Qualitäter* Anerkennung, im Unternehmen stoßen sie auf Mitleid und Ignoranz. Sie spüren die Diskrepanz zwischen QM und der tatsächlich realisierten Qualität. Während sie mit viel Aufwand das QM-Schattensystem aufrechterhalten und eine Vielzahl an Audits vorbereiten, müssen sie in der „realen Welt“ Kundenreklamationen bearbeiten und interne Fehler analysieren. Keine dieser Tätigkeiten ist auf Dauer befriedigend. In der Gruppe der Transformatoren sind QM-Fachkräfte und Beauftragte die tragischen Opfer und unwissenden Mittäter am Irrweg des QM.

Zu guter Letzt ist da noch die Gruppe der Kunden bzw. der Anwender.

1.9.4 Die Kunden

Der Kunde ist gemäß ISO 9000:2015 der Empfänger eines Produkts oder einer Dienstleistung. Selbstverständlich sollte er einen Nutzen durch das Produkt oder die Dienstleistung erhalten bzw. verspüren. Er ist die entscheidende Partei in jedem Geschäftsmodell (Kundenorientierung). Ohne Kundenzufriedenheit kein geschäftlicher Erfolg von Dauer. In unserer Analyse haben wir drei relevante Kunden bzw. Anwender für das zertifizierte QMS identifiziert: Mitarbeitende, Führungskräfte und Geschäftsführer.

- Mitarbeiter

  Wenn Mitarbeiter*innen in die Entwicklung und Gestaltung eines QMS bzw. eines Managementsystems mit eingebunden würden, könnten sie zur Gruppe der Befürworter gehören. In der Regel müssen sich die Mitarbeitenden dem System und seinen Vorgaben jedoch unterordnen. Hält der Mitarbeitende eine Vorgabe für sinnvoll, wird er sie auch befolgen. Eine Vorgabe, welche nur zur System- bzw. Normbefriedigung erlassen wird, wird er als notwendiges Übel des QM betrachten. Es bedarf keiner Umfrage, um zu behaupten, dass die meisten Mitarbeiter*innen mit der Einführung und Zertifizierung eines QMS nicht zufrieden sind und dies scheuen. Wir haben Kunden, wo die Mitarbeitenden regelmäßig Urlaub nehmen, wenn ein Audit ansteht.

- Führungskräfte

  Führungskräfte trennen zwischen ihrem Managementbereich und Qualitätsmanagement. Sie erkennen einige Schnittstellen oder Überschneidungen und nutzen vom QMS gerne alles, was für ihren Bereich hilfreich ist. Mit den Verirrungen im QM kommen Führungskräfte meist nur im Audit in Kontakt. Audits lassen die meisten Führungskräfte einfach über sich ergehen. Und außerhalb der Audits sind sie oft froh, nicht mit „QM" belästigt zu werden.

- Geschäftsführung

  Es ist eher die Ausnahme, wenn eine Geschäftsführung aus eigenem Antrieb und Anspruch eine Zertifizierung ihres Managementsystems anstrebt. Oft kennt man den Aufwand und die Folgen einer Zertifizierung ja aus eigener Erfahrung, aus der Zeit als Mitarbeitender und Führungskraft. Verbreitet wird der einzige Mehrwert im Zertifikat gesehen, das von einer wichtigen externen Partei gefordert wurde. In Audits glänzt die Geschäftsführung eher durch Abwesenheit. Ganz selten verirrt sich ein Geschäftsführer in ein QM-Seminar. In der Regel wird er dann in seiner Meinung bestätigt, dass QM mit viel Verirrung verbunden ist. Geschäftsführer erdulden die Auswirkungen von Zertifizierungen. Aus dem „ISO-Projekt" halten sie sich raus. Sie können sehr gut zwischen dem aufwendigen Qualitätsmanagement und der tatsächlich realisierten Qualität unterscheiden.

1.9.5 Fazit

Was ist das Ergebnis dieser Kontext- und Stakeholder-Analyse? Wir treffen auf ein typisches Phänomen von komplexen Systemen: Ursache und Wirkung lassen sich nicht eindeutig zuordnen. Das Wirken des Einzelnen hat keinen direkt erkennbaren Einfluss auf das Wirken des Gesamtsystems. Jeder einzelne kann sich als Opfer des Systems empfinden, gemeinsam sind sie der Täter. Die Analyse zeigt, dass

Kunden und Anwender eine Nebenrolle im System *Zertifiziertes QMS* spielen. Das System wird geprägt von der QM-Community.

Es ist zwingend erforderlich, dass Aufwand und Nutzen der Zertifizierung von Managementsystemen kritisch bewertet und diskutiert werden. Die Bedürfnisse und Erwartungen der Kunden müssen dabei im Vordergrund stehen.

Die **Kernaussagen dieses Abschnitts** sind:

- Qualitätsmanagement ist zu einem Selbstzweck mutiert, von dem, in unterschiedlichem Ausmaß, die Stakeholder aus der QM-Community profitieren.
- Eine entscheidende Rolle bezüglich der irreleitenden Norminterpretation spielen die Zertifizierungsauditoren.
- QM-Akademien mit ihren Trainern und QM-Berater sind Transformatoren der QM-Verirrungen.
- Der fatale Irrweg des Qualitätsmanagements ist allseits bekannt und spürbar. Aber bisher fehlen Mut und Entschlossenheit, ihn anzusprechen und zu beseitigen.
- Aufwand und Nutzen von Zertifizierungen von Managementsystemen müssen kritisch bewertet und diskutiert werden.

1.10 Literatur und Links

DIN, Deutsches Institut für Normung e. V.: *DIN EN ISO 19011:2018*. Beuth Verlag, Berlin 2018

DIN, Deutsches Institut für Normung e. V.: *DIN EN ISO 9000:2015*. Beuth Verlag, Berlin 2015

DIN, Deutsches Institut für Normung e. V.: *DIN EN ISO 9001:2015*. Beuth Verlag, Berlin 2015

Philip B. Crosby: *Cutting the cost of quality; the defect prevention workbook for managers*. Industrial Education Institute, Boston 1967

Reinhard K. Sprenger: *Mythos Motivation*. Campus Verlag, Frankfurt 2014

Reinhard K. Sprenger: *Das anständige Unternehmen: Was richtige Führung ausmacht - und was sie weglässt*. Deutsche Verlags-Anstalt, München 2015

Gerd Gigerenzer: *Risiko*. C. Bertelsmann Verlag, München 2013

https://www.aerotelegraph.com/ aufgerufen am 12.12.2019

https://de.wikipedia.org/wiki/Philip_B._Crosby aufgerufen am 06.12.2019

https://de.wikipedia.org/wiki/Qualitätsmanagement aufgerufen am 06.12.2019

https://de.wikipedia.org/wiki/Scientific_Management aufgerufen am 06.12.2019

https://onlinelibrary.wiley.com/doi/pdf/10.1002/risk.200490008

https://www.beuth.de/de/norm/din-en-iso-iec-17021-1/231355332

https://www.dakks.de/content/arbeitsweise-der-dakks

https://www.dakks.de/content/profil

https://www.duden.de/rechtschreibung/Risiko

https://www.iso.org/committee/53882.html

https://www.iso.org/committee/53882.html aufgerufen am 15. 01. 2019

https://www.iso.org/committee/53896.html

Universität Kassel: Qualitätsmanagement 4.0 – Status Quo! Quo vadis?: Bericht zur GQW-Jahrestagung 2016 in Kassel. Kassel University Press, Kassel 2016

https://www.tuvsud.com/de-de/store/akademie/seminare-management/qualitaetsmanagement/qm-ausbildung/1111102?utm_source=bing&utm_medium=cpc&utm_campaign=QMB-T%C3%9CV&utm_term=qmb%20ausbildung&utm_content=qmb%20ausbildung%201111102

https://www.dekra-akademie.de/de/qualitaetsmanagementbeauftragter-ausbildung/

Ist und Soll analysieren

Corinna hatte die wesentlichen Punkte der Bestandsaufnahmen auf ein Flipchart geschrieben. Peter und sie standen vor dem Chart.

P: Hm, ich wusste ja, dass wir einigen Irrsinn für die Zertifizierungen machen, aber dass der Irrsinn eigentlich vorprogrammiert war, das war mir so nicht bewusst.

C: Geht mir ähnlich. Dieses Review hat viel zu Tage gebracht, was ich immer schon ahnte, aber nicht wirklich für mich klären konnte.

P: Und was mir jetzt auch klarer geworden ist, dass wir zu einem guten Teil Opfer unserer selbst gebauten Systeme sind. Gerade die letzte Übung, die Stakeholder-Analyse, hat das deutlich gemacht.

C: Wir können unsere Systeme aber doch ändern, wenn wir das wollen, oder nicht?

P: Im Prinzip schon. Das würde aber nur funktionieren, wenn die QM-Community eine ähnliche Bestandsaufnahme machen würde wie wir. Wir sind doch abhängig von der Sicht der Auditoren!

C: Unwahrscheinlich, dass die auch so in sich gehen, oder?

P: Ja. Dabei müssten sie sich nur an das halten, was sie selber in den Normen fordern, nämlich die Wirksamkeit und Leistung des Systems QMS-Zertifizierung zu bewerten.

C: Schön wäre es. Das würde Selbstreflexion voraussetzen. Dagegen scheint mir die QM-Community immun. Aber ich bin überzeugt, wir können in unserem Unternehmen einiges ändern. Es gibt immer einen Gestaltungsraum.

P: Wie stellst Du Dir das vor?

C: Nun, wir könnten unseren Strategieentwicklungsprozess nutzen, um unser Managementsystem zu verschlanken, zu verbessern, weiterzuentwickeln - wie immer Du es nennen magst. Wir brauchen ein Managementsystem, das uns hilft, unsere aktuellen Herausforderungen zu meistern und das uns bei der Umsetzung der Strategie unterstützt. Und dabei sollten wir uns im ersten Schritt nicht durch eine ISO einschränken lassen. Die darf da nicht im Vordergrund stehen.

P: Und wie soll so ein System aussehen? Hast Du davon schon eine Vorstellung?

C: Das müssen wir ja gerade erarbeiten. Dazu helfen uns natürlich die Ergebnisse der Bestandsaufnahme, die ja eine Art Rückblick darstellt. Als Nächstes müssen wir nach vorne schauen, um die entscheidenden Anforderungen an unsere Strategie und das Managementsystem zu bestimmen. Ich möchte Dich gerne an unserem Führungskreisworkshop nächste Woche teilnehmen lassen. Dort geht es genau um diese Themen.

Peter dachte an das Kapitel 4.1 der ISO, wo gefordert ist, dass man relevante Themen, die Auswirkung auf die strategische Ausrichtung und das QM-System der Organisation haben, bestimmen soll.

Sehr gerne. Das ist sogar ganz im Sinne der ISO, witzelte er.

2 Aktuelle und zukünftige Herausforderungen

„Insbesondere dürften nach unserer Überzeugung Unternehmen, bei denen Nachhaltigkeit einen hohen Stellenwert genießt, nicht nur unter erschwerten Bedingungen, sondern auch in einem günstigen Marktumfeld besser abschneiden als ihre weniger nachhaltig wirtschaftenden Wettbewerber.“

BlackRock Research zu Nachhaltigkeit und Resilienz

Welchen äußeren Anforderungen müssen die Unternehmen und Organisationen heute und morgen genügen? Das Verständnis dessen, was „Qualität“ ist, welchen Stellenwert sie einnimmt und wie man sie erzeugt und sichert, wird von den Bedingungen der realen Welt geprägt.

Die Covid-19-Krise hat einiges spürbar gemacht, was wir geahnt hatten, aber nicht wirklich wissen wollten. Wer noch Bestätigung für die VUKA-Charakteristik unserer heutigen Welt brauchte, bekam die jetzt:

- **V***olatilität*: die Flüchtigkeit, Unbeständigkeit, Schwankung der Situationen, der Einschätzungen, der Kennzahlen, der Erkenntnisse, der Aktionen, manchmal mit gravierenden Veränderungen innerhalb von Stunden,
- **U***nsicherheit*: die Ungewissheit, wie die Lage wirklich ist und wie es wohl weitergehen wird und die daraus resultierende Empfindung der Bedrohung,
- **K***omplexität*: die Eigendynamik und Intransparenz miteinander verbundener Systeme, die sichere Prognosen auch in Bezug auf die Wirkung von Eingriffen unmöglich macht,
- **A***mbiguität*/**A***mbivalenz*: die Mehrdeutigkeit von Signalen, Daten, Wahrnehmungen.

In der Berichterstattung und den Diskussionen über Charakter und Ausmaß der Bedrohung durch das Virus und den angemessenen Umgang mit ihm traten die genannten Phänomene zutage. Die Mangelhaftigkeit unserer bewährten Rezepte des Krisenmanagements wurde schmerzhaft deutlich. Und wir erlebten das höchst unerwünschte Gefühl der *Verletzlichkeit*, vor allem aufgrund der real existierenden Globalisierung.

Als wir die gespenstischen Bilder aus Wuhan sahen, konnten sich die wenigsten vorstellen, dass sich bald ähnliche Szenen in unserer unmittelbaren Nachbarschaft abspielen würden. Unsere prekäre Abhängigkeit von Billigimporten erfuhren wir am spektakulärsten in Form von Versorgungsengpässen bei Medikamenten, Schutzmasken, Erntehelfern und Schlachthofmitarbeitern. Auf der anderen Seite hatten wir zur Kenntnis zu nehmen, dass die Wirtschaftsgroßmacht Deutschland recht schnell Schnappatmung bekommt, wenn Exportmärkte ausfallen, dass Branchen wie Luftfahrt, Touristik und Hotellerie bei reduzierter Mobilität innerhalb von wenigen Wochen einbrechen. Und dass Deutschland in Sachen Digitalisierung tatsächlich ein Entwicklungsland ist. Aber auch, dass - wenn es sein muss - Anpassungs- und Lernprozesse in kürzester Zeit möglich sind.

Niemand weiß auch nur halbwegs sicher, wie es weitergehen wird, im Großen und im Detail. Welche Verletzungen hinterlassen die Seuche und die Maßnahmen zu ihrer Bekämpfung? Wann und wie wird es uns gelingen, diese zu heilen? Die Covid-19-Pandemie wird vielleicht echte, tiefgreifende Lernfortschritte in Gang setzen. Dass VUKA und Verletzlichkeit als Kerncharakteristika unserer heutigen Welt anerkannt werden. Dass sich ein neues, systemisches Denken und Handeln durchsetzen wird. Dass nur mehr Strategien verfolgt werden, die für das jeweils größere Ganze Sinn ergeben. Dass Verschwendung, gleich welcher Art, aufhört. Und dass keine „Lösungen" mehr verfolgt werden, für die ein anderer, irgendwo und irgendwann, die Rechnung bezahlen muss.

„Die Wirtschaft muss gestalten. Radikalität muss aus der Wirtschaft kommen."

Anders Indset

In diesem Kapitel setzen wir das Thema Qualität in den Kontext der fundamentalen Herausforderungen unserer Zeit. Wir werden aufzeigen, dass die „Kulturtechnik des wissenden Ignorierens" [Bernd Ulrich 2019], die Strategie des „Elephant in the room", die QM-typische Pflege einer geschlossenen, aufgeräumten Kunstwelt bei gleichzeitiger Abschottung gegen die Unordentlichkeiten der realen Welt, zunehmend existenzgefährdend wirken. Unternehmen und Organisationen sollten sich von unnötigen Zwängen befreien, alle verfügbaren Potenziale für grundlegende Veränderungen freisetzen und sich auf den Weg zu einem lebendigen, zeitgemäßen Verständnis von Qualität machen.

2.1 Umwelt- und Klimakrise – muss sich wirklich alles ändern?

„Die Unternehmen sind künftig grün - oder gar nicht."

Gabor Steingart, 13. 01. 2020

Die Covid-19-Pandemie hat die Umwelt- und Klimakrise in den Hintergrund der Aufmerksamkeit gedrängt. Die Versuchung ist groß, sie weiterhin ausblenden zu wollen, jetzt erstmal wieder die Schornsteine richtig rauchen zu lassen. „Auch wenn es stinkt." [Marc Brost 2020] So lange, bis es partout nicht mehr anders geht. Oder zu spät ist. Wäre das vernünftig? Wäre das qualitätsgerecht?

In diesem Abschnitt erfahren Sie,

- was die Umwelt- und Klimakrise mit Qualität zu tun hat,
- inwiefern die Umwelt- und Klimakrise sich von allen anderen, menschengemachten Problemen grundlegend unterscheidet,
- warum das Denken und die Instrumente des 20. Jahrhunderts nicht mehr taugen,
- welche Prinzipien wir für richtig und unerlässlich halten, um unsere Unternehmen in Richtung Nachhaltigkeit auszurichten und damit zukunftsfähig zu machen.

2.1.1 Die Menschheitskrise des 21. Jahrhunderts

Die Umwelt- und Klimakrise wird (mindestens) das 21. Jahrhundert prägen, weil sie die Welt tiefergreifend verändern wird, als sämtliche anderen Großprobleme, an die wir uns in unserem „Extremismus der Normalität" [Bernd Ulrich 2019] bis zum Corona-Schock schon fast gewöhnt hatten.

Die Komplexität und Macht der Umwelt- und Klimakrise stellen jedes andere menschengemachte Problem in den Schatten. Alle anderen Menschheitsprobleme werden in komplexen Zusammenhängen von der Umwelt- und Klimakrise berührt. Wir befinden uns in einem globalen Konflikt mit der Natur. Und die Konfliktpartei, mit der wir uns hier auseinanderzusetzen haben, lässt sich durch all die bewährten menschlichen Strategien der vergangenen Jahrtausende nicht beeindrucken. Sogar die zur Eindämmung des Covid-19-Virus eingesetzten Radikalrezepturen wie Grenzschließungen und weltweite Impfungen sind hier komplett wirkungslos. Die Erde folgt ihren eigenen Gesetzmäßigkeiten. Der Mensch mag ihr in seinem gegenwärtigen Höhenflug noch so sehr seinen Stempel der Großartigkeit aufdrücken, seinem Willen unterwerfen kann er sie nicht.

Wir sind dabei, unsere Lebensgrundlage, von der wir selbst Teil sind, unumkehrbar zu beschädigen. Und was tatsächlich neu ist: Wir müssen erkennen, dass wir nicht die Herrscher des Planeten sind, sondern (nur?!) sehr großzügig eingeladene Gäste. Doch wir haben nicht gelernt, uns wie Gäste zu benehmen.

Wo stehen wir gerade?

Das Zitat am Anfang des Abschnitts stammt aus dem „Morning Briefing" des Wirtschaftsjournalisten Gabor Steingart, unmittelbar nach dem Besuch der deutschen Fridays-for-Future-Frontfrau Luisa Neubauer bei Joe Kaeser, dem CEO von Siemens. Die beiden hatten über die Beteiligung von Siemens an einem gigantomanischen Kohlebergbauprojekt in Australien gesprochen. Neubauer hatte Kaeser aufgefordert, von dem finanziell wenig bedeutenden (18 Mio. Euro Umsatz), umweltbezogen aber sehr fragwürdigen Auftrag zurückzutreten. Kaeser berief darauf eine Sondersitzung des Vorstands ein und verkündete schließlich, man werde an dem Auftrag festhalten. Siemens müsse seinen Ruf als zuverlässiger Lieferant wahren. Und der Vertragsausstieg wäre mit hohen Kosten verbunden. Außerdem, so Kaeser, sei er für die Zukunft von 385 000 Siemens-Mitarbeitenden verantwortlich. Luisa Neubauer kommentierte, dass Kaeser einen „unentschuldbaren Fehler" mache.

Kaesers Handlungen standen im Einklang mit den heute gängigen Praktiken und Prinzipien des Geschäftslebens. Zunächst hatte er – erfolglos – versucht, Luisa Neubauer zu neutralisieren und zu instrumentalisieren, indem er ihr einen gut dotierten Aufsichtsratsposten anbot. Sein Festhalten an dem Australienauftrag begründete er dann wertebezogen: wirtschaftliche Sorgfalt, Verlässlichkeit gegenüber dem Kunden und Verantwortung für die eigenen Mitarbeitenden – eigentlich alles weithin akzeptierte Qualitätsgrundsätze. Dennoch stellte sich in der öffentlichen Wahrnehmung von Kaesers Aktion keine Zufriedenheit ein. Kaeser erfuhr massive Kritik, sein baldiger Abgang wurde prognostiziert. Anscheinend gibt es noch grundlegendere Anforderungen an Unternehmen und Manager als die Erzielung von Gewinn, Kunden- und Mitarbeiterzufriedenheit? Das alte Qualitätsparadigma, dem Kaeser folgte, wackelt.

2.1.2 Kundenzufriedenheit allein reicht nicht mehr

Der erste Grundsatz des Qualitätsmanagements lautet Kundenorientierung [ISO 9000:2015]. Es entspricht der Logik der Kundenorientierung, dass BMW den X7 und Mercedes den GLS, beides SUVs mit über 5 m Länge, 2,5 Tonnen Gewicht und bis zu 500 PS Leistung, auf den Markt gebracht haben. Wenn diese Autos dann auch noch fehlerfrei funktionieren und ein Strahlen ins Gesicht des Fahrers zaubern (Slogan für BMW X7: „So wird jede Fahrt zum großen Auftritt."), darf man wohl von Qualitätsprodukten sprechen. Überhaupt stehen die deutschen Premiummarken Audi, BMW, Mercedes vor allem wegen ihrer großen, leistungsstarken Modelle seit Jahren für Qualität und erfreuen sich besonders in den USA und China großer Beliebtheit.

Aber darf ein Produkt, sei es noch so kundenfreundlich, „Imposant. Innovativ. Modern. Luxuriös.“ (BMW X7), das die Umwelt und die Gesellschaft unverhältnismäßig belastet, das Prädikat „Qualität“ erhalten?

Gemäß ISO 9001:2015 ist der Kunde zufriedenzustellen [ISO 9001:2015, Abschnitt 9.1.2]. Die Erwartungen und Anforderungen der relevanten interessierten Parteien (der verschiedenen „Stakeholder“) sind zu identifizieren und in der Strategie zu berücksichtigen [ISO 9001:2015, Abschnitt 4.2]. Diese Regelung bietet viel Raum für Interpretationen und Lippenbekenntnisse. Aber die Stimmen werden lauter, die eine neue Praxis fordern. Zunehmend wird von Unternehmen erwartet, dass sie nicht mehr nur ihrem Aufsichtsrat Rechenschaft über ihre Strategie ablegen, sondern sich für die Erwartungen der Gesellschaft öffnen. Selbst eher konservative Kommentatoren kritisieren die fehlende Bewusstheit mancher Entscheidungsträger auf den Chefetagen.

Um einem zeitgemäßen Qualitätsverständnis zu entsprechen, muss man neben den Kunden- und Eigentümerbedürfnissen auch weitere Ansprüche befriedigen. Prioritär werden die Anforderungen, die die Umwelt- und Klimakrise an uns stellt, zu erfüllen sein. Und das sogar, wenn deshalb vorübergehend Umsatz und Profit sinken.

Aufhören, ohne aufzuhören – geht das?

„Aufhören, ohne aufzuhören!“ lautete ein Werbeslogan für eine E-Zigarettenmarke. Er drückt eine verbreitete Sehnsucht aus. Dass notwendige Veränderungen, vor allem das Ablegen von lieb gewordenen Gewohnheiten, leichtfallen sollen. Auf keinen Fall dürfe es wehtun.

> Das Denken und die Instrumente des 20. Jahrhunderts taugen nicht mehr!

Im derzeitigen Umgang mit der Umwelt- und Klimakrise lassen sich diverse Varianten von Problemverdrängung beobachten. Der als Konsequenz der Krise in Aussicht stehende „Deal“ sieht nämlich für viele nicht sehr verlockend aus: Man soll verzichten, auf Umsatz, auf Gewinne, auf Wohlstand, auf Lebensqualität, auf Vergnügen, auf Freiheit, aber wofür und wozu?

Ohne radikale Abkehr von vielem Gewohntem, ohne ***Disruption***, wird es aber nicht gehen. Wir sollten unsere Kreativität und Umsetzungskraft auf die *Entwick-*

lung einer attraktiven Vision richten, was wir stattdessen tun werden. Das Denken und die Instrumente des 20. Jahrhunderts werden hierzu nicht mehr taugen.

„Nachhaltigkeit wird neuer Investmentstandard."

Larry Fink, BlackRock, Jan. 2020

Larry Fink, der Gründer, Chairman und Chief Executive Officer des größten Vermögensverwalters der Welt, BlackRock (> 6 Billionen Euro Anlagegelder), rief Anfang 2020 in Briefen an die CEOs der Beteiligungsfirmen und an Privatanleger dazu auf: „Jede Regierung, jedes Unternehmen und jeder Anleger muss sich mit dem Klimawandel auseinandersetzen." Als Ergebnis einer Neubewertung der Klimarisiken werde es „schon bald – und früher als von den meisten erwartet – zu einer erheblichen Umverteilung von Kapital kommen".

BlackRock erklärt ***Nachhaltigkeit*** zu seinem neuen Investmentstandard. Der inzwischen weit verbreitete Begriff wurde bereits im 18. Jahrhundert als Konzept der Forstwirtschaft eingeführt, wonach „nicht mehr Holz gefällt werden darf, als jeweils nachwachsen kann" (Duden). Heute stellt Nachhaltigkeit ein umfassend anzuwendendes Handlungsprinzip zur Ressourcennutzung dar, das die Regenerationsfähigkeit von Lebewesen und Ökosystemen, aber auch anderen Systemen gewährleisten soll.

Nur nachhaltig bzw. ökologisch wirtschaftende Unternehmen und deren Produkte werden längerfristig überleben.

BlackRock trennt sich bereits von Investments in der Kohleindustrie und drängt seine Beteiligungsunternehmen (> 15 000 weltweit; in Deutschland u. a. alle DAX-Unternehmen) zu massiven Anstrengungen in Richtung Nachhaltigkeit. Darüber hinaus unterstützt BlackRock Klimaschutzbündnisse wie „Climate Action 100+" und sogar Papst Franziskus mit seiner Forderung nach CO_2-Bepreisung. Eine aktuelle Studie (Mai 2020) stellte fest, dass Unternehmen, die bei den Nachhaltigkeitsindizes ESG (**E**nvironment-**S**ocial-**G**overnance) stark abschneiden, mehr Resilienz in der COVID-19-Krise gezeigt haben.

Auch wenn das Gestern noch nicht überwunden ist, wird immer deutlicher, dass die Umwelt- und Klimakrise womöglich die größte Herausforderung der Menschheitsgeschichte darstellt und dass all die vorgeblichen Antworten aus dem Werkzeugkasten des 20. Jahrhunderts weit hinter den Anforderungen einer Lösung zurückbleiben. Albert Einsteins epochales Wort sollte beherzigt werden:

„Probleme kann man niemals mit derselben Denkweise lösen, durch die sie entstanden sind."

Was folgt für uns daraus?

Nachhaltigkeit ist eine Grundanforderung, an der sich die Qualität von Unternehmen, Produkten und Prozessen bemisst. Hieraus ergeben sich Handlungsleitlinien, die gleichzeitig Aspekte eines zeitgemäßen Verständnisses von *Unternehmens- und Produktionsqualität* darstellen:

- Jede Verschwendung von Ressourcen und jede Produktion von Abfall sind zu vermeiden.
- Bei keiner Entscheidung dürfen Umwelt- oder Klimaschädlichkeit billigend oder nachlässig in Kauf genommen werden. Nachhaltigkeit ist oberstes Kriterium bei allen Geschäftsentscheidungen! Das Wohl des Planeten geht vor Geschäftsinteressen!

> Zukunftstaugliche Qualität ist nur mit einer in der gesamten Belegschaft verankerten und in allen unternehmerischen Entscheidungen wiederzufindenden Haltung von Nachhaltigkeit zu realisieren.

Umweltnormen wie z. B. die ISO 14001, die von den Qualitätsnormen abgetrennt sind, unzureichende Anforderungen beinhalten und nur auf Freiwilligkeit beruhen, sind kontraproduktiv. Normen wie die ISO 26000, ein Leitfaden zur sozialen und gesellschaftlichen Verantwortung von Unternehmen und Organisationen, hingegen sollten als „Qualitätsnormen" verstanden und verbindlich werden.

> Die **Kernaussagen dieses Abschnitts** sind:
>
> - Nachhaltigkeit und ökologisches Verhalten sind erstrangige Qualitätsanforderungen.
> - Unternehmen werden auf Dauer nur bestehen, wenn sie nachhaltig arbeiten.
> - Wir müssen dringend neues Denken und Handeln für das 21. Jahrhundert entwickeln. Das gängige Business-Paradigma passt nicht mehr.
> - Schonender Ressourcenumgang, konsequente Wertschöpfung und Priorität für die Umwelt als Stakeholder sind Kernprinzipien für zukunftsfähige Qualitätsunternehmen.

2.2 Makroökonomie – was fordern Globalisierung und Digitalisierung?

„Unser Erfolg in der Zukunft wird von unserer Bereitschaft und Fähigkeit abhängen, kontinuierlich zu wachsen und uns weiterzuentwickeln, globaler in unserem Denken zu werden, uns mit der Digitalisierung in allen Bereichen anzufreunden, immer besser zusammenzuarbeiten und insbesondere lebenslang anpassungs- und lernfähig zu sein."

Prof. Lee Dyer, Cornell University, 2018

Was Lee Dyer sagt, richtet sich zunächst an die einzelnen Menschen. Es sind Anforderungen, sozusagen Qualitätskriterien, für Menschen in der Berufswelt. Sie sind übertragbar auf Unternehmen und Organisationen.

In diesem Abschnitt erfahren Sie,

- dass neben der Umwelt- und Klimakrise die Faktoren Globalisierung, Vernetzung und Zusammenarbeit, Digitalisierung sowie Agilität und lebenslanges Lernen die Ökonomie 4.0 prägen werden,
- welche neuen Anforderungen sich auf die weitere Entwicklung der Globalisierung auswirken werden,
- welche Rolle soziale Kompetenzen in der neuen Wirtschaft spielen,
- was die Digitalisierung den Unternehmen abfordert,
- dass Agilität weit mehr verlangt als die Beherrschung agiler Methoden,
- welchen Qualitätsanforderungen wir, als Individuen und Organisationen, in der Ökonomie 4.0 gerecht werden müssen.

Alle ernst zu nehmenden Prognosen zur Entwicklung der Ökonomie stimmen überein, dass

- Umwelt- und Klimakrise,
- Globalisierung,
- Vernetzung und Zusammenarbeit,
- Digitalisierung,
- Agilität und lebenslanges Lernen

das wirtschaftliche Geschehen der nächsten zehn Jahre prägen werden.

2.2.1 Globalisierung

Globalisierung bezeichnet den Prozess zunehmender weltweiter Verflechtungen in vielen Bereichen (Wirtschaft, Politik, Kultur, Umwelt, Kommunikation). Als Vorläufer der Globalisierung können der Kolonialismus ab dem 16. Jahrhundert und, darauf aufbauend, der Imperialismus des späten 19. und der ersten Hälfte des 20. Jahrhunderts angesehen werden. Die heute bestehende internationale Arbeitsteilung ist in ihren Grundzügen dieser Historie zu verdanken.

Kaum etwas illustriert die Entwicklung der Globalisierung so deutlich wie die wachsende ökonomische Bedeutung des *Außenhandels*. Das Volumen des Weltwarenexports stieg im Zeitraum 1960 bis 2018 real fast dreimal so stark wie die Warenproduktion. Für Deutschland, als „Exportnation", spielt der Außenhandel eine besonders wichtige Rolle.

Die Finanz- und Wirtschaftskrise von 2008/2009 hatte weltweit zu einem kurzen, heftigen Einbruch geführt, der aber rasch wieder kompensiert war. Seither hat sich die Wachstumsrate des internationalen Handels etwas verlangsamt. Manche Ökonomen erkennen bereits ab 2010 eine *„Phase der Deglobalisierung"*, unübersehbar hat sich die Gesamtsituation seit der Wahl von Donald Trump und seiner „America First"-Politik verändert. Und schon vor Covid-19 hatte auch die gesellschaftliche Kritik an den Schattenseiten der Globalisierung – von Umwelt- und Klimazerstörung über Migrationsbewegungen bis zur Verödung ganzer Regionen in klassischen Industrieländern – deutlich zugenommen.

Globale Zusammenarbeit und Austausch werden ein bestimmendes Element der ökonomischen und sozialen Entwicklung bleiben. Die atemberaubenden Fortschritte in Wissenschaft und Technik sind Effekte globaler „Kooperenz" (Anders Indset). Die globale Arbeitsteilung hat in Schwellen- und Entwicklungsländern kräftige Wachstumsdynamiken in Gang gesetzt. Und sie ist für die Konsumenten und die wirtschaftlich mächtigen Spieler der industrialisierten Regionen auf absehbare Zeit zu attraktiv (und man hat zu viel in sie investiert), um daraus komplett aussteigen zu wollen. Es treten aber neue Qualitätsanforderungen in den Vordergrund, welche das Ausmaß und die Formen der internationalen Zusammenarbeit prägen werden.

Die Globalisierung ist in eine neue Phase eingetreten, mit neuen Anforderungen an die Qualität der Herstell- und Verteilungsprozesse und der Produkte.

Eher noch verstärken wird sich, dass wir quasi automatisch mit unseren Produkten und im Hinblick auf die Effizienz unserer Prozesse im weltweiten Wettbewerb stehen. Neben Weltklassefähigkeiten in unseren Design-, Beschaffungs- und Produktionsprozessen benötigen wir eine hochentwickelte Sensorik und Intelligenz bezüglich der Situation in unseren Einkaufs- und Absatzmärkten sowie ausgeprägte Flexibilität für blitzschnelle Reaktionen auf wahrgenommene Risiken und Chancen. Dies ist mit der noch immer als Standard weit verbreiteten hierarchischen Organisation und dem konventionellen (Qualitäts-)Management nicht zu bewältigen.

Relativ neu hinzu kommen ökologische und soziale Nachhaltigkeitsanforderungen, sowohl hinsichtlich der Produkte als auch der Produktions- und Verteilungsprozesse. So werden auch die weltweiten physischen Warentransporte zunehmend kritisch betrachtet und Forderungen sowohl nach umweltschonenden Transportmitteln als auch nach ortsnaher („regionaler") Produktion werden lauter. Und mehr und mehr wird die Sicherstellung anspruchsvoller Sozialstandards für die gesamte Lieferkette gefordert. Schließlich gibt es sogar eine wachsende Bewegung, die für ein bewusstes und bescheidenes Leben plädiert und die Fragen nach dem Sinn unserer Wirtschaftsweise und ihrer Erzeugnisse stellt.

In ein zeitgemäßes Qualitätsverständnis sollten all diese Aspekte angemessen einfließen.

„Glokalisierung", ein vernünftiges, für alle Beteiligten vorteilhaftes Verhältnis von Kosmopolitismus und Lokalismus ist Gestaltungsaufgabe für alle Unternehmen und Organisationen. Dazu braucht es entsprechend eingestellte und kompetente Mitarbeitende.

2.2.2 Vernetzung und Zusammenarbeit

Die globale Arbeitsteilung verlangt die Beherrschung komplexer, alle Grenzen überschreitender Prozesse der Vernetzung und Zusammenarbeit. Ziel des „Internets der Dinge" ist es, die Wertschöpfungsprozesse weitestmöglich ohne menschliche Eingriffe, in direkter Kommunikation zwischen Geräten, ablaufen zu lassen. Grundlage für ihr Funktionieren bleiben aber Beziehungen und Übereinkünfte zwischen Menschen.

Die Qualität der Zusammenarbeitsprozesse ist ein erfolgsentscheidender Faktor in der Ökonomie 4.0.

Mit Menschen und Organisationen unterschiedlichster kultureller Prägungen, auch in weit entfernten Regionen, direkt-persönlich und auch elektronisch-virtuell effektiv zusammenzuarbeiten, stellt hohe Anforderungen an soziale und interkulturelle Kompetenz in fast allen Bereichen unserer Organisationen. Bewusste Förderung von Diversität, also einer möglichst vielfältigen, „bunten" Belegschaft, schafft hierfür ein günstiges Umfeld.

Empathie wird zu einer immer wichtigeren und anspruchsvolleren Kernkompetenz. Das Denken und Fühlen anderer Menschen zu verstehen und ansatzweise nachzuempfinden, ist neben der Voraussetzung für echte Kundenorientierung auch in der globalen Zusammenarbeit erfolgsentscheidend. Die Algorithmen der Künstlichen Intelligenz (KI), basierend auf „Big Data", können sie nur simulieren, nicht ersetzen.

> Die Fähigkeit zu interkultureller Vernetzung und Kooperation auf der Grundlage von Respekt und Empathie muss ständig weiterentwickelt werden.

2.2.3 Digitalisierung

„Das Auto ist nicht länger nur Transportmittel. Und das bedeutet auch: Die Zeit klassischer Automobilhersteller ist vorbei."

„Das Automobil wird in Zukunft das komplexeste, wertvollste, massentaugliche Internet-Device.

Wir verbringen im Automobil der Zukunft mehr Zeit als heute, vielleicht zwei Stunden statt einer."

Herbert Diess, VW, 16.01.2020

Deutlicher könnte die Disruption in der Industrie kaum sichtbar werden: Volkswagen, nach Absatzzahlen der größte Automobilkonzern der Welt, erzielte im Jahr 2019 mit fast 11 Mio. verkauften Autos einen Umsatz von knapp 250 Mrd. Euro. Tesla lieferte im gleichen Zeitraum etwa 370 000 Fahrzeuge aus und realisierte damit einen Umsatz von 22 Mrd. Euro. Teslas Börsenwert überholte im Januar 2020 den von VW (95 Mrd. Euro gegenüber 85). Mittlerweile übertraf der Börsenwert von Tesla den von VW, BMW und Daimler zusammengerechnet.

Was sich hier ausdrückt, ist das Vertrauen der Investoren in die Zukunftskompetenz der Unternehmen. VW sowie überhaupt die deutsche Automobilindustrie gelten als exzellente industrielle Produzenten, die aber noch der alten, analogen, fossilen Welt angehören. Teslas überlegenes Potenzial wird in erster Linie in der firmeneigenen Softwarekompetenz gesehen. Obwohl Tesla weniger Softwareentwickler beschäftigt als VW, wird Tesla in diesem Bereich weit höher eingeschätzt.

> Softwareentwicklungskompetenz ist Kernanforderung der Industrie 4.0. Neben fachlichem Know-how verlangt sie bewegliche Formen von Organisation und Führung.

Laut Handelsblatt-Bericht vom 31.01.2020: *Tesla gegen VW: Kann den Wolfsburgern die Aufholjagd noch gelingen?* sind die VW-Programmierer vor allem damit beschäftigt, die von diversen Zulieferern entwickelten IT-Komponenten zu einem funktionierenden System zu integrieren. Gerade einmal 10 Prozent der im VW verwendeten Software würden von VW-Mitarbeitenden beigesteuert. Bei Tesla dagegen würden die vernetzten Komponenten für das Automobil der Zukunft selbst entwickelt. Und: „Es herrschen flache Hierarchien. Schnelligkeit, Kreativität und Eigenverantwortung werden großgeschrieben." Besonders leistungsfördernd wirkt sich aus, dass der Tesla-Chef Elon Musk es versteht, Menschen für große Visionen zu begeistern.

Die Digitalisierung aller Lebensbereiche schreitet voran, erfasst nicht jeden mit gleicher Wucht, lässt aber keinen unberührt. Elektronische Kommunikation, auch über soziale Medien, prägt unseren persönlichen Alltag ebenso wie das Wirtschaftsgeschehen. Robotik und Künstliche Intelligenz lassen ihre Potenziale erahnen und werden wahlweise als größte Segnung oder als ultimative Bedrohung wahrgenommen. Und Massendaten, Big Data, sind dabei, zum begehrtesten Rohstoff des 21. Jahrhunderts zu werden.

Von der 4. Industriellen Revolution zu sprechen, ist sicher nicht übertrieben, in Anbetracht der Dimensionen und der Dynamik der bereits eingetretenen, der absehbaren und der sich am Horizont abzeichnenden Veränderungen. Die in der analogen Welt so erfolgsverwöhnte deutsche Wirtschaft läuft Gefahr, abgehängt zu werden. Eine Studie der WHU Otto Beisheim School of Management weist darauf hin, dass man sich insbesondere um die deutsche mittelständische Industrie, das Herz der wirtschaftlichen Stärke Deutschlands, Sorgen machen muss. Die bewährte unternehmerische Vorgehensweise, in eine neue Technologie erst dann zu investieren, wenn man vollends überzeugt ist, dass sich das rechnen wird, stößt an ihre Grenzen. Der Einsatz von Cloud Computing und Web Analytics und der Anschluss an Technologien wie Blockchain und KI mögen in wenigen Jahren schlicht Existenzvoraussetzungen sein.

Aber noch so hochkarätiges technisches Wissen und Können führen noch nicht zum Erfolg als Unternehmen. Benötigt wird eine digitale Transformation des gesamten Unternehmens. Digitalisierung muss Hand in Hand gehen mit der Entwicklung einer agilen Organisation. Und beides kann nur gelingen, wenn die Unternehmensführung und die Mitarbeitenden gemeinsam und voller Überzeugung einen Sinn und Zweck und eine Vision verfolgen.

> Noch verstärkt und beschleunigt durch Covid-19 ist die Digitalisierung der Schlüssel zur Wettbewerbsfähigkeit. Den Zugang zu den existenznotwendigen digitalen Kompetenzen können die Unternehmen und Organisationen nur dadurch gewinnen, dass sie den Menschen der Generationen Y und Z attraktive und förderliche Arbeitsbedingungen bieten.

2.2.4 Agilität und lebenslanges Lernen

„Agilität“ bzw. „agil“ gehören zu den meistverwendeten Begriffen in der gegenwärtigen Managementdiskussion. Das Konzept hat Wurzeln in der Systemtheorie von Organisationen aus den 1950er-Jahren, tauchte seit den 1990er-Jahren in Form von Agile Manufacturing auf und erfuhr eine weitere Belebung durch das *Manifest der agilen Softwareentwicklung* von 2001.

Heute wird **Agilität** verbreitet als Voraussetzung für Wettbewerbsfähigkeit und damit letztlich für die Unternehmensexistenz angesehen. Es finden sich ungezählte Definitionen, die insoweit übereinstimmen, als Geschwindigkeit und hohe Anpassungsfähigkeit im Fokus stehen. Eine treffende Definition:

> *„Agilität ist die Fähigkeit eines Unternehmens, seine Organisation und sein Geschäftsmodell in kurzer Zeit auf neue Marktanforderungen und sich bietende Chancen auszurichten. Das heißt, agil sein bedeutet einerseits reaktiv, flexibel und anpassungsfähig und gleichzeitig proaktiv, initiativ und antizipativ zu handeln. “*
>
> *Andreas Diehl, digitaleneuordnung.de*

Wie Digitalisierung grundlegend mehr ist als der Einsatz von Digitaltechnik, verwirklicht sich Agilität nicht in der Anwendung agiler Methoden und Instrumentarien, wie z. B. SCRUM. Andreas Diehl unterscheidet zwischen *„Doing Agile“* – der Anwendung agiler Methoden – und *„Being Agile“* – der Entwicklung und Umsetzung eines „agilen Mindsets“. Die Einstellungen eines Menschen, seine Haltungen, Werte, Neigungen und Abneigungen, seine Persönlichkeitszüge, seine persönlichen und sozialen Kompetenzen bilden den mehr oder weniger fruchtbaren Boden für seine agile Kompetenz.

Agilität ist kein Selbstzweck, sondern soll dem Kunden dienen. Schon das agile Manifest erklärte Kundenzentrierung zum obersten Prinzip.

> *„Unsere höchste Priorität ist es, den Kunden durch frühe und kontinuierliche Auslieferung wertvoller Software zufrieden zu stellen.*
>
> *(...) Agile Prozesse nutzen Veränderungen zum Wettbewerbsvorteil des Kunden.“*
>
> *agilemanifesto.org*

Wahrscheinlich war der Kunde noch nie so sehr „König“ wie heute.

Kundenzentrierung (Customer Centricity) ist eine Kernanforderung des heutigen Wirtschaftslebens. In der globalisierten, digitalisierten Welt verfügt der Kunde über eine nie gekannte Auswahl an Angeboten, fast unbegrenzte Markttransparenz und machtvolle Instrumente, um seine Zufriedenheit oder Unzufriedenheit kundzutun. Wahrscheinlich war der Kunde noch nie so sehr „König“ wie heute. Und dieser König Kunde, ob gewerblich oder als Endabnehmer, erwartet, dass seine individuellen Bedürfnisse mit größter Geschwindigkeit bedient werden. Es ist nicht zu erwarten, dass sich diese Haltung grundlegend verändern und wieder mehr Ruhe und Geduld einkehren wird. Agilität ist das Konzept, um der Anforderung bestmöglich zu entsprechen:

- Die hierzu passende Arbeitsweise ist *iterativ* (schrittweise Optimierung von Prozessen und Produkten durch Wiederholungsschleifen) und *inkrementell* (Freigabe und Integration von Ergebnissen in kleinen Schritten), also sowohl die Prozesse als auch die Produkte sind kontinuierlich in Entwicklung. Selbst bei größter Sorgfalt kann sich diese Arbeitsweise zulasten der Produktqualität, im traditionellen Verständnis von Fehlerfreiheit, auswirken. Die Hauptpriorität liegt ja auf Geschwindigkeit und Flexibilität. Das konventionelle Qualitätsmanagement, das auf stabile, kontrollierte, wiederholbare Prozesse mit vordefiniertem Ergebnis zielt, wird durch agiles Arbeiten vor unlösbare Aufgaben gestellt. Dieses Dilemma ist mit den Kunden offen zu besprechen. Das Einvernehmen mit dem Kunden über die von ihm erwartete Qualität sollte kontinuierlich in einem iterativen Kommunikationsprozess gesucht werden.
- Es gibt nützliche, agile „Customer Centricity“-Methoden. Aber die werden nur richtig effektiv, wenn sie von einem kundenzentrierten Bewusstsein getragen werden. Letzteres verlangt von Individuen, Teams und Organisationen, Distanz zu den eigenen (Ego-)Interessen herzustellen und die Bedürfnisse des Kunden wirklich in den Fokus des Tuns zu stellen. Dazu ist auch die Fähigkeit der *Empathie* gefordert, die voraussetzt, dass man in der Lage ist, die eigenen Bedürfnisse und Probleme wahrzunehmen und bewusst damit umzugehen. Also, alles beginnt und mündet immer in die Arbeit am eigenen „Mindset“.

> Der Lern- und Veränderungsmodus ist als Normalzustand anzunehmen.

Veränderung wird als Kerncharakteristikum unserer Epoche gesehen, sich mit Veränderung wohl zu fühlen, entspannt, flexibel und kreativ damit umzugehen, als Grundanforderung. Dies umfasst eine kontinuierliche Diagnostik für Veränderungsnotwendigkeiten und -chancen, Entfaltung und Anwendung neuartiger Weisen des Denkens, Kommunizierens und Gestaltens, sowie die Entwicklung, Umsetzung und Verbreitung innovativer Lösungen. Die Fenster zum Universum der Möglichkeiten müssen weit geöffnet sein, der Lern- und Veränderungsmodus ist als „Steady State“ anzunehmen.

Dass auf der anderen Seite der Medaille „Agilität“, als der Kompetenz zur immerwährenden Veränderung, die Anforderung „*Lebenslanges Lernen*“ steht, dürfte nicht überraschen.

> Agilität ist vor allem eine Folge von Einstellung und Verhalten der beteiligten Menschen. Um zur agilen Organisation zu werden, brauchen Sie die Menschen mit dem richtigen Mindset und müssen ihnen die optimalen Lern- und Entfaltungsbedingungen bieten.

> Die **Kernaussagen dieses Abschnitts** sind:
> - Die Anforderungen des globalen Wettbewerbs werden weiterhin dominieren. Hinzu kommen neue Anforderungen bezüglich Nachhaltigkeit und Sozialverträglichkeit der gesamten Herstell- und Vertriebsprozesse.
> - Die Qualität der Zusammenarbeitsprozesse ist ein erfolgsentscheidender Faktor. Die Anforderungen an Sozialkompetenz und Empathie nehmen zu.
> - Digitalisierung und Agilität verlangen fachlich-methodisches Know-how, einen offenen, stets lernbereiten Mindset und flexible, aufgabenbezogene Formen der Organisation und Führung.
> - Kundenzentrierung beruht auf einer inneren Haltung und verlangt persönliche und soziale Kompetenzen.
> - Das Verfolgen eines gemeinsamen Sinns und Zwecks durch Führungskräfte und Mitarbeitende und eine geteilte Vision sind Energiequellen für Veränderung und Erfolg.
> - Das konventionelle Qualitätsmanagement kann mit Agilität nicht umgehen.
> - Lebenslanges Lernen ist Grundanforderung für Individuen und Organisationen.

2.3 Menschen – wie ticken die Generationen Y und Z?

„A generation disrupted“

Deloitte Global Millennial Survey 2019

Die hier betrachteten Bevölkerungsgruppen der „Millennials“ (auch „Generation Y“; Geburtsjahrgänge etwa 1980–2000) und der „Generation Z“ (Geburt nach 2000) machen heute schon mehr als die Hälfte der Weltbevölkerung aus und werden 2025 etwa zwei Drittel der globalen Belegschaften bilden.

In diesem Abschnitt erfahren Sie,

- welche Meinungs- und Stimmungslage bei den Generationen Y (Geburt 1980–2000) und Z (nach 2000) vorherrscht,
- welche Erwartungen sie an die Wirtschafts- und Arbeitswelt haben,
- was Unternehmen tun können und sollten, um bestmögliche Leistungsvoraussetzungen zu schaffen.

Deloitte, die umsatzstärkste Beratungs- und Wirtschaftsprüfungsgesellschaft der Welt, veröffentlichte 2019 im achten Jahr in Folge eine globale Untersuchung zur Meinungs- und Stimmungslage unter den Millennials, erstmalig auch unter Einschluss der nachfolgenden Generation Z. In den vergangenen Jahren hatte sich das Bild einer Generation von Menschen gezeigt, die in Arbeit weit mehr als Broterwerb sehen, nämlich einen Kernbereich der Sinn- und Selbstverwirklichung.

Auch die Millennials streben gute Einkommen und Jobsicherheit an, suchen aber mit hoher Priorität sinnvolle Arbeit. Sie wollen an der Lösung wichtiger Aufgaben mitwirken, auch mit Blick auf die Gesellschaft und den Planeten. Sie möchten gestalten, interessante Erfahrungen machen, im Beruf persönlich und fachlich wachsen und sie wünschen sich eine flexible Arbeitsumgebung, die es ihnen ermöglicht, ihre beruflichen und privaten Interessen in Einklang zu bringen. Aktuell ist das Bestreben, die Welt zu sehen, sowie hilfreich in der Gemeinschaft zu wirken, stärker ausgeprägt als der Wunsch, eine Familie oder ein eigenes Business zu gründen.

„Disruption“ ist ein zweischneidiges Schwert:
Sie bietet Chancen, nährt aber auch Sorge, Verunsicherung und Misstrauen.

Nun hatte sich der Glaube der Millennials an eine gute Zukunft auch schon vor dem Corona-Schock massiv eingetrübt, sowohl was sie persönlich betrifft, als auch in politisch-sozialer Hinsicht. „Disruption“, die sprunghafte, radikale Erneuerung in der Ökonomie, wirkt weltweit als Treiber von Wachstum und neuen Chancen, nährt aber bei den heutigen, jüngeren Menschen zunehmend Sorge, Verunsicherung und Misstrauen. Desillusionierung und Pessimismus treten immer mehr zu Tage, in den hoch entwickelten Volkswirtschaften Europas sogar noch mehr als anderswo. Was hat zu dieser beunruhigenden Entwicklung geführt?

Der Eintritt in die Berufstätigkeit war bei vielen Millennials geprägt durch die Weltwirtschaftskrise der späten 2000er-Jahre. Während sich die Kapitalmärkte und ihre Profiteure danach recht rasch erholt hatten, leiden viele Menschen noch heute unter den Folgen der Krise und ihren unbewältigten Ursachen. Die Covid-19-Katastrophe verschärft die Problematik weiter.

Die fast schon selbstverständlich gewordene Erwartung, dass die Nachfolgegeneration mehr Wohlstand genießen wird als die vorangegangene, verkehrte sich in ihr Gegenteil. Die Millennials verfügen über niedrigere durchschnittliche Realeinkommen und geringeres Vermögen und haben höhere Schulden als frühere Generationen in vergleichbarem Alter. Schon der Einstieg ins Berufsleben war und ist vielfach problematisch – in einer Reihe von Ländern herrscht hohe Arbeitslosigkeit unter jungen Menschen. Andernorts führt ein langwieriger, frustrierender Weg in stabilere berufliche Verhältnisse, über Serien von Praktika, Leiharbeit und befristete Arbeitsverträge.

Die Befragten der Generationen Y und Z sind der Meinung, dass Unternehmen in erster Linie qualitativ hochwertige Güter und Dienstleistungen erzeugen, Beschäftigung, Entwicklung und Auskommen für Mitarbeitende bieten und zu gesellschaftlichen Verbesserungen beitragen sollten. Tatsächlich verfolgten Unternehmen aber überwiegend nur Profitinteressen.

Gen Ys und Gen Zs erleben eine starke Bedrohung durch strukturelle Veränderungen der Arbeitswelt. In den Industriegesellschaften Europas und Amerikas findet schon seit Jahren eine wachsende Polarisierung der Arbeitsmarktstrukturen statt, mit deutlichem Anwachsen einerseits hochqualifizierter und andererseits niedrig qualifizierter und entsprechend niedrig bezahlter Jobs („Dienstleistungsprekariat"). Der Anteil „mittlerer" Facharbeiter- und Fachangestelltentätigkeiten, traditionell der Großteil aller Jobs, hat massiv abgenommen. Vieles spricht dafür, dass sich diese Entwicklung fortsetzen wird, wahrscheinlich sogar verschärft. Wie viele gerade der „mittleren" Jobs der fortschreitenden Automatisierung in den nächsten Jahren zum Opfer fallen und welche Angebote stattdessen zur Verfügung stehen werden, ist völlig unklar. Manche Studien sehen bis zu 50 % aller Arbeitsplätze gefährdet.

Die Unsicherheit der jüngeren Generationen in Bezug auf das eigene Leben verstärkt sich durch zunehmende Zweifel an der Tragfähigkeit sozialer Sicherungssysteme wie der Gesundheitsfürsorge und der Altersversorgung. Das Vertrauen in die etablierten politischen und gesellschaftlichen Institutionen, inklusive der Massenmedien, schwindet gravierend. Ebenso wachsen die Zweifel an der Motivation und der Fähigkeit der Wirtschaftsführer, zu einer positiven Entwicklung der Welt beizutragen: Die Befragten meinten, Unternehmen sollten in erster Linie qualitativ hochwertige Güter und Dienstleistungen erzeugen, Beschäftigung und Entwicklungsmöglichkeiten für Menschen bieten und sich für die Verbesserung der gesellschaftlichen Verhältnisse einsetzen. Stattdessen verfolgten sie aber weit überwiegend nur Profitinteressen.

> Die größte Sorge sowohl der Millennials als auch der Gen Zs galt vor Covid-19 der Umwelt- und Klimakrise.

Und schließlich hängen über allem tiefdunkle Wolken globaler Probleme. Sowohl bei den Millennials als auch den Gen Zs galt der Umwelt- und Klimakrise mit weitem Abstand die größte Sorge (vor der ungleichen Verteilung von Einkommen und Reichtum).

Welche Arbeitswelt wollen wir den jüngeren Mitarbeitenden bieten?

Die Mitarbeitenden sind das wichtigste Kapital fast jedes Unternehmens und Kapital gedeiht nur unter günstigen, förderlichen Bedingungen. Grundlegend ist die Wertschätzung der menschlichen Arbeit. Menschliche Arbeit vor allem als Kostenfaktor zu betrachten, den es, wo immer es sich vermeintlich rechnet, durch Einsatz von Technik zu ersetzen gilt, ist ein fataler Irrweg. Einen Kostenwettbewerb mit Maschinen bei Tätigkeiten, die die Maschine gleich gut oder besser beherrscht als der Mensch, werden die Menschen auch unter Niedriglohnbedingungen auf Dauer immer verlieren.

Maschinen sollen die Menschen darin unterstützen, ihre spezifischen Fähigkeiten sinnvoll und nutzbringend einzusetzen – sei es eine Kreativität, die sich aus der einzigartigen Erfahrung eines Menschenlebens speist, die Kompetenz zu Gesprächen, die unterschiedlichste Menschen unter einem Ziel zusammenbringen, oder vielleicht „nur“ eine warme Hand bei der Betreuung eines Sterbenden, die auch von dem perfektesten Androiden nicht ersetzt werden kann. Tragfähige Wettbewerbsvorteile können nur aus dem Einsatz besonderer menschlicher Fähigkeiten erwachsen. Alles andere ist replizierbar und für jedermann am Markt zu kaufen.

Die Motivation der Millennials, an der Lösung wichtiger Aufgaben gestaltend mitwirken zu wollen und dabei persönliches Wachstum und Entwicklung zu realisieren, entspricht genau dem Typus von Mitarbeitenden, der für eine erfolgreiche Zukunft unserer Organisationen benötigt wird.

Müssen wir den Erwartungen der Generationen Y und Z wirklich entsprechen?

Aus den Reihen der Wirtschaft gab es immer wieder Klagen, die Millennials seien nicht richtig motiviert, ließen Belastbarkeit, Loyalität und Ehrgeiz vermissen und verfolgten vor allem ihre persönliche Agenda. Selbst wenn diese Diagnose zutreffend wäre, würde sie nicht weiterhelfen. Zur Bewältigung der höchst anspruchsvollen Anforderungen unserer Zeit benötigen unsere Organisationen leistungsfähige und leistungsbereite Mitarbeitende.

Also heißt es, die Organisationen und ihr Innenleben so zu gestalten, dass sich die mitarbeitenden Menschen mit ihren Bedürfnissen und Zielen darin möglichst weitgehend wiederfinden. Und entgegen allen Mainstream-Tendenzen sollten wir uns hierbei maßgeblich auf die Millennials ausrichten. Nicht aus modischer Anbiederung, sondern weil die Millennials nicht nur die Zukunft repräsentieren. Als erste Generation von Digital Natives verkörpern sie die Gegenwart wie keine andere Bevölkerungsgruppe.

> *„Millennials und Gen Zs wollen, dass aus all dem Business-Talk über „Sinn" (purpose) bedeutungsvolle Aktionen entspringen und dass sich die Wirtschaftsführer in den Dienst positiver Veränderungen stellen."*
>
> *The Deloitte Global Millennial Survey 2019*

Und es gibt weitere gute Gründe, den Erwartungen der jüngeren Menschen zu entsprechen: Organisationen werden zunehmend daran gemessen, wie verantwortungsbewusst und ausgewogen sie ihren ethisch begründeten Aufgaben in Bezug auf das Wohlergehen des Planeten, der eigenen Mitarbeitenden und ihrer anderen Stakeholder nachgehen. Ernüchtert durch ihre Erfahrungen mit den Auswirkungen eines Shareholder-Value-getriebenen Turbofinanzkapitalismus und der augenscheinlichen Hilflosigkeit oder Verstrickung der Politik, sind die Millennials und die Gen Zs bereit, ihre Machtmittel zur Durchsetzung ihrer Anliegen einzusetzen.

Das sind einerseits zivilgesellschaftliche Proteste, wie durch Fridays-for-Future oder Attac, die bereits Regierungen in Bewegung gesetzt und Weltkonzerne erschüttert haben. Das sind andererseits Konsumentscheidungen, bis hin zum Boykott, die dank der sozialen Medien sehr effektiv befeuert werden können. Der Sportartikelhersteller Nike erlebte dies beispielsweise schon mehrfach. Und natürlich ist das Eingehen oder Beenden von Zusammenarbeits- und Arbeitnehmerbeziehungen ein wirksames Mittel, um die eigene Haltung zu einem Unternehmen zu manifestieren.

Ganz allgemein können wir gegenwärtig beobachten, dass die Menschen ihre Entscheidungen mehr und mehr von der Übereinstimmung im Wertebereich beeinflussen lassen. Die Wahrnehmung, dass die heutigen jungen Menschen weniger Loyalität zeigen, ist insofern zutreffend. Loyalität muss man sich fortwährend und immer wieder neu verdienen, durch überzeugendes, authentisches Handeln, im Einklang mit den eigenen Postulaten und den als legitim angesehenen Erwartungen der „interessierten Parteien".

Firmenkultur und Führung müssen sich für die Werte und Bedürfnisse der Mitarbeitenden öffnen und Synergien hierfür anbieten. Die emotionale Bindung der Menschen an ihre Arbeit und ihr Unternehmen stellt einen wesentlichen Leistungsfaktor dar. Wie stark diese von der jeweiligen Unternehmenskultur abhängt, kann man den Gallup-Studien entnehmen: Seit Jahren pendelt die Anzahl der Menschen mit hoher emotionaler Bindung an das eigene Unternehmen in Deutschland um nur 15 %. Interessant ist die Spreizung: Nur 6 % der Befragten in nichtagilen Unternehmen fühlten sich stark gebunden, während es in agilen Unternehmen 43 % waren. (Gallup 2018) Und auch hinsichtlich der Bedeutung von als sinnvoll empfundener Arbeit gibt es beeindruckende Zahlen: 2018 schrieb die „Harvard Business Review" unter Berufung auf Untersuchungen in den USA, dass neun von zehn Angestellten bereit wären, einen Teil ihres Einkommens gegen eine höhere Sinnstiftung einzutauschen - und zwar im Durchschnitt stolze 23 %! (Harvard Business Review 06.11.2018)

Die Menschen der Generationen Y und Z sind das entscheidende Kapital für eine zeitgemäße Entwicklung von Unternehmen und Organisationen. Den Bedürfnissen und Werten dieser Generationen als Mitarbeitende gerecht zu werden, ist existenziell notwendig.

Die **Kernaussagen dieses Abschnitts** sind:

- Die Menschen der Geburtsjahrgänge ab etwa 1980 (Generationen Y und Z) suchen Arbeit, die materielle Absicherung, Sinn sowie Erfahrungs-, Gestaltungs- und Wachstumsmöglichkeiten bietet.
- Sie sind aktuell so pessimistisch und misstrauisch wie nie zuvor, in Bezug auf ihre eigenen Lebensaussichten, den Beitrag der etablierten gesellschaftlichen Institutionen und die Rolle der Wirtschaft.
- Sie erwarten von Unternehmen, dass sie sich im Sinn des Gemeinwohls und ihrer Mitarbeitenden engagieren, und sind bereit, sich von Unternehmen abzuwenden, die dies nicht tun.
- Sie sind als Mitarbeitende, Geschäftspartner und Kunden die heute schon größte Bevölkerungsgruppe. Für eine erfolgreiche, zukunftsorientierte Unternehmensführung müssen ihre Bedürfnisse in den Mittelpunkt gestellt werden.

2.4 Komplexität - warum gibt es keine einfachen Antworten?

„Dieses Erbe lebt noch heute mit uns: eine Besessenheit von Messung und Quantifizierung und eine Bagatellisierung von Dingen, die nicht nur die Entwicklung vieler Phänomene wesentlich mitbestimmen (wie unsere Werte, Gefühle, Motive, Absichten), sondern die auch das Menschliche ausmachen."

Prof. Sidney Dekker

Unsere vorherrschende Weltsicht beruht weitgehend auf dem Denken der „Scientific Revolution" des 16. bis 18. Jahrhunderts, insbesondere begründet in den Werken von René Descartes (1596-1650) auf dem Feld der Philosophie und von Isaac Newton (1643-1727) auf der mathematisch-naturwissenschaftlichen Seite. Wir werden aufzeigen, dass sie für die Lösung der Probleme unserer Zeit und die Gestaltung und Führung unserer heutigen Unternehmen nur sehr eingeschränkt taugt und von einem neuen Denken abzulösen ist.

In diesem Abschnitt erfahren Sie,

- was die „Scientific Revolution" des 16. bis 18. Jahrhunderts mit unserer heutigen Unternehmenswelt zu tun hat,
- was die Merkmale der „naturwissenschaftlichen" Denkweise sind,
- was die Eigenarten komplexer Systeme sind,
- wie sich „komplex" von „kompliziert" unterscheidet und
- was Unternehmensführung unter den Bedingungen von Komplexität und Dynamik ausmacht.

Descartes ging von einem göttlichen Auftrag an den Menschen aus, seinen Geist zu gebrauchen, um die materielle Welt zu erklären. Die Grundüberzeugung lautete, dass es möglich sei, bei Anwendung der richtigen, „naturwissenschaftlichen" Methoden die absolute Wahrheit über die materielle Welt herauszufinden und diese in Gleichungen und Geometrien exakt darzustellen. Man nahm an, dass das gesamte Universum wie eine einzige, riesige Maschine funktioniere. Man müsste nur verstehen, wie die Einzelteile angeordnet seien und sich zueinander verhielten und könnte so das Verhalten des gesamten Systems begreifen und beschreiben.

Das *„naturwissenschaftliche Denken"* ist im Kern:

- *dualistisch*: Trennung von Geist und Materie - der Geist ist dazu da, die materielle Welt zu verstehen, um sie beherrschen zu können.
- *mechanistisch*: Das Universum mit allen Komponenten funktioniert wie eine Maschine.

- *reduktionistisch*: Um ein Phänomen verstehen und beeinflussen zu können, muss ich tiefer und tiefer (analytisch) eindringen, um seine Kernbestandteile und deren Interaktion zu erkennen.
- *kausalistisch*: Alles beruht auf exakten, linearen Zusammenhängen von Ursache und Wirkung.

Die dualistische, mechanistische, reduktionistische, kausalistische Weltsicht des 17. Jahrhunderts herrscht noch heute in unserer Managementwelt vor.

Das „naturwissenschaftliche" Kausalitätsdenken hat nahezu alle Bereiche des menschlichen Lebens durchdrungen und ist zum Synonym für richtiges, sachliches, problemlösendes Denken geworden. Es hat sich als **die** wissenschaftliche Methodik durchgesetzt, auch in den Sozialwissenschaften und den Wissenschaften vom Menschen. Und in deren Ablegern, etwa den Managementlehren. Tatsächlich haben sich aber Teile der Naturwissenschaft schon im vergangenen Jahrhundert partiell von ihm abgesetzt.

In der Physik war es die Quantenmechanik, in der Biologie die Betrachtung von Ökosystemen, die die Grenzen der Newton-Descartes Konzepte deutlich machten. Das klassisch „naturwissenschaftliche" Vorgehen stellt den Versuch dar, Ordnung, Struktur, Kausalität, Beherrschbarkeit zu realisieren, indem die wirkliche Komplexität der Verhältnisse ausgeschlossen wird. Aus dem Gesamtzusammenhang der Welt wird ein Betrachtungs- und Bearbeitungsgegenstand herausmodelliert, innerhalb dessen man versucht, kontrollierte Bedingungen herzustellen. In der Wissenschaft findet dies in Form von Laborexperimenten statt, im Wirtschaftsunternehmen beispielsweise in der durchrationalisierten Produktionshalle oder dem QMS. Damit das System optimal funktioniert, werden alle Umweltbeziehungen, menschlichen Bedürfnisse und auch alle Fähigkeiten, die im Systemdesign nicht vorgesehen sind, negiert.

Diese Vorgehensweise trug im Industriezeitalter zu den bahnbrechenden Fortschritten von Produktivität und Wohlstand bei. Im heutigen Wissenszeitalter, in der Dynamik von Globalisierung, Digitalisierung und Demokratisierung steht sie nachhaltigem Erfolg und Fortschritt im Weg.

> *„Das Gesetz der Kausalität zerbricht an der Komplexität der Welt."*
>
> *Ranga Yogeshwar*

Was ist Komplexität?

Steigen wir, soweit in unserem Zusammenhang nötig, in dieses hochspannende Phänomen ein und lassen wir uns überraschen:

- Komplexität ist eine Eigenart offener Systeme, das heißt von Systemen, die von der Umgebung beeinflusst werden, in der sie operieren, und die ihrerseits Einfluss auf diese Umgebung ausüben. Wegen dieser Offenheit ist es grundsätzlich schwierig, zu bestimmen, was zum System gehört und was außerhalb liegt.
- Komplexe Systeme bestehen aus vielen Komponenten, zwischen denen es zahllose Beziehungen und Interaktionen gibt. Das Verhalten der Komponenten folgt jeweils lokalen Regeln. Keine Komponente überblickt in vollem Umfang alle Effekte des eigenen Verhaltens oder das Verhalten des gesamten Systems. Und keine Komponente kann als repräsentativ oder entscheidend für das Verhalten des Gesamtsystems betrachtet werden.
- Die Interaktionen in komplexen Systemen sind nichtlinear, nichtkausal. Kleine Auslöser können große Wirkungen nach sich ziehen. Keine Komponente und keine Aktion können das System zur Gänze kontrollieren, jede noch so kleine Handlung an irgendeiner Stelle nimmt Einfluss auf das Ganze. Die Auswirkungen von Handlungen lassen sich nur in Form von Wahrscheinlichkeiten vorhersehen.
- Komplexe Systeme sind dynamisch, haben eine nicht reversible Geschichte, verändern sich unaufhörlich.
- Jedes System, an dem lebendige Organismen beteiligt sind, ist komplex.

Hinter den konventionellen Managementpraktiken steckt der Irrtum, Organisationen seien nur kompliziert, nicht komplex.

Organisationen, Unternehmen werden aufgrund des in ihnen stattfindenden, systematischen Zusammenwirkens von Menschen und Technik verbreitet als „soziotechnische Systeme" charakterisiert. Gemäß den oben ausgeführten Kriterien handelt es sich um komplexe Systeme. Immer noch herrscht aber auf vielen Managementetagen die trotzige Hoffnung vor, man könne Organisationen letztlich wie rein technische Systeme steuern: Wenn man die Funktionsweise versteht, über genügend Wirkmacht und über die passenden Werkzeuge verfügt und an den richtigen Stellschrauben dreht, läuft das Ding nach Belieben. Hinter dieser Betrachtungsweise steckt der Irrtum, Organisationen seien „nur" komplizierte, nicht aber komplexe Systeme.

Im Alltagssprachgebrauch werden die Begriffe „komplex" und „kompliziert" häufig synonym verwendet. Es gibt aber grundlegende Unterschiede:

„Komplexes erzeugt Überraschung."

Niels Pfläging

Kompliziert ist etwas, was nicht leicht zu durchblicken ist, etwas, das unübersichtlich, schwer verständlich, vielschichtig oder vielfältig ist. Eine Schweizer Uhr zum Beispiel, eine wissenschaftliche Abhandlung, ein kniffliges Puzzle wie der Zauberwürfel oder ein Flugzeug. Komplizierte Systeme sind von Menschen geschaffene, geschlossene Systeme, d.h., sie haben eine dauerhafte Gestalt und bestehen grundsätzlich unabhängig von ihrer Umwelt. Im Prinzip folgen ihr Funktionieren und das Zusammenwirken aller ihrer Teile einem übergreifenden Plan und sie sind im Detail beschreibbar. Komplizierte Sachverhalte oder Systeme lassen sich daher mit Wissen, Bemühung und Übung verstehen und beherrschen. Das Zusammenwirken der Teile ist vorhersehbar und konstant. Im System herrscht das Prinzip von Ursache und Wirkung (Bild 2.1).

Komplizierte Systeme	Komplexe Systeme
• Beispiele: Uhrwerk, Fließband, Produktionsstraße	• Beispiele: Markt, Städte, Flugzeug im Betrieb
• Statisch	• Dynamisch
• Ursache-Wirkungs-Zusammenhang	• Keine Kausalität
• Zusammenwirken ist konstant	• Nichtlineare Korrelation
• Von außen steuerbar	• Von außen nur beobachtbar
• Zuverlässig, genau, exakt	• Lebendig, erzeugt Überraschungen
• Standardisier- und wiederholbar	• Ständig anders, nicht wiederholbar
• Wissen existiert unabhängig vom Menschen (z.B. Anweisungen)	• Wissen entsteht in und zwischen Menschen
• **Metapher: Maschine**	• **Metapher: Mensch**

Bild 2.1 Komplizierte vs. komplexe Systeme

> Komplizierte technische Systeme werden zunehmend auch komplex – durch die Ausrüstung mit Software.

Wir haben bereits festgestellt, dass alle Systeme, an denen lebendige Organismen beteiligt sind, komplex sind. Aber in unserer Zeit entwickeln sich auch technische, eigentlich „nur" komplizierte Systeme zunehmend zu komplexen Systemen und büßen ihre Beherrschbarkeit ein – durch die Ausrüstung mit Software. Der Computer HAL 9000 in Stanley Kubricks Film „2001 – Odyssee im Weltraum" aus dem Jahr 1968 ließ das Thema eindrucksvoll anklingen („Tut mir leid, Dave. Ich fürchte, ich kann das nicht tun.").

In unserem heutigen Alltag erleben wir es weniger spektakulär: als Überraschungen, die auftreten, wenn eine neue Druckersoftware installiert wird, wenn das WLAN aus unerklärlichen Gründen ausfällt und dann ebenso überraschend wieder funktioniert, oder in Gestalt von Meldungen auf dem Bildschirm: „Bei der Verarbeitung Ihrer Anforderung ist ein unerwarteter Fehler aufgetreten. Der Fehler wurde protokolliert. Wir entschuldigen uns für die Unannehmlichkeiten." (Quelle: Website bahn.de)

Betrachten wir dann ein modernes Verkehrsflugzeug mit Hunderttausenden von Teilen - eigentlich ein „kompliziertes" System, das für qualifizierte Operateure 100 % beherrschbar sein sollte: Es gibt kaum Teile oder Sub-Systeme, die nicht in irgendeiner Weise mit Software interagieren. Millionen von Programmcodezeilen, teils selbst von Software geschrieben, werden von Sensoren, Reglern, Schaltern und Weichen angesteuert und wirken auf andere Elektronik, Elektrik, Hydraulik, Mechanik ein. Zwar beruht das alles auf einem Plan, einem Design. Aber bereits die Technik ist so umfangreich geworden, dass kein Mensch und auch kein Computer sie mehr völlig überblickt, mit all den möglichen Systemzuständen, Vernetzungs- und Rückkopplungseffekten. *Es ist schlechthin unmöglich, überraschende und fehlerhafte Funktionen auszuschließen!*

Und nun nehmen Sie das Flugzeug in Betrieb, integrieren es in die Organisation und Kultur einer Fluggesellschaft, lassen es warten und betanken, setzen Piloten, Servicecrew und Passagiere hinein, operieren es in einer Welt von Flughäfen, Luftverkehr, Wetterphänomenen und so weiter und so fort. Es mutet wie ein Wunder an, dass in dem ultrakomplexen System „Globaler Flugverkehr" so wenige Unfälle passieren. Dies ist in erheblichem Umfang der systematischen und koordinierten Anwendung menschlicher Intelligenz und Regelungsfähigkeit zu verdanken. Manchmal aber, wie beim Beispiel der Abstürze der Boeing 737 MAX, zeigt auch das hochgradig regulierte Luftfahrtsystem eine schockierende Verletzlichkeit.

> *„90 Prozent aller Unfälle werden durch ‚menschliches Versagen' verursacht. Dieses Problem lässt sich lösen, wenn man den Fahrer schrittweise aus der Verantwortung nimmt und der Industrie Anreize gibt, noch mehr in die Sicherheit von Fahrzeugen zu investieren."*
>
> *Christina Müller, Süddeutsche Zeitung, 28.03.2019*

Weithin verbreitet finden sich solche Statements, ziemlich übereinstimmend in Bezug auf Luft- und Straßenverkehr: Fehler der Verkehrsteilnehmer als weit überwiegende Ursache von Stör- und Unfällen. Mit Plädoyers wie hier, die Piloteure „schrittweise aus der Verantwortung" und dann folgerichtig die Technik (?) in die Verantwortung zu nehmen. Technik kann aber gar keine Verantwortung übernehmen, sondern es wären dann halt statt der Systemoperateure die Systemdesigner. Darüber hinaus sollten uns die oben gewonnenen Erkenntnisse über die (zumindest in der überschaubaren Zukunft) Unmöglichkeit der sicheren Beherrschung einer komplexen Software und die gravierenden, offenen ethischen Fragen größte Zurückhaltung bei der Entwicklung eines „autonomen" Straßen- oder Luftverkehrs auferlegen.

„Komplexität kann weder gemanagt, noch reduziert werden. Man kann ihr nur mit menschlichem Können begegnen.“

Niels Pfläging

Leider kennen wir keine Statistiken, die darüber Auskunft geben, wie viele potenziell kritische Situationen durch spontane Aktionen von Verkehrsteilnehmern abgewendet oder gemeistert wurden. Wir sind überzeugt, dass es die Unfallzahlen um ein Vielfaches übersteigt. Hier wirkt die intuitive, auf Expertise basierende Problemlösungsfähigkeit der Menschen in komplexen Situationen, eine Kompetenz, der die fortgeschrittenste KI mithilfe von „neuronalen Netzwerken“ nahezukommen versucht. Und diese Fähigkeit kann natürlich nicht nur helfen, Unfälle zu vermeiden, sondern ist generell der Schlüssel zur Lösung komplexer Probleme. Technik sollte die Menschen nicht ersetzen wollen, sondern bestmöglich entlasten und beim Einsatz ihrer Fähigkeiten unterstützen.

> Der Schlüssel zur Lösung komplexer Probleme liegt in der auf Expertise beruhenden Intuition von Menschen.

Zurück in die Wirtschaftswelt: Dass Unternehmen versuchen, durch Abgrenzung der Organisation von ihrer Umgebung, durch Einführung und Durchsetzung geschlossener Ordnungssysteme (wie z. B. QMS) die Komplexität zu reduzieren und somit Kontrolle über die Organisation zu erhalten, ist grundsätzlich logisch und sinnvoll. Wichtig ist aber, sich von vorneherein dessen bewusst zu sein, dass dies immer nur eine limitierte Kontrolle sein kann und dass solche Kontrolle zulasten von Kreativität, Agilität und Produktivität geht. Wie sich die Perfektionierung von Kontrolle auswirkt, lässt sich am Beispiel von *Six Sigma* in den USA illustrieren.

> Die Perfektionierung von Kontrolle und Fehlerreduzierung behindert Innovation und Agilität.

> Das US-amerikanische Telekommunikationsunternehmen Motorola entwickelte 1987 das Six-Sigma-Programm, das zum Ziel hatte, die japanische Konkurrenz auf dem Feld ihrer größten Stärke zu schlagen, der Qualität. Abweichungen, Fehler, Qualitätsmängel sollten mit einer rigorosen Methodik quasi auf null reduziert werden. Six Sigma stellt das angestrebte Maß für Abweichungen dar, nämlich 3,4 DPMO (Defects Per Million Opportunities), das wäre eine Fehlerquote von 0,00034 %.
>
> Viele große Firmen, wie Honeywell, 3M und General Electric (GE), im Endeffekt 58 der Fortune-Top-200-Unternehmen, schlossen sich voller Begeisterung der Six-Sigma-Bewegung an. Anfangs erlebten sie vielversprechende Gewinnsteigerungen, bis im Jahr 2006 die große Ernüchterung einkehrte: Ein Fortune-Artikel

berichtete, dass 91 % der Six-Sigma-Unternehmen hinter der Entwicklung des S&P-500-Index zurückgeblieben waren. Offenbar war zu viel Energie in die Fehlerbekämpfung geflossen, zulasten von Innovation. Der Erfinder der phänomenal erfolgreichen Post-it-Haftnotizen bei 3M äußerte, dass es zu seiner Erfindung nicht gekommen wäre, wäre zu der Zeit bereits der Six-Sigma-Prozess eingeführt gewesen.

Was tun?

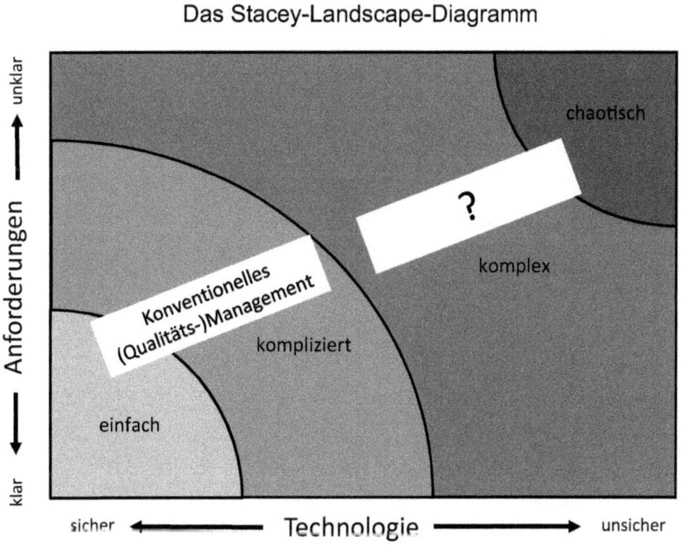

Bild 2.2 Die Einordung von konventionellem Management bzw. QM im Stacey-Landscape-Diagramm

Wenn es nun das Wesen von Komplexität ist, nicht berechenbar und planbar zu sein, kann sie dann überhaupt beherrscht werden? Kann die Forderung der ISO 9001:2015, Absatz 8.5.1, „Die Organisation muss die Produktion und Dienstleistungserbringung unter beherrschten Bedingungen durchführen", für komplexe Systeme erfüllt werden? Im Werkzeugkasten des konventionellen QM finden wir hierfür jedenfalls keine brauchbaren Rezepte. Ebenso wenig taugt das konventionelle Risikomanagement, um den komplexitätstypischen Überraschungen vorzubeugen: Viele Risiken sind unbekannt und auch mit größter Bemühung kaum erkennbar oder gar einschätzbar. Komplexität liegt nahe am Chaos, wenn die Technologie unsicherer und die Anforderungen unklarer werden. (Bild 2.2)

Die Antworten auf komplexe Fragestellungen sind selbst komplex, d. h. vielschichtig, unsicher, stets in Bewegung.

Waren einfache Antworten auf Fragen der Unternehmensführung auch bislang schon trügerisch, so sind sie heute komplett untauglich und lebensgefährlich. Die Antworten auf komplexe Fragestellungen sind selbst komplex, das heißt vielschichtig, unsicher, stets in Bewegung. Unternehmensführung besteht im permanenten Bemühen, den jeweils optimalen „Fit“ der verschiedenen Systemfaktoren zu erreichen, ein dynamisches Gleichgewicht. Ein kontinuierliches Hinterfragen des Ist-Zustands gegen die aktuellen Anforderungen und Bedingungen und ein jeweiliges Erproben von Lösungen. Das bedeutet auch, dass sich die Unternehmensführung nicht (nur) auf den Führungsetagen vollziehen darf, sondern, mit unterschiedlichen Rollenverteilungen, an jeder Stelle des Unternehmens. Dabei eingesetzte Tools, Standards, Vorgehensweisen haben kurze Halbwertzeiten. Die notwendige Grundstabilität gewährleisten die in der Organisation gelebten Prinzipien wie *Sinnverwirklichung* und *Achtsamkeit.*

All das haben die Menschen im Unternehmen und in seinem Beziehungsumfeld zu leisten. Zum Glück besitzen wir Menschen die Fähigkeit, mit Unwägbarkeiten umzugehen. Es soll sogar einige geben, die das Chaos beherrschen. Ist der Mensch in einem komplizierten System der vermeintliche Risikofaktor, ist er in einem komplexen System der entscheidende Erfolgsfaktor. Komplexes kann man nur mit Können lösen, wobei individuelle Kompetenzen in den Vordergrund treten.

> *„Im komplexen Umfeld geht es nicht um die Frage, wie ein Problem gelöst wird, sondern wer das tun kann.“*
>
> *Niels Pfläging*

Der Umgang mit Komplexität ist anstrengend. Damit die Menschen nicht ausbrennen, sind Rituale der Regeneration und Entschleunigung in die Organisation einzuführen.

Der Umgang mit Komplexität, mit Unwägbarkeiten und Überraschungen ist anstrengend. Es ist mehr als verständlich, wenn Unternehmensleitungen und Mitarbeitende auf uns zukommen und fragen, wie sie denn das ständige Troubleshooting und Baustellengeschehen vermeiden können. „Bei uns ist es immer chaotisch. Wir wünschen uns mehr Ruhe und Beständigkeit.“ Unsere erste Antwort: Ruhe und Beständigkeit wird auf absehbare Zeit kaum mehr einkehren. Aber wir haben für diese Unternehmen auch eine gute Nachricht: Sie haben bereits Erfahrungen darin gesammelt, wie es sich anfühlt, mit Komplexität umzugehen. Sie sind schon im Training. Der vermeintliche Missstand erweist sich bei genauerer Betrachtung als Erfolgsfaktor.

Damit die Menschen nicht ausbrennen, ist es existenziell wichtig, so viele Regenerations-, Rückzugs-, Entschleunigungs- und Kräftigungsräume wie möglich anzubieten. Und um bestmöglich zu versichern, dass diese auch genützt werden, sollte die Pflege der eigenen Ressourcen zum Inhalt fester betrieblicher Rituale gemacht werden, quasi zur Dienstpflicht. *Achtsamkeitspraktiken* eröffnen einerseits den Zugang zur Lösung komplexer Probleme und bieten andererseits Erholung von den Strapazen der Komplexitätsarbeit.

Abschließend noch eine tröstliche Aussage vom Komplexitätsexperten:

> *„Komplexität ist wie das Wetter. Es ist nichts Schlechtes daran. Es ist nur schlecht, nicht darauf vorbereitet zu sein."*
>
> *Niels Pfläging*

Die heutigen Organisationen und Unternehmen müssen sich schnellstens für den Umgang mit Komplexität rüsten. Das kann nur mit den hierfür geeigneten Menschen und den entsprechenden Organisationsformen gelingen.

Die **Kernaussagen dieses Abschnitts** sind:

- Unser Alltagsbegriff von Wissenschaftlichkeit und unsere Managementlehren sind geprägt von der Scientific Revolution des 16. bis 18. Jahrhunderts.
- Dieses Denken und die davon abgeleiteten Vorgehensweisen taugen nicht im Umgang mit der tatsächlichen Komplexität der heutigen Welt.
- In komplexen Systemen gibt es keine Kausalzusammenhänge, komplexe Systeme sind nicht steuerbar, nur beeinflussbar.
- Software und Vernetzung machen auch technische Systeme komplex.
- Nur Menschen, insbesondere dank ihrer Intuition, können mit Komplexität umgehen.
- Perfektioniertes QM á la Six Sigma behindert Innovation.
- Die Antworten auf komplexe Fragestellungen sind selbst komplex, d. h. vielschichtig, unsicher, stets in Bewegung.
- Komplexitätsarbeit ist sehr anstrengend. Um ein Ausbrennen der Menschen zu vermeiden, braucht es betriebliche Rituale für Regeneration und Entschleunigung.

2.5 Literatur und Links

Anders Indset bei Gabor Steingart: https://www.gaborsteingart.com/newsletter-morning-briefing/der-8-tag-best-of/ – abgerufen 08.06.2020

Anders Indset bei Gabor Steingart: https://www.gaborsteingart.com/newsletter-morning-briefing/der-8-tag-best-of/ – abgerufen 08.06.2020

Andreas Diehl: https://digitaleneuordnung.de/blog/was-ist-agilitaet/https://refa.de/service/refa-lexikon/agilitaet – abgerufen 12.06.2020

Ausführlich zu intuitiven Entscheidungen: Klein, Gary A.: *Natürliche Entscheidungsprozesse. Über die Quellen der Macht, die unsere Entscheidungen lenken.* Junfermannsche Verlagsbuchhandlung, Paderborn 2003

Ausführungen zu Six Sigma beruhen großen Teils auf: Klein, Gary A.: *Seeing What Others Don't – The Remarkable Ways We Gain Insights.* Nicholas Brealy Publishing, London 2017

Brost, Marc: *Auch wenn es stinkt.* DIE ZEIT 24/2020

Bundeszentrale für politische Bildung: www.bpb.de/nachschlagen/zahlen-und-fakten/globalisierung/ – abgerufen 12.06.2020

Dekker, Sidney: *Drift into Failure – From Hunting Broken Components to Understanding Complex Systems.* Ashgate, Farnham 2011. Übersetzung: Rudolf A. Müller

Der Organisations- und Zukunftsforscher Prof. Lee Dyer im Rahmen des MIT-Kurses „Shaping the Future of Work", 2018. Übersetzung Rudolf A. Müller

Deutschland: https://www2.deloitte.com/content/dam/Deloitte/de/Documents/Innovation/deutscher-report-globale-millennial-survey-2019.pdf

file:///D:/Downloads/Pressemeldung_Gallup_Engagement_Index_2018.pdf

https://courses.edx.org/courses/course-v1:MITx+15.662x+1T2018/courseware/955b871e43f24cc1bcce729dbf4a1a83/099f4884d16d48debe0243701a648177/?activate_block_id=block-v1%3AMITx%2B15.662x%2B1T2018%2Btype%40sequential%2Bblock%40099f4884d16d48debe0243701a648177 – abgerufen 10.06.2020

https://de.wikipedia.org/wiki/Empathie – abgerufen 12.06.2020

https://de.wikipedia.org/wiki/Nachhaltigkeit – aufgerufen 08.06.2020

https://hbr.org/2018/11/9-out-of-10-people-are-willing-to-earn-less-money-to-do-more-meaningful-work – abgerufen 12.06.2020

https://www.blackrock.com/ch/privatanleger/de/larry-fink-ceo-letter – aufgerufen 08.06.2020

https://www.blackrock.com/corporate/literature/investor-education/sustainable-investing-resilience.pdf, Mai 2020

https://www.blackrock.com/de/privatanleger/uber-blackrock/research-zu-nachhaltigkeit-und-resilienz – abgerufen 08.06.2020

https://www.bmw.de/de/neufahrzeuge/x/x7/2018/bmw-x7-entdecken.html – aufgerufen 08.06.2020

https://www.br.de/nachrichten/wirtschaft/neubauer-kaeser-macht-einen-unentschuldbaren-fehler,RnR96cN – aufgerufen 08.06.2020

https://www.daserste.de/information/talk/maischberger/sendung/maischberger-die-woche-256.html – abgerufen 12.06.2020

https://www.gaborsteingart.com/newsletter-morning-briefing/siemens-pr-knallfrosch-explodiert/? – aufgerufen 08.06.2020

https://www.gallup.de/183104/engagement-index-deutschland.aspx – abgerufen 12.06.2020 https://www.handelsblatt.com/unternehmen/industrie/duell-um-die-zukunft-tesla-gegen-vw-kann-den-wolfsburgern-die-aufholjagd-noch-gelingen/25480802.html?ticket=ST-2834428-e5dJDhYhpy-in9Iz4i3lh-ap2 – abgerufen 12.06.2020

https://www.sueddeutsche.de/auto/eu-fahrerassistenzysteme-pflicht-2022-1.4386816 – abgerufen 12.06.2020

https://www.welt.de/wirtschaft/article205515093/Studie-Deutschlands-Mittelstand-verschlaeft-die-Digitalisierung.html – abgerufen 12.06.2020

https://www2.deloitte.com/content/dam/Deloitte/global/Documents/About-Deloitte/deloitte-2019-millennial-survey.pdf

https://www2.deloitte.com/global/en/pages/about-deloitte/articles/millennialsurvey.html – abgerufen 12.06.2020

In Maßen hilfreich, wenn es nicht zu mechanistisch angewendet wird: Schönwandt, Walter L. et al.: *Komplexe Probleme lösen – Ein Handbuch.* jovis Verlag GmbH, Berlin 2013

Interessante Reports zu Digitalisierung, Führungskultur, Sinn und Zweck der Arbeit, Zusammenarbeit: https://futureofwork.bene.com/de/

Österreich: https://www2.deloitte.com/content/dam/Deloitte/at/Documents/presse/at-millenial-survey-austria-2019.pdf

Pfläging, Niels: *Organisation für Komplexität – Wie Arbeit wieder lebendig wird und Höchstleistung entsteht,* 5. Auflage. Redline, München 2019

Schweiz: https://www2.deloitte.com/ch/en/pages/human-capital/articles/Deloitte-millennial-survey-2019.html

Ulrich, Bernd: *Alles wird anders – Das Zeitalter der Ökologie.* Verlag Kiepenheuer & Witsch, Köln 2019

www.agilemanifesto.org – abgerufen 12.06.2020

www.capital.de/wirtschaft-politik/das-ende-der-globalisierung – abgerufen 12.06.2020

Yogeshwar, Ranga: *Nächste Ausfahrt Zukunft – Geschichten aus einer Welt im Wandel.* Kiepenheuer & Witsch, Köln 2017

Zur Tragödie der Boeing 737 MAX ausführlich die HFEX-Newsletter 2019: https://archive.newsletter2go.com/?n2g=m4aqkayb-5bk0qzir-lhlqlm1u-8ttnzb6b-pbz https://archive.newsletter2go.com/?n2g=m4aqkayb-5bk8qzir-yn51av0y-8ttnzb6b-z7j

Paradigmenwechsel nötig

Die Kernpunkte der Umfeldanalyse waren von Corinnas Laptop an die Wand projiziert.

P: Na, da kommt ja einiges auf uns zu.

C: Das meiste davon ist schon längst da. Wir spüren es doch jeden Tag. Es ist kein Geheimnis, dass wir uns schwertun, gute, neue Mitarbeiter zu finden. Und von denen wollen immer weniger Ergebnisverantwortung übernehmen.

P: Stimmt. Das ist mir auch schon aufgefallen. Übrigens sind es nicht nur die Generationen Y und Z, die sich nach mehr Sinn in der Arbeit sehnen. Mir geht es genauso. Ich bin froh, dass dieser Punkt aus der Analyse so klar hervorgegangen ist.

C: Ja. Ich denke wir müssen uns mit dem Thema Sinn, also wozu unsere Arbeit eigentlich gut sein soll, noch intensiver beschäftigen. Dass es nicht nur ums Geld geht, ist mir schon länger klar. Aber jetzt weiß ich auch, dass es sogar um mehr als die Kundenbedürfnisse geht.

In jedem Fall müssen wir unseren Mitarbeitern mehr Gestaltungsraum geben. Das wurde deutlich und erscheint mir unumgänglich, alleine schon, um attraktiver für neue Mitarbeiter zu werden.

P: Und wir müssen Nachhaltigkeit und Umweltschutz als wichtige Qualitätsfaktoren etablieren. Alles andere passt nicht mehr in die Zeit.

C: Und dann müssen wir Komplexität, Unsicherheit und schnelle Veränderungen akzeptieren und den Umgang damit lernen. Wenn es nicht ein Virus ist, das uns kalt erwischt, wird es etwas anderes sein. Es wird kein ruhiges Fahrwasser mehr geben. Ich möchte, dass wir richtig hochseetüchtig werden und blitzschnell reagieren können. Um all das zu schaffen, müssen wir uns grundlegend verändern!

P: Meinst Du mit uns die Organisation oder uns als Personen?

C: Ich bin sicher, es braucht beides. Die Herausforderungen sind zu groß, um nur an der Oberfläche zu kratzen und Organigramme und Prozesse zu verändern. Wir benötigen einen Paradigmenwechsel, ein völlig neues Verständnis von Qualität, auch im Miteinander. Vielleicht brauchen wir sogar eine neue Qualitätsdefinition. Irgendwelche mit dem Kunden vereinbarte Pflichtenhefte abzuarbeiten, reicht doch schon lang nicht mehr, um weiter erfolgreich mit von der Partie zu sein.

P: Oh. Du willst Dich mit der ISO anlegen?

C: Anlegen ist nicht der richtige Ausdruck. Aber wir müssen unseren Blick öffnen und veraltete Sichtweisen ablegen. Qualitätsmanagement kommt nun mal aus dem Industriezeitalter. Vieles davon scheint mir aus der Zeit gefallen zu sein. Wir leben nun mal jetzt im 21. Jahrhundert. Und alles dreht sich immer schneller.

P: Okay. Das wird ein echter Abenteuertrip! Bin gespannt, wo wir landen werden!

3 Der Paradigmenwechsel – Quality Reinvented

Wir stecken in einer Sackgasse. Hat das konventionelle Qualitätsmanagement schon in der Vergangenheit nicht funktioniert, wird es uns in der Zukunft noch mehr im Weg stehen. Es ist Zeit, den Irrweg zu verlassen und Qualität neu zu erfinden.

Qualität muss zum Kern der DNA von Organisationen und professionell tätigen Menschen werden. Zwei Kernsätze werden uns in der Auseinandersetzung mit dem Thema leiten:

> Qualität ist zu kostbar, um sie in eine Bürokratie einzusperren!
> Qualität ist eine Quelle von Freude und Erfolg.

3.1 Die Organisation als System – warum muss der Fokus immer auf den Menschen liegen?

„Da haben wir mehr als 100 000 € in das neue Prozessmanagementsystem investiert und die Mitarbeiter intensiv darin geschult. Und dennoch haben wir keine nennenswerten Verbesserungen erzielt."

„Jetzt haben wir ein QMS eingeführt und eine Zertifizierung erlangt, aber die Probleme sind damit eher mehr als weniger geworden. Wir können vor lauter Vorgaben nicht mehr atmen. Wir müssen Regeln umgehen, damit wir Termine noch halten können."

Solche häufig vorkommenden Probleme können gelöst werden.

In diesem Abschnitt erfahren Sie,

- wie man mithilfe der ISO 9001 und des soziotechnischen Modells die Bedeutung des Faktors Mensch herausstellen kann,
- warum technische Maßnahmen nicht zur Lösung von Problemen aus der menschlich-sozialen Sphäre taugen,
- wodurch eine Organisation einem lebenden Organismus ähnelt,
- warum der Mensch der entscheidende Erfolgsfaktor ist.

3.1.1 Das soziotechnische Systemmodell

Managementsysteme und ihre Prozesse sind etwas Technisches. So jedenfalls ist es in den Köpfen der meisten Fach- und Führungskräfte verankert. Wenn wir über Prozesse sprechen, so haben wir Flow- Charts, Arbeitsanweisungen und Workflows im Kopf. Im *Prozessmanagement* beschränkt man sich meist auf rein „technische" Aktivitäten. Es werden Abläufe und Nahtstellen (fatalerweise auch „Schnittstellen" genannt) optimiert, Kennzahlen festgelegt, Kontrollpläne erstellt etc. Dabei wird außer Acht gelassen, dass bei allen Geschäftsprozessen Menschen mitwirken oder zumindest bei der Entwicklung gewirkt haben und die Prozesse dadurch komplex werden.

Ein stark vereinfachendes, schon viele Jahrzehnte altes, aber immer noch brauchbares Modell, um die Rolle des Faktors Mensch im Prozess bzw. in der Organisation sichtbar zu machen, ist das Modell des soziotechnischen Systems. Der Begriff geht auf Forschungen in den 1950er-Jahren zurück, unter anderem im britischen Steinkohlebergbau. Eine aus diesen Forschungen abgeleitete Erkenntnis lautet:

> *„Im Allgemeinen muss das Management begreifen, dass der Erfolg des Unternehmens davon abhängt, wie es als soziotechnisches System funktioniert – nicht einfach als ein technisches System mit ersetzbaren Individuen, die hinzugefügt werden und sich anpassen müssen."*
>
> *Emery, Thorsrud & Trist 1964*

Ein soziotechnisches System umfasst zwei Teilbereiche (Subsysteme): Das technische Subsystem, beispielsweise bestehend aus den Maschinen, Anlagen, Werkzeugen in einer Produktionshalle, und das soziale Subsystem, in unserem Beispiel die Menschen, die in der Produktionshalle arbeiten, ihre Bedürfnisse, Fähigkeiten, Werte, Überzeugungen, Verhaltensmuster und Beziehungen. Die beiden Teilsysteme sind untrennbar miteinander verbunden. Zwischen ihnen bestehen diverse Korrelationen.

Die Forderungen der ISO 9001:2015 an einen Prozess lassen sich auf eine menschliche (sozio) und eine technische Ebene aufteilen. In Bild 3.1 haben wir die Normforderung 7.1.3 „Infrastruktur“ weiter unterteilt, um auf etwa gleich viele Elemente in beiden Bereichen zu kommen.

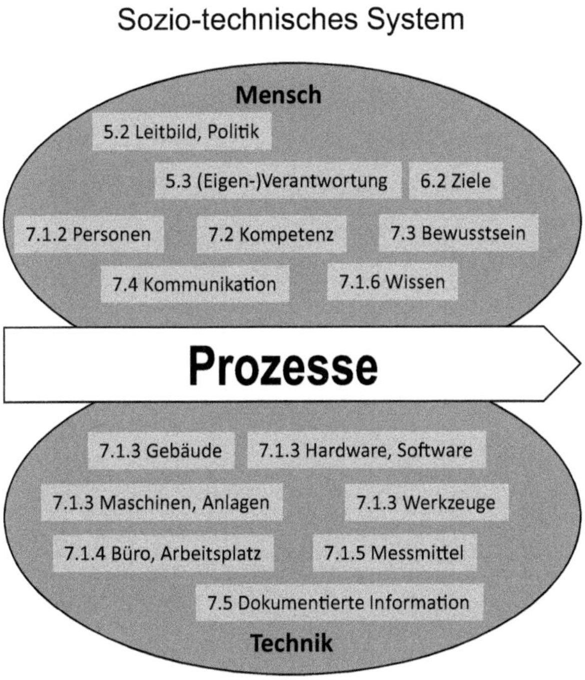

Bild 3.1 Anforderungen an Prozesse der ISO 9001:2015 im soziotechnischen Prozessmodell

Eine sehr einfache, schnelle „Prozessanalyse“, in der der Einfluss der beiden Sphären deutlich wird, lässt sich mit folgender Übung – übrigens eine typische Coaching-Intervention – durchführen:

> **!** Übertragen Sie das Prozessmodell aus Bild 3.1 „Anforderungen an Prozesse der ISO 9001:2015 im soziotechnischen Prozessmodell“ auf ein großes Blatt Papier, auf ein Flipchart oder auf eine Pinnwand. Schreiben Sie den Namen des Prozesses, den Sie betrachten wollen, auf das Blatt. Sie können die Übung auch generisch, für alle Prozesse im Unternehmen durchführen. Bitten Sie dann die Teilnehmenden, fünf bis sieben Punkte bei den Elementen zu vergeben, wo sie die größten Probleme bzw. Verbesserungspotenziale sehen.

Die deutliche Mehrzahl an Punkten findet sich im Regelfall im menschlichen Bereich wieder (Bild 3.2).

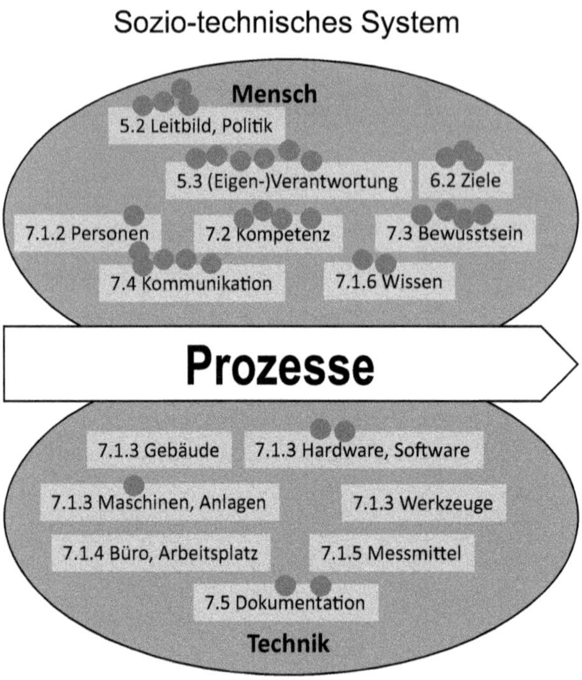

Bild 3.2 Ergebnis einer Prozessanalyse mit dem soziotechnischen Systemmodell

Für die Teilnehmenden dieser Übung bedeutet sie regelmäßig ein Aha-Erlebnis. Sollten sie vorher der Meinung gewesen sein, dass es neue Ablaufdiagramme oder eine Prozessmanagement-Software braucht, erkennen sie jetzt, dass die Probleme vielschichtiger und hauptsächlich menschlicher Natur sind.

Die mit dieser Übung identifizierten Problemfelder bleiben in konventionellen Audits meist unentdeckt. Findings bzw. Abweichungen bei „Bewusstsein" oder „Kommunikation" kommen insbesondere bei externen Audits so gut wie nie vor. Auch bei den Abschnitten „Politik" oder „Ziele" finden sich nur sehr selten registrierte Abweichungen. Meist sind die Auditoren nämlich zufrieden, wenn zur Regelung komplexer, menschlicher Sachverhalte technische Mittel, vor allem Dokumente, präsentiert werden. So möchte man die Anforderungen des Bereichs 7.4 *Kommunikation* mit Kommunikationsmatrizen, E-Mail-Verteilern und Besprechungsprotokollen erfüllen. In Wahrheit bleibt die Kommunikation eine der größten Herausforderungen im Unternehmen. Dass *Rollen und Verantwortungen* (Kapitel 5.3 der ISO 9001:2015) angeblich klar sind, wird mit Hilfe von Organigrammen und Stellenbeschreibungen untermauert. Doch gerade diese beiden Instrumente werden im Alltag kaum benötigt.

Die in den Beispielen eingesetzten Verfahren und Dokumente taugen möglicherweise zur Befriedigung von Auditoren, gewährleisten aber keineswegs, dass die

Organisation die Qualitätsanforderungen in den genannten Bereichen wirklich erfüllt. Hier finden wir auch die Erklärung, warum die Einführung eines formellen QMS, bestehend aus diversen Dokumenten, im Unternehmen so gut wie nichts bewirkt. Anforderungen an menschliche Fähigkeiten und Verhaltensweisen können nur die Menschen erfüllen. Technische Mittel können allenfalls unterstützend wirken.

Die Übung mit dem soziotechnischen Systemmodell liefert uns Hinweise, in welchen Bereichen wir ansetzen müssen. Kommunizieren die Mitarbeitenden unzureichend, sollten zunächst die Bedingungen für Kommunikation verbessert und eventuelle Hinderungsgründe ausgeräumt werden. Eventuell wären dann die Mitarbeitenden noch in Kommunikation zu schulen. Sind Rollen und Verantwortungen nicht klar, müssen diese zuerst in Gesprächen geklärt werden, bevor, wenn das überhaupt als sinnvoll und nützlich angesehen wird, Rollenbeschreibungen (lediglich) zur Unterstützung angefertigt werden. Dasselbe gilt für Ziele und Qualitätspolitik.

Bevor Sie also bei Prozessproblemen neue Flow-Charts erstellen oder sich eine teure Prozessmanagement-Software kaufen, machen Sie diese einfache Übung mit Ihren Führungskräften und Mitarbeitenden. Es ist übrigens nur für die ISO-Kenner interessant, dass sich den Einflussfaktoren Normkapitel zuordnen lassen. Verschonen Sie die anderen am besten damit!

3.1.2 Die Organisation als lebender Organismus

Das soziotechnische Systemmodell eignet sich, um auf die Bedeutung der menschlichen gegenüber der technischen Sphäre und auf ihre Zusammenhänge hinzuweisen. In Wirklichkeit sind aber der technische und der menschliche Bereich untrennbar verwoben. Das Modell ist zu statisch, mechanistisch und vereinfacht, um als grundlegendes Modell für die Erklärung und Entwicklung von Organisationen in unserer heutigen Welt dienen zu können.

Lebendigen Systemen ist es im Lauf der Evolution immer wieder gelungen, mithilfe von Reaktions-, Anpassungs- und Veränderungsleistungen auch unter widrigsten Umweltbedingungen zu bestehen, zu gedeihen, sich zu entwickeln, sich zu vermehren und Wunder von Vielfalt und Schönheit entstehen zu lassen.

Die wesentlichen Eigenschaften und Fähigkeiten lebender Organismen sind:

- Sie verfolgen einen inneren (evolutionären) Plan.
- Sie agieren als Ganzheit.
- Sie haben sowohl eine typische als auch eine individuelle Gestalt.
- Sie haben eine differenzierte innere Struktur ohne zentrale Hierarchie.

- Sie stehen in einem kontinuierlichen Stoff- und Energieaustausch mit ihrer Umwelt.
- Sie verfügen über Reizbarkeit und Reaktionsfähigkeit gegenüber ihrer Umwelt.
- Sie können wachsen, sich individuell entwickeln und fortpflanzen.
- Sie können sich unter Selektionsdruck verändern und evolutionär weiterentwickeln.
- Sie haben eine nicht reversible Geschichte.
- Ihre Teilsysteme verfügen über die Fähigkeit der Selbstorganisation zum Wohl des Gesamtsystems.

Nur lebendige Systeme können sich in unsicheren, komplexen Umwelten dauerhaft selbst steuern und weiterentwickeln. Diese Fähigkeiten finden wir auch bei menschlichen Organisationen.

Organisationen sind als lebendige Systeme zu betrachten und zu gestalten. Der entscheidende Erfolgsfaktor sind die Menschen.

Die **Kernaussagen dieses Abschnitts** sind:

- Qualitätsprobleme resultieren häufig daraus, dass Anforderungen und Bedürfnisse der Menschen zu wenig Beachtung erfahren.
- Probleme in der menschlich-sozialen Sphäre können nicht mit technischen Maßnahmen gelöst werden.
- Der verbreitete Managementfokus auf den technischen Bereich ist kontraproduktiv.
- Das soziotechnische Systemmodell der Organisation ist nur eingeschränkt anwendbar.
- Die passendste Metapher für Organisationen in der heutigen Zeit ist die des lebenden Organismus.
- Organisationen sind als lebendige Systeme zu betrachten und zu gestalten. Der entscheidende Erfolgsfaktor sind die Menschen.

3.2 Das Qualitätsverständnis der Norm – warum ist es nicht (mehr) tauglich?

> „Qualität ist der Grad, in dem ein Satz inhärenter Merkmale eines Objekts Anforderungen erfüllt."
> [ISO 9000:2015]

Der Qualitätsbegriff hat sich durch die Entwicklungsgeschichte der Normfamilie 9000 ff. in mehreren, allesamt ingenieurmäßig, sperrig formulierten Varianten durchgezogen. Durchgängig handelt(e) es sich um ein Verständnis von Qualität im Sinn von funktionaler Zweckmäßigkeit („Fitness for Use", Joseph M. Juran), die auf möglichst objektiv überprüfbaren Anforderungen beruht.

In diesem Abschnitt erfahren Sie,

- warum ein „objektives" Qualitätsverständnis einerseits illusionär und andererseits fehlleitend ist,
- in welcher Beziehung Planung und Kontrolle einerseits und Kompetenz andererseits stehen,
- welche Rolle Standardisierung bei der Verfolgung von Qualität spielen sollte,
- inwiefern und wodurch das konventionelle Qualitätsverständnis einer zeitgemäßen Qualitätsentwicklung im Weg steht.

3.2.1 Qualität als Erfüllung von Anforderungen

Eine andere, gern zitierte, weil prägnante Definition von Qualität, lautet:

> *„Qualität ist die Erfüllung von Anforderungen."*
>
> *Philip B. Crosby*

Hier gibt es keinen Grad der Erfüllung, die Entscheidung ist digital: Qualität ist nur erreicht, wenn Anforderungen (vollständig) erfüllt sind. Crosby lässt, ganz im Sinn der „Objektivität", alles Relativierende und Bewegliche weg.

Beide Definitionen, die der ISO 9001:2015 und die von Crosby, setzen voraus, dass es einen vorab festgelegten und feststehenden Satz von Merkmalen und an sie gestellte, eindeutige Anforderungen gibt. Ein Erbe des frühen Industriezeitalters: Die Merkmale bzw. Anforderungen bezogen sich überwiegend auf physische und mechanische Eigenschaften von Material und Produkt und blieben über längere Zeiträume unverändert. Eine Mindestzugfestigkeit als Qualitätsanforderung an einen Stahl oder die Anforderung, dass sich ein Schalter eine Million Mal störungsfrei betätigen lässt. Niemand wird die Sinnhaftigkeit solcher materiellen Mindestanforderungen und ihre Bedeutung für die Qualitätsstandardisierung industrieller Produkte in Frage stellen. Aber darüber hinaus tragen die hier betrachteten Definitionen nichts zu einem zeitgemäßen Verständnis von Qualität bei.

So ist nicht geklärt, wer die Anforderungen an den „Satz inhärenter Merkmale" stellt, deren Erfüllung dann Qualität bedeutet. Üblicherweise wird dieses Privileg „dem Kunden" zugeschrieben. Bei der weit überwiegenden Zahl von Produkten oder Dienstleistungen formuliert aber nicht der Kunde die Anforderungen, sondern der Produzent bzw. Dienstleister. Der versucht nämlich einzuschätzen, was der Kunde zu kaufen bereit ist, liefert, wozu er in der Lage ist, und bemüht sich, mithilfe von Marketing und Werbung, den Kunden zu überzeugen, dass dies genau das ist, was seinem Bedürfnis entspricht. Schon William Edwards Deming räumte ein, dass Qualität nur vom Produzenten definiert werden kann (William E. Deming 1982).

Welchen Satz von Anforderungen braucht es, um Qualität zu erzeugen? Wenn ein Produkt exakt die Leistungen erbringt, die in der Spezifikation dokumentiert sind, und unmittelbar nach Ablauf der Garantiezeit ein Opfer der Obsoleszenz wird, ist das dann ein Qualitätsprodukt? In welchem Grad erfüllt es „die Anforderungen"? Kann ein Kleidungsstück, das durch Kinderarbeit gefertigt wurde, ein Qualitätsprodukt sein? Kann eine perfektionierte Methodik des unautorisierten Zugriffs auf fremde Daten ein Qualitätsprozess sein?

Selbst die massenhaft produzierende Industrie unserer Tage sieht sich einer kaum überschaubaren Vielfalt und Dynamik von Anforderungen hinsichtlich ihrer Erzeugnisse und deren Erzeugungsbedingungen gegenüber. Deutlich mehr noch gilt dies für das Feld individualisierter Dienstleistungen. Und mehr und mehr gibt es auch Fälle, bei denen das angestrebte Ergebnis schlichtweg nicht vorab definiert werden kann. Der Einzug der agilen Arbeitsweisen ist diesem Umstand geschuldet. Es widerstrebt dem verbreiteten Verständnis von Qualität, nicht im Vorhinein zu wissen, wie ein Produkt, ein Prozess, ein System aussehen soll. Es herrscht Unsicherheit, was im derzeitigen Paradigma das Gegenteil von Qualität darstellt.

> Im Wissenszeitalter entsteht Qualität oft erst im gegenwärtigen Moment, ohne dass sie vorher definiert wurde. Mit diesem Umstand müssen wir lernen zu leben.

Ein zeitgemäßes Qualitätsverständnis und eine neue Qualitätsdefinition müssen der Vielfalt und Dynamik, der Komplexität unserer heutigen Welt entsprechen. Bemühungen, den Qualitätsbegriff der ISO 9000 durch Interpretationsakrobatik retten zu wollen, sind zum Scheitern verurteilt.

3.2.2 Qualität als messbare Größe

Gerade in Prozessen, wo das Wohl des Menschen im Mittelpunkt steht, können Leistungsindikatoren zu schlechteren Ergebnissen, ja sogar zu schweren Fehlern führen. Die Geschichte von Buurtzorg, einem holländischen mobilen Pflegedienst, zeigt, was passiert, wenn konventionelles (Qualitäts-)Management in eine Organisation einzieht.

Qualität in der Pflege: Die Geschichte von Buurtzorg (Teil 1)

In den 1980er-Jahren fasste man in Holland alle Pflegekräfte in großen Organisationen zusammen, um die ökonomischen Vorteile der Skalierung zu nutzen und Einsparungen für den Steuerzahler zu erreichen. Es wurden Zentralfunktionen wie Call-Center, Einkauf, Finanzen und Personal gegründet. Die Pflegekräfte wurden spezialisiert. Erfahrenere Pflegekräfte bekamen mehr Gehalt für schwierigere medizinische Behandlungen. Pflegekräfte, welche nur einfachere Tätigkeiten wie Spritzen setzen und Verbände anlegen verrichteten, bekamen weniger Gehalt, was Kosten sparte. Die Zeiten für alle Tätigkeiten wurden erfasst. Wurden bei einem Pfleger kürzere Zeiten für eine Aktivität gemessen, wurden die Zeitvorgaben für alle reduziert. Auf diese Weise wurde die Produktivität der Pflegekräfte im Lauf der Zeit messbar gesteigert. Zweieinhalb Minuten für den Wechsel von Kompressionsstrümpfen, zehn Minuten für eine Spritze. Alles wurde genau vorgegeben. Die erhoffte Verbesserung blieb jedoch aus. Die Dauer der Pflegebedürftigkeit der Patienten stieg an, was auch die Kosten in die Höhe trieb. Schlimmer noch als die steigenden Kosten war der Umstand, dass Pfleger und Patienten zunehmend unzufriedener wurden. Die Qualität der Pflege ließ dramatisch nach, obgleich die Kennzahlen besser geworden waren. ■

Die Qualitätsdiagnostik gemäß der Norm bezieht sich auf „inhärente“, also dem Objekt innewohnende, physische Merkmale: Nach der dabei zugrunde liegenden Weltsicht existiert nur das „Objektive“. Aber lässt sich etwa der einzigartige Erfolg von Apple auch nur annähernd mit den physikalischen Eigenschaften der Apple-Produkte erklären? Was macht die besondere Qualität von Apple-Produkten aus? Oder wie soll die Qualität komplexer Dienstleistungen wie Bildung, Beratung oder Pflege (hierzu die Geschichte von Buurtzorg – siehe Kasten oben) „objektiv“ gemessen werden? Ein Schlüsselfaktor für die Qualität solcher Dienstleistungen liegt in der wechselseitigen Beziehung zwischen dem Dienstleister und dem Klienten. Hier ist noch nicht einmal umfassend bestimmbar, welche Einflüsse von beiden Seiten sich auf die Qualität der Dienstleistung auswirken. Noch viel weniger sind diese messbar oder „kontrollierbar“.

„Gute Qualität ist das Ergebnis einer Beziehung, bei der nicht die eine Seite ständig der anderen sagt, was gut für sie ist."

Wolf Lotter 2019

Dessen ungeachtet wird Messbarkeit immer noch wie ein Fetisch hochgehalten, zumindest als Voraussetzung für effektives Management. „Was ich nicht messen kann, kann ich nicht managen", so der häufig zitierte Satz. Ebenso werden Sie die Frage des Auditors kennen: „Mit welchen Kennzahlen bewerten Sie den Prozess?" Qualitative Aussagen wie „funktioniert", „erfüllt den Zweck" sind zwar grundsätzlich im QM erlaubt, aber damit geben wir uns meistens nicht zufrieden. Alles muss, um Glaubwürdigkeit zu erlangen, quantitativ bewertet werden. Dabei ist es häufig mehr als fraglich, ob das, was gemessen wird und wie das geschieht, dem zu überprüfenden Sachverhalt wirklich entspricht (z. B. ob Nicht-Konformitätskosten als Indikator für Qualität geeignet sind). Auch an dieser Stelle begegnen wir wieder der Problematik, dass komplexe Phänomene unter Verlust eines Großteils ihres Inhalts gewaltsam zurechtgestutzt werden, nur um dem Diktat der Messbarkeit zu entsprechen.

Vielfach richtet die Fixierung auf Messergebnisse auch mehr Schaden an, als sie Nutzen erbringt. Hierzu ein paar Beispiele:

- In der konventionellen Schule stehen die Noten im Vordergrund, sinnvolles Lernen steht im Hintergrund.
- Viele Führungskräfte und Vertriebsleute arbeiten mit der primären Motivation, ihre quantitativen Ziele und damit ihren Bonus zu erreichen. Dafür wird schon mal ein verärgerter Kunde in Kauf genommen. Oder ein Konflikt mit einem Kollegen, weil man in seinem Vertriebsgebiet wildert.
- Spätestens ab Mittwochnachmittag sind die Teilnehmer in einwöchigen QM-Seminaren nicht mehr offen für Neues und für den Austausch untereinander. Sie lernen dann nur noch für die Multiple-Choice-Prüfung am Freitag.
- Die Zählung von Arbeitsunfällen als Indikator für Arbeitssicherheit, mit dem Ziel auf „Null" zu kommen, hat sogar schon zu einer Zunahme schwerster bzw. tödlicher Unfälle geführt (Sidney Dekker 2012).

Unser Fazit zum Verständnis von Qualität als objektiv messbare Erfüllung von Anforderungen:

Beide bisher behandelten Definitionen von Qualität (die an den Daumen von Kaiser Nero erinnernde Definition von Crosby noch mehr als die Normdefinition) erwecken den Eindruck, dass Objekte (mehr oder weniger) Qualität besitzen und dass dies „objektiv" festgestellt werden kann. Tatsache ist aber, dass diese Beurteilung auf einem willkürlich (= subjektiv) ausgewählten Satz von Merkmalen unter einer willkürlich (= subjektiv) gewählten Betrachtungsweise beruht und dass es sich hierbei um eine Momentaufnahme zu einem willkürlich (= subjektiv) gewählten Zeitpunkt handelt. Hierfür ausgestellte Zertifikate können folglich – wie die Verkehrssicherheitsbescheinigungen für Kraftfahrzeuge – lediglich bestätigen, dass zu diesem einen Zeitpunkt die untersuchten Anforderungen erfüllt waren und somit „Qualität" in dem spezifischen Verständnis gegeben war.

Messen ist in Details vielfach sinnvoll und nützlich, oder gar essenziell, die tatsächliche Aussagekraft von Messergebnissen ist aber stets zu hinterfragen.

> Wenn Messbarkeit grundsätzlich als Bedingung für die Glaubwürdigkeit von Erkenntnissen verlangt wird, können komplexe Zusammenhänge nicht verstanden und demzufolge nicht adäquat behandelt werden.

3.2.3 Qualität als Ergebnis von Planung und Kontrolle

Das Allerheiligste des QM ist der *PDCA-Zyklus* (Plan-Do-Check-Act). Den Urhebern des PDCA-Verfahrens, Walter A. Shewhart (1891 – 1967) und William E. Deming (1900 – 1993) ging es um *Qualitätssicherung* und kontinuierliche Verbesserung in der industriellen Massenproduktion. Auch dieses Vorgehensmodell entstammt also der Periode der 2. Industriellen Revolution und ist hinsichtlich seiner Anwendbarkeit und Nützlichkeit in der heutigen Welt zu hinterfragen.

> „Es ist eine Kernaufgabe eines QM-Systems, als vorbeugendes Instrument zu wirken." [ISO 9001:2015]

Dieses Statement geht auf die Arbeit von Philipp B. Crosby (1926 – 2006) zurück, der in der Fehlerprävention die grundlegende Strategie zur Sicherstellung von Qualität erkannte und eine Null-Fehler-Produktion (Zero Defects) als anzustrebendes Ideal propagierte. Dazu bedarf es einer akribischen Planung und fortschreitenden Optimierung der Produktionsprozesse.

Die so geartete Planung und Kontrolle von Fabriken, Fertigungsprozessen und Produkten hat große Fortschritte bei Produktqualität und Produktivität erzielt. Darüber hinaus befriedigen Planung und Kontrolle das menschliche Grundbedürfnis nach Sicherheit und Berechenbarkeit („Certainty" im SCARF-Modell; Rock&Cox 2012). Allerdings werden dabei Konsequenzen in Kauf genommen, die sich zunehmend als nachteilig erweisen:

- Es handelt sich im Grund um ein tayloristisches Vorgehen, bei dem die Funktionen Design, Planung, Anweisung und Kontrolle personell und hierarchisch von der eigentlichen Arbeit abgetrennt sind. Die operativen Organisationseinheiten und Mitarbeitenden geben allenfalls Inputs zu Details ihrer Tätigkeiten, die Festlegung des Big Picture und die Entscheidung über die Prozesse geschieht in den Planungsabteilungen. Somit bleiben die Kompetenz und die Gestaltungspotenziale der operativen Bereiche weitgehend ungenutzt. Tatsächlich soll(t)en durch Planung und Kontrolle Kompetenzmängel bei den Ausführenden kompensiert werden. Etwaige Kompetenzüberschüsse werden einfach weggedrückt.

- Hieraus resultiert direkt, dass Planung und Kontrolle die Achtsamkeit, Motivation und Verantwortlichkeit auf Seiten der operativ arbeitenden Menschen verringern.
- Ebenso sinkt die Fähigkeit der Menschen und der Organisationen, unerwartete Ereignisse zu meistern und sich nach Krisen zu erholen (*Resilienz*). Spätestens seit der Covid-19-Pandemie sollten wir alle gelernt haben, dass es ein illusorischer Anspruch ist, alles vorhersagen, planen und kontrollieren zu wollen. Auch die höchst eingeschränkte Wirksamkeit des konventionellen Risikomanagements sollte deutlich geworden sein. Angemessene Vorsorge ist vernünftig und notwendig. Aber man sollte sich immer der Grenzen der Planbarkeit bewusst sein. Resilienz, als die Fähigkeit mit dem Unerwarteten und Unplanbaren umzugehen, erweist sich immer nachdrücklicher als existenziell notwendige Kompetenz.
- PDCA ist ein Verfahren der kontinuierlichen Verbesserung, das tendenziell Innovation unterdrückt. Planung und Kontrolle wirken einschränkend, die Annahmen und Ziele, die in das Vorgehen einfließen, bestimmen die Bandbreite der möglichen Ergebnisse. Anhand der Six-Sigma-Methodik, der radikalsten Umsetzungsform des PDCA-Prinzips in Richtung Zero Defects, haben wir die problematischen Konsequenzen schon dargestellt.

Im industriellen Sektor, in Hochrisikobranchen und den Bereichen öffentlicher Verwaltung und Versorgung muss es um das richtige, nämlich notwendige und sinnvolle, Maß für den Einsatz von (Qualitäts-)Planung und Kontrolle gehen. Ihre Anwendbarkeit nimmt jedoch im Wissenszeitalter fortschreitend ab. Dies gilt besonders für komplexe Dienstleistungsprozesse, bei denen die Interaktion zwischen Menschen im Vordergrund steht. Am Beispiel von Buurtzorg haben wir dies schon für den Bereich der Pflege illustriert. Andere Beispiele finden wir in den Feldern Beratung, Bildung, Coaching.

Die Qualität von Beratung und Training leidet mit zunehmendem Grad an Planung. Ein detaillierter Trainingsplan trifft Annahmen über die Interaktion mit den Teilnehmenden. Wenn die Teilnehmenden davon abweichend agieren, ist der Plan obsolet. Die Versuchung ist aber stark, ihn trotzdem durchzuziehen, weil ja schon so viel Arbeit eingeflossen war. Das Gleiche gilt für Audits. Ein sehr detaillierter Auditplan macht es dem Auditor schwer, auf die gegenwärtige Situation einzugehen.

Je weniger geplant werden kann, desto höher die Anforderungen an die Kompetenz des Dienstleisters. Am ausgeprägtesten sehen wir dies beim Coaching. Der Coaching-Prozess lässt sich nicht planen. Qualität im Sinn des Coaching-Kunden kann nur durch das Prinzip *Spüren-und-Antworten* (Frederic Laloux 2017) erreicht werden – eine Vorgehensweise, die ein Höchstmaß an Achtsamkeit und Können erfordert.

Wenn Qualität nur subjektiv erfahren werden kann, es keine generell festgelegten Kriterien gibt und nur der individuelle Kunde darüber entscheidet, spricht man von *transzendenter Qualität* (David R. Garvin 1984). Dass dieser Ansatz im Wirtschaftslexikon als „für die betriebliche Praxis ungeeignet" und an anderen Stellen als „in der Wissenschaft nicht verwertbar" abgetan wird, zeigt, wie sehr wir im derzeitigen Objektivitätsparadigma gefangen sind. Die *transzendente Qualität* wird im Wissenszeitalter immer bedeutsamer. Vom sicheren Hafen der Planbarkeit und Messbarkeit müssen wir aufbrechen auf die hohe See der Subjektivität, Diversität und Komplexität.

> *„Die große Herausforderung dabei ist, dass wir die schöne und angenehme Illusion der Kontrolle loslassen müssen. Die Illusion, dass wir als Führende unsere Arbeit getan haben: Wir haben die Analyse durchgeführt, den Plan entworfen, die Dinge laufen nach Plan. Paradoxerweise kommen wir zur Wirklichkeit aber nur, wenn wir die Illusion der Kontrolle aufgeben und zum Spüren-und-Antworten wechseln."*
>
> *Frederic Laloux 2017*

3.2.4 Qualität als Einhalten von Standards

Das Qualitätsverständnis der Industriegesellschaft ist geprägt durch Standards. Qualität heißt unter dieser Betrachtungsweise: konform zu den geltenden Standards. Die weltweit führende Organisation auf dem Feld der Qualität verdankt ihren Namen (*ISO – International Organization for Standardization*) der Funktion der Standardisierung.

Standards legen Mindestanforderungen fest, denen Objekte entsprechen müssen. Ziel der Standardisierung ist es, Sicherheit, Zuverlässigkeit und Vergleichbarkeit zu gewährleisten. Und das hat viel Gutes: Schrauben sollen immer und überall passen und zuverlässig halten. Ihre Festigkeit muss berechenbar sein. Wir verdanken es Industriestandards, dass wir uns keine Gedanken darüber machen müssen, ob der Kaffee aus der Kaffeemaschine warm genug ist oder ob ein Auto heute über Airbags oder ein Antiblockiersystem verfügt. Und wir wünschen uns sicher alle den Standard, der sicherstellen würde, dass ein Ladegerät zu allen Geräten, egal von welchem Hersteller, passt. Allgemein lässt sich sagen, dass unsere heutige Welt ohne Produkt- und Prozessstandards nicht funktionieren würde.

In der Industriegesellschaft haben auch die Menschen Standards zu entsprechen. Mit *Standard Work* und *SOPs* (Arbeitsanweisungen: Standard Operating Procedures) stellen wir sicher, dass es egal ist, ob das Produkt von Tom oder Julia zusammengebaut wurde. Menschliche Fehler = Abweichungen von Standards, sollen so weitestgehend vermieden werden.

Und wir standardisieren nicht nur die Arbeit der Menschen, wir gehen sogar so weit, die Menschen selbst zu standardisieren. Lehrpläne für Schulen und Ausbildungszentren sollen gewährleisten, dass alle über einen standardisierten Mindestbestand an Wissen und Können verfügen. Mit einer Abschlussprüfung und Zertifikaten wird die Konformität der Menschen zu den an sie gestellten Standardanforderungen abgesichert. Damit ist der Mensch in der Industrie, im System der Gesellschaft, vergleichbar und austauschbar. Wer anders ist, ist defektiv und fällt aus der Norm.

In Stellenbeschreibungen werden Aufgabenpakete und ihnen zugeordnete Anforderungen an Wissen, Fähigkeiten und Persönlichkeitsmerkmale der *Stelleninhaber* festgelegt. Die Stelle mit ihren standardisierten Anforderungen ist also die feste Größe. Der arbeitende Mensch hat möglichst deckungsgleich darauf zu passen. Wenn jemand mehr weiß oder kann, als der Standard verlangt, ist das betriebswirtschaftlich nicht schlimm, nur Verschwendung menschlicher Potenziale. Manchmal wird es auch als störend empfunden, wenn diese Menschen mit dem ihnen gebotenen Aufgabengebiet und ihrer Bezahlung nicht zufrieden sind. „Überqualifiziert!" Mehr Lohn wird aber deswegen nicht geschuldet. Vergütungsregularien wie Tarifverträge legen die Lohnhöhe in Abhängigkeit von den standardisierten Anforderungen der Stelle fest. Schwierig wird es, wenn sich die Aufgaben häufig ändern.

Aber ist die Konformität mit organisatorischen und Verhaltensstandards wirklich die geeignete Grundlage für die Qualität, die wir heute suchen? Kann die Erfüllung von Minimalanforderungen Ziel der Qualitätspolitik eines Unternehmens sein? Wollen Sie Standardprodukte, wie in einer Planwirtschaft? Wollen Sie von einem Berater Standard? Wollen Sie ein Standardtraining für Ihr einzigartiges Unternehmen? Die Fragen sind leicht beantwortet: Wir wollen besondere, individuelle Produkte, ein hervorragendes Training, eine exzellente Beratung (excellens: Lateinisch für „hervorragend"). Und exzellente Produkte und Dienstleistungen können nur unter Bedingungen geschaffen werden, die Exzellenz zulassen bzw. fördern. So gut es gemeint ist, einen Qualitätsstandard mit Rahmenlehrplänen und *Standard Work* sicherstellen zu wollen, diese Arten von Standards verhindern Kreativität und die Entwicklung von Excellence.

Die Erfüllung von vorgeschriebenen, marktüblichen oder vereinbarten Mindeststandards ist für exzellente Unternehmen schlichtweg eine Selbstverständlichkeit wie die Einhaltung von Gesetzen. Die Einhaltung obligatorischer Standards stellt eine Voraussetzung für Qualität dar – Qualität entfaltet sich aber erst jenseits der

Standards. Ein Standard für ein Managementsystem oder Lehrveranstaltungen darf nur ein obligatorischer Mindeststandard sein, als Grundlage für individuelle Lösungen.

Die Einhaltung obligatorischer Standards stellt eine Voraussetzung für Qualität dar – Qualität entfaltet sich aber erst jenseits der Standards.

Wenn Sie Kreativität und Innovation in Ihrem Unternehmen fördern wollen, stehen Ihnen organisatorische und Verhaltensstandards im Weg.

Die **Kernaussagen dieses Abschnitts** sind:

- Was Qualität ist, kann, ebenso wie die zu erfüllenden Anforderungen, nur vom Produzenten definiert werden.
- Der PDCA-Zyklus mit seinem Fokus auf Planung und Kontrolle unterdrückt die Entwicklung von Kompetenz und Resilienz.
- Qualität lässt sich nur eingeschränkt planen. Bei komplexen Dienstleistungen wirkt Planung qualitätsmindernd.
- Die Erfüllung obligatorischer Standards ist eine Selbstverständlichkeit und kein Qualitätsmaßstab. Die Entfaltung von Qualität im Sinn von Exzellenz findet jenseits der Standards statt.
- Ein zeitgemäßes Qualitätsverständnis im Wissenszeitalter muss die Beschränkungen von Messbarkeit, Planbarkeit, Objektivität und Standardisierung verlassen und sich öffnen für Innovation, Subjektivität und Komplexität.

3.3 Das neue Qualitätsparadigma – wie entsteht Qualität?

Wir haben den Qualitätsbegriff der Norm ISO 9000 ff. und die Grundannahmen und Festlegungen, auf denen er basiert, im Licht der heutigen Zeit kritisch reflektiert. Nun laden wir Sie ein, mit uns die Schritte hin zu einem neuen Qualitätsverständnis zu wagen.

In diesem Abschnitt erfahren Sie,

- durch welches Qualitätsparadigma das bestehende abzulösen ist,
- wie Qualität in einem umfassenden Verständnis entsteht,
- wozu und wie ein Unternehmen seinen Sinn findet und verwirklicht,
- wozu und wie ein Unternehmen den Interessen seiner Stakeholder gerecht wird.

3.3.1 Das neue Qualitätsparadigma

Ein Paradigma ist eine grundsätzliche Sichtweise, ein fundamentales Erklärungsmuster, eine Art „Supertheorie", auf der sich eine Gemeinschaft von Fachleuten versammelt und die dann weitgehend als gültig angenommen wird [Wikipedia, Gabler Wirtschaftslexikon, Thomas S. Kuhn].

Paradigmen sind mächtig. Sie haben die Tendenz, sich immer wieder selbst zu bestätigen, da eine andere Denkweise nicht vorstellbar ist bzw. nicht ins Bewusstsein dringt. Wird ein Paradigma dennoch in Frage gestellt und in seinem Gültigkeitsanspruch erschüttert, entsteht heftiger Widerstand. Als mit Kopernikus die Idee (wieder) aufkam, dass die Sonne das Zentrum unserer Welt bildet und sich die Erde und die anderen Planeten um sie drehen, dauerte es drei Jahrhunderte, bis sich diese Sichtweise vollends durchsetzte. Wie sehr wir in unserem aktuell vorherrschenden Qualitätsparadigma gefangen sind, zeigt die Tatsache, dass der Kernfehler, Qualitätsmanagement als eigene Managementdisziplin anzusehen, über Jahrzehnte nicht beseitigt worden ist.

Qualität wird durch qualitätsbestimmte Führung erzeugt und gesichert.

Konventionelles Qualitätsmanagement ist schädlich und daher abzuschaffen.

Während das konventionelle Qualitätsmanagement die Verantwortung für Qualität faktisch auf die (Qualitäts-)Experten überträgt, geben wir sie dorthin, wo sie hingehört: in die Hände der operativ tätigen Menschen und ihrer Führungskräfte. Vor den Einsatz von Management, die auf die Erreichung kurzfristiger, messbarer Ziele ausgerichtete Anwendung von Methoden, setzen wir Führung, die für längerfristige Richtung und Orientierung sorgt. Wir meinen hier sowohl Unternehmensführung wie Selbstführung (siehe auch Kapitel 4).

Und was bedeutet *qualitätsbestimmt*? Es bedeutet, dass Qualität den Richtungsweiser für alle Aktivitäten in einer Organisation oder – in Form von *Lebensqualität* – in einem individuellen Leben bildet. In Abhebung von der herrschenden Dominanz der Zahlen, der Quantitäten, möchten wir *Qualität* in den Fokus aller Bemühungen stellen.

Qualitätsbestimmte Führung bedeutet Selbst-, Menschen- und Unternehmensführung, bei der Qualität die Ausrichtung für sämtliche Aktivitäten vorgibt.

Dazu benötigten wir eine neue Qualitätsdefinition! Diese neue Qualitätsdefinition soll folgenden Kriterien genügen:

- sich eignen als ganzheitlicher, stets präsenter Richtungsweiser,
- inhaltliche vor formale und quantitative Anforderungen stellen,
- mit den Bedingungen der VUKA-Welt umgehen können,
- Kreativität, Agilität und Wertschöpfung unterstützen,
- wechselseitig förderlichen Beziehungen zwischen Menschen und einem schonenden Umgang mit dem Planeten zugutekommen.

Eine Qualitätsdefinition, die diese Anforderungen erfüllen soll, kann sich nicht auf feste, Objekten innewohnende Eigenschaften beziehen. Wir betrachten daher **Qualität als Charakteristikum und Ergebnis von menschlichen Handlungen**.

3.3.2 Purpose statt Profitmaximierung

Immer verbreiteter und nachdrücklicher wurde seit ein paar Jahren die Sinnfrage in Bezug auf die Aktivitäten der Wirtschaft gestellt. Davor galt die Sichtweise, dass der einzige Sinn und Zweck eines Unternehmens darin bestehe, Geld zu verdienen (das hauptsächlich den Aktionären zusteht), faktisch als alternativlos. Nun geriet dieses, auf den Wirtschaftsnobelpreisträger Milton Friedman zurückgeführte, Konzept des Shareholder-Value-Kapitalismus zunehmend unter Druck, nicht nur durch die üblichen Verdächtigen, die humanistischen, sozialistischen und ökologischen Systemkritiker. Nein, auf einmal hielt der Purpose, der über das Geldverdienen hinausreichende Sinn und Zweck wirtschaftlichen Tuns, Einzug in Managementvorlesungen, Unternehmerkongresse und Unternehmensverlautbarungen. Sogar aus dem Zentrum der Finanzmacht, von dem Gründer und CEO von BlackRock, der weltgrößten Vermögensverwaltungsgesellschaft, ertönte ein Aufruf unter dem Titel „Neue Sinnhaftigkeit“.

> *„Ohne zu wissen wofür, kann kein Unternehmen, ob börsennotiert oder nicht, sein ganzes Potenzial entfalten.“*
>
> *Larry Fink 2018*

Nur wenn ein Unternehmen ein *Wofür*, einen *Purpose* jenseits der Profitmaximierung verfolgt, kann es seine höchste Leistungsfähigkeit realisieren.

Wenn der Zweck einer Tätigkeit nur darin besteht, eine Partei, die Eigentümer, maximal zu bereichern, muss das auf Kosten anderer gehen. Sogar auf Kosten des Kunden, der ja selbst in den konservativsten Qualitätsdefinitionen eine bedeutende Rolle spielt. Das heißt, Profitmaximierung geht unausweichlich zu Lasten der Qualität. Qualität kann nur entstehen, wenn ein „höherer“, mehr ganzheitlicher *Purpose* verfolgt wird.

3.3.3 Qualität und (Unternehmens-)Zweck

Das *EFQM-Modell 2020* betrachtet die Umsetzung des Zwecks der Organisation als Voraussetzung für Exzellenz, also für herausragende Qualität.

> **EFQM** steht für „European Foundation for Quality Management", eine weltweit renommierte, europäische Non-Profit-Organisation. Die Tätigkeit der EFQM dient dem Zweck, die Leistungsfähigkeit von Organisationen zu erhöhen, sie insbesondere zum erfolgreichen Management von Veränderungen und Transformationen zu befähigen. Das EFQM-Modell 2020 versteht sich als „Handlungsrahmen" hierfür, will also Orientierung für Führungs- und Managementprozesse bieten. In die Entwicklung des Modells waren 2000 Change-Experten und 60 verschiedene Organisationen eingebunden.
>
> Das EFQM-Modell verfolgt den TQM-Ansatz. Es wird gerne auch als Excellence Modell für Qualitätsführerschaft bezeichnet.

Die Struktur des Modells baut auf drei Fragen auf:

- *Warum?*
- *Wie?*
- *Was?*

Das EFQM-Modell fordert, dass Organisationen als allererstes und mit Blick auf alle Beteiligten die Frage beantworten, warum sie tun, was sie tun. Vor allem: Warum existiert die Organisation? Auf welchen Werten und Überzeugungen fußt sie? Welchen Zweck erfüllt sie?

Der Zweck einer Organisation nach dem EFQM-Modell 2020

- erklärt, weshalb ihre Tätigkeit wichtig ist,
- bezieht sich auf Schaffung und Lieferung eines nachhaltigen Nutzens für ihre Interessengruppen,
- erschafft den Handlungsrahmen, für den sie Verantwortung übernimmt, in Bezug auf ihren Beitrag zum und ihre Auswirkungen auf ihr Ecosystem.

Ecosystem steht hier für die Gesamtheit der Akteure innerhalb einer Branche (business ecosystem).

Der Definition und der praktischen Umsetzung des Unternehmenszwecks muss weit mehr Aufmerksamkeit gewidmet werden, als dies gemeinhin der Fall ist. Mit der Formulierung und Publizierung eines Mission-Statements, das im Alltag kaum eine Rolle spielt, ist es jedenfalls nicht getan. Aber nicht dem Unternehmenszweck sollten die fundamentalen Funktionen der Orientierung und Energetisierung des Unternehmens zukommen, sondern dem Sinn der unternehmerischen Tätigkeit und Organisation. Und Zweck ist nicht gleich Sinn.

3.3.4 Zweck ist nicht gleich Sinn

Die Wörter Sinn und Zweck werden meist gemeinsam, in genau dieser Reihenfolge verwendet. Manchmal werden sie auch synonym gebraucht. Sinn und Zweck lassen sich aber grundlegend voneinander unterscheiden (Bild 3.3).

Bild 3.3 Zweck vs. Sinn

Um den Zweck einer Handlung, einer Regelung oder einer Organisation herauszufinden, eignet sich meist die Frage „Warum?“. Zweck lässt sich begründen mit etwas Bestehendem, der Vergangenheit Entstammendem, etwa einem Problem, einer Überzeugung, einer Ordnungsvorstellung, einer Methodik, einem konkreten Plan. Ob ein Zweck erfüllt ist, kann man üblicherweise am äußeren Ergebnis feststellen.

Der Zweck der Mobilitäts- und Kontaktbeschränkungen während der Covid-19-Pandämie war die Verlangsamung der Ansteckungsrate. Wenn das gelang, war der Zweck erfüllt. Die Maßnahmen dienten auch noch einem übergeordneten Zweck, nämlich eine Überforderung der Kapazitäten unseres Gesundheitssystems zu verhindern. Parallel dazu galt es, die wirtschaftliche Existenz von Unternehmen und Individuen mithilfe von staatlichen Soforthilfemaßnahmen zu erhalten. Ob die eingesetzten Maßnahmen zweckmäßig zur Erreichung dieser Ziele waren, ließ sich „objektiv“ feststellen. Die Frage, ob das ganze Vorgehen „sinnvoll“ war, wurde zunächst gar nicht gestellt. Denn das Ziel, möglichst wenige Menschenleben zu verlieren und einen wirtschaftlich-sozialen Zusammenbruch zu verhindern, erschien selbstverständlich.

Problematischer wurde es, als in der Bevölkerung die Bereitschaft, „auf Sicht zu fahren“ abzunehmen begann, als zunehmend infrage gestellt wurde, ob es sinnvoll sei, das Wirtschaftsleben so massiv zu drosseln, dass statt aus medizinischen nun aus ökonomischen und sozialen Gründen viele Existenzen, also Menschenleben, gefährdet wurden. Und ob der Zweck, Minderheiten von besonders gefährdeten Bevölkerungsgruppen zu schützen, es legitimiere, die Selbstverwirklichungsmöglichkeiten der Mehrzahl der Bevölkerung so gravierend einzuschränken. Auch wurde zunehmend hinterfragt, ob das viele staatliche Geld denn sinnhaft ausgegeben werde etc. Politiker wandten sich hilfesuchend an Ethiker.

Ein Sinn jedoch lässt sich nicht so einfach finden, sondern muss definiert werden (Sprenger 2015). Die Ethiker stellten verschiedene Werte und Perspektiven zueinander in Beziehung und wiesen auf Entscheidungsdilemmata hin. Keine der schwerwiegenden Entscheidungen zum weiteren Vorgehen konnte rein auf der Grundlage wissenschaftlicher Erkenntnisse getroffen werden. Keine Entscheidung konnte nur im Kontext der bestehenden Situation begründet werden, also ohne den Blick in die Zukunft zu richten. Ohne die Fragestellungen: *Wozu* sollen die heutigen Maßnahmen dienen, wohin, in welche erstrebenswerte Situation in der Zukunft sollen sie uns führen? Auch: Wie möchten wir, dass unser heutiges Tun von den Menschen in der Zukunft beurteilt wird? Wir brauchten und brauchen also eine Vision von einer besseren Zukunft nach der Krise, eine „gerechte Sache“, die es zu verfolgen galt. Diese Vision muss so attraktiv sein, dass es als legitim empfunden wird, dafür Opfer zu bringen. Die Verfolgung dieser Vision verleiht meinem heutigen Tun Sinn. Und während ein Zweck erfüllt oder erreicht sein kann, ist ein Sinn nie komplett verwirklicht. Die Umsetzung einer gerechten Sache ist also ein „unendliches Spiel“ (Sinek 2019).

Zurück in die Arbeitswelt, zu unserem persönlichen Leben und zu Sinn und Zweck:

> *„Es ist die gerechte Sache, an deren Umsetzung wir arbeiten, die unserer Arbeit und unserem Leben einen Sinn verleiht.“*
>
> *Simon Sinek 2019*

Sinn ist die mächtigste Energiequelle für Menschen. Die Menschheitsgeschichte ist voll von Beispielen, in denen Menschen, Gruppen oder Organisationen schier unglaubliche Erfolge erreicht und dabei die Welt nachhaltig verändert haben, weil sie voll und ganz von einer Idee, einer Mission, einer Vision, einem Sinn erfüllt waren und diese entschlossen verwirklicht haben. Die entscheidende Frage im Leben von Menschen – und das sollte nach unserer Überzeugung auch für Unternehmen gelten – ist die Frage nach dem Sinn, dem „Wozu?“.

> *SINN*
>
> *„Sinn ist nichts, über das man stolpert, so wie die Antwort auf die Rätsel oder der Preis bei einer Schnitzeljagd. Sinn ist etwas, das man selbst im Zentrum seines Lebens aufbaut.*
>
> *Man erbaut es aus seiner Vergangenheit, aus seiner Zuneigung und Loyalität, aus den Erfahrungen der Menschheit, die man ererbt hat, aus seinen eigenen Gaben*

und seinem Verstand, aus all dem, woran man glaubt, aus den Dingen und Menschen, die man liebt, aus den Werten, für die man etwas aufzugeben bereit ist.

Alle Zutaten sind vorhanden. Doch Du bist der einzige Mensch, der sie zusammenfügen kann zu dem Muster, das Dein Leben ist. Trage Sorge, dass es ein Leben ist, das Würde und Sinn für Dich hat. Wenn das gelingt, dann fällt der Ausschlag des Pendels nach Erfolg oder Misserfolg kaum mehr ins Gewicht."

John Gardner

3.3.5 Der Unternehmenssinn

Das Mantra der Shareholder-Value-Ideologie „The business of business is business" hat seine Blütezeit hinter sich. Die erzwungene Besinnung durch die Covid-19-Pandemie hat Sinnfragen, auch in Bezug auf die Art unseres Wirtschaftens, in brutaler Deutlichkeit gestellt. Unser Tun muss sich damit legitimieren, welchem Sinn, welcher „gerechten Sache" es dient.

Bei der Definition des Sinns von Unternehmen steht die Beantwortung von Fragen, wie „Wozu gibt es uns?", „Wer sind wir?", „Wofür sind wir da?", „Was ist unsere Berufung?", „Wie möchten wir sein?", „Welchen Beitrag zu welcher Entwicklung der Welt möchten wir leisten?", im Vordergrund. Diese Fragen stellen sich unabhängig vom Umfeld. Es spielt keine Rolle, wo ich meinen Firmensitz habe, welche Wettbewerber es gibt und welche Normen und Gesetze ich zu befolgen habe. Die Beantwortung dieser Fragen ist elementar für die Ausrichtung, Führung und Entwicklung des Unternehmens. Der gemeinsame Sinn, die gemeinsame Aufgabe, die den Menschen in dem Unternehmen vorgegeben ist, steht im Innersten, bildet das Grundparadigma, den Grundcharakter, das Grundmotiv des Unternehmens.

Die Unternehmensführung erfolgt von innen nach außen: Man geht vom eigenen Sinn aus und realisiert ihn in Gestalt von Produkten oder Dienstleistungen für Kunden. Der Kundennutzen, die Qualität für den Kunden, hat aber einen gleich hohen Stellenwert wie die Verwirklichung des eigenen Sinns. Beidem muss gleichrangig entsprochen werden. Es handelt sich also keineswegs um eine egozentrische Übung mit wohlklingender Umschreibung, sondern um die Verfolgung eigener Interessen durch Nutzenstiftung bei anderen.

Der Sinn des Unternehmens kann, muss aber nicht in Zusammenhang mit dem eigentlichen Zweck des Unternehmens stehen. Unternehmen können einen übergeordneten Sinn für sich definieren. Wie der persönliche Sinn, so ist auch der übergeordnete Sinn selbst gewählt.

Qualität in der Pflege: Die Geschichte von Buurtzorg (Teil 2)

Der gewöhnliche Zweck eines Pflegedienstes ist es, Menschen zu pflegen. Bei Buurtzorg folgen alle Pflegekräfte dem übergeordneten Sinn, ihre Klienten dabei zu unterstützen, ein erfülltes und unabhängiges Leben zu führen. Dieser höhere Sinn führt bei der Ausübung der „Pflege" zu anderen, außergewöhnlichen Handlungen. Die Pflegekräfte beschränken ihre Tätigkeit nicht auf das Waschen der Klienten, das Spritzensetzen und das Verbandanlegen. Sie bauen einen intensiven Kontakt zu den zu pflegenden Menschen auf und stellen Fragen wie, „Sagen Sie mir, was Sie noch können? Wo benötigen Sie Hilfe?", „Haben Sie Kinder oder Verwandte, die etwas für Sie tun können?", „Kennen Sie Ihre Nachbarn? Soll ich dort mal klingeln und fragen, ob sie für Sie einkaufen können?". Die Pflegekräfte helfen dem Klienten dabei, ein Netzwerk von Unterstützern aufzubauen. Davon profitieren nicht nur die zu Pflegenden, sondern oft auch die Helfenden. Für andere eine Stütze zu sein bzw. gebraucht zu werden, macht nachweislich glücklich. Menschen empfinden es als zutiefst sinnvoll, anderen Menschen helfen zu können.

Buurtzorg („Nachbarschaftsbetreuung"), gegründet 2007, ist der größte Pflegeanbieter der Niederlande. Aktuell beschäftigt Buurtzorg über 14 000 Pflegekräfte in mittlerweile 24 Ländern, ausgehend von den Niederlanden auch in Deutschland, Schweden, USA, Japan und China. Das Motto von Buurtzorg lautet „Menschlichkeit vor Bürokratie". Die Klientenzufriedenheit bei Buurtzorg ist höher als bei allen anderen Pflegeorganisationen; in den vergangenen fünf Jahren wurde Buurtzorg viermal zum besten Arbeitgeber der Niederlande gewählt; die Pflegekosteneinsparung im holländischen Gesundheitssystem durch Buurtzorg liegt lt. Ernst & Young bei 40 %.

Ein übergeordneter Sinn bietet Orientierung, Ausrichtung und Entscheidungshilfe. Dies ist in Krisensituationen, aber auch für die Weiterentwicklung der Organisation von großer Bedeutung. Bei Buurtzorg führte die Verfolgung des Sinns der Organisation zu bedeutsamen Erweiterungen des Dienstleistungsspektrums, wie in diesem Beispiel: Stürze und ihre Konsequenzen stellen bei älteren und pflegebedürftigen Menschen eine erhebliche Gefährdung für ein erfülltes und unabhängiges Leben dar. Folgerichtig entwickelte Buurtzorg als neue Dienstleistung ein Programm von Präventionsmaßnahmen zur Verhinderung von Stürzen und ging dazu eine Partnerschaft mit lokalen Physiotherapeuten und Ergotherapeuten ein.

Unternehmen stellen eine Gemeinschaft dar, im besten Fall eine Wertegemeinschaft, eine Gemeinschaft, die eine gerechte Sache umsetzt. Eine Gemeinschaft trägt schon von sich aus einen Sinn in sich, der sich aus dem Zusammenwirken von Menschen zur Verfolgung gemeinsamer Ziele ergibt. Das von Bodo Janssen als geschäftsführender Gesellschafter geleitete Unternehmen Upstallsboom sieht seinen übergeordneten Sinn darin, Menschen auf ihrem Weg der persönlichen Entwicklung zu fördern und zu begleiten. Diesem Sinn folgend, wurde aus der ursprünglichen Hotelkette die Upstalsboom Kultur & Entwicklung GmbH. Neben dem offensichtlichen Zweck einer Hotelkette, Menschen zu beherbergen und zu verköstigen, steht die Entwicklung der Mitarbeitenden im Zentrum von Entscheidungen und Strategien.

Die Definition eines Unternehmenssinns kann ihrer Bedeutung nur dann genügen, wenn sie in der (Arbeits-)Praxis der Menschen unverkrampft und selbstverständlich präsent ist. Hochglanz-Leitbildbroschüren zur Beeindruckung der Außenwelt sind hierfür mehr schädlich als nützlich.

3.3.6 Der (verlorene) Sinn der Arbeit

Sinn ist etwas ganz Persönliches. Sinn ist etwas, das ich selbst den Dingen gebe. Über die Tätigkeit als solche hinaus kann ich der Arbeit Sinn geben, indem ich in der Arbeit meine „gerechte Sache“ verfolge. Ich kann die Arbeit lediglich als Mittel zum Zweck, Geld zu verdienen, betrachten. Ich kann in der Arbeit aber auch einen Raum sehen, in dem ich die Möglichkeit habe, jeden Tag persönlich zu wachsen, meine Beziehungskompetenz und Empathie zu erweitern, meine fachlichen Fähigkeiten zu verfeinern und diese Fähigkeiten in und für etwas Größeres einzubringen.

Es ist möglich, in nahezu allen Tätigkeiten Sinn zu erkennen und zu empfinden, unabhängig von den Rahmenbedingungen. Es ist letztlich „nur“ abhängig von meiner Einstellung und meiner Entscheidung für den Sinn. Menschen mit ausgeprägter Resilienz (psychische und körperliche Widerstandsfähigkeit) können sogar noch Sinn in einer Situation oder Aufgabe sehen, an der andere zerbrechen oder verzweifeln würden. Dennoch berichten viele Arbeitnehmer*innen, dass sie in ihrer Arbeit zu wenig Sinn finden und keine emotionale Bindung zu ihrer Tätigkeit und ihrem Unternehmen haben. Woran liegt das?

> Es ist weniger das Problem, dass die Arbeit keinen Sinn hat. Viel häufiger ist das Problem, dass der Sinn der Arbeit durch irrsinnige Tätigkeiten verloren gegangen ist.

Die Rahmenbedingungen haben in Unternehmen erheblichen Einfluss auf das Sinnempfinden der mitarbeitenden Menschen im Hinblick auf ihre Arbeit. Es gibt viele Unternehmen, deren Sinn nicht eigens herausgearbeitet und betont werden muss. Pflegedienste, Rettungsdienste, Krankenhäuser, Arztpraxen, Automobilhersteller, Fluggesellschaften werden aufgrund ihres Beitrags zu unserem Leben grundsätzlich als sinnvolle Unternehmen angesehen. Das Problem, das alle diese Unternehmen heute jedoch teilen, ist, dass sie Systeme geschaffen haben, in denen der eigentliche Sinn verloren gegangen ist. In diese Systeme fließt viel Arbeit, in der der Mitarbeitende keinen Zusammenhang mit dem eigentlichen Unternehmenssinn mehr erkennt.

Anreizmanagementsysteme können einen Mangel an Sinnhaftigkeit nicht annähernd kompensieren. Um die Leistung zur Erreichung der überambitionierten, kurzfristigen Projekt- und Finanzziele zu mobilisieren, sollten beispielsweise die Führungskräfte von Dornier mit der Auslobung von für deutsche Verhältnisse sehr hohen individuellen Boni und dem informellen Zwang, Kapitalbeteiligungen am Unternehmen zu erwerben, „motiviert" werden.

Was die Führungskräfte von Dornier jedoch wirklich motivierte, war die Vision, dass das Unternehmen Beitritt zum exklusiven Klub der Entwickler und Produzenten modernster Verkehrsflugzeuge finden und sich dort dauerhaft etablieren würde. Also war es die langfristige Aussicht, die den kurzfristigen Anstrengungen erst den Sinn verlieh. Die Bonusgelder wurden zwar gern genommen, sie hatten aber wenig Einfluss auf die Arbeitsleistung.

Solange das große Ganze noch als einigermaßen sinnvoll empfunden wird, halten Menschen eine enorme Menge an Unsinn und Irrsinn im Detail aus. Das ist Fluch und Segen zugleich. Krankenschwestern, Rettungshelfer, Notfallsanitäter, Altenpfleger; sie ertragen die meist unattraktiven bis katastrophalen Rahmenbedingungen nur, weil sie ihre Arbeit als zutiefst sinnvoll erachten. Aber genau an solchen Beispielen zeigt sich unübersehbar, wie überbürokratisierte, auf Kontrolle aufbauende Managementsysteme die Arbeit negativ beeinflussen können.

> Wir nehmen den Menschen den Zugang zum Sinn ihrer Arbeit mit zu viel Management.

Dadurch zerstören wir die grundlegende Motivation der Menschen. Diese Motivation kann wieder erblühen, wenn QM abgeschafft wird, Management im Allgemeinen massiv an Bedeutung verliert, stattdessen *Qualitätsbestimmte Führung* Einzug hält und damit Qualität in neuer Bedeutung ins Zentrum der Aufmerksamkeit an jedem Arbeitsplatz rückt. Und am meisten Energie wird frei, wenn „der individuelle Sinn und der Sinn der Organisation miteinander in Resonanz treten und einander verstärken" (Frederic Laloux 2015), die Mitarbeitenden also in ihrer Arbeit im Unternehmen ihrer persönlichen Berufung folgen. Aus dem bisher Betrachteten lässt sich eine erste, vorläufige Qualitätsdefinition ableiten:

> **Qualität entsteht, wenn Menschen oder Organisationen ihren Sinn verwirklichen.**

3.3.7 Den beteiligten Interessen gerecht werden

Die Verwirklichung des Sinns verleiht den Aktivitäten und Produkten die Energie und die Grundausrichtung, also die Basisessenz für Qualität. Verantwortliches Entscheiden und Handeln, gesteuert vom eigenen Sinn, also von innen nach außen, bedeuten jedoch nicht, dass sich die Unternehmen auf Selbstverwirklichungstrips begeben sollen. Im Gegenteil:

> Der Sinn einer unternehmerischen Tätigkeit kann sich nur in ihrem Nutzen, ihrer Wertschöpfung für andere verwirklichen.

Dass Unternehmen ihren Kunden den versprochenen Produktnutzen schulden, wird kaum jemand in Frage stellen. Der prinzipielle Anspruch der Unternehmenseigentümer auf eine angemessene Rendite wird auch noch überwiegend bejaht. Mittlerweile wächst darüber hinaus, quer durch die Wirtschaft, die Einsicht, dass der Blick erweitert und die Bedürfnisse der verschiedenen Stakeholder berücksichtigt werden sollen.

Was die Managementlehre als „Stakeholder" bezeichnet, nennt die Norm ISO 9000 ff. „Interessierte Parteien". Das neue EFQM-Modell (EFQM 2020) spricht von „Interessengruppen" und wir von „beteiligten Interessen". Hierbei handelt es sich um einzelne Menschen oder Gruppen und Organisationen jeder Größe, die in irgendeiner Weise von der Tätigkeit des Unternehmens berührt sind: als Kunden, Lieferanten, Mitarbeitende, Eigentümer, Gemeinden, Regionen, Gesellschaften, Staaten, supranationale Organisationen oder als Menschheit. Wir betrachten auch unseren Planeten als stets in die Interessenabwägungen einzubeziehenden, weil stets betroffenen Stakeholder. Wir sprechen dem Ecosystem Erde, der Natur, der Schöpfung, ein legitimes „Interesse" an verantwortungsvoller, schonender Behandlung zu.

Die Normforderung, die Bedürfnisse der verschiedenen Parteien zu „berücksichtigen", erscheint zu vage. Ein wirklich bedeutungsvolles Qualitätsverständnis verlangt, den *beteiligten Interessen* bestmöglich **„gerecht zu werden"**. Allen. In einem bestimmten Rahmen. Den Rahmen setzt der Sinn, der verwirklicht werden soll, die „gerechte Sache", die umgesetzt werden soll. Aus dieser Sinnsetzung ergibt sich auch eine gewisse Priorisierung der Interessen: Welchem Interesse wird welches Gewicht beigemessen?

Um nun den verschiedenen Interessen gerecht werden zu können, muss der Produzent sie kennen und verstehen. Dazu muss er in intensivem Kontakt mit den Interessengruppen stehen und sich in ihre Schuhe stellen, also deren Blickwinkel zu eigen machen. Bevor er eine qualitätsrelevante Entscheidung trifft und nachdem er eine solche getroffen hat, ist es wichtig, Feedback von den Interessenträgern einzuholen, inwieweit diese meinen, die Entscheidung werde ihren Interessen gerecht. Dabei wird es, je nach der Interessenpriorisierung, die der Produzent vorgenommen hat, eine Abstufung des Zufriedenheitsgrads zwischen den verschiedenen Parteien geben. Es wäre illusionär, bei solch komplexen Entscheidungen von allen Beteiligten hundertprozentige Zufriedenheit zu erwarten.

Qualität ist die Grundlage von dauerhaftem Erfolg. Und Qualität, wie dauerhafter Erfolg, verlangt ein ständiges Ringen um ein relatives Optimum, eine dynamische Balance. Die nicht delegierbare unternehmerische Aufgabe bei qualitätsrelevanten Entscheidungen ist, stets ein Gesamtoptimum und volle Transparenz über die vorgenommenen Priorisierungen anzustreben (siehe Kapitel 5).

> Bei qualitätsrelevanten Entscheidungen sind stets ein Gesamtoptimum und volle Transparenz über die vorgenommenen Interessenpriorisierungen anzustreben.

3.3.8 Das neue Qualitätsverständnis

> **Qualität entsteht, wenn Menschen oder Organisationen ihren Sinn verwirklichen und den dabei beteiligten Interessen gerecht werden.**

Qualität entsteht in dem Bereich, in dem die Unternehmen oder einzelnen Menschen bei der Verwirklichung ihres Sinns mit den Bedürfnissen und Interessen ihrer Stakeholder zusammentreffen. Diesen Raum der Qualität gilt es zu gestalten (Bild 3.4).

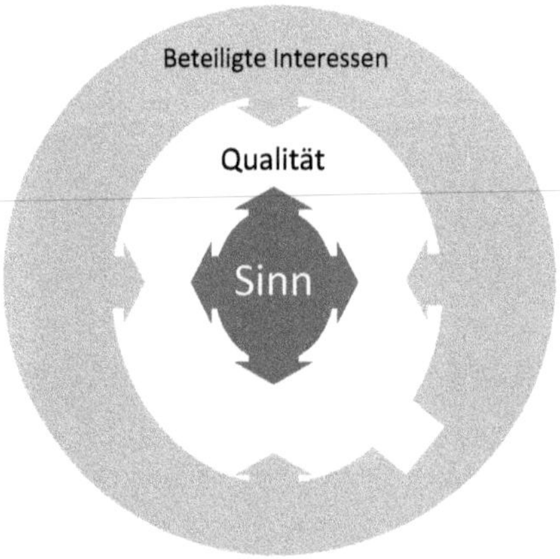

Bild 3.4
Der Raum der Qualität

Die Erzeugung von Qualität steht im Fokus. Die Erwirtschaftung eines Unternehmensgewinns und damit auch eine angemessene Rendite für die Investoren ist nicht das oberste Ziel von unternehmerischer Tätigkeit, sondern eine Notwendigkeit.

Unsere Qualitätsdefinition widerspricht den Grundregeln der Objektivität, Messbarkeit und des „naturwissenschaftlichen" Denkens. Ob „der eigene Sinn verwirklicht" und der Produktionsprozess und/oder das Produkt „den beteiligten Interessen gerecht" wird, entzieht sich der objektiven Messung. Wir stellen Qualität also in den Bereich des Subjektiven. Auf untergeordneten Ebenen kann aber sehr wohl die „objektive" Überprüfung der Einhaltung von vorgegebenen und vereinbarten Standards stattfinden.

3.3.8.1 Verifizierung und Validierung der neuen Qualitätsdefinition

Am Beginn einer Unternehmensgründung oder, ganz allgemein, einer Unternehmung steht immer ein eigenes Interesse. Aus all den Möglichkeiten oder Bedarfen, die es auf dem Markt gibt, legt der Unternehmer fest, was er davon verwirklichen bzw. befriedigen möchte. Dabei spielt das eigene Interesse die zentrale Rolle. Keiner würde ein Geschäftsmodell aufbauen, das nicht die eigenen Zielsetzungen verfolgt. **Der Sinn, die Mission kommt also immer zuerst!** Sinn und Zweck des Unternehmens treffen dann die Auswahl unter den vielen verschiedenen Möglichkeiten am Markt. Es gilt als erstrebenswert, möglichst viele Interessen bzw. Bedarfe zu befriedigen, eine große Kundschaft zu haben. Doch zum Sinn passt oft nur eine spezifische Zielgruppe. Die Entstehung von Qualität lässt sich zu einem generischen Zweischritte-Qualitätsprozess zusammenfassen (Bild 3.5).

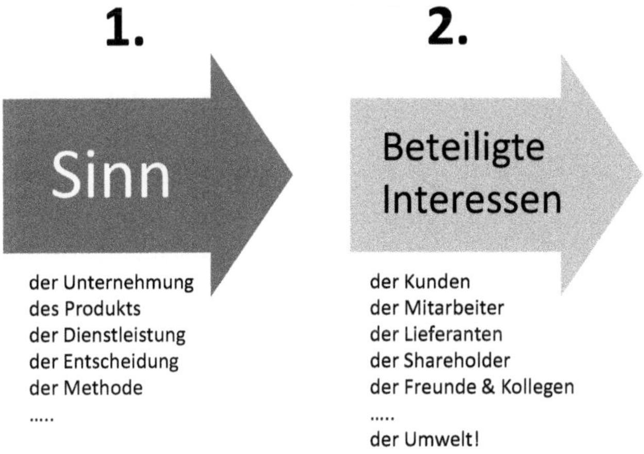

Bild 3.5 Der Prozess – wie entsteht Qualität?

So einfach der Zweischritte-Qualitätsprozess ist, als so wirksam erweist er sich, wenn man ihn einmal verinnerlicht hat und ihm konsequent folgt. Nachfolgend einige Beispiele.

Die Verfolgung eigener Interessen durch Nutzenstiftung bei anderen kann bei vergleichbaren Produkten und Dienstleistungen in völlig verschiedene Richtungen gehen. Wenn es Ihrem Sinn, Ihrer Mission entspricht, QMBs und Geschäftsführer glücklich zu machen, indem Sie ihnen schnell und mit wenig Aufwand zu einer ISO-Zertifizierung verhelfen, dann entsteht Qualität: Sie verwirklichen Ihren Sinn und werden den beteiligten Interessen gerecht. Für uns und unsere Zielgruppe wäre dies jedoch alles andere als Qualität, da wir einen anderen Sinn verfolgen.

Wann immer es gilt, eine Entscheidung zu treffen, eine Handlung zu tätigen, eine Absicht zu verfolgen oder ein (klärendes) Gespräch zu führen, lässt sich feststellen, dass sich die Qualität der Ergebnisse signifikant verbessert, wenn zuerst Sinn und Zweck, das „Wozu" und „Warum" geklärt sind und dann versucht wird, den beteiligten Interessen bestmöglich gerecht zu werden.

Wie oft sagen wir etwas oder tun wir Dinge, ohne uns vorher über unsere wahren Absichten, den Sinn und Zweck bewusst zu sein? „Wir brauchen ein klärendes Gespräch!" „Wir wollen Marktführer werden!" „Wir müssen mehr Umsatz machen!" „Wir brauchen mehr Transparenz!" Erst wenn Sie Sinn und Zweck vorab geklärt haben, bekommt Ihr Anliegen Kraft und wirkliche Qualität kann entstehen.

Bevor Anforderungen formuliert werden, die es dann zu erfüllen gilt, muss der Sinn geklärt sein. Bevor Sie ein neues Auto spezifizieren, muss der Sinn des Autos geklärt werden. Welchen Sinn verfolgt nun BMW mit dem X7? Das kann nur BMW selbst für sich klären. Ist der Sinn geklärt, geht es an die Festlegung der Anforderungen, die Konkretisierung des Sinns. Spätestens jetzt sollten die beteiligten Interessen berücksichtigt, die Anforderungen mit dem Kunden und einem Vertreter der Umwelt festgelegt werden. Dank der Trennung zwischen Qualitätsmanagement und Umweltmanagement im aktuellen Paradigma gibt es (noch) „Qualitätsprodukte", die der Umwelt schaden.

Unsere Qualitätsdefinition sollte den nachfolgenden Kriterien genügen:

- sich eignen als ganzheitlicher, stets präsenter Richtungsweiser

  Qualität entsteht nur dann, wenn der Sinn bei einer Unternehmung verwirklicht wird. Sinn, egal ob persönlich oder gemeinschaftlich, ergibt sich immer aus einer gesamtheitlichen Betrachtung von innen nach außen, vom Produzenten zu Markt und Kunden. Die Verfolgung des Sinns, manifestiert z. B. in einem Leitbild, ist der allzeit präsente Richtungsweiser.

- inhaltliche vor formale und quantitative Anforderungen stellen

  Sinn kommt vor der Festlegung von Anforderungen. Unsere Definition verlangt, dass vor jeder Entscheidung, zu jeder Handlung, zu jedem Produkt oder jeder Dienstleistung die Frage nach dem Sinn beantwortet werden muss. Wozu dient das, was ich vorhabe? Welche Motivation steht hinter meiner Handlung, meiner Absicht? Ich bin gezwungen, mich von formalen, quantitativen Anforderungen zu lösen und auf den Inhalt zu fokussieren.

- mit den Bedingungen der VUKA-Welt umgehen können

  In der VUKA-Welt habe wir es mit stetig sich ändernden Rahmenbedingungen und mit Ungewissheit zu tun. Insbesondere in der Dienstleistung ist dies zu spüren. Der Sinn einer Unternehmung bleibt unberührt von all dem. Mit eigenverantwortlichem Handeln kann ich den Sinn auch unter widrigen Umständen verwirklichen. Innerhalb des Sinns als verbindlichem Rahmen ist unser Qualitätsverständnis hoch beweglich, ständig um ein Gesamtoptimum bemüht, und daher VUKA-geeignet.

- Kreativität, Agilität und Wertschöpfung unterstützen

  Die Verwirklichung des Sinns bei sich stetig ändernden Rahmenbedingungen erfordert Kreativität und Agilität bei der Festlegung neuer Anforderungen oder dem Finden alternativer Lösungen. Wertschöpfung wird dadurch unterstützt, dass Qualität als Kernprozess der eigentlichen Tätigkeiten verstanden wird und alle unnötigen Ab-Teilungen und Formalien wegfallen.

- wechselseitig förderlichen Beziehungen zwischen Menschen und einem schonenden Umgang mit dem Planeten zugutekommen

  Qualität entsteht, wenn Menschen zusammenwirken, mit dem Ziel eines größtmöglichen Nutzens für alle Beteiligten. Die Interessen der Umwelt, als unserer gemeinsamen Existenzgrundlage, sind dabei selbstverständlich inbegriffen.

Die **Kernaussagen dieses Abschnitts** sind:

- Qualität wird durch *Qualitätsbestimmte Führung* erzeugt und gesichert. Qualitätsmanagement schadet und ist daher abzuschaffen.
- Qualität entsteht, wenn Menschen oder Organisationen ihren Sinn verwirklichen und den dabei beteiligten Interessen gerecht werden.
- Zweck ist nicht gleich Sinn. Sinn liegt in einer anderen, umfassenderen Dimension. Er ergibt sich aus der Verfolgung der Vision einer erstrebenswerten Zukunft und der Realisierung einer gerechten Sache.
- Ein übergeordneter Unternehmenssinn muss nicht in Zusammenhang mit dem Unternehmenszweck stehen.
- Die Verwirklichung des Unternehmenssinns bewirkt die primäre Ausrichtung und Energetisierung des Unternehmens.
- Managementmaßnahmen wirken sich oft negativ auf das Sinn-Empfinden der arbeitenden Menschen aus.
- Der Unternehmenssinn liegt nicht in der Maximierung von Gewinnen. Die Gewinnerzielung ist eine Notwendigkeit für dauerhaftes Bestehen des Unternehmens.

- Nur der Produzent kann entscheiden, was Qualität ist und welche Qualität er erzeugen möchte.
- Qualitätsrelevante Entscheidungen zu treffen, gehört zu den nicht delegierbaren unternehmerischen Aufgaben.
- Die Erzeugung von Qualität ist ein dynamischer Prozess der priorisierten Erfüllung der Interessen und Bedürfnisse aller Stakeholder mit dem Ziel der Erreichung eines Gesamtoptimums.
- Vollkommene Transparenz dieses Prozesses im Austausch mit den beteiligten Stakeholdern ist anzustreben.

3.4 Die Qualitätsprinzipien – welche Grundsätze leiten unsere Entscheidungen und Maßnahmen?

Nachfolgende sechs Prinzipien unterstützen Sie bei der Schaffung und Sicherung von Qualität.

In diesem Abschnitt erfahren Sie,

- warum und wozu diese Prinzipien dienen,
- dass sie generisch für zeitgemäße Qualität sind,
- warum und wozu sie absolut (nicht relativierend) formuliert sind und wie damit umzugehen ist,
- wie die wichtigsten Prinzipien zur Erzeugung und Sicherung von Qualität lauten.

Die nachfolgenden Prinzipien sind zwar subjektiv geprägt. Dennoch halten wir sie für allgemein gültig, wenn es um die Verfolgung des Ziels geht, Qualität in einem zeitgemäßen Verständnis entstehen zu lassen.

Zur Anwendung der Prinzipien:

Die Formulierung „A statt B" soll heißen: Entscheiden Sie sich im Zweifelsfall immer zugunsten von A! Wenden Sie A so großzügig an, wie Ihnen vertretbar erscheint, und wenden Sie B nur an den Stellen an, wo Sie es für unbedingt notwendig erachten!

Prinzip 1: Sinnverwirklichung statt Gewinnen-Wollen

Qualität und damit langfristiger Erfolg entstehen, wenn wir unseren Sinn verwirklichen. Der Sinn unserer Tätigkeit ergibt sich aus der Verfolgung einer gerechten Sache, einer großen, persönlich berührenden und inspirierenden Vision. Diese Vision fungiert als Kompass und Energiequelle für alles, was wir tun. Sie ist eine konkrete Utopie, also ein klares, differenziertes Bild von einer Welt, die es exakt so wahrscheinlich nie geben wird, die aber so erstrebenswert ist, dass jede Annäherung an sie ein Erfolg ist.

Nehmen wir als Beispiel die „gerechte Sache“ von Buurtzorg, dem in den Niederlanden beheimateten Pflegedienst: die Vision, dass pflegebedürftige Menschen ein würdiges, sinnvolles und selbstständiges Leben führen. Die Qualität von allem, was Buurtzorg tut, bemisst sich zunächst daran, ob es zur Realisierung dieses übergeordneten Ziels beiträgt. Das beginnt mit der Palette von Dienstleistungen, die Buurtzorg anbietet. Buurtzorg benötigt Mitarbeitende mit entsprechender Einstellung, Kompetenz und auch Ausstattung, um die Leistungen im Sinn der Klienten bestmöglich zu erbringen. Diese Mitarbeitenden müssen so geführt und gefördert werden, dass sie den komplexen Anforderungen ihrer Tätigkeit entsprechen können. Ideen, Verbesserungsvorschläge, Innovationen müssen laufend in die Organisation einfließen. Das Ganze spielt sich in einem staatlich geregelten, wirtschaftlich angespannten Rahmen ab. Die Mittel müssen also achtsam und wertschöpfend verwendet werden. Und dann gibt es da auch noch die Konkurrenz. Buurtzorg ist auch wirtschaftlich erfolgreich. Innerhalb von sieben Jahren „eroberte“ Buurtzorg 60 % des Marktanteils für mobile Pflegedienste in den Niederlanden. Der Gründer und CEO von Buurtzorg erläutert nachfolgend seinen Standpunkt hierzu.

> *„Meiner Ansicht nach ist die ganze Vorstellung von Konkurrenz idiotisch. Sie ist völlig sinnlos. Wir versuchen herauszufinden, wie wir unsere Arbeit so organisieren können, dass wir die bestmögliche Pflege gewährleisten können. Wenn wir dieses Wissen und diese Information teilen, dann wird sich die Betreuung der Menschen schneller verbessern.*
>
> *Selbst wenn ich die Perspektive von Buurtzorg als Organisation einnehme, dann bin ich sehr davon überzeugt, dass man Vorteile erntet, wenn man offen über die eigene Arbeit spricht. Wenn man offen ist, begegnen einem die Menschen freundlicher.“*
>
> *Jos de Blok, zitiert in Frederic Laloux 2015*

„Gewinnen-Wollen“ ist nie ein Motiv von Jos de Blok und seinen Mitarbeitenden gewesen. Gewinnen-Wollen bringt einen vom eigentlichen Sinn der Tätigkeit ab.

> Wenn ich einen Sinn verfolge, dann ist jeder, der sich für die gleiche „gerechte Sache“ einsetzt, ein Verbündeter, kein Konkurrent. Ich sollte ihn daher nicht bekämpfen, sondern mich mit ihm zusammentun.

Prinzip 2: Kunden- und Beziehungsfokus statt Egozentrik

Kundenorientierung, Kundenanforderungen, Kundenzufriedenheit sind Schlüsselbegriffe des konventionellen Qualitätsmanagements. Auch den internen Kunden wird Aufmerksamkeit gewidmet. Auch bei unserem Ansatz steht der Kunde im Fokus. Wir setzen das Thema aber in andere Kontexte und kommen daher auch zu einem anderen Vorgehen.

Wer ist eigentlich der Kunde, um den es bei der „Kundenorientierung" geht? Der Kunde ist im allgemeinen, wirtschaftlichen Verständnis Bezieher einer Leistung, die er beauftragt hat und wofür er üblicherweise eine Gegenleistung (vorwiegend in Form von Geld) schuldet. Dieser Kundenbegriff trifft meist auf externe Kunden eines Unternehmens oder Dienstleisters zu. Allerdings kann es hier auch vorkommen, dass der Auftraggeber (und Bezahler) der Leistung nicht der (alleinige) Nutznießer ist. Diese Konstellation finden wir beispielsweise bei den Pflegediensten, deren Leistungen von Kassen oder Sozialträgern beauftragt und bezahlt, aber von den pflegebedürftigen Menschen in Anspruch genommen werden. Ähnlich verhält es sich beispielsweise beim Verkauf von Verkehrsflugzeugen an Airlines (solche Flugzeuge heißen im Fachjargon folgerichtig „Airliner"). Endnutzer sind die Menschen, die Tickets bei der Fluggesellschaft kaufen, um von A nach B transportiert zu werden. Wer sind in diesen Beispielen die Kunden? Zweifellos jeweils beide Parteien. Qualität kann nur entstehen, wenn unsere Leistungen den Anforderungen und Bedürfnissen, den Interessen, der gesamten Kundenseite gerecht werden.

Wenn wir beim Beispiel der Verkehrsflugzeuge bleiben, fallen uns die Piloten und Cabincrews ein, die Wartungs- und Versorgungsgesellschaften und -mitarbeiter, die Flughäfen, die Gemeinden und Regionen, in denen sie liegen, die staatlichen und überstaatlichen Institutionen, die den Luftverkehr regeln, und nicht zuletzt der Luftraum, die Umwelt, die vom Betrieb des Verkehrsflugzeugs betroffen ist. Sie alle gehören zur Kundenseite. Sie sind einerseits Lieferanten von Leistungen, die für den Luftverkehr benötigt werden. Damit sie diese Leistungen erbringen können, muss andererseits ihren Anforderungen, ihren Bedürfnissen, ihren Interessen adäquat entsprochen werden.

> Behandle deine Mitarbeitenden so, wie du möchtest, dass sie deinen besten Kunden behandeln.

Auch der Shareholder, der Eigentümer, der Aktionär gehört auf die Kundenseite. Auch dessen Interessen müssen berücksichtigt werden.

Um dies leisten zu können, ist es notwendig, dass wir unsere Beziehungen zu sämtlichen direkten und indirekten Stakeholdern pflegen und entwickeln. Zu einem lebendigen, vertrauens- und verständnisvollen, partnerschaftlichen Austausch kommen. Der in der Norm enthaltene Ansatz des *Relationship Management* mit den interessierten Parteien bekommt auf diese Weise Substanz.

Was heißt nun Kundenfokus? In unserem Verständnis liegt der Sinn unternehmerischen Tuns im Schaffen und Bereitstellen von Werten, von Nutzen, von Verbesserungen in der Welt, in deren Zentrum wir die Kunden sehen. Dieser Sinn darf durch keine Abwägung je kompromittiert werden. Die Erwirtschaftung von Gewinnen ist nicht unser Ziel, sondern das Ergebnis der Wert- und Nutzenschöpfung für die Kunden. Die Gewinne benötigen wir, um weiter (und möglichst für immer) sinnvoll tätig sein zu können.

Dieser andere Grundansatz ist nicht nur eine Sache von Gedanken, Formulierungen oder Theorie. Er kann entscheidende, praktische Konsequenzen haben, etwa bei allen Entscheidungen zur Güte, Lebensdauer, Reparierbarkeit, Obsoleszenz von Produkten, sogar bei Entscheidungen zur Sicherheit von hochkritischen Produkten wie Flugzeugen. Die katastrophale Geschichte der Boeing 737 MAX liefert hierzu ein besonders tragisches Beispiel.

> Ohne die uneingeschränkte Umsetzung des Prinzips Kunden- und Beziehungsfokus statt Egozentrik ist Qualität nicht möglich.

Prinzip 3: Kompetenz statt Hierarchie

Qualität beruht auf der Verfügung über ein möglichst reiches und vielfältiges Repertoire an fachlichen, methodischen, persönlichen, sozialen und organisatorischen Kompetenzen (= Handlungsfähigkeiten). Hierarchische Strukturen stehen dem im Weg.

Die Mehrzahl der heutigen Organisationen ist als hierarchische Pyramide aufgebaut: Nach unten nimmt die Anzahl von Menschen zu, die Macht befindet sich oben. Wenige Wissende planen, kommandieren und kontrollieren die (materielle) Tätigkeit vieler Unwissender – mit spezialisierten, für große Industrie- und Dienstleistungsunternehmen entwickelten Techniken namens (Qualitäts-)Management. Die Organisationen sollen damit in die Lage versetzt werden, die Konkurrenz zu übertreffen und unaufhörlich Gewinne und Marktanteile zu steigern.

Qualitätsmanagement ist als eigener Funktionsbereich eingerichtet, da Qualität ja wichtig ist für die Kundenzufriedenheit, aber die Unternehmensleitung zu viel noch Wichtigeres zu tun hat, mit Absatzzahlen, Aktienkurs, Börsenkommunikation, Rendite und Kosten, um sich auch noch um Qualität kümmern zu können. Und Change-Management braucht es auch, weil sich das Unternehmensumfeld dauernd verändert: neue Märkte, neue Technologien, neue Konkurrenten, politische Vorgaben. Um mit diesen Veränderungen klar zu kommen, werden neue Systeme eingeführt, es wird umstrukturiert, am Mindset der Mitarbeitenden gebastelt. Was sich aber nicht verändert: die Machthierarchie und das immer wieder neu aufgelegte Gewinn- und Wachstumsspiel, das betrieben wird. Das soll unbedingt erhalten bleiben. Da ist tabu für Change-Prozesse.

Mehr und mehr können wir wahrnehmen, dass dieses Konzept der Unternehmensführung dysfunktional wird. Die aufgeblähten, hierarchischen Strukturen und die darin beheimateten, unzeitgemäßen Denk- und Handlungsmuster erweisen sich zunehmend als unfähig, den Anforderungen der Wissensgesellschaft und den disruptiven Herausforderungen unserer Epoche gerecht zu werden.

Bauen Sie formelle Hierarchien ab, am besten führen Sie sie gar nicht ein! Hierarchie kann mit Komplexität nicht umgehen. Und weniger komplex wird unsere Welt nicht mehr werden. Komplexität beinhaltet Überraschungen, Unvorhergesehenes, Unplanbares, das zur rechtzeitigen Wahrnehmung eine differenzierte Sensorik erfordert und als Reaktion rasches, vielfältiges, achtsames Handeln. Entscheidungs- und Umsetzungsprozesse in einer hierarchischen Pyramide sind viel zu langwierig, zu wenig beweglich, zu weit weg vom eigentlichen Geschehen.

> Hierarchie führt unausweichlich dazu, dass wichtige Entscheidungen da getroffen werden, wo die geringste Fachkenntnis angesiedelt ist.

Geben Sie die Entscheidungskompetenz (= Befugnis) in die Hände derer, die über die fachlich/sachliche Kompetenz hierfür verfügen, und auch das nicht an einzelne, formal zuständige Stellen oder einzelne Experten, sondern in bewegliche Netzwerke von Expertise. Ersetzen Sie hierarchische Führung nicht durch wie auch immer modernisierte Führung von oben, sondern so weitgehend, wie es Ihnen möglich ist, durch Selbstführung. Es werden sich natürliche, kompetenzbasierte, agile Strukturen und Hierarchien ergeben.

Wenn es keine Machtpyramide mehr gibt, gibt es dann auch keine Geschäftsführer*in/CEO mehr? Und wie geht man mit formalrechtlichen Verantwortlichkeiten um? Nicht nur aus rechtlicher Notwendigkeit, sondern auch im Sinn der Entwicklung der Organisation sind solche Führungskräfte kaum entbehrlich. Ihre Position und ihre Aufgaben unterscheiden sich aber in den neuen, agilen Organisationen fundamental von den konventionellen, hierarchischen Organisationen:

- Geschäftsführer haben nicht mehr die Aufgabe, an der Spitze einer Pyramide zu entscheiden, zu planen, zu kommandieren und zu kontrollieren. Sie sind nicht länger der Flaschenhals, durch den alles durch muss. Dadurch gewinnen diese meistens gut ausgebildeten, kreativen Menschen viel Zeit. Zeit, um das zu tun, wofür ihre Organisation sie wirklich braucht, wo sie ihre Kompetenzen mit größtem Nutzen einbringen können. Das wird sich von Organisation zu Organisation unterscheiden, denn das individuelle Optimum zählt, nicht das Rezept für alle.
- Frederic Laloux traf bei seiner Untersuchung evolutionärer Organisationen auf folgende typische Rollen des neuen CEO:
  - Das öffentliche Gesicht der Organisation, der Chef-Repräsentant der Orga-

nisation nach außen und in gewissem Rahmen auch nach innen, beispielsweise beim Onboarding neuer Mitarbeitender.

- Der Sensor dafür, wohin sich die Organisation entwickeln möchte. Simon Sinek plädiert dafür, die CEO-Position umzubenennen in CVO: „Chief Vision Officer". In dieser Rolle muss sich die Person an der Unternehmensspitze nach „oben und außen" und in die unendliche Zukunft ausrichten.
- Gleichzeitig kommt ihr die wichtige Rolle zu, im Inneren der Organisation den Raum zu halten. Sie muss aufmerksam die Geschehnisse in der Organisation verfolgen und dafür sorgen, dass die Identität der Organisation gewahrt bleibt, konsequent die „gerechte Sache" verfolgt wird und sich nicht (vor allem in Konflikten und Krisen) durch die Hintertür herkömmliche Managementpraktiken des „endlichen Spiels" einschleichen.
- Damit eng verbunden ist die Rolle des Vorbilds. Die Geschäftsführerin soll sich mit ihrem ganzen Mensch-Sein in die Organisation einbringen und dadurch die Mitarbeitenden in ihrer Entwicklung ermutigen und fördern.
- Davon abgesehen ist der CEO ein Kollege wie jeder andere. Er/sie kann operative Aufgaben übernehmen, kreativ tätig sein, an Projekten mitarbeiten, Coaching-Dienstleistungen anbieten, was auch immer seinen/ihren Talenten und Interessen und dem Bedarf der Organisation am besten entspricht. Er/sie hat ja viel Zeit gewonnen ...

> Nur das kontinuierliche Einfließen von Kompetenz in alle Prozesse führt zu dauerhafter Qualität. Dies darf nicht durch Hierarchie behindert werden.

- Bei einer GmbH müssen im Handelsregister ein oder mehrere Geschäftsführer eingetragen sein, die in besonderem Maß für Aktivitäten der Gesellschaft haften. Ist das nicht ein untragbares Risiko für diese Geschäftsführer, wenn sie in ihrem Unternehmen nicht mehr über Kommandogewalt verfügen? Wir sagen: nein, keineswegs. Eine Organisation, die als lebendiges System geführt wird, in der ein hochgradiges Alignment über Werte, Ziele und Methoden besteht und Verantwortlichkeit und Achtsamkeit jedes einzelnen gefördert und gefordert werden, ist weniger risikobedroht als autoritär-hierarchisch organisierte Unternehmen. Erinnern Sie sich noch an den Dieselbetrug in Winterkorns VW AG? Wurde und wird da nicht behauptet, der allmächtige Herr Winterkorn habe von den Vorgängen lange Zeit keine Kenntnis gehabt, es sei die Aktion einiger Ingenieure gewesen? Unabhängig davon, ob das wirklich stimmt, ist bezeichnend, dass der VW-Konzern selbst eine solche Story ins Spiel bringt. Anarchie im super geordneten, straff bis zur Schräubchenentscheidung geführten Unternehmen!?

- Müssen Sie gegenüber Behörden oder Auftraggebern Verantwortliche für einzelne Themen wie Umweltschutz, Arbeitssicherheit, Datensicherheit, Supply-Chain-Standards, finanzielle Sicherheit, o. Ä. ausweisen, so benennen Sie immer den Mitarbeitenden, der/die hierzu die höchste Kompetenz besitzt und in der Organisation als solche(r) geschätzt wird. Sorgen Sie dafür, dass dieser Mitarbeitende ALLE (auch die hoch kritischen) Informationen erhält, die für das Thema relevant sind. Hängen Sie die Themen nicht irgendwo in der Hierarchie oder Bürokratie auf, wo im Zweifelsfall weniger Fachkompetenz vorliegt!
- Als Fürsorgemaßnahme für alle, die bereit sind, besondere Verantwortlichkeiten und persönliche Haftungsrisiken einzugehen, empfehlen wir den Abschluss von D&O- oder vergleichbaren Versicherungen (D&O = Directors and Officers).

Prinzip 4: Achtsamkeit statt Compliance

Achtsamkeit ist ein der buddhistischen Tradition entstammendes Konzept und wird daher gern den Bereichen der Spiritualität und Esoterik zugeordnet. Wir sehen Achtsamkeit als ein höchst relevantes Prinzip für professionelle, verantwortliche Arbeit und die Führung von Organisationen an. Achtsamkeit ist eine grundsätzliche Haltung, die benötigt wird, um Qualität zu erzeugen und zu sichern.

> „Achtsamkeit (engl. Mindfulness) ist eine Qualität des menschlichen Bewusstseins, eine besondere Form von Aufmerksamkeit. Es handelt sich dabei um einen klaren Bewusstseinszustand, der es erlaubt, jede innere und äußere Erfahrung im gegenwärtigen Moment vorurteilsfrei zu registrieren und zuzulassen."
>
> [DFME | Deutsches Fachzentrum für Achtsamkeit]

Achtsamkeit ist also in diesem Verständnis ein Bewusstseinszustand, eine „hellwache" Wahrnehmung, dessen, was gerade passiert. Zunächst ohne Bewertung. Das ist wichtig, weil im normalen, halb- bis unbewussten Wahrnehmungsvorgang unaufhörlich Bewertungen stattfinden, die dazu führen, dass vieles als „nicht interessant" ausgefiltert wird, was nicht den ausgebauten Autobahnen im Gehirn entspricht. Und bei bewussten, „konzentrierten" Wahrnehmungen leuchtet die Taschenlampe der Aufmerksamkeit auch nur einen winzigen, willkürlich gewählten Bereich im Dunkel des Unbewussten aus, so dass das meiste unbemerkt bleibt. Achtsamkeit beruht auf erweiterter und vertiefter Wahrnehmung, die vor allem mithilfe von Meditationstechniken entwickelt werden kann.

Wozu soll diese erweiterte Wahrnehmung dienen und worauf soll sie sich richten? Achtsamkeit soll uns, ganz allgemein gesprochen, ein vergrößertes Handlungsrepertoire eröffnen. Sie soll uns befähigen, evolutionäre Grundprogrammierungen zu lockern und der Zwangsläufigkeit von Reiz-Reaktionsabläufen zu entkommen:

„Zwischen Reiz und Reaktion liegt ein Raum. In diesem Raum liegt unsere Macht zur Wahl unserer Reaktion. In unserer Reaktion liegen unsere Entwicklung und unsere Freiheit."

Dr. Viktor E. Frankl

Die Bedeutung von Achtsamkeit

- *Achtsamkeit als Innehalten und bewusstes Entscheiden:*
  Mithilfe von Reflexion und bewusster Entscheidung zu einem veränderten Verhalten gelangen.
- *Achtsamkeit als Anti-Stress-Medikation:*
  Dauerstress kann zu psychischen und physischen Gefährdungen führen. Ein hohes Stressniveau belastet die Qualitätsfähigkeit von Menschen und Organisationen, die Fehlerwahrscheinlichkeit wächst erheblich. Die Förderung von Achtsamkeit zur Wahrnehmung, Bewältigung und Verminderung von Stress ist eine hochgradig wirksame Maßnahme zur Stärkung der Qualitätsfähigkeit.
- *Achtsamkeit als Voraussetzung für Zuverlässigkeit:*
  Wir wollen, evolutionär bedingt, anstrengende und zeitaufwendige Denkvorgänge nach Möglichkeit vermeiden. Das führt zu einer selektiven Wahrnehmung und einer Tendenz, eher das wahrzunehmen, was wir erwarten. Dagegen wirkt Achtsamkeit als „ausgeprägtes Bewusstsein für Differenzierungsdetails" (Weick/Sutcliffe 2010). Und je frühzeitiger Abweichungen, unerwünschte Entwicklungen in Prozessen oder Produkten wahrgenommen werden, desto weniger Schaden entsteht.
- *Achtsamkeit als Grundlage von Spüren-und-Antworten:*
  Wird diese Achtsamkeitspraxis in einem Unternehmen eingesetzt, wird einerseits eine sehr langfristig zukunftsorientierte (unendliche) Agenda in der Verwirklichung des eigenen Sinns verfolgt. Andererseits gilt die Konzentration ganz dem Jetzt, in dem sich das Unternehmen, hoch agil und reaktiv, um die Interessen seiner Stakeholder bemüht. Auch in der Meditation finden wir diese beiden „Pole". Es gibt die Techniken der *Fokussierten Achtsamkeit*, z. B. die Konzentration auf die Atmung. Und dann gibt es die Techniken der *Offenen Achtsamkeit*. Dabei springen wir auf eine Metaebene, beobachten uns selbst beim Sitzen oder nehmen die Umgebung mit all ihren Geräuschen und Düften auf. Geistesblitze bzw. Ideen entstehen auf dieser Ebene der Meditation.
- *Achtsamkeit als Haltung der Achtung vor den Mitmenschen und der Mitwelt*
  Der wertschätzende, sorgsame, pflegliche Umgang mit allen beteiligten Menschen und mit der betroffenen Umwelt ist ein fundamentaler Qualitätsfaktor. Ein Produkt, in dessen Herstellung Kinderarbeit geflossen ist, kann kein Qualitätsprodukt sein, ein Prozess, der die Umwelt vergiftet, kein Qualitätsprozess.

Wir stellen **Achtsamkeit** in seiner vielfältigen Bedeutung in den Gegensatz zu Compliance. Unter Compliance verstehen wir allgemein die Einhaltung von Regularien und Vorgaben. Mit dem Zurückfahren des Stellenwerts von Compliance rufen wir keineswegs zu Chaos oder Anarchie auf. Selbstverständlich sind Gesetze und gültige Regeln zu befolgen. Wir plädieren aber nachdrücklich dafür, so wenig wie möglich auf von oben verordnete Regeln und Anweisungen zu setzen, da diese immer mit einer Verringerung von Autonomie, Selbstbewusstsein und Eigenverantwortlichkeit einhergehen.

Das konventionelle (Qualitäts-)Management ist stark auf die Ausführung standardisierter und kontrollierter Prozesse ausgerichtet, mithin auf Compliance. Dies ist ein brauchbares Vorgehen zur Qualitätssicherung bei Massenfertigung mit wenig qualifizierten Mitarbeitenden. Gleichzeitig sollen aber nach dem Willen der Norm kontinuierliche Verbesserungen und Innovationen gefördert werden. Werden nun tatsächlich Verbesserungsideen auf dem Shopfloor geboren, muss ihre Realisierung erst wieder an höherer Stelle beschlossen und letztlich von oben vorgegeben werden *(Betriebliches Vorschlagswesen)*. Die Mitarbeitenden sind also hauptsächlich Befehlsempfänger, denen man nicht zutraut, ihre Prozesse selbst zu regeln. Nichtsdestoweniger möchte man, dass sie mit guten Ideen zum Wohl des Unternehmens beitragen. Ein Widerspruch. Es ist kaum anzunehmen, dass sich eine solche Konstellation zugunsten von Motivation, Kreativität und psychologischer Eigentümerschaft auf Seiten der Mitarbeitenden auswirkt.

> Motivation, Kreativität und psychologische Eigentümerschaft auf Seiten der Mitarbeitenden sind als entscheidende Qualitätsfaktoren in unserer Zeit anzusehen, minimieren Sie Compliance-Forderungen und fördern Sie Achtsamkeit!

Prinzip 5: Vielfalt statt Konformismus

Vielfalt, „Diversity“, wird seit der amerikanischen Bürgerrechtsbewegung als politischer Begriff verwendet, der die Gleichwertigkeit der unterschiedlichen Rassen, Geschlechter, Ethnien, Altersgruppen, Religionen, sexuellen Orientierungen unterstreicht und gegen Diskriminierung eintritt. In Deutschland hat diese Zielsetzung im Allgemeinen Gleichbehandlungsgesetz (AGG) von 2006 ihren Niederschlag gefunden. Parallel dazu wurde in der Unternehmens- und Organisationslehre der Ruf lauter, die wirtschaftlich positiven Potenziale von Vielfalt zu erschließen.

Schon in den 1970er-Jahren fand der Psychologe Meredith Belbin heraus, dass Teams die besten Leistungen erbringen, wenn sie aus Menschen unterschiedlicher Persönlichkeitstypen zusammengesetzt sind. Individuelle Brillanz ist weniger bedeutsam für den Teamerfolg, eine Häufung von brillanten Individuen mit ähnlicher Persönlichkeitsstruktur sogar kontraproduktiv. Belbin entwickelte aus den Untersuchungen seine Lehre und Methodik der neun Teamrollen, die immer noch erfolgreich angewendet werden.

In der Forschung und Lehre zur Sicherheit von Organisationen und Prozessen wurde Diversität als „Safety Value“ (Dekker 2011), als kritische Komponente für Zuverlässigkeit und Resilienz erkannt.

Inzwischen allgemein geteilt wird die Einschätzung, dass das Zusammenwirken von Menschen mit verschiedenen Kompetenzen, Ansichten und Verhaltensweisen förderlich für Kreativität und Agilität ist und insbesondere in unserer Ära der Wissensgesellschaft und der Komplexität einen zentralen Leistungsfaktor darstellt. Spektakulär zeigt sich das in der Covid-19-Krise, da die vielfältigen Anstrengungen zahlreicher, autonomer und doch global vernetzter Forschungsteams rund um den Erdball einen enormen Boost bei der Suche nach Medikamenten und Impfstoffen bewirken.

Diversität gilt heute weit verbreitet als Erfolgsfaktor.

All diesen Erkenntnissen zum Trotz, gibt es in der Praxis erhebliche, meist eher unbewusst wirkende Widerstände gegen die Förderung von Diversität. Denn das Zusammenarbeiten mit Menschen, die wir als ganz anders als uns selbst wahrnehmen, widerspricht unserer evolutionären Grundprägung des „wir" und „die anderen". Als fundamentales Wahrnehmungs- und Verhaltensmuster dient(e) diese Abgrenzung der Stärkung des Zusammenhalts der eigenen Gruppe zur Abwehr der von „den anderen" ausgehenden Bedrohungen. Es liegt dem Entstehen konformistischer Gesellschaften und Organisationen seit vielen Jahrtausenden zugrunde.

> In unseren Organisationen brauchen wir einen Grundkonsens über Werte und Sinn. Innerhalb dessen sollten wir der Vielfalt maximale Entfaltungsmöglichkeiten einräumen.

Auch heutzutage finden sich nur sehr wenige Organisationen, denen Konformismus völlig fremd ist. Eine grundlegende Übereinkunft der Organisationsmitglieder über Werte und über den Sinn des gemeinsamen Tuns ist auch unverzichtbar. Unsere heutige Welt fordert aber, dass wir innerhalb dieses Grundkonsenses ein Maximum an Entfaltungsmöglichkeit für Vielfalt einräumen. Zeitgemäße Qualität ist ein komplexes Phänomen. Unterschiedlichsten, auch divergierenden Interessen gerecht werden zu wollen, gleicht der Quadratur des Kreises. Es gibt nicht die eine perfekte Lösung, sondern immer nur Annäherungen.

Nur vielfältige Ideen und Denkweisen versetzen uns in die Lage, angemessene Lösungen für solch ein komplexes Problem zu finden. Und gerade aufgrund unserer Programmierung zur Entwicklung von abgrenzenden, individuellen und gruppenbezogenen Identitäten ist unsere Fähigkeit eingeschränkt, sich in die Schuhe anderer zu schlüpfen, um deren Bedürfnisse und Interessen wahrzunehmen. Das Zusammenwirken einer möglichst großen Diversität von Menschen wird dafür am ehesten Abhilfe schaffen. Jedoch ist das sehr anstrengend. Ernst zu nehmende Konflikte können erwachsen. Schwierige Hürden müssen immer und immer wieder überwunden werden.

Eine Methodik, eigentlich eine Lebenspraxis, um mit Vielfalt umzugehen und daran, individuell und kollektiv, zu wachsen, ist der Dialog. Der Dialog ist eine Form des miteinander Denkens, die Vielfalt zulässt, um etwas Gemeinsames, Neues entstehen zu lassen. Es ist eine anspruchsvolle Übung. Sich auf diesen Weg zu machen, lohnt sich aber. Für Ihre Arbeit und für Ihr persönliches Leben.

Prinzip 6: Gestaltung statt Rationalisierung

Die Covid-19-Pandemie hat uns zu manchen Erkenntnissen eingeladen. Eine davon beruht auf der Erfahrung der Verletzlichkeit, nicht nur persönlich durch die Krankheit. Die Verletzlichkeit unserer hochgradig arbeitsteiligen, auf Kosteneffizienz und Rendite optimierten, durchrationalisierten Wirtschafts- und Versorgungssysteme, die beispielsweise zu bedrohlicher Knappheit bei vermeintlich banalen Produkten wie Schutzmasken führte oder bei Basissubstanzen der Pharmazie. Oder bei Pflegepersonal.

Rationalisierung ist eine Weiterentwicklung der „Wissenschaftlichen Betriebsführung" von Frederick W. Taylor. Sie umfasst alle Maßnahmen, die zur Erhöhung der Arbeitsproduktivität, einer Verringerung der Kosten und Verbesserung der Rentabilität, d. h. der Gewinnmaximierung führen sollen. Ein Betrieb arbeitet dieser Logik gemäß dann rationeller, wenn es ihm gelingt, „bestehende betriebliche Regelungen und Abläufe zu verbessern, d. h. den teuren Faktor Arbeit durch Maschinen, Veränderung der Arbeitsabläufe, Zukauf von Teilen zu ersetzen" [Bundeszentrale für politische Bildung/Lexikon der Wirtschaft]

Wie schon im Begriff *Rationalisierung* ausgedrückt, reklamiert die Vorgehensweise für sich, „vernünftig" zu sein. Dahinter steht aber ein Vernunftbegriff, den wir heute nicht mehr anwenden sollten: Gewinnmaximierung ist erwiesenermaßen unvernünftig. Oder eine Erhöhung der Arbeitsproduktivität, die der Gewinnmaximierung dient und Menschen zu Ressourcen macht. Ebenso wie beispielsweise die Einführung von Qualitätsmanagementsystemen. Oder das rückhaltlose Outsourcing, dessen Folgen wir eben schmerzlich erlebt haben.

Zeitgemäße Qualität verlangt gelockerte Prozesse mit erhöhten Freiheitsgraden für die Mitarbeitenden.

Wenn Sie Qualität Ihrer Produkte und Prozesse in unserer heutigen Welt anstreben, ist es nötig, lockerzulassen. Nicht den letzten rechnerischen Cent aus den Prozessen herauspressen zu wollen. Planung zu reduzieren und damit Innovation entstehen zu lassen. Kontrolle aufzugeben und Vertrauen einziehen zu lassen. Freiheitsgrade der Mitarbeitenden zu erhöhen. Mehr Spielraum für Reflexion und Entscheidungen zu schaffen, für Lernen und Entwicklung, für Eigenverantwortung und Kreativität. Viele der großen Probleme unserer Zeit verdanken wir der lange vorherrschenden, kalten Rationalität. Es ist Zeit für die Gestaltung unserer (Wirtschafts-)Welt mit Herz und Verstand, für die Dominanz sinnvoller, menschenfreundlicher und mitweltschonender Qualität.

Und dass es vielfach auch aus Gründen der Produktivität und Wirtschaftlichkeit vernünftig ist, den Trend zur fortgesetzten Zerstückelung der Arbeit umzukehren und die Organisation und Führung in die Hände der operativen Mitarbeiter zu legen, ist seit vielen Jahren belegt. Bereits in den 1960er-Jahren war Volvo im Automobilbau mit sog. „Teilautonomen Arbeitsgruppen" beispielgebend. Kleingruppen von fünf bis acht Mitarbeitern übernehmen komplexe Aufgaben, inklusive klassischer Führungsfunktionen wie Arbeitsvorbereitung, Arbeitsorganisation und Ergebniskontrolle. Dornier war als Zulieferer größerer Rumpf- und Flügelbauteile für Airbus-Flugzeuge, trotz modernster, industrieller Fertigungssysteme, über viele Jahre hochgradig defizitär. Mit der grundlegenden Veränderung der Arbeitsorganisation durch Übertragung der Aufgaben auf teilautonome Arbeitsgruppen stieg die Wirtschaftlichkeit sprunghaft an; die Fertigung von Airbus-Baugruppen wurde für Dornier zu einem langjährig profitablen Geschäft. Es musste nur Raum für die Kompetenz der arbeitenden Menschen geschaffen werden!

Die **Kernaussagen dieses Abschnitts** sind:

- Prinzipien sind die effektivsten Werkzeuge zur Ausrichtung und Bewertung von Entscheidungen und Handlungen.
- Die Prinzipien sind individuell unterschiedlich umzusetzen. Sie sind aber allgemein gültig, um Qualität in einem zeitgemäßen Verständnis entstehen zu lassen.
- Die Qualitätsprinzipien lauten:
  - Sinnverwirklichung statt Gewinnen-Wollen
  - Kunden- und Beziehungsfokus statt Egozentrik
  - Kompetenz statt Hierarchie
  - Achtsamkeit statt Compliance
  - Vielfalt statt Konformismus
  - Gestaltung statt Rationalisierung
- Unternehmen haben eine Verantwortung gegenüber den Menschen und der Welt, einschließlich uneingeschränkter Verantwortung für die Folgen ihres Handelns.

3.5 Gegenüberstellung der Paradigmen

Tabelle 3.1 zeigt eine Gegenüberstellung des QM-Paradigmas und des Paradigmas von Quality Reinvented.

Tabelle 3.1 Gegenüberstellung

Das Paradigma des Qualitätsmanagements	Das Paradigma von *Quality Reinvented!*
Qualität ist der Grad, in dem ein Satz inhärenter Merkmale eines Objekts Anforderungen erfüllt. [ISO 9000:2015] Qualität ist objektiv bewertbar. Es gibt einen vorab festgelegten und feststehenden Satz von Merkmalen und an sie gestellte, eindeutige Anforderungen.	**Qualität entsteht, wenn Menschen oder Organisationen ihren Sinn verwirklichen und den dabei beteiligten Interessen gerecht werden.** Qualität ist subjektiv. Qualität ist an Sinn gekoppelt. Sie liegt im Auge des Betrachters und entsteht, wenn Menschen zusammenwirken, mit dem Ziel eines größtmöglichen Nutzens für alle Beteiligten.
Qualitätsmanagement *ist Management bezüglich Qualität.* [ISO 9000:2015] Unternehmen benötigen QM neben anderen Disziplinen wie Umweltmanagement, Finanzmanagement, Projektmanagement etc., um ihre Qualitätsleistung zu verbessern. Die Verantwortung für Qualität wird faktisch auf (Qualitäts-)Experten gelegt.	**Qualitätsbestimmte Führung** *bedeutet Selbst-, Menschen- und Unternehmensführung, bei der Qualität die Ausrichtung und die Maßstäbe für sämtliche Aktivitäten vorgibt.* Jede Managementdisziplin behandelt Qualität. Vor dem Einsatz von Management kommt Führung, die für längerfristige Richtung und Orientierung sorgt. Jeder an der Herstellung und Lieferung Beteiligte trägt Verantwortung für Qualität.
Die sieben QM-Grundsätze 1. Kundenorientierung 2. Führung 3. Einbeziehung von Personen 4. Prozessorientierter Ansatz 5. Verbesserung 6. Faktengestützte Entscheidungsfindung 7. Beziehungsmanagement [ISO 9000:2015]	**Die sechs Prinzipien qualitätsbestimmter Führung** 1. Sinnverwirklichung statt Gewinnen-Wollen 2. Kunden- und Beziehungsfokus statt Egozentrik 3. Kompetenz statt Hierarchie 4. Achtsamkeit statt Compliance 5. Vielfalt statt Konformismus 6. Gestaltung statt Rationalisierung

Das Paradigma des Qualitätsmanagements	Das Paradigma von *Quality Reinvented!*
Qualitätsmanagementsystem (QMS) *ist der Teil eines Managementsystems bezüglich der Qualität.* [ISO 9000:2015] Nur ein bestimmter Teil eines Managementsystems behandelt Qualität.	**Qualitätsbestimmtes Managementsystem** Jeder Teil eines Managementsystems behandelt Qualität. Ein qualitätsbestimmtes Managementsystem konzentriert sich auf die Verwirklichung des Sinns und den Nutzen für die beteiligten Interessen.
QM-Fachkräfte, QM-Beauftragte Für den Aufbau und die Aufrechterhaltung eines QM-Systems sowie für die Sicherstellung von Qualität benötigt ein Unternehmen „Qualitätsexperten".	**Quality Coaches** Es braucht interne Berater und Coaches, die die Mitarbeiter und Führungskräfte begleiten und unterstützen, sich selbst und das Managementsystem zu entwickeln und Qualität zu erzeugen.
Einsatz von QM-Beratern Es braucht externe Experten, die wissen, wie man die Normen erfüllt und ein QMS aufbaut.	**Ausbildung der Quality Coaches** Es braucht ein Training, in dem die Quality Coaches zu Organisationsentwicklern, bedarfsweise mit Blick für eine sinnvolle Interpretation der Norm ausgebildet werden.
Interne Audits zur Kontrolle Interne Audits dienen primär der Kontrolle, ob nach den (Norm-)Vorgaben gearbeitet wird (Konformitätsüberprüfung). Der Prozess der externen Audits ist Vorbild.	**Interne Audits zum Lernen** Interne Audits sind Lernprojekte und unterscheiden sich damit grundlegend von externen Audits. (Norm-)Vorgaben werden immer wieder hinterfragt und weiterentwickelt.
Management-Review Bewertung des QMS hinsichtlich fortlaufender Eignung, Angemessenheit und Wirksamkeit.	**Organisations-Review** Bewertung und Weiterentwicklung der Organisation
Konzentration auf die Technik Mit Dokumentation und technischen Hilfsmitteln wird die Arbeit bzw. die Unternehmensleistung besser und Qualität sichergestellt.	**Konzentration auf die Menschen** Der Mensch ist das zentrale Element im Unternehmen. Der Unternehmenserfolg hängt primär von den Menschen ab.

3.6 Die Qualitätsführerschaft – wie wird Qualität zum Alleinstellungsmerkmal?

In diesem Abschnitt erfahren Sie,

- was Qualitätsführerschaft bedeutet,
- wie Sie Qualitätsführerschaft erreichen,
- warum es sich lohnt, Qualitätsführerschaft nachhaltig anzustreben.

Ihr Unternehmen kann dank Qualitätsbestimmter Führung in eine wirtschaftlich vorteilhafte Position vorstoßen, in die Qualitätsführerschaft. Dabei geht es nicht darum, die Konkurrenz in Sachen Qualität zu schlagen. Es bedeutet vielmehr, dass Ihr Unternehmen wegen der hohen Qualität seiner Produkte und Prozesse wirtschaftlich dauerhaft erfolgreich ist und von anderen Unternehmen als Impulsgeber, inspirierender Mitstreiter oder gar Vorbild geschätzt wird.

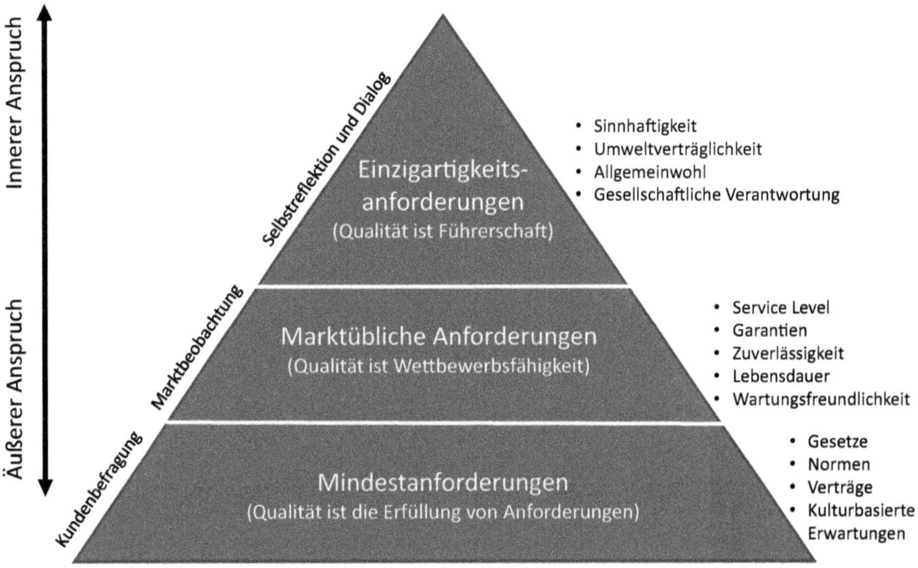

Bild 3.6 Stufen zur Qualitätsführerschaft

Bild 3.6 zeigt das Stufenmodell der Qualität, das als Weiterentwicklung des Kano-Modells der Kundenzufriedenheit verstanden werden kann. Die Stufen der Mindestanforderungen und der marktüblichen Anforderungen ähneln Kanos Basis- und Leistungsmerkmalen. Sie lassen sich mit dem Blick nach außen ermitteln, zunächst durch die Studie von Kundenbedürfnissen, Marktgegebenheiten und dessen, was in den zu bedienenden Wirtschafts- und Kultursegmenten als Standard oder gar als selbstverständlich gilt und daher häufig implizit bleibt. Des Weiteren treffen wir auf diesen beiden Stufen die expliziten, geltenden Regeln und die mit dem Kunden vereinbarten, beziehungsweise ihm versprochenen Leistungen des Produkts. Die Erfüllung der Mindest- und der marktüblichen Anforderungen sind Voraussetzungen für Qualität.

Qualität entsteht aber erst auf der obersten Stufe, der Befriedigung der Einzigartigkeitsanforderungen, die den Weg zur Qualitätsführerschaft eröffnet. Diese Einzigartigkeitsanforderungen unterscheiden sich grundsätzlich von Kanos Begeisterungsmerkmalen, die wiederum allein den Kunden und den Markt im Blick haben. Die Einzigartigkeitsanforderungen sind, wie der Begriff schon sagt, einzigartig, nämlich so, wie der Mensch oder die Organisation, die sie aufstellen und erfüllen wollen. Hier wird nun der Blick nach innen verlangt, auf den Sinn des eigenen Tuns, die eigenen Stärken und den eigenen Anspruch. Von dort richtet sich dann der Blick nach draußen, mit der Frage, mit welchem Beitrag wir am besten unseren Sinn verwirklichen und unsere Stärken nutzbar machen können. Dieser Sinn geht weit hinaus über („transzendiert") Ziele wie Markterfolg oder wirtschaftliches Wachstum und beinhaltet Vorteile für alle Stakeholder. (Dass wir dabei Geld verdienen müssen, zählt wiederum zu den Selbstverständlichkeiten.) Selbstreflexion und Dialog sind die wichtigsten Formen von Denken und Kommunikation in diesem Prozess.

Qualitätsführerschaft erlangt man nicht, indem man nur die von außen herangetragenen Anforderungen bzw. Bedürfnisse erfüllt. Qualitätsführerschaft hängt primär von den eigenen, inneren Ansprüchen bzw. Anforderungen ab. So hängt die Qualität eines gedeckten Tisches nicht von Normen und Standards ab, sondern primär vom eigenen Anspruch der Person, die den Tisch deckt. Erst durch den eigenen hohen Anspruch und die dadurch freiwerdende Kreativität kann ein gedeckter Tisch Qualitätsführerschaft erlangen. Ihr eigener Anspruch entscheidet, ob Sie ein externes Audit nur möglichst gut überstehen wollen oder ob Sie Handlungsempfehlungen für die Entwicklung des Unternehmens daraus ableiten möchten. Es entscheidet Ihr eigener Anspruch, ob Sie interne Audits durchführen, um der Forderung 9.2 der ISO 9001 zu genügen, oder ob Sie interne Audits als Lernquellen behandeln und gestalten. Ihr eigener Anspruch entscheidet, ob Sie die ISO 9001 nur erfüllen wollen oder sich fragen, wie Sie die Norm wertschöpfend für Ihr Unternehmen anwenden können.

Nur Qualitätsführerschaft kann zu einer dauerhaft erfolgreichen Unternehmensentwicklung verhelfen.

Es ist Ihre freie Wahl, wie sehr Sie sich anstrengen, welche Stufe der Qualitätspyramide Sie erklimmen möchten. Allerdings eine Wahl mit gravierenden Konsequenzen. Die Entscheidung für die untere Stufe, die Erfüllung von Mindestanforderungen, wird Ihrem Unternehmen nur in besonderen Engpasssituationen zu einem vorübergehenden Überleben verhelfen. Mit der Erfüllung der marktüblichen Anforderungen, der zweiten Stufe, können Sie wohl eine Zeitlang im endlichen Spiel mitspielen. Wenn Sie darin besonders geschickt oder skrupellos sind, zum Beispiel NOCH billiger als die anderen, kann es Ihnen sogar gelingen, sich gegen Konkurrenten durchzusetzen, die ein ähnliches Spiel spielen. Sollten Sie aber auf Dauer erfolgreich sein wollen – wie wir hoffen –, bleibt Ihnen nur der anspruchsvolle Weg zur Qualitätsführerschaft.

Der Weg der Qualitätsführerschaft kann nur mit Freude erfolgreich begangen werden.

Der Weg der Qualitätsführerschaft erfordert Anstrengung und Ausdauer. Aber es muss sich nicht immer so anfühlen. Im besten Fall fühlt es sich niemals so an. Auch wenn man manchmal diese Slogans nicht mehr hören mag: Wir haben die Wahl. Wir können Motivation aus dem Wunsch ziehen, Freude zu empfinden. Oder die Vermeidung von Schmerz als Hauptmotivator einsetzen. Dadurch verändert sich nicht nur die Lebensqualität, sondern auch die berufliche Effektivität fundamental. Mit qualitätsbestimmter Selbstführung können wir die Weichen in Richtung Freude stellen. Es lohnt sich.

„Dann haben wir viel hinterfragt. Was wollen wir eigentlich? Wer wollen wir sein? Wo wollen wie eigentlich hin? Es kam raus, wir wollen Spaß haben!“

Thomas Golinske, Geschäftsführender Gesellschafter, Alpha Laser GmbH

Die **Kernaussagen dieses Abschnitts** sind:

- Die Erfüllung der Mindestanforderungen und der marktüblichen Anforderungen sind schlichte Existenzvoraussetzungen.
- Langfristiger Erfolg ist nur möglich, wenn Sie nachhaltig Qualitätsführerschaft anstreben.

3.7 Literatur und Links

DIN Deutsches Institut für Normung e. V.: *DIN EN ISO 9001:2015*. Beuth, Berlin 2015

https://de.wikipedia.org/wiki/Kano-Modell – abgerufen 20.06.2020

Covey, Stephen R.: *Die 7 Wege zur Effektivität – Prinzipien für persönlichen und beruflichen Erfolg*. Gabal, Offenbach, 2009

Dekker, Sidney: *Drift into Failure – From Hunting Broken Components to Understanding Complex Systems*. Ashgate Publishing Limited, Burlington 2011

Dekker, Sidney: *Safety differently: human factors for a new era. CRC Press* Taylor & Francis Group, London 2015

EFQM: Das EFQM Modell. EFQM 2019

Emery, Thorsrud & Trist 1964, zitiert nach: https://de.wikipedia.org/wiki/Soziotechnisches_System – abgerufen 13.06.2020

http://www.wirtschaftslexikon24.com/d/qualitaet/qualitaet.htm – abgerufen 13.06.2020

https://de.wikipedia.org/wiki/%C3%96kosystem – abgerufen 13.06.2020

https://de.wikipedia.org/wiki/Achtsamkeit_(mindfulness)

https://de.wikipedia.org/wiki/Kunde – abgerufen 13.06.2020

https://de.wikipedia.org/wiki/Qualit%C3%A4t – abgerufen 13.06.2020

https://de.wikipedia.org/wiki/Rationalisierung_(%C3%96konomie) – abgerufen 13.06.2020

https://de.wikipedia.org/wiki/X-Y-Theorie

https://dfme-achtsamkeit.de/was-ist-achtsamkeit-wirkung/ – abgerufen 16.07.2020

https://www.bpb.de/nachschlagen/lexika/lexikon-der-wirtschaft/20482/rationalisierung – abgerufen 16.07.2020

https://www.pedocs.de/volltexte/2014/8483/pdf/Harvey_Green_2000_Qualitaet_definieren.pdf

https://www.saskatoonhealthregion.ca/about/PFMS/Documents/Change_Leadership_Module/SCARF%20Model%20-%20Updating%20the%20Social%20Neuroscience%20of%20Collaborating%20with%20Others.pdf

Laloux, Frederic: *Reinventing Organizations – Ein Leitfaden zur Gestaltung sinnstiftender Formen der Zusammenarbeit*. Vahlen, München 2015

Laloux, Frederic: *Reinventing Organizations – Visuell*. Vahlen, München 2017

Lampedusa, Giuseppe Tomasi di: *Der Leopard*. Piper-Verlag, München 1959

Lotter, Wolf: *Die neue Qualität*. https://www.brandeins.de/magazine/brand-eins-wirtschaftsmagazin/2019/qualitaet/die-neue-qualitaet

Narbeshuber, Esther; Narbeshuber, Johannes: *Mindful Leader – Wie wir die Führung für unser Leben in die Hand nehmen und uns Gelassenheit zum Erfolg führt*. O.W. Barth Verlag, München 2019

Pfläging, Niels: *Organisation für Komplexität: Wie Arbeit wieder lebendig wird – und Höchstleistung entsteht*. Redline, München 2014/2019

Sinek, Simon: *Das unendliche Spiel – Strategien für dauerhaften Erfolg*. Redline, München 2019

Sprenger, Reinhard K.: *Das anständige Unternehmen*. Deutsche Verlags-Anstalt, München 2015

Weick, Karl E.; Sutcliffe, Kathleen M.: *Das Unerwartete managen – Wie Unternehmen aus Extremsituationen lernen*. Schäffer-Poeschel Verlag, Stuttgart 2010

www.buurtzorg.com; www.buurtzorg-deutschland.de; https://de.wikipedia.org/wiki/Buurtzorg – abgerufen 13.06.2020

Der Start zu einer aufregenden und gewinnbringenden Reise

Das neue Qualitätsparadigma wurde in mehreren Sitzungen mit Führungskräften und Mitarbeitern erarbeitet und die Kernaussagen wurden dokumentiert. Corinna, Peter und Daria (Personalleiterin) bereden bei einem Treffen die Ergebnisse.

P: Die Entwicklung des neuen Qualitätsparadigmas hat doch deutlich länger gedauert, als ich erwartet hatte. Aber, ehrlich gesagt, ich hätte mir nie vorstellen können, dass so etwas Aufregendes und komplett Neues dabei herauskommt.

C: Ja, mir geht es ähnlich. Wir haben einen wirklich großen Bogen gespannt. Aber wollten wir das nicht? Für mich ist es nur konsequent. Unsere neue Definition von Qualität verändert alles. Sie lässt sich auf alles und jedes anwenden, was wir tun. Die passt jetzt auch viel besser für Dienstleistungen und den Umgang miteinander.

D: Ich bin erfreut darüber, dass der Faktor Mensch eine so entscheidende Rolle im neuen Qualitätsparadigma einnimmt. Danke, dass ich mich so einbringen durfte. Ich meine, es war schon immer klar, dass Qualität in hohem Maß von den Menschen beeinflusst wird, dass sie subjektiv ist. Aber Qualitätsmanagement und Personalmanagement waren nun mal immer zwei Abteilungen, fast zwei Welten, bei uns. Jetzt, wo wir ein anderes, neues Qualitätsverständnis haben, frag ich mich wirklich, wieso wir den Irrsinn dieser Trennung nicht schon früher erkannt haben?

P: Vielleicht, weil wir uns erst jetzt mit der neuen Qualitätsdefinition auf den Sinn von etwas fokussieren? Es ist schon wirklich kaum zu fassen, wie selten wir gefragt haben, wozu wir die Dinge eigentlich tun! Das war uns anscheinend immer allen klar! Ich finde es jedenfalls geradezu epochal, dass wir jetzt den Sinn einer Tätigkeit, eines Vorhabens, einer Unternehmung in den Mittelpunkt gestellt haben. Das gibt immer eine Richtung vor und bewahrt uns davor, Irrwege zu gehen.

C: Ja. Und das war so am Anfang überhaupt nicht abzusehen. Dass wir jetzt von uns selbst ausgehen, dass wir den Sinn sicherstellen müssen und dafür allein die Verantwortung tragen, steht ja auch im Gegensatz zu der verbreiteten Ansicht, dass man ein Unternehmen vom Markt her, also von außen nach innen führen muss. Da konnte man sich bequem hinter den Kunden und Verbrauchern verstecken. Die wollen's ja so! Das geht jetzt nicht mehr! Toll, wie sich diese neue Sicht während der Entwicklung herauskristallisiert hat! Aber darüber werden wir sicher noch oft reden. Vielleicht werden auch immer wieder Zweifel am neuen Paradigma aufkommen.

P: Ihr könnt Euch sicher vorstellen, dass ich mehr als glücklich bin, dass wir die Verantwortung für Qualität jetzt in die Hände der Führung und aller Mitarbeiter legen und nicht mehr in meine Abteilung. Ich meine, natürlich haben wir schon immer gesagt, dass jeder für Qualität verantwortlich ist, aber gelebt haben wir es nicht wirklich.

C: Ja, das stimmt. Und genau deshalb ist es wichtig, dass wir verstehen, dass Führung auch Selbstführung beinhaltet und dass wir Führung nicht als Rolle, sondern als Aufgabe betrachten. Nur so geht die Verantwortung für Qualität auf alle über.

D: Das wird ein hartes Stück Arbeit, dies den Führungskräften und Mitarbeitern so zu vermitteln, dass es auch im Alltag gelebt wird. Da haben wir alle einiges zu lernen! Aber es ist eine wunderbare Aufgabe, an der ich supergern mitarbeite.

C: Und es wird Zeit brauchen, die wir eigentlich gar nicht haben. Umso wichtiger, dass wir rasch konkret werden und ausarbeiten, wie wir das neue Qualitätsparadigma und die neue Qualitätsdefinition in der Organisation umsetzen und zum Leben erwecken.

P: Die Qualitätsprinzipien sollten uns dabei helfen!

C: Ja. Sie sind so was wie Leitsätze für alle Entscheidungen und Aktivitäten.

P: Oder unsere neue Qualitätspolitik?

D: Ich weiß nicht, ob wir von Qualitätspolitik sprechen sollten. Wenn wir das Qualitätsmanagement abschaffen, würde ich konsequenter Weise auch die Qualitätspolitik abschaffen.

P: Nicht unbedingt. Aber lass uns gemeinsam etwas erarbeiten, das uns Identität und Ausrichtung gibt.

C: Bitte setzt ein Projekt auf, um in Arbeitsgruppen Realisierungsansätze zu erarbeiten. Wichtig ist mir, dass Mitarbeiter aus allen Bereichen und Hierarchiestufen dabei sind!

D: Gerne. Vorher solltest Du das Vorhaben aber dem Betriebsrat und der Belegschaft mitteilen. Ich kümmere mich um Termine.

C: Meinen Mitgesellschafter habe ich schon davon überzeugen können, dass die Veränderung unbedingt notwendig für die Zukunft der Firma ist. Die Dinge beim Alten zu lassen, wäre noch viel riskanter als diese Änderungen, die uns auch ziemlich strapazieren werden.

Also los geht's!

4 Realisierungsansätze – qualitätsbestimmte Unternehmensführung

Nachhaltige Qualitätsverbesserung erfordert tiefgreifende Prozesse der Organisationsentwicklung und konsequente, qualitätsbestimmte Führung. Veränderungsprozesse in Organisationen können nur dann nachhaltig sein, wenn sie durch entsprechende Veränderungen in Werten, Motiven und Verhalten der Menschen, insbesondere der (obersten) Führungskräfte, getragen werden.

Für den Umgang mit unserer komplexen Welt kann es keine fertigen Gesamtlösungen geben. Wir befinden uns in Umbrüchen, deren Ergebnisse offen sind. Der Wandel ist der Normalzustand. „Krisen“ werden zur Normalität. Auf diesen Wellen geschickt zu surfen, wird zunehmend zum entscheidenden Erfolgs- und gar Überlebensfaktor.

Die nachfolgend präsentierten Ansätze zeigen, wie Sie eine qualitätsbestimmte Unternehmensführung umsetzen können, und sind als Denkanstöße zu verstehen. Es bleibt Ihre Aufgabe, individuelle Lösungen, passend zu Sinn und Kontext Ihres Unternehmens zu entwerfen und umzusetzen. Genau das zeichnet qualitätsbestimmte Unternehmensführung aus. Die Vorgehensweisen beinhalten Neues und Unkonventionelles. Sie werden nur wirksam, wenn die oberste Unternehmensleitung für die Prinzipien qualitätsbestimmter Führung in Worten und Taten eintritt.

4.1 Der integrale Ansatz – warum entscheidet die innere Dimension?

Wie kann in einem Unternehmen ein neues Qualitätsverständnis verwurzelt werden? Dazu müssen wir die innere Architektur und Dynamik von Organisationen betrachten.

In diesem Abschnitt erfahren Sie,

- was die innere Dimension einer Organisation ist,
- was es mit der inneren Dimension auf sich hat,
- warum konventionelles QM nicht zum Kern der Organisation vordringt
- und was das Eisbergmodell mit all dem zu tun hat.

So wie wir Menschen mehr sind als unser sichtbarer Körper und unser sichtbares Verhalten, bestehen Organisationen als lebende Systeme aus mehr als ihren sichtbaren Strukturen und Prozessen. Organisationen haben eine innere Dimension, die nur subjektiv erfahrbar ist. Diese innere Dimension beeinflusst nahezu alles, was im Inneren und im Äußeren des Unternehmens passiert. Ein integrales Modell, das uns hilft, die Dimensionen von Organisationen und deren Wechselwirkungen zu verstehen, ist das Quadrantenmodell des US-amerikanischen Autors und Philosophen Ken Wilber. Auf ein Unternehmen bezogen, lassen sich die vier Quadranten wie folgt adaptieren (Bild 4.1):

- **Quadrant I:**

  Mithilfe unserer Sinneswahrnehmungen erschafft unser Gehirn ein subjektives Bild der Welt. Wahr ist, was wahrgenommen wird. Es gibt nicht die eine Wirklichkeit. Die individuelle Wirklichkeit basiert auf grundlegenden, persönlichen Prägungen, vor allem aus frühkindlicher Zeit, der eigenen Lebensgeschichte und Entwicklung sowie den eigenen (beschränkten) physischen Möglichkeiten der Wahrnehmung. Diese Aussagen sind unter dem Begriff *Konstruktivismus* bekannt. Dass jeder seine individuelle Sicht auf die Dinge hat, wird in der angeblich objektiven Welt des Managements meist ignoriert oder unterdrückt. Werte, Motive und Bedürfnisse des Einzelnen werden bei der Festlegung der Organisationsstruktur und der Prozesse kaum berücksichtigt. In der konventionellen Businesswelt ist nicht der ganze Mensch willkommen, sondern nur eine normierte Teilidentität. Dies blockiert enorme Potenziale kreativer Energie.

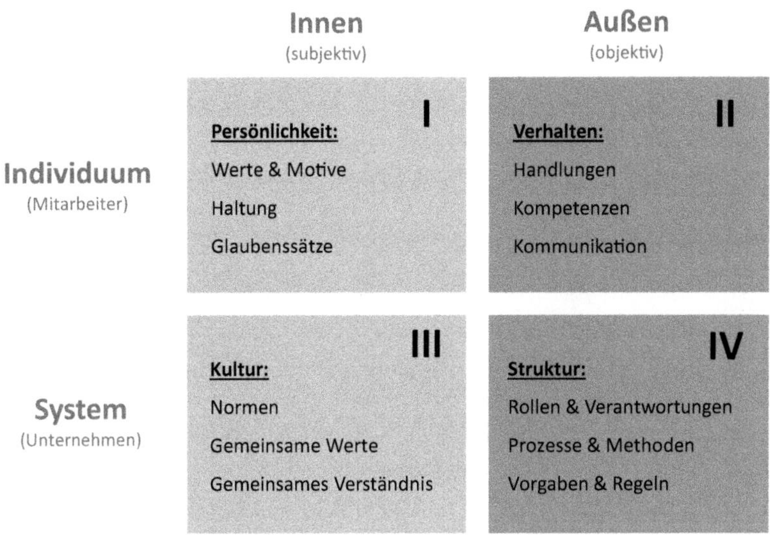

Bild 4.1 Das Ken-Wilber-Quadrantenmodell (in Anlehnung an Permantier 2019)

- **Quadrant II:**

  Die individuelle, objektive Seite ist das, was im Außen von uns sichtbar wird. Sie zeigt sich in unserem Verhalten, unseren Fertigkeiten und unserer Kommunikation. Es ist das, was wir im Arbeitsalltag von uns preisgeben. Nur ein Teil von uns, manchmal sogar nur ein kleiner Teil.

- **Quadrant III:**

  In diesem Quadranten finden wir das, was wir in unserem Inneren mit den anderen Organisationsmitgliedern teilen bzw. teilen sollten: die Unternehmenskultur, gemeinsame Werte, eine gemeinsame Vision, den gemeinschaftlichen Sinn, ein Wir-Gefühl. Es herrscht weitgehende Einigkeit darüber, wie wichtig diese Themen sind. Im Arbeitsalltag kommen sie dennoch kaum vor. Ein Symptom für die Vernachlässigung dieser Bereiche wäre ein wiederholtes Auftauchen der Frage nach dem Sinn und der Vision des Unternehmens unter den Mitarbeitern und Führungskräften. Auch eine Überprüfung, ob denn die Strategie des Unternehmens in der Belegschaft richtig verstanden und unterstützt wird, gäbe Hinweise auf die Situation in diesem Quadranten. In den wenigsten Unternehmen wird eine solche Überprüfung überhaupt vorgenommen. Das ist fatal, denn in einem kollektiv ahnungs- und richtungslosen Unternehmen herrschen denkbar schlechte Voraussetzungen für Qualität und nachhaltigen Erfolg.

- **Quartant IV:**

  In diesem Quadranten ist das (Qualitäts-)Management zuhause. Im „Außen" des Systems bzw. Unternehmens finden wir die Organisationsstruktur, die Prozesse und Abläufe, Vorgaben und Regeln. Alles das, was wir vorzeigen, wenn uns jemand nach dem Managementsystem fragt und wir demonstrieren wollen, wie gut doch alles unter Kontrolle ist. Auch an dieser Stelle geben wir wieder zu bedenken, dass wir hier nur die Oberfläche, das äußere Bild betrachten.

Das Quadrantenmodell verdeutlicht, wie eingeschränkt (Qualitäts-)Management wirkt bzw. wie eingeschränkt die konventionelle Sicht auf ein Unternehmen ist. Nahezu alles, was wir im (Qualitäts-)Management tun, liegt im Außen. Verhalten, Kommunikation und Kompetenz des Mitarbeiters werden mit Hilfe von Regularien, Kompetenzmatrizen, Personalentwicklungsplänen, Zielvereinbarungen etc. „gemanagt". Außerhalb der Betrachtung und der Anstrengungen des (Qualitäts-) Managements bleiben die vielfältigen Bedürfnisse, Werte, Motive, Haltungen und Grundüberzeugungen („Glaubenssätze") der Menschen. Wir wissen aber, dass Qualität zu einem hohen Grad das Ergebnis von Motivation und Einstellungen, der inneren Dimension also, der Menschen im Unternehmen ist. Und hier sprechen wir von allen: von den obersten Führungskräften bis zu den operativen Mitarbeitenden in den Werkshallen.

Auch im Change-Management geht es primär um gezielte (Verhaltens-)Änderungen der Mitarbeiter. Wenn die anscheinend geglückt sind, nimmt man an, auch die hinter dem Verhalten liegenden Einstellungen seien dauerhaft neu ausgerichtet worden. Häufig unterliegt man hierbei einer Fehleinschätzung. Laut dem Forschungsprojekt *Change-Evolution 2020* scheitern 75 – 80 % aller Change-Projekte. Einstellungen, Haltungen, Werte, Motive lassen sich nämlich nicht auf Befehl von oben und auch nicht durch noch so geschickte „Überzeugungsarbeit" (Manipulation) verändern. Voraussetzung ist ein vertrauensvoller, partnerschaftlicher Umgang, bei dem die persönlichen Bedürfnisse und Nöte der Mitarbeiter gewürdigt werden. Dafür gibt es bei Change-Projekten in aller Regel keinen Raum.

Alle Quadranten des Wilber-Modells stehen in Wechselbeziehungen. Werte, Motive und Haltungen beeinflussen unser Verhalten ebenso wie Normen, Prozesse und die Organisationsstruktur. Die Kultur eines Unternehmens drückt sich wiederum in der Organisationsstruktur und Arbeitsweisen aus und wird sowohl von den Werten des Einzelnen als auch vom wirklichen Unternehmensleitbild geprägt. Es gibt nicht die eine Stellschraube, wenn ich an der Kultur oder an den Arbeitsweisen im Unternehmen etwas ändern möchte. Kausalität gilt nicht. Das Quadrantenmodell beschreibt ein komplexes System und ist gerade deshalb sehr gut geeignet, um die Entwicklung von Organisationen zu verstehen.

Ein noch tieferes Verständnis der Bedeutung der stark vernachlässigten inneren Dimension erhalten wir bei Betrachtung des in der Kommunikationslehre verwendeten Eisbergmodells: Es zeigt uns den äußerst gewichtigen Einfluss der unsichtbaren und meist unbewussten inneren Dimension auf die Organisation (Bild 4.2).

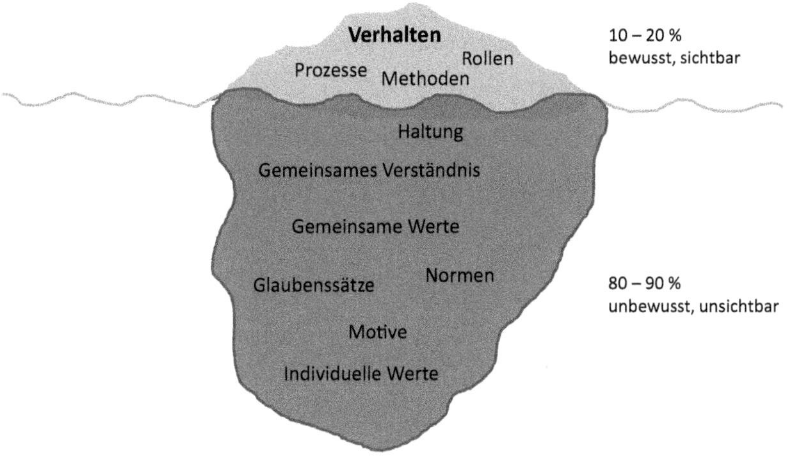

Bild 4.2 Eisbergmodell im Kontext von Organisationen

Managementsysteme sind ohne angemessene Berücksichtigung der inneren Dimension wenig wirksam. Kompetenz in Organisations- und Sozialpsychologie könnte zur Erzeugung und Sicherung von Qualität im Unternehmen viel mehr beitragen als eine Kohorte von ISO-Experten oder ein auf formale Perfektion getrimmtes QMS. Nur wenn Sie im „Innen“ beginnen, können Sie nachhaltige Veränderungen in Ihrer Organisation bewirken.

Was Sie tun sollten:

- Machen Sie sich mit dem Ken-Wilber-Modell und dem Eisbergmodell vertraut.
- Stellen Sie sich darauf ein, dass wir in diesem Kapitel 4 und in Kapitel 5 in die Organisations- und Sozialpsychologie einsteigen werden.

4.2 Identität und Ausrichtung – wie legen wir den Grundstein für Qualität?

Auch wenn der dritte Grundsatz des Qualitätsmanagements Engagement von Personen heißt [ISO 9000:20159], fühlen sich viele Menschen als Opfer der (Management-)Systeme. Vielleicht liegt dies auch daran, dass wir Systeme einrichten und dann die passenden Menschen für das System suchen, statt ein passendes System für die Menschen zu suchen?

In diesem Abschnitt erfahren Sie,

- welche Wirkung Werte und Motive auf uns und die Organisation haben,
- wie man eine Wertegemeinschaft schafft,
- warum Normen nicht zu allen Unternehmen passen,
- was Unternehmenskultur prägt und was sie bewirkt,
- warum ein Kulturwandel so schwierig ist,
- wie man mit Werten ein Unternehmen führt und entwickelt,
- wie man eine wirksame Qualitätspolitik entwickelt und

4.2.1 Werte und Motive – die Identität und der innere Antrieb

Von allen Einflussfaktoren sind Werte wohl die stärksten und stabilsten in unserem Leben und in unseren Organisationen. Auch der Sinn, den ein Unternehmen verfolgt, hängt primär von den Unternehmenswerten ab, von den Motiven, Eigenschaften und Verhaltensweisen, die in dem Unternehmen als moralisch positiv gelten.

Auch wenn über die Werte eines Unternehmens nicht gesprochen wird, diese auch nicht in einem Leitbild oder Ähnlichem dokumentiert werden, haben die Menschen in der Organisation doch ein feines Gespür dafür, welche Werte gelten. Und sie reagieren negativ auf ein Unternehmensleitbild oder eine Qualitätspolitik, das den alltäglich spürbaren, gelebten Werten widerspricht.

So lautet das *Leitbild Umwelt* des VW-Konzerns:

> *„Für alle unsere Produkte und Mobilitätslösungen streben wir danach, Umweltauswirkungen entlang des gesamten Lebenszyklus – von der Rohstoffgewinnung bis zum Lebensende – zu minimieren, um Ökosysteme intakt zu halten und einen positiven Impact für die Gesellschaft zu schaffen."*
>
> *Volkwagen AG*

Offenbar haben aber im Konzern viele Jahre andere Werte das Denken und Handeln beherrscht. Wenn es um die Bottom Line, um Ergebnisse geht, werden die auf den Top Lines, im Leitbild oder in einer formellen (Qualitäts-)Politik verkündeten Werte gerne beiseitegeschoben.

4.2.1.1 Werte wollen gelebt werden

Jeder Mensch trägt Werte in sich. Sie liegen dem Großteil der Persönlichkeit zugrunde. Aus unseren Werten entsteht unsere Haltung und aus unserer Haltung entsteht unser Verhalten. Werte werden daher auch gerne als Grundmotive, die das unbewusste Handeln stark beeinflussen, angesehen. Die Fragen „Woran glaube ich?“ und „Was treibt mich an?“ liegen sehr nahe beisammen.

Aus unseren Werten entsteht unsere Haltung. Aus unserer Haltung entsteht unser Verhalten.

Gegen die eigenen Werte zu leben bzw. zu arbeiten, macht unglücklich. Fordert das System, das Unternehmen von uns ein Verhalten, das nicht unseren Werten entspricht, entsteht ein innerer Konflikt, dem wir uns irgendwann stellen müssen. Wenn man äußerlich erfolgreich ist und die Karriereleiter Stufe für Stufe hinaufsteigt, bemerkt man oft gar nicht, dass man seine Werte in der Arbeit nicht leben kann oder sogar gegen sie verstößt. Der vermeintliche Erfolg trägt einen über so manche Zweifel an Sinn und Moral der Arbeit hinweg. Der Einbruch, in Gestalt von Burnout, einer Sinnkrise oder einer unverhofften Entlassung, mag erst sehr spät kommen, aber er kommt verlässlich!

4.2.1.2 Leistung durch Werte

Wenn Sie Ihre Werte leben können, entsteht Leistung. Wenn Sie Ihre Werte unterdrücken müssen, werden Sie niemals Ihre beste Leistung erbringen.

Der Zusammenhang zwischen Werten und Leistung lässt sich sehr gut mit den drei Dimensionen der Leistung *Wollen, Können, Dürfen* aufzeigen (Bild 4.3). Höchstleistung entsteht nur, wenn alle drei Dimensionen erfüllt sind. Die *Leistungsfähigkeit* beruht auf dem *Können*, also der Kompetenz des arbeitenden Menschen. Auf die Kompetenz haben der Mitarbeiter selbst, das System und die Führungskraft gleichermaßen Einfluss. Regeln und Normen, primär in der Verantwortung der Systeme und Führungskräfte, bestimmen das *Dürfen* bzw. die *Leistungsmöglichkeit*. Das *Wollen*, die *Leistungsbereitschaft*, kommt von innen. Es ist das, was Sie selbst aus sich heraus anstreben. Es ist das, was man intrinsische Motivation nennt. Wir sind automatisch intrinsisch motiviert, wenn wir unsere Grundmotive, unsere Werte, unseren Sinn leben können. Wir allen kennen die Kraft des Wollens. Nur wenn wir etwas wirklich wollen, entsteht Höchstleistung.

Wenn wir etwas wirklich wollen, sind wir auch bereit, einen hohen Preis zu akzeptieren, Anstrengungen, Belastungen, Einschränkungen, Verzicht auf Annehmlichkeiten. Wenn wir ehrlich zu uns selbst sind, bedeutet ein vorgebliches „nicht können" häufig ein „nicht wollen".

Wenn aus Sicht der Führungskraft die Leistungsbereitschaft beim Mitarbeiter gesteigert werden soll, wird gerne mit Prämien und Incentives, also extrinsischer Motivation gearbeitet. Gegen extrinsische Motivation spricht, dass sie weit weniger effektiv als intrinsische Motivation ist und im Unternehmen Symptome von Drogenabhängigkeit wachsen lässt (die Dosis muss ständig gesteigert werden, um noch Wirkung zu erzielen). Kann der Mitarbeiter hingegen seine persönlichen Werte im Unternehmen leben, kommt es zu einer emotionalen Verbundenheit, die selbst das Angebot eines besser bezahlten Jobs anderswo meist nicht aufzulösen vermag.

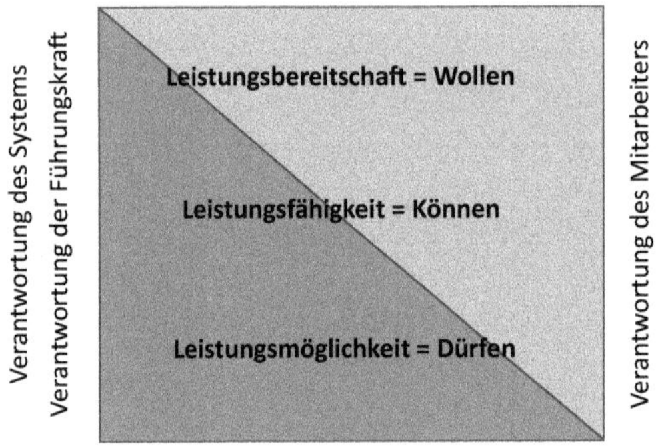

Bild 4.3
Dimensionen der Leistung [Sprenger 2008]

Es zeigt sich also, dass Werteorientierung einen erheblichen Einfluss auf die Leistung und damit auch auf die Qualität im Unternehmen hat. Wenn es Ihnen gelingt, eine Wertegemeinschaft aus den Interessensgruppen Ihres Unternehmens zu gestalten, ist der Grundstein für ein erfolgreiches Miteinander und für Qualität gelegt. Voraussetzung ist allerdings, dass Sie - wie unsere Qualitätsdefinition es fordert - den *beteiligten Interessen gerecht werden.* Die Anordnung eines Wertekanons von oben schafft noch lange keine Wertegemeinschaft. Wenn die Wertegemeinschaft dann halbwegs stabil steht, ist es einfach, einen gemeinschaftlichen Sinn zu finden und zu verfolgen.

4.2.1.3 Aus Werten werden Normen und Managementsysteme

Werte und Normen sind grundlegend für menschliche Beziehungen und ermöglichen Kooperation und kollektives Handeln. Während Werte einen moralischen Charakter haben und erstrebenswert sind, haben Normen einen vorschreibenden Charakter. Gesellschaftliche Normen regeln das Miteinander in der Gesellschaft,

Normen für Managementsysteme sollen das Miteinander in den Unternehmen regeln. Häufig wird vergessen, dass hinter Normen Werte stehen.

Dass sich Normen für Managementsysteme unabhängig vom Risikograd der Branche und deren Produkten und Dienstleistungen in ihren Werten unterscheiden können, sieht man am Vergleich der EN 9100 und der IATF 16949. Obwohl die Luftfahrt zu den sogenannten *Hochrisikobranchen* zählt, lässt die EN 9100 deutlich mehr Freiheit und Interpretationsspielraum für ein QMS zu als ihr Pendant IATF 16949 in der Automobilindustrie.

Auch hinter dem wohl bekanntesten und weitest verbreiteten agilen Rahmenwerk *SCRUM* stehen Werte wie Vertrauen, Freiheit, Einfachheit. Ebenso dürften die 17 Unterzeichner des *Manifests der agilen Softwareentwicklung* solche Werte in sich tragen.

> *SCRUM* ist ein Rahmenwerk für eine agile Entwicklung, insbesondere von Software. In SCRUM werden parallel sowohl das Produkt als auch die Planung schrittweise, in sich wiederholenden, aufeinander aufbauenden Arbeitszyklen („iterativ“ und „inkrementell“) entwickelt. Ein Detailplan wird nur für den jeweils nächsten, etwa zwei bis vier Wochen umfassenden Zyklus (den „Sprint“) erstellt.

Bei der Einführung einer Norm wie der ISO 9001 ist entscheidend, was im Unternehmen daraus gemacht und von den Führungskräften vorgelebt wird. Hinter jeder Aussage, hinter jeder Handlung, hinter jeder Ausprägung eines Managementsystems stecken Werte. Meist werden sie nicht bewusst wahrgenommen, aber sie beeinflussen nahezu alles, was im Unternehmen passiert.

> Die Ausprägung eines Managementsystems ist Ausdruck der Unternehmenswerte.

Meist sind es die Gründer oder die Geschäftsführer, die das Managementsystem mit ihren Werten, Motiven, Haltungen und Überzeugungen prägen bzw. geprägt haben.

4.2.1.4 Werteorientierte Unternehmensführung

Unternehmenswerte entstehen mit der Gründung des Unternehmens. Der oder die Gründer scharen eine Wertegemeinschaft um sich und verfolgen den gemeinschaftlichen Sinn und Zweck der Unternehmung. Mit ihren persönlichen Werten erschaffen sie die Identität des Unternehmens, meist unbewusst. Werteorientierte Führung bedeutet, die Unternehmensidentität durch bewusstes Vorleben und vorbildliches Handeln sicherzustellen und zu bewahren. Hier sind eigentümergeführte Unternehmen klar im Vorteil.

Werteorientierte Führung leistet einen wesentlichen Beitrag zum Unternehmenserfolg. In seinem Buch *Die heimlichen Gewinner* (The Hidden Champions), also die versteckten Weltmarktführer, untersucht Herman Simon, welche Erfolgsfaktoren für eine Marktführerschaft wesentlich sind. Alle von ihm untersuchten Unternehmen wurden bzw. werden von Gründer oder Gründerin direktiv auf der Basis von Grundwerten geführt. In die Ausgestaltung der Werte in den Arbeitsweisen, den Prozessen und Methoden werden die Mitarbeiter hingegen eingebunden. Auch die „Champions" unter unseren Kunden werden werteorientiert geführt. Bei der Alpha Laser ist Josef Höllbauer, der das Unternehmen 1994 gründete, noch immer die einflussreichste und ikonische Leitfigur. SoftwareONE wurde und wird, nachdem der charismatische Mitgründer, Patrick Winter, im Juni 2018 durch einen tragischer Unfall starb, bis heute ganz im seinem Sinne und getreu seinen Werten weitergeführt. Sein Geist ist auch heute noch allgegenwärtig und gibt den Leadern und Mitarbeitern Halt und Orientierung.

> *„Die Kultur bei Alpha Laser ist Josef Höllbauer! Er hat die Firma in der Garage gegründet. Der Josef lebt die Kultur vor. Es gibt kein Konkurrenzdenken. Es gibt keine Chefbüros."*
>
> *Thomas Golinske, Geschäftsführender Gesellschafter, Alpha Laser GmbH*

Wie schaffen diese Unternehmen das? Der Schlüssel zur Beibehaltung der Werte und Identität ist eine konsequente Personalpolitik, die sicherstellt, dass nur Mitarbeiter und Führungskräfte eingestellt werden, die die Grundwerte des Unternehmens – im Allgemeinen die Werte der Gründer – teilen. Das ist manchmal leichter gesagt als getan, in Anbetracht des Mangels an guten Bewerbern in diversen Berufsfeldern. Die Verlockung ist groß, schon einmal einen Mitarbeiter einzustellen, von dem man allenfalls fachlich, aber persönlich nicht wirklich überzeugt ist. Doch das wäre ein Fehler: Stellen Sie niemals jemanden ein, der von der Persönlichkeit her, von der Wertebasis her, nicht passt! So schwer das auch im Einzelfall sein mag, wenn dann ein Auftrag abgesagt werden muss oder eine Wachstumschance nicht ergriffen werden kann. Hier handelt es sich auch um eine sehr grundlegende Werteentscheidung: Werden die Qualität und die Pflege der Unternehmenskultur höher oder niedriger „bewertet" als Umsatz und kurzfristiges Wachstum?

Wie der Erhalt der Unternehmenskultur für das Unternehmenswachstum förderlich sein kann, zeigt das Beispiel der SoftwareONE. Bei der SoftwareONE ist ein *Culture Representative* bei den Vorstellungsgesprächen dabei. Er hat ein Vetorecht und kann eine Einstellung verhindern, wenn er oder sie der Meinung ist, der Bewerber passe nicht zum Unternehmen – selbst wenn der Vorgesetzte die Bewerberin gerne hätte. Ebenso wird ein Vertreter des Teams, in welchem der Bewerber später arbeiten soll, in den Einstellungsprozess einbezogen. Nur wenn *Culture Re-*

presentative, Vorgesetzter und zukünftiger Kollege gemeinsam ihr „Ja“ geben, wird der Bewerber eingestellt. Dieser Einstellungsprozess ist personal- und zeitaufwendig. Aber die Mitarbeiter und Führungskräfte der SoftwareONE sind von dem Prozess überzeugt und das Ergebnis dieses Prozesses, eine sehr geringe Fluktuation und eine Vielzahl an Initiativbewerbungen, spricht für sich.

Ein Werteworkshop oder eine Leitbildentwicklung, um verlorene Identität und Ausrichtung wiederzugewinnen, ist meist vergeblich. Identität und Ausrichtung gehen verloren, wenn Mitarbeiter und Führungskräfte eingestellt werden, die andere Werte vertreten. Die wählen wiederum Mitarbeiter, Partner und Lieferanten aus bzw. akquirieren Kunden, welche mehr ihren Werten, statt den ursprünglichen Unternehmenswerten entsprechen. Diese Menschen im Nachhinein wieder „einfangen“ und sie auf gemeinsame Werte einschwören zu wollen, ist äußerst schwierig. Meist erbringen solche Übungen nicht mehr als wohlklingende Worte. Sie sollten sich das ersparen und eine konsequente, qualitätsbestimmte Personalpolitik praktizieren.

4.2.1.5 Systeme und Methoden müssen zu den Werten passen

Erfolgsrezepte werden gerne kopiert. Wenn sich herausstellt, dass die Konkurrenz oder auch Unternehmen aus anderen Branchen mit SCRUM oder anderen Formen der Selbstorganisation und Selbstführung erfolgreich sind, wird schnell ein Berater engagiert, der agile Methoden und Selbstführung im eigenen Unternehmen einführen soll. Das kann gut gehen, oft aber geht es nicht gut. Im Internet können Sie viele Berichte und Kommentare darüber lesen, wie unwirksam, ja zum Teil sogar wie fatal die Einführung agiler Methoden oder Selbstführung in Unternehmen war. Die vermeintliche Ursache ist dann auch schnell gefunden: Die Methode oder der Berater oder beide taugen nichts.

Das von Brian Roberts entwickelte Organisationssystem *Holograсy* wird im Netz so kontrovers diskutiert, dass es schwerfällt, sich ein eigenes Bild zu machen und zu entscheiden, ob dieses System im eigenen Unternehmen eingeführt werden soll. Dabei liegt die Lösung auf der Hand. Sie müssen es wollen! Sie müssen davon überzeugt sein; nicht, weil es andere tun und damit erfolgreich sind, sondern weil es **Ihren Überzeugungen, Ihren Werten** entspricht. Nur wenn Sie selbst die Werte Freiheit, Selbstbestimmtheit und Vertrauen in sich tragen, kann Selbstorganisation in Ihrem Unternehmen gedeihen. Anderenfalls werden Sie damit scheitern.

> Erfolgreich ist das Organisationsmodell, das Sie für erfolgreich halten und das zu Ihrem Unternehmen und Ihren Werten passt.

4.2.1.6 Kulturwandel oder Wertewandel?

„Culture eats strategy for breakfast“

Peter F. Drucker, 1909 – 2005

Der berühmte Satz des Management-Vordenkers Peter Drucker gehört in jüngerer Zeit zu den meistzitierten. Er soll auf die enorme Macht der Unternehmenskultur hinweisen, der selbst die brillantesten Strategien zum Opfer fallen, wenn sie nicht mit ihr im Einklang sind. Aktuell wird Druckers Statement sogar noch verschärft, bis hin zu der Formulierung „Culture eats everything for breakfast“ [Robert Murray 2018].

So wie das Wort *Werte*, so taucht auch das Wort *Kultur* meist dann in Unternehmen auf, wenn es ein Problem mit ihr, der Kultur, gibt. Dann heißt es: Wir benötigen einen Kulturwandel! Siemens, die Deutsche Bank, der ADAC, Volkswagen haben jeweils nach großen Skandalen in dieses Horn gestoßen. Heute bieten die allumfassenden Veränderungsnotwendigkeiten der 4. Industriellen Revolution reichlich Anlass zu der Überlegung, wie erfolgreicher Wandel von Unternehmen inklusive des Wandels der Unternehmenskultur vonstattengehen kann. Die Preisfrage dabei ist: Wie kann ich die Kultur wandeln?

Eine prägnante Definition der Unternehmenskultur lautet „This is how we do things around here“ [Bright & Parkin 1997]. Hiermit wird die äußere Dimension, die sichtbare Ausprägung der Kultur beschrieben. Tatsächlich spiegelt die Unternehmenskultur die Werte, Normen und Einstellungen der Mitglieder einer Organisation wider. Kultur ist wie ein Spiegelbild. Reden Unternehmen von Kulturwandel, soll sich das Spiegelbild ändern. Das kann auf zweierlei Weisen geschehen: indem sich das gespiegelte Objekt verändert oder durch eine veränderte Betrachtungsweise des Spiegelbilds (siehe *Konstruktivismus*). In letztere Kategorie fallen die beliebten Aktivitäten des Schönfärbens und des Schlechtmachens. Beide tragen nicht zu nachhaltiger Verbesserung bei.

Wirklicher Kulturwandel findet statt, wenn sich die gelebten Werte, Haltungen, Normen und Verhaltensweisen in einer Organisation ändern. Grundwerte, Grundüberzeugungen („Glaubenssätze“) und Grundmotive sind sehr beständig und nur durch langwierige Prozesse von oben nach unten oder durch tiefgreifende Schocks veränderbar. Haltungen bzw. Einstellungen lassen sich hingegen situationsbezogen von jetzt auf gleich ändern. Es bedarf dafür meist „nur“ einer Entscheidung. Ich kann z. B. eine Haltung, mit der ich in ein Audit gehe, bewusst einnehmen. Das ist einfach, aber nicht leicht. Um meine gewohnten Haltungen und Einstellungen, die auf Werten, Motiven und Glaubenssätzen beruhen, zu ändern, braucht es Bewusstsein! Durch Achtsamkeit lässt sich das Bewusstsein trainieren. Bin ich mir bewusst, wie meine Körperhaltung und meine Stimme auf die Situation wirken?

Ich halte kurz inne und frage mich, „Wie möchte ich in dem Meeting, in dem Audit wahrgenommen werden? Was soll mein Gegenüber denken und fühlen?“

Chade-Meng Tan, der oberste Achtsamkeitstrainer von Google, empfiehlt in seinem Buch *Search inside yourself* eine Übung, die sofort zu mehr Beziehungs- und Lebensqualität führt: Bevor du abends nach einem langen Arbeitstag ins Haus trittst und deinen typischen Verhaltensmustern folgst, halte inne und frage Dich, wie Du Deinen Partner*In und Deine Kinder begrüßen möchtest? Was sollen sie in dem Moment über Dich denken? Was möchtest Du, dass sie fühlen? Probieren Sie diese Übung aus! Und dann können Sie sie auch im Arbeitsalltag integrieren.

In seinem Buch „Die stille Revolution“ beschreibt der Unternehmer Bodo Janssen eindrucksvoll, wie schmerzhaft, aber auch wirksam der Prozess der Selbstreflexion und der Veränderung der eigenen Person bzw. der eigenen Werte, Glaubenssätze und Einstellungen ist. Seine Geschichte zeigt auch, wie man mit klassischen Managementmethoden ein Unternehmen in den Abgrund stürzen kann.

Bodo Janssen ist geschäftsführender Gesellschafter der Hotelkette und Ferienwohnungen Upstalsboom. Einige Jahre nach der Einführung eines professionellen Managementsystems mit Anweisungen, Richtlinien und Kennzahlen verschlechterte sich die Qualität im Unternehmen zusehends, die Personalfluktuation stieg an, es wurde immer schwieriger, gute Mitarbeitende zu finden. Eine daraufhin durchgeführte Mitarbeiterbefragung erbrachte ein niederschmetterndes Ergebnis: Die Mitarbeiter litten unter zu viel Bürokratie, fühlten sich schlecht geführt und nicht wertgeschätzt. Sie wollten einen anderen Chef!

Anstatt sofort nach anderen Managementlösungen im Unternehmen zu suchen, fing Bodo Janssen – eher untypisch für eine Führungskraft – bei sich selbst an. Er reflektierte sich, seine Werte, Glaubensätze und sein Verhalten auf Seminaren im Stadtkloster der Benediktiner in Würzburg. Was dann mit ihm und seinem Unternehmen passierte, bezeichnet der *Harvard Business Manager* als „Eine der beeindruckendsten Wandlungen der deutschen Managementgeschichte“. Der Schlüssel lag in einer komplett veränderten Beziehung des Unternehmensleiters zu sich selbst und zu den mitarbeitenden Menschen. Vom Selbstbild der Großartigkeit wechselte er in die Rolle des Dienenden.

> *„Wenn jemand als Führungskraft etwas verändern möchte, ist er gut damit beraten, zunächst und ausschließlich bei sich selbst anzufangen.“*
>
> *Bodo Janssen*

Ein erfolgreicher Kulturwandel ist jedoch eine Ausnahme. Eine Haltung der Demut und Selbstkritik findet sich zumeist nicht im Standardrepertoire der Mehrzahl der oberen Führungskräfte. Solange die sich aber nicht selbst auf den Prüfstand stellen, ist ein Kulturwandel zum Scheitern verurteilt.

Fehlt die Bereitschaft zu Selbstreflexion und persönlicher Veränderung bei den nachgeordneten Führungskräften, ist die Unternehmensleitung gut beraten, ihr Führungsteam auszutauschen, um einen Kulturwandel bewirken zu können. Die Mitarbeiter im Unternehmen werden sich dann den Werten, Glaubenssätzen und Einstellungen der neuen Führungskräfte annähern. Oder sie werden das Unternehmen verlassen, weil es nicht mehr „ihr" Unternehmen ist.

Was Sie tun sollten:

- Klären Sie als Mitarbeiter oder Führungskraft Ihre Werte und Grundmotive und überlegen Sie dann, wo und wie Sie diese leben.
- Stellen Sie als Gründer, Geschäftsführer oder Führungskraft nur Mitarbeiter ein, die zum Unternehmen und seinen Werten passen.
- Lassen Sie Ihre Mitarbeiter bei der Einstellung neuer Mitarbeiter mitwirken.
- Klären Sie Ihre Werte und Motive, bevor Sie ein Unternehmen gründen, eine Organisationsänderung durchführen oder neue, z. B. agile Methoden einführen.
- Machen Sie sich die Werte hinter Ihren Prozessen, Methoden, Praktiken bewusst und bringen Sie sie in Einklang mit dem, was Sie wirklich wollen.
- Werden Sie sich Ihrer Haltung bewusst. Üben Sie sich in Achtsamkeit.
- Fangen Sie immer bei sich selbst an, wenn Sie Veränderungen anstreben!
- Für Gründer/Geschäftsführer/Unternehmer: Ihre Haltung und Ihr Verhalten entscheiden über den Erfolg von Organisationsentwicklung und Kulturwandel.

4.2.2 Werteorientierte Organisationsentwicklung

Die Einführung neuer Prozesse gelingt nur dann, wenn sie nicht als technisch-formale Angelegenheit behandelt wird, sondern als Akt der ganzheitlichen Organisationsentwicklung. Nur wenn die innere Dimension der Organisation und ihrer Menschen die äußere Veränderung trägt, wird der Erneuerungsschritt produktiv und nachhaltig sein. Um dies zu erreichen, muss der nachfolgend dargestellte generische Prozess jede, über das Alltägliche hinausgehende, organisatorische Veränderung begleiten.

Wir wollen den Veränderungsprozess an dem Beispiel *Entwicklung einer neuen, zeitgemäßen Form von internen Audits* erläutern.

4.2.2.1 Sicherstellen der Qualität des Veränderungsvorhabens

Ein Unternehmen, ist zeitgemäß und zukunftsorientiert ausgerichtet, indem

- die Fähigkeit erhöht wird, Kundenbedürfnisse rasch, mit innovativen, qualitativ hochwertigen Produkten bedienen zu können,
- kontinuierliche Verbesserung im Unternehmen realisiert wird,

- Lernen, Potenzialentfaltung und Arbeitsfreude der Mitarbeitenden unterstützt werden,
- Initiative, Verantwortungsübernahme und Selbstorganisation der Mitarbeiter im Unternehmen gefördert werden,
- die funktionsübergreifende Zusammenarbeit und der Kunden- und Beziehungsfokus im Unternehmen entwickelt werden.

Auch das interne Audit muss zu dieser Ausrichtung passen, den im Leitbild formulierten Sinn unterstützen und den beteiligten Interessen (Bedürfnissen der Stakeholder) gerecht werden.

Qualität entsteht, wenn Menschen oder Organisationen ihren Sinn verwirklichen und den dabei beteiligten Interessen gerecht werden.

Als Stakeholder sind alle am bisherigen Auditprozess direkt oder indirekt Beteiligten zu betrachten:

- Auditoren und QMB
- Mitarbeiter und Führungskräfte aus verschiedenen Fachbereichen
- Personalabteilung
- Geschäftsführung
- Betriebsrat
- ...

Die Verhandlung der beteiligten Interessen kann in Form einer Stakeholder Konferenz (siehe Abschnitt 5.4) oder in anderer geeigneter Form erfolgen. Wichtig ist, dass die beteiligten Interessen zur Kenntnis genommen werden und in Planung, Durchführung und Controlling des Projekts angemessen einfließen.

4.2.2.2 Mit der Dynamik von äußerer und innerer Dimension arbeiten

Jede Veränderung im Außen braucht mit ihr verträgliche Bedingungen im Inneren. Und dies trifft sowohl für die kollektive, die Unternehmensebene, als auch für die individuelle, die Ebene der einzelnen Mitarbeiter zu. Die Entwicklung und Einführung eines neuen Audit-Prozesses bedeutet weit mehr als nur eine Veränderung von Rollen und Verantwortungen, Prozesse und Methoden, neue Kompetenzen. Es braucht immer auch eine Entwicklung im Innern, gemeinsame Werte und Verständnis, neue Haltungen und Glaubenssätze. Bild 4.4 stellt in vereinfachter Form, unter Verwendung des Quadranten-Modells, den Prozessablauf dar.

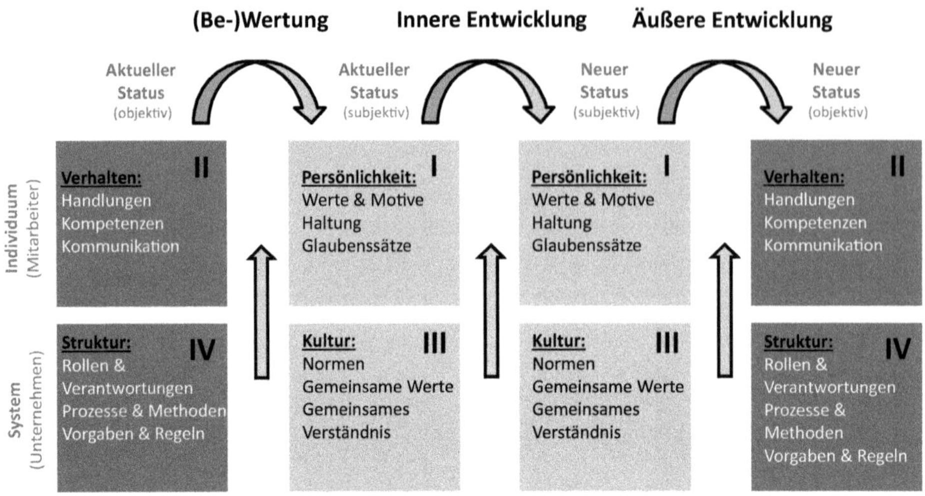

Bild 4.4 Der generische Veränderungsprozess

Schritt 1: Bestandsaufnahme/(Be-)Wertung

Der Veränderungsprozess befolgt das Prinzip *von innen nach außen.* Doch bevor wir mit der inneren und äußeren Entwicklung beginnen, findet eine (Be-)Wertung des aktuellen Status, in unserem Fall das konventionelle Auditieren, statt. (Be-) Wertung und Entwicklung beginnen auf der Systemebene und gehen dann über auf die Individuelle Ebene. Warum so und nicht andersherum?

Wenn es um Wertedefinitionen, Wertefindung geht, wird gerne auf der individuellen Ebene begonnen, um sich dann anschließend auf gemeinsame Werte für das Unternehmen zu einigen. Dies mag für Kleinstunternehmen bis ca. zehn Mitarbeiter ein gangbarer Weg sein, für Mittelständler ist das nicht realistisch und praktikabel. Hier ist es unumgänglich, dass die Gründerin oder der Geschäftsführer die Werte und Prinzipien vorgibt (Abschnitt 4.2.1).

Systemebene

Es ist Aufgabe der Führung des Unternehmens, sich bewusst zu machen, welche Werte und Normen, welches gemeinsame Verständnis es zum aktuellen Prozess des internen Auditierens gibt:

- Wie betrachten wir das Wesen von Audits? (Überwachungsinstrument?)
- Wozu und warum machen wir interne Audits? (Weil die ISO es fordert? Weil wir Freude daran haben? Weil es zum besseren Verständnis untereinander führt?)
- Welche Werte leiten unsere internen Audits? (Kontrolle? Vertrauen? Offenheit? Lernbereitschaft?)
- Wie verstehen wir die Rolle des Auditors? (Unterstützer? Überwacher? Entwickler?)

- Wie verstehen wir die Rolle des Auditee? (Opfer? Kunde?)
- Was ist für uns ein gutes Audit? (Keine Abweichungen? Viele Probleme entdeckt? Eins, das nicht stattfindet?)
- Wie gehen wir mit Auditergebnissen um? Werden Auditberichte veröffentlicht – weshalb nicht?

Die Frage, die sich dann im Anschluss an eine solche (Be-)Wertung stellt, ist: Wollen beziehungsweise sollten wir das (Audit-)System bzw. diese Werte so beibehalten? Wie verhalten sie sich zum Veränderungsvorhaben? Sind sie dazu förderlich oder stehen sie im Weg?

Individuelle Ebene

Es ist Aufgabe und Verantwortung eines jeden Einzelnen, sich selbst in Bezug auf den aktuellen Auditprozess zu reflektieren:

- Welche Motive, welche Werte leiten mich im Audit?
- Wie sind meine Einstellung und Haltung zu Audits?
- Wie sind meine Einstellung und Haltung zum Auditor? Zum Auditee?
- Welche Glaubenssätze stehen hinter meinem bevorzugten Verhalten in Audits?
- Welche Gefühle beeinflussen mein Verhalten in Audits?

Schon hier, bei der Bestandsaufnahme, beginnt Persönlichkeitsentwicklung, denn Selbstreflexion erfordert Kompetenz. Es ist durchaus normal, dass es einem nicht leichtfällt, „in sich selbst einen Schritt zurückzutreten und die eigenen Handlungen, Gedanken und Empfindungen zu erkennen“ (Joana Breidenbach/Bettina Rollow 2019). Innere Arbeit will gelernt und geübt werden.

Schritt 2: Innere Entwicklung

Jetzt werden die Grundsteine für eine neue Auditkultur gelegt und die persönliche Entwicklung eingeleitet.

Systemebene

- Welchen Sinn soll der zukünftige Auditprozess verfolgen? Wozu und warum machen wir Audits?
- Was könnte der übergeordnete Sinn von internen Audits sein? (Persönlichkeitsentwicklung? Team Building?)
- Welche gemeinsamen Werte und Prinzipien sollen unser zukünftiges Verhalten in internen Audits leiten?
- Welche (Verhaltens-)Normen sollen gelten?

Ist das Unternehmen ISO 9001-zertifiziert, sind diese Norm und die darin versteckten Werte natürlich zu berücksichtigen. In Kapitel 1 haben wir darauf hingewiesen, dass es für interne Audits nur wenig (Norm-)Vorgaben gibt.

Existiert bereits ein Leitbild oder eine Qualitätspolitik, so sind die darin verankerten Werte und Prinzipien für die neue Form des internen Auditierens bindend. Das Leitbild wird mit dieser Übung quasi validiert. Eventuell muss es angepasst oder konkretisiert werden, wenn es seinen Zweck nicht erfüllt.

Um festzustellen, inwieweit der Sinn verwirklicht und das Vorgehen den beteiligten Interessen gerecht wird, müssen Leistungsindikatoren definiert und verfolgt werden. Dies können Kennzahlen, KPIs oder subjektive Statements sein.

Individuelle Ebene

Die innere Entwicklung der Individuen beruht wiederum auf ungeschminkter Selbstreflexion:

- Wie möchte ich mich in Audits einbringen? Was könnte mein Beitrag zum Sinn sein?
- Welche Haltung möchte ich in Zukunft in Audits einnehmen?
- Wie möchte ich gesehen werden?
- Was wäre eine positive Einstellung?

Es stellt sich dann für jeden die Frage, was er an Kompetenzen für die persönliche Entwicklung lernen muss, und ob er bereit dazu ist. Wenn Ihre persönlichen Werte grundlegend von den im Unternehmen geforderten Einstellungen abweichen, sollten Sie das Unternehmen verlassen! Anderenfalls machen Sie sich selbst unglücklich und Ihr Beitrag zum Unternehmenserfolg ist höchst mangelhaft.

Wenn Sie in dem Unternehmen bleiben und zu seiner Entwicklung maßgeblich beitragen wollen, liegt es an Ihnen, die dazu benötigten Kompetenzen zu entwickeln. Das Unternehmen mag Sie darin unterstützen, die innere Arbeit müssen Sie selbst leisten.

Schritt 3: Äußere Entwicklung

Die äußere Entwicklung, individuell die Veränderung von Verhalten, sichtbaren Kompetenzen oder des Kommunikationsstils, auf der Systemebene die Veränderung von Organisationsstrukturen und des Managementsystems, ist im Idealfall die Manifestation der durchlaufenen inneren Prozesse. Wenn sich hinreichend stabile, neue, individuelle und kollektive Wertesysteme gebildet haben, wird es darum gehen, das eigene Verhalten und die Organisation den neuen Werten anzupassen.

Systemebene

- Wie müssen wir den Auditprozess ändern, damit *Vertrauen* gelebt wird?
- Welche Rollen, Verantwortungen, Befugnisse brauchen wir dafür?
- Wie soll das Auditergebnis kommuniziert werden, damit *Offenheit* zum Ausdruck kommt?

- Welche Vorgaben und Regeln sollen gelten, damit *Eigenverantwortung* gefördert wird?

Individuelle Ebene

- Wie werde ich mit dem Auditee kommunizieren, um *Gleichwertigkeit* zu praktizieren?
- Wie werde ich mit Abweichungen umgehen, um *organisatorisches Lernen* zu unterstützen?

Tatsächlich ist der Prozess der Entwicklung von Individuen und Organisationen niemals abgeschlossen. Er ist ein Merkmal des Lebendigseins. Wenn die Schritte der äußeren Entwicklung durchlaufen sind, kommt es zu einer neuen Bestandsaufnahme und (Be-)Wertung und zu neuen Schritten der inneren und äußeren Entwicklung. In dieser Weise empfehlen wir Ihnen, jede Organisationsänderung, jedes Vorhaben zu begleiten und zu steuern.

Nur wenn die innere Dimension der Unternehmung und der beteiligten Mitarbeiter die Veränderung trägt, kann es eine nachhaltige Organisationsentwicklung geben.

Die Verantwortung für die Steuerung des Veränderungsprozesses liegt beim Projektteam. Gegebenenfalls bestimmt es eine Projektleiterin. Zur Unterstützung der inneren Arbeit benötigen Sie Coaching-Kompetenzen im Unternehmen. Dies ist eine Aufgabe der Quality Coaches.

So formell der Veränderungsprozess hier vorgestellt wurde, so informell kann er in der Praxis durchlaufen werden. Wenn es in Ihrem Unternehmen üblich ist, offen über Verhalten und Gewohnheiten zu reden, Konflikte anzusprechen, persönliche Kritik zu äußern und davon lernen zu wollen, dann betreiben Sie bereits *innere Arbeit*. Dann wird es Ihnen leichtfallen, den Veränderungsprozess wie beschrieben zu durchlaufen. Wenn *innere Arbeit* von der Unternehmensführung erst gar nicht gewollt ist, dann sollten Sie sich eh nach einem neuen Arbeitgeber umsehen.

Was Sie tun sollten:

- Stellen Sie bei jeglichen Veränderungsvorhaben sicher, dass der Sinn geklärt und verwirklicht wird und dass den beteiligten Interessen gerecht wird.
- Legen Sie dafür konkrete Indikatoren fest. Das können sowohl „objektive" KPIs als auch subjektive Wahrnehmungen sein.
- Werden Sie sich zur Standortbestimmung den Werten und Glaubenssätzen hinter dem aktuellen System bzw. Praktiken bewusst.
- Betreiben Sie „innere Arbeit", bevor Sie im Außen etwas ändern.

4.2.3 Qualitätspolitik – Ausdruck von Identität und Ausrichtung

> *Politik <Organisation>: Absichten und Ausrichtung einer Organisation, wie von der obersten Leitung formell ausgedrückt.* [ISO 9000:2015]

Es gibt wohl keine Forderung der ISO 9001:2015 und anderer Normen für QMS, die gleichzeitig so bedeutungslos und so bedeutsam ist, wie die Forderung nach der Festlegung und Bekanntmachung einer Unternehmens- bzw. Qualitätspolitik. Bedeutungslos ist sie insofern, als allein das Vorliegen eines Politikdokuments für den Zweck der Zertifizierung ausreicht – unabhängig davon, ob die Mehrheit der Mitarbeiter die formell dokumentierte Qualitätspolitik ihres Unternehmens kennt oder gar wiedergeben kann. Höchst bedeutsam ist nicht die formell dokumentierte, sondern die tatsächlich **gelebte Politik**, weil sich alles im Unternehmen bewusst oder unbewusst danach ausrichtet.

> *„Eine Qualitätspolitik lebt, wenn Kunden nicht nur deswegen bei uns kaufen, weil wir haben, was sie brauchen, sondern deswegen, weil wir es sind!"*
>
> *Markus Reimer*

Mit der Formulierung und Bekanntmachung einer Qualitätspolitik können Sie der Identität und Ausrichtung Ihres Unternehmens einen öffentlichen Ausdruck verleihen. Machen Sie es so einfach wie möglich. Beantworten Sie die Fragen: Was ist uns wichtig? Was leitet uns? Ob Sie das Ergebnis dann Organisations- oder Qualitätspolitik, Leitbild oder Philosophie nennen, ist völlig egal. Ganz und gar nicht egal ist, wie oft und mit wem Sie darüber reden, wie und womit Sie es kommunizieren und vor allem, ob und wie das Leitbild im Alltag präsent ist. Ein Leitbild sollte so allgemeingültig sein, dass es immer und überall anzuwenden ist, es sollte so konkret sein, dass es von allen verstanden und umgesetzt werden kann.

> Eine sehr wirksame und wertschöpfende Art und Weise, die Identität und Ausrichtung des Unternehmens nach innen und außen zu kommunizieren, ist ein Video, in dem die Geschäftsführung die vier Fragen beantwortet: Wer sind wir? Was ist uns wichtig? Wozu gibt es uns? Was wollen wir (für die Welt)? Probieren Sie es aus! Es ist eine Aufgabe, die Sie herausfordert, die Bewusstsein und Klarheit schafft.

Prinzipien, z. B. die Qualitätsprinzipien aus Kapitel 3, eignen sich sehr gut für eine Qualitätspolitik. Bei der SoftwareONE wurden sieben *Core Values* entwickelt, die gemeinsam das Leitbild bzw. die Qualitätspolitik darstellen. Die sieben Core Values sind als Prinzipien ausformuliert und überall präsent – als Bildschirmschoner auf den PCs, als Plakat in den Büroraumen und auf der Homepage des Unternehmens. Aber viel entscheidender als die vielfältige Dokumentation (das kann auch ermüdend wirken und sogar Widerstände auslösen) ist die Bekanntmachung der Core Values und ihr Nutzen im Arbeitsalltag. Jeder neue Mitarbeiter wird im Rahmen des Einstellungsprozesses ausführlich über die Bedeutung der sieben Core Values geschult. Jedes größere Meeting, jede größere Präsentation, steht unter dem Motto eines der Core Values. Dazu wird der zu Zweck und Struktur des Meetings am besten passende Core Value herausgehoben und dem Plenum werden die Auswahl und die Bedeutung dieses Werts im Kontext der Veranstaltung erläutert. Mit diesem Vorgehen ist die Qualitätspolitik im Arbeitsalltag immer präsent und leitet an.

Ein einfaches, wirkungsvolles Tool, um die Einhaltung und Wirksamkeit Ihres Leitbilds bzw. Ihrer Qualitätspolitik in Ihren Prozessen und Methoden zu überprüfen, ist das *Werte-* oder *Prinzipienbarometer*. Bild 4.5 zeigt beispielhaft eine (Be-) Wertung eines Prozesses anhand der sechs Qualitätsprinzipien aus Kapitel 3. Zu jedem Wert bzw. Prinzip machen Sie eine Skalenabfrage. Zum Beispiel: Auf einer Skala von -5 bis +5, zwischen *Gewinnen-Wollen* und *Sinnverwirklichung*, wo steht der Prozess gerade? Können wir mit dem Ergebnis leben? Es kommt bei der Übung nicht darauf an, ob der Prozess nun mit einer 2 oder 3 bewertet wurde. Die Tendenz ist entscheidend und was dann folgt. Es wird kaum möglich sein, alle Prinzipien des Leitbilds/der Qualitätspolitik in einem Prozess oder einer Methode zu verwirklichen. Aber die Prinzipien sollten in der Mehrzahl darin verwirklicht werden. Ansonsten ist das Leitbild/die Qualitätspolitik zu überdenken.

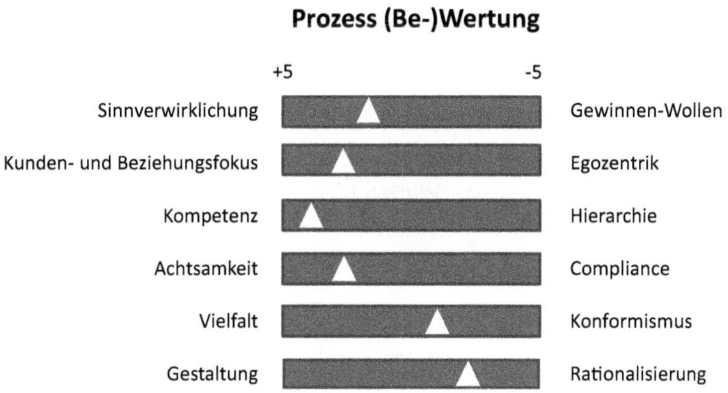

Bild 4.5 Prinzipienbarometer (Beispiel)

Unterlassen Sie es, eine „tote“ Qualitätspolitik für die Zertifizierung zu formulieren! Prinzipien und Werte, die nicht gelebt werden, haben keinen Wert. Eine nicht gelebte Qualitätspolitik hat keinen Wert. Tatsächlich schadet sie sogar.

Was Sie tun sollten:

- Nutzen Sie als Gründer oder Geschäftsführer die Qualitätspolitik als Ausdruck der Identifikation und Ausrichtung Ihres Unternehmens.
- Seien Sie kreativ in der Dokumentation und engagiert in der Kommunikation der Qualitätspolitik.
- Definieren Sie Verhaltensweisen, die die Qualitätspolitik zum Ausdruck bringen, z. B. in Form von Prinzipien.

4.2.4 Vision – ein Zielbild des Sinns

Die Wichtigkeit einer starken, großen Vision wird immer wieder betont. Schaut man sich die publizierten Visionen von Unternehmen an, findet man häufig Formulierungen wie: „Wir sind der führende Anbieter von .....“, „Wir sind Marktführer in ....“. Herbert Diess, der CEO des Volkswagen-Konzerns, zeichnet immer wieder die Vision, Tesla auf dem Feld der Elektromobilität zu überholen. Bei solchen Visionen geht es ums Gewinnen, um die eigenen Interessen. Das Problem mit solchen Visionen ist, dass die Mitarbeiter und Kunden sich davon nicht angesprochen fühlen.

Eine Vision soll aufzeigen, wo das Unternehmen hinwill. Das heißt aber nicht, dass man sich darauf beschränken soll, zu visionieren, wie das Unternehmen in zehn Jahren aussehen soll. Das kann ein Teil der Vision sein. Entscheidend ist, unseren Blick auszudehnen, auf ein Bild einer erstrebenswerten Zukunft und auf den Beitrag unseres Unternehmens hierzu. In welche Zukunft soll uns die Verfolgung unserer Mission, die Verwirklichung unseres Unternehmenssinns führen? Und dieses Bild der Zukunft – die Vision – sollte Nutzen für möglichst viele Interessengruppen bei gleichzeitiger Schonung des Planeten bereithalten. Eine Vision des Gewinnens, der Egozentrik trägt Sie, wenn überhaupt, nur für kurze Zeit.

Für die Schaffung einer *sinnvollen Vision* bedarf es Vorstellungskraft. Vorstellungkraft ist vielleicht die wichtigste Kompetenz von zukünftigen Führungskräften. Während Elon Musk im Geiste schon auf dem Mars ist, kopieren die anderen CEOs der Automobilindustrie seine Elektroautos. Wie alle mentalen Fähigkeiten lässt sich auch die Vorstellungskraft trainieren.

Üben Sie sich in Vorstellungskraft und akzeptieren Sie Ihre Bilder als mögliche, vielleicht erstrebenswerte Realität! Lassen Sie uns gleich mal mit einem Beispiel beginnen. Können Sie sich eine Welt ohne QM vorstellen? Nein? Dann machen wir das jetzt gemeinsam.

Angenommen, es gibt keine Institution, keine Abteilung und keine Fachschaft Qualitätsmanagement. Seminare wie „Qualitätsmanagementfachkraft“ oder „Qualitätsmanagementbeauftragter“ sind obsolet, da es diese Rollen nicht gibt. Stattdessen wird das Thema Qualität in allen Seminaren behandelt.

Angenommen, es gibt Seminare zu Qualitätssicherungsmethoden in den verschieden Managementdisziplinen, z. B. „Qualitätssicherung im Einkauf“, oder „Statistische Prozesskontrolle in der Produktion“ oder gar „Qualitätsbestimmte Personalpolitik“. Anstatt also beispielsweise *Qualitäter* in den Grundlagen des Einkaufs zu schulen, schulen wir Einkäufer in Qualitätsbewusstsein und Qualitätssicherungsmethoden.

Angenommen, es gibt eine Seminarreihe „Organisationsentwicklung und Managementsysteme“, in der die Teilnehmer lernen, was die Systemtheorie ist, wie man Organisationen mit Hilfe des Ken Wilber Quadrantenmodells entwickelt und zusammen mit seinen Mitarbeitern ein zeitgemäßes, agiles Managementsystem aufbaut. Die Teilnehmer lernen dabei Methoden und Werkzeuge für Organisationsentwicklung und persönliche Entwicklung der Mitarbeiter und Führungskräfte kennen. Sie lernen, Teams zu coachen, Workshops zu gestalten und zu moderieren. Anstatt also QM-Fachkräfte auszubilden, bilden wir interne Organisationsentwickler und Coaches aus.

Angenommen, die ISO 9001 wird als „Anforderungen an ein Managementsystem – Was Sie mindestens erfüllen sollten um erfolgreich zu sein“ betrachtet bzw. *reframed*. Dafür müssen lediglich der Titel geändert und das Wort QMS durch Managementsystem ersetzt werden. In der Seminarreihe „Organisationsentwicklung und Managementsysteme“ wird die Schulung und Anwendung der *ISO 9001 Reframed* als Rahmenwerk angeboten.

Angenommen, die Zertifizierung nach ISO 9001 weist die Erfüllung eines Qualitätsmindeststandards ihrer Organisation bzw. ihres Managementsystems nach.

Was würde all das in der Realität nach sich ziehen?

Was Sie tun sollten:

- Üben Sie sich in Vorstellungskraft
- „Malen“ Sie ein Bild der Zukunft. Gerne auch zusammen mit Ihren Mitarbeitern. Wie könnte Ihr Beitrag für eine gerechte Sache in 10 oder 20 Jahren aussehen?
- Denken Sie das Undenkbare! Hinterfragen Sie alles anscheinend Unveränderliche! Nehmen Sie die Chancen und Potenziale wahr, die in Veränderungen stecken!

4.3 Führung und Befähigung – wie entsteht Qualität in der Zusammenarbeit?

Wenden wir uns nun der äußeren Dimension von Organisationen zu. Was können wir tun? Wie können wir uns und andere führen? Wie können wir Mitarbeiter befähigen, Qualität zu entwickeln?

In diesem Abschnitt erfahren Sie,

- was Führen von Management unterscheidet,
- warum wir Fachkräfte erhalten, obwohl wir Führungskräfte wollen,
- warum jeder Führungskraft ist,
- wie Selbstführung wirksam wird,
- warum Coaching eine der besten Qualitätsmethoden ist,
- was Business Quality Coaching ist und was es bewirken kann.

4.3.1 Mehr führen, weniger managen

Es finden sich viele Abhandlungen über den Unterschied zwischen Führen und Managen. Grundsätzlich lässt sich sagen, dass *Führung* die Richtung und Orientierung vorgibt und dass *Management* die Arbeit organisiert (Bild 4.6). Während Management aufgabenbezogen ist, geht es bei Führung immer um Menschen. Bei Mitarbeiter- und Teamführung um wenige, bei Unternehmensführung um viele Menschen.

Bild 4.6
Führen vs. Management

Management hat sich geradezu epidemisch in den Unternehmen ausgebreitet. Die Mitarbeiter verlieren den Überblick über all die vielen Vorgaben, Pläne, Methoden und Formulare, die sie zu befolgen und zu nutzen haben. Immer dann, wenn an der Basis etwas nicht so läuft wie erwartet, wird weiter oben dafür ein weiteres Managementsystem eingerichtet. Wenn die Mitarbeiter Projektziele nicht erreichen, wird ein Projektmanagementexperte eingestellt. Er erhält den Auftrag, ein professionelles Projektmanagementsystem einzuführen. In Wahrheit lag das Problem womöglich nur an unrealistischen Zielen, die die Führungskräfte gegenüber dem Kunden bestätigt hatten. Wenn Mitarbeiter eine Veränderung nicht mittragen, wird ein Changemanagementsystem eingeführt. Dass die Mitarbeiter sich einfach eine bessere Führung wünschen, wird gewohnheitsmäßig übersehen. Wenn sich in den Projekten vermehrt Überraschungen und ungewünschte Ergebnisse einstellen, wird ein Risikomanagementsystem eingeführt. In Wahrheit mangelte es an Führung vor Ort. Die Führungskräfte saßen alle in Meetings auf der Chefetage. Mangelnde Führung wird durch Management(-Systeme) versucht zu ersetzen.

Management hat dafür gesorgt, dass die Menschen zu *Human Resources* geworden sind. Ein Kostenfaktor, den es zu minimieren gilt. Die hierarchische Pyramide hat die Manager immer weiter von den Mitarbeitern entfernt. Durch den Einsatz von „Führungsmethoden und Tools" fallen zwischenmenschliche Interaktionen dem Optimierungs- und Standardisierungswahn zum Opfer. Das jährliche Mitarbeitergespräch, Zielvereinbarungen, das 360°-Feedback für Führungskräfte, anonyme Mitarbeiterbefragungen und auch das Rekrutieren von Mitarbeitern mithilfe von Algorithmen; all das lässt uns den Kontakt zu den Menschen verlieren. Ein Scoring des Führungsverhaltens kann nie so wirksam sein wie ein direktes Feedback. Wirkliche Beziehungen können nicht geplant, gemanagt werden. Sie entstehen im Zwischenmenschlichen. „Beziehungsmanagement" ist tödlich für echte Beziehungen.

> Ein Managementsystem kann entlasten und unterstützen. Es verschleiert aber auch Defizite in der Führung und im Miteinander und technisiert und standardisiert menschliche Beziehungen.

Dass zu viel gemanagt und zu wenig geführt wird, beginnt meist schon mit der Stellenausschreibung bzw. Stellenbeschreibung einer Führungskraft. Nachstehend finden Sie ein Beispiel.

Leiter Konstruktion und Entwicklung

Als erfahrene Führungskraft in der Konstruktion möchten Sie Entscheidungen treffen, diese schnell umsetzen und die Prozesse Ihrer Abteilung strukturiert voranbringen? Besonders die bedarfsgerechte Entwicklung und Steuerung Ihres Teams liegt Ihnen am Herzen? Dann könnte diese Position genau die richtige für Sie sein!

- *Sie übernehmen die fachliche und disziplinarische Leitung der Konstruktion und Entwicklung*
- *Sie stellen eine fortlaufende Optimierung der bestehenden Prozesse sowie die Erarbeitung von Standardisierungs- und Normierungsprozessen sicher*
- *Sie verantworten die Sicherstellung von funktions-, kosten- und gewichtsoptimierten Konstruktionslösungen unter Einsatz neuer Werkstoffe und unter Berücksichtigung der gesetzlichen Rahmenbedingungen*
- *Sie planen, leiten und setzen kundenspezifische Projekte um und wirken an bereichsübergreifenden Projekten mit*
- *Sie führen eine enge Kommunikation mit dem Vertrieb, der Produktion und dem Einkauf*
- *Sie ermitteln Fehlerschwerpunkte und leiten Optimierungsmaßnahmen auch im Bereich des CAD-Einsatzes ein*
- *Sie sind verantwortlich für die Weiterentwicklung und Pflege von Konstruktionsrichtlinien*

Mit Ausnahme der simplen Feststellung, dass es sich um eine disziplinarische Leitung handelt, findet sich keine einzige Führungsaufgabe in der Liste. Stattdessen jede Menge Aufgaben für eine Fachkraft. Die Verantwortung für Ergebnisse steht im Vordergrund, nicht die Verantwortung für die Mitarbeiter.

> *„Führungskräfte sind nicht für das Ergebnis verantwortlich, sondern für die Menschen, die das Ergebnis verantworten."*
>
> *Simon Sinek*

Dabei ist es nicht neu, dass Führung für die Erreichung von Qualität wesentlich ist. Schließlich heißt der zweite Grundsatz des QM ***Führung***: *Führungskräfte auf allen Ebenen schaffen die Übereinstimmung von Zweck und Ausrichtung sowie Bedingungen, unter denen Personen sich für die Erreichung der Qualitätsziele der Organisation engagieren.* (ISO 9000:2015)

Aus den in der ISO 9000:2015 aufgeführten Maßnahmen, die man diesem Grundsatz zuordnen kann, ließe sich eine generische Stellenausschreibung für Führungskräfte erstellen.

Leiter Konstruktion und Entwicklung

- *Sie kommunizieren unsere Mission, Vision, Strategie, Politik und Prozesse in unserer Organisation.*
- *Sie schaffen und erhalten gemeinsame Werte, Fairness und Leitbilder ethischen Verhaltens auf allen Ebenen der Organisation.*
- *Sie pflegen eine Kultur des Vertrauens und der Integrität.*
- *Sie fördern eine organisationsweite Qualitätsverpflichtung.*
- *Sie stellen sicher, dass andere Führungspersonen aller Ebenen den Personen in der Organisation ein positives Beispiel geben.*
- *Sie statten Personen mit den Ressourcen, Schulungen und Befugnissen aus, die zu verantwortlichem Handeln erforderlich sind.*
- *Sie fördern und anerkennen das Mitwirken von Personen.*

Führungskräfte leisten einen wesentlichen Beitrag zu Qualität, so ist diese interessierte oder oft auch desinteressierte Partei dennoch am weitesten im Unternehmen von QM entfernt.

Eine Schlüsselanforderung an qualitätsbestimmte Führung ist das Fördern einer organisationsweiten Qualitätsverpflichtung, indem bei allen Aktivitäten sichergestellt wird, dass sie den Unternehmenssinn verwirklichen und den beteiligten Interessen gerecht werden.

Was Sie (als Führungskraft) tun sollten:

- Erkunden Sie Ihre Werte und Glaubenssätze: Was ist Ihnen wirklich wichtig? Was sind Ihre Überzeugungen?
- Stellen Sie alle Führungsmethoden und -Werkzeuge (in Wirklichkeit sind das Management-Tools!) auf den Prüfstand. Sprechen Sie mit Ihren Mitarbeitern über die Wirksamkeit der Methoden. Was bringt es uns? Was passiert, wenn wir es nicht mehr tun? Was sollten wir stattdessen tun?
- Entledigen Sie sich von allem, was nicht wirksam ist bzw. von dem Sie und Ihre Mitarbeiter nicht überzeugt sind.
- Fragen Sie Ihre Mitarbeiter, was sie benötigen und wie sie geführt werden wollen.
- Nehmen Sie sich Zeit für Ihre Mitarbeiter.
- Konkretisieren Sie die möglichen Maßnahmen zum Grundsatz *Führung* aus der ISO 9000:2015.
- Schreiben Sie Führungsaufgaben aus, wenn Sie Führungskräfte suchen.

4.3.2 Selbstführung

Dass Selbstführung ein effektives Mittel für mehr Agilität und Schnelligkeit im Unternehmen ist, wird rundum verkündet. So euphorisch das Thema angegangen wird, so schnell stellen sich Ernüchterung und Enttäuschung ein. Was sind die Voraussetzungen für Selbstführung und was sind die Gründe des häufigen Scheiterns?

Wie jede Leistung hat auch die Selbstführung die drei Komponenten *Wollen, Können, Dürfen* (Bild 4.7). Nur wenn alle drei erfüllt sind, kann Selbstführung erfolgreich sein. Jeder Mensch sehnt sich nach Selbstbestimmung und Selbstwirksamkeit. Kleinkinder, egal wo auf dieser Welt, bezeugen dies.

> Menschen sind grundsätzlich intrinsisch motiviert!

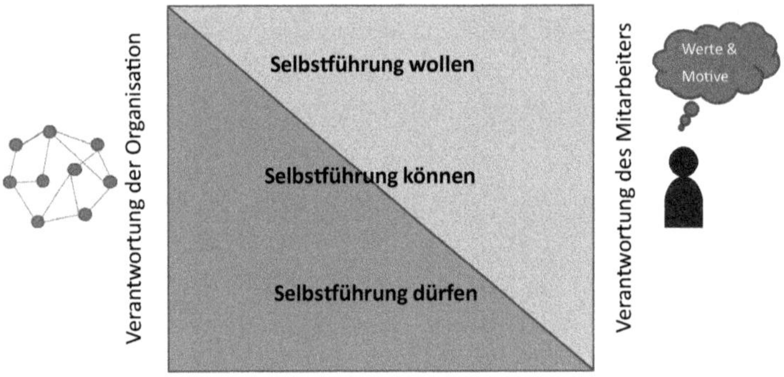

Bild 4.7 Die drei Dimensionen der Selbstführung

Mit welcher Motivation, welcher Einstellung und Erwartung haben Sie Ihren letzten Job begonnen? Mussten Sie schon am ersten Tag motiviert werden? Nein. Sie wollten sicher im neuen Job etwas bewegen. Sie hatten die Erwartung und Hoffnung, Ihre Talente und Fähigkeiten in der neuen Arbeit einbringen zu können. Und dann setzte vielleicht mit der Zeit die Ernüchterung ein. Unsere Systeme, Familien, Schulen, Unternehmen, nehmen uns systematisch die Eigenverantwortung ab. Management von außen ersetzt die Selbstführung, unter dem Vorwand der Fürsorge und Sicherheit. Das *Dürfen* unterdrückt das *Wollen*.

Und was ist mit dem *Können*? Mitarbeitern wird gerne unterstellt, dass sie nicht die Fähigkeiten für Selbstführung mitbringen. Wie kann es dann sein, dass diese Mitarbeiter eine Familie „führen", ein Haus projektieren und bauen, eine Weltreise organisieren, ein ganzes, komplexes Leben mit zahlreichen Verantwortlichkeiten führen?

Menschen haben grundsätzlich die Kompetenz zur Selbstführung!

Wenn Menschen nur in ihrer Freizeit aufblühen und Initiativen ergreifen, machen sie im Job häufig die falsche Arbeit unter falschen Bedingungen.

Bevor ein Mitarbeiter oder ein Team die Frage beantworten kann, ob sie Selbstführung wollen, müssen sie eine klare Vorstellung davon haben, was Selbstführung genau bedeutet und was sie umfasst. Dazu müssen Rollen, Aufgaben und Verantwortungen geklärt sein (Kapitel 5.3, ISO 9001:2015). Fehlt die notwendige Kompetenz zur Übernahme einer Rolle, also das *Können*, sind Training bzw. Unterstützung angesagt. In den nachfolgenden Abschnitten zeigen wir Ihnen, wie eine Coaching-Unterstützung für Selbstführung aussehen kann. Das wohl bekannteste Rahmenwerk für Selbstorganisation und Selbstführung ist *SCRUM*. *SCRUM* steht und fällt mit dem Rollenverständnis und der Rollenübernahme. In *SCRUM* sind die Rollen sehr detailliert beschrieben. Rollen geben die Struktur einer Organisation wieder.

Vertrauen

Wir beklagen uns oft, dass Mitarbeiter zu wenig Verantwortung übernehmen. Aber wie sollen sie das tun, wenn wir Kraft unseres Amtes die Entscheidungen für sie treffen, weil wir ihnen nicht vertrauen.

„Vertrauen muss man sich erarbeiten."

Was so einleuchtend klingt, kann trügerisch sein. Wenn ich jemandem wirklich vertraue, ihm etwas zutraue, dann muss er mich nicht davon überzeugen, dass er das Vertrauen verdient. Wenn ich das doch erwarte, vertraue ich ihm nicht. Natürlich gehen dem Ganzen vernünftigerweise ein Briefing und ein gewisser Vorab-Check voraus. So kann ich mir, als Führungskraft, von einem Mitarbeiter, den ich noch nicht gut kenne, die anstehende Aufgabe erklären lassen und damit sein korrektes Verständnis sicherstellen. Ich kann ihm nahebringen, an bestimmten, kritischen Punkten eine Unterstützung oder Absicherung durch ein zweites Augenpaar, eine kollegiale Beratung oder sonstige Hilfe einzuholen. Ich kann ihn dazu verpflichten, die Aufgabe achtsam durchzuführen, das heißt, sich selbst dabei zu beobachten und sofort zu kommunizieren, wenn er sich unsicher fühlt oder etwas schiefgegangen ist. Dann muss ich aber loslassen, ihm vertrauen, dass es wie besprochen funktionieren wird. Sonst geraten wir in den *Vertrauens-Deadlock*. Bild 4.8 zeigt die Problematik.

Bild 4.8 Der Vertrauens-Deadlock

„Vertrauen ist gut. Kontrolle ist besser."

Wir können nicht darauf vertrauen, dass ein Stahl die nötige Zugfestigkeit hat oder dass am Monatsende noch Liquidität vorhanden sein wird. Solche Dinge müssen wir kontrollieren. Das nennt man Qualitätssicherung. Fehlendes Vertrauen in die Mitarbeiter durch Kontrolle zu ersetzen, ist dagegen schädlich. Wenn Sie Ihrem Mitarbeiter nicht vertrauen, liegt das entweder an Ihrer eigenen Angst – dann müssen Sie an sich arbeiten – oder an mangelnder Kompetenz des Mitarbeiters. Dann müssen er oder sie befähigt werden, z. B. mit Training und Coaching. Letztlich ist es aber immer ein Loslassen, nach Abwägung von Risiken und Chancen. Und es gilt dabei immer:

Kontrolle ist (manchmal) gut. Vertrauen ist (grundsätzlich) besser.

Vertrauen ist mit Verhaltensweisen zu konkretisieren. Woran erkenne ich, dass das Vertrauen gestiegen ist? Welche Handlung, welches Vorgehen drückt Vertrauen aus? Umgekehrt können Sie sich bei vorhandenen Methoden, Regeln, Prozessen den Level an implizitem Vertrauen bewusst machen. Hier hilft eine Skalenabfrage, wie sie sich im Coaching immer wieder bewährt: Wo steht der Prozess auf einer Skala von 1 bis 10, wobei 1 „blankes Misstrauen" und 10 „vollstes Vertrauen" bedeutet? Wie müssen wir den Prozess ändern, damit wir auf eine 6 oder 7 kommen?

Verantwortung

Im (Qualitäts-)Management wird Verantwortung mit Organigrammen und Stellenbeschreibungen zugeteilt. Im Arbeitsalltag entscheiden jedoch die Übernahme von Verantwortung und verantwortliches Handeln. Wie steht es mit Ihrer Verantwortungsübernahme? Übernehmen Sie die Verantwortung für zu schnelles Fahren selbst dann, wenn Ihr Anwalt Sie davon befreien kann? Übernehmen Sie die Verantwortung für Ihre Fehler und Fehlleistungen Ihrer Mitarbeiter? Wie viel Verantwortung haben Sie in der Corona-Krise für ihre Situation und den Weg aus der Krise übernommen?

Viel zu leicht geben wir die Verantwortung an andere Menschen, an das System, an die Umstände, an den Staat, an Versicherungen usw. ab. Zertifizierungen können dazu missbraucht werden, sich eigener Verantwortung zu entledigen.

Zertifizierungen können dazu missbraucht werden, sich eigener Verantwortung zu entledigen.

Mit einem Verhaltenskodex, wie sie manche OEMs neuerdings für eine Lieferantenqualifizierung im Sinne von Nachhaltigkeit und Compliance nutzen, gibt man nicht nur die Verantwortung an ein Stück Papier ab, man entwertet und entwürdigt damit die betroffenen Unternehmen und ihre Mitarbeiter. Was ist die implizierte Botschaft der Forderung, dass ein Lieferant schriftlich bestätigen soll, dass er sich an Gesetze hält?

Wir verstecken uns gern hinter Regularien, Verordnungen, behördlichen Checklisten, anstatt die volle Verantwortung für unser Handeln zu übernehmen. Was uns dabei nicht oft bewusst ist, ist, dass wir mit der Abgabe von Verantwortung auch unsere Freiheit abgeben. Freiheit und Verantwortung sind die zwei Seiten einer Medaille.

Selbstführung erfahren

Um mich selbst führen zu können, muss ich zwei Dinge wissen: Wo will ich hin? Und: Wo stehe ich?

Tiefergehende Fragen dazu sind:

- Was ist für mich wirklich wichtig? Was sind meine Werte und Motive? Was ist meine Berufung?
- Was sind meine Stärken und Schwächen? Was sind meine Talente? Was macht mir Freude?
- Wie sehen mich andere? Was haben andere davon, dass es mich gibt?
- Welcher Mensch möchte ich sein? Wie möchte ich gesehen werden?
- Was möchte ich für mich und meine Mitwelt bewirken? Welchen Sinn möchte ich verfolgen?
- Wie sieht mein Leben, meine Berufung in 10, 20 Jahren aus?

Diese Fragen sind nicht leicht zu beantworten. Sie – im Laufe Ihres Lebens – zu beantworten, hilft, Führungskompetenz aufzubauen und (Lebens-)Qualität zu steigern. Solange Sie diese Fragen für sich nicht klar beantworten können, werden Ihre Selbstführung und die Führung anderer wenig wirksam sein.

Selbstführung findet immer statt. Auch als geführter Mitarbeiter muss man sich selbst führen. Anzeichen für Mängel in der Selbstführung sind Überlastung, viele Überstunden, nicht genommener Urlaub, häufiges Zuspätkommen, chronische Unzufriedenheit mit der Arbeit, Jammern etc. Man kann die Schuld dafür im System oder beim Vorgesetzten suchen. In jedem Fall trägt man aber auch selbst zum Problem bei. Ein Höchstmaß an Freiheit und Selbstbestimmtheit erlangt man, wenn man 100 % Verantwortung übernimmt, für alles, was einem widerfährt.

Und es gibt ja immer motivierende Vergleiche: Kolleg*innen, die unter gleichen Bedingungen exzellente Leistung zeigen und augenscheinlich nicht leiden. Es lohnt sich meistens, mit diesen Kollegen zu sprechen. Sie zu fragen, wie sie das schaffen. Vielleicht haben sie die Fragen für sich überzeugend beantwortet. Vielleicht können sie daher klar und überzeugend „Nein“ sagen, realistische Termine mit Nachdruck benennen und sogar mehr als eine Rolle im Unternehmen ausführen, ohne gestresst zu sein.

Führungskräfte sind im Übrigen nicht unbedingt besser im (Selbst-)Führen. Ständige Erreichbarkeit, immer gehetzt sein, niemals Zeit haben und viele Überstunden sind Symptome der mangelnden Fähigkeit, sich selbst und andere zu führen.

Selbstführung ist anstrengend, egal auf welcher Ebene und in welcher Form. Aber sie ist eine Notwendigkeit für das Leben und Arbeiten in einer komplexen Welt!

Was Sie tun sollten:

- Klären Sie, was Selbstführung bedeutet und welche Konsequenzen sie mit sich bringt.
- Klären Sie Rollen, Verantwortungen und Befugnisse.
- Befähigen Sie sich selbst und Ihre Mitarbeiter zur Selbstführung.
- Reden Sie mit Ihren Mitarbeitern über Vertrauen. Klären Sie, was Vertrauen für jeden bedeutet.
- Vertrauen Sie zuerst sich und dann Ihren Mitarbeitern.
- Lernen Sie erst, sich zu führen, bevor Sie andere führen.
- Besuchen Sie Seminare für Selbstführung als „Qualitätstraining“.

4.3.3 Mehr Coachen statt Beraten und Trainieren

Beraten und Trainieren basieren wie das Managen auf Plänen (Lehrpläne, Konzepte etc.), auf Vorgaben (Lehrstoff, Methoden und Werkzeuge) und auf Kontrolle (Prüfungen, Messungen, Tests). Berater und Trainer sollen in Bezug auf das Thema oder Fachgebiet immer mehr wissen als der Kunde. Das dient dem Zweck der Wissens- und Kompetenzerweiterung beim Kunden.

Trainings und Beratungsansätze sind häufig nicht auf die wirklichen Bedürfnisse der Kunden zugeschnitten. In der Regel ist es nur ein Teil der Beratung oder des Trainings, manchmal sogar nur ein kleiner Teil, den der Teilnehmer wirklich gebrauchen kann. Für den anderen Teil seiner Bedürfnisse erhält er hingegen keinen Beitrag. Dieses Vorgehen ist alles andere als *Lean.* Dieses Vorgehen wird dem wichtigsten beteiligten Interesse nicht gerecht, hat also zu wenig Qualität.

Man kann es besser machen. Man kann – wenn man als Trainer oder Berater vom Auftraggeber die Möglichkeit erhält – die Mitarbeiter bzw. geplanten Teilnehmer fragen, was sie brauchen, was sie lernen möchten, welches (Lern-)Ziel sie verfolgen.

Während Beratung und Training grundsätzlich nach dem Push-Prinzip funktionieren, gilt für Coaching ausschließlich das Pull-Prinzip (Bild 4.9). Der Mitarbeiter bzw. Kunde (im Coaching auch *Coachee* genannt) kann nur *gecoacht* werden, wenn er oder sie es will. Es handelt sich nicht um echtes Coaching, wenn der Vorgesetzte seinem Mitarbeiter einen Coach an die Seite stellt, weil **er** der Meinung ist, dass der Mitarbeiter Unterstützung benötigt. Bei solchen Arrangements sollte man sich nicht wundern, wenn die gewünschten Ergebnisse ausbleiben.

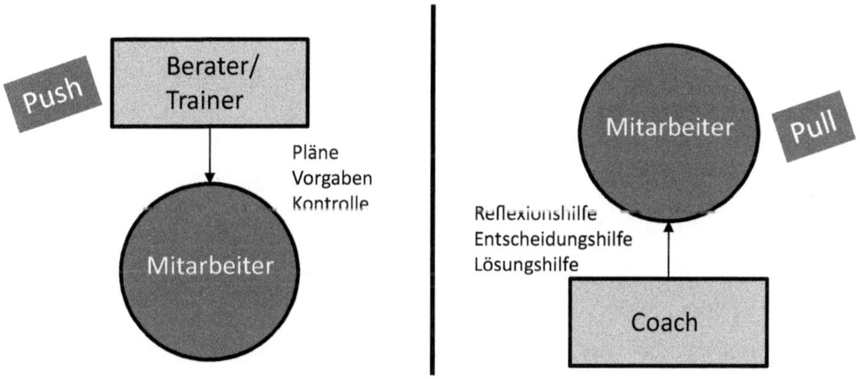

Bild 4.9 Unterschied Beraten, Trainieren, Coachen

Coaching begleitet und befähigt Menschen dabei, ihre selbstgewählten Ziele zu erreichen. Dabei nimmt die Zieldefinition häufig schon einen Großteil der Coachingarbeit ein. Die meisten Menschen wissen ziemlich gut, was sie nicht wollen, aber die wenigsten wissen, was sie wollen und wohin sie wollen. Das gilt auch für viele Unternehmen. Coaching kann hier helfen. Coaching ist Hilfe zur Selbsthilfe.

Coaching geht davon aus, dass der Kunde der beste Spezialist für die Lösung seines Problems, seiner Herausforderung ist. Der Coach holt die Lösung aus dem Coachee „hervor“. So entsteht ein tiefgehender Lernprozess. Der Coachee ist motiviert und fähig, die selbst in sich entdeckte Lösung umzusetzen. Wie gut der Coaching-prozess zu unserem neuen Qualitätsansatz passt, verdeutlichen die sieben Coachingprinzipien nach Sabine Prohaska, hier etwas umformuliert und gekürzt zitiert (der Coachingkunde oder Coachee wird hier „Klient" genannt).

Niemand ist schuld an einer Situation

Im Mittelpunkt der Coaching-Arbeit stehen der Klient und sein Beziehungssystem. Systemische Sichtweisen sind bemüht, die Probleme von Menschen im Kontext ihrer Biographie sowie dem sozialen, beruflichen und gesellschaftlichen Umfeld zu verstehen. [...] Es geht beim Coachen nie um die Suche nach Schuldigen beziehungsweise den Auslösern einer Situation, weil alles mit allem verbunden ist. [...]

Komplexe Systeme bestehen aus vielen Komponenten, zwischen denen es zahllose Beziehungen und Interaktionen gibt. Es gibt nicht die eine Ursache. Coaching berücksichtigt diese integrale Sicht.

Neutralität gegenüber Sichtweisen und Werten

Neutralität ist eine wichtige Haltung von Coachs. Sie beinhaltet eine gelassene Neugier gegenüber allen Sichtweisen, Erklärungen und Werten – und seien sie dem Coach noch so fremd. Neutralität zeigt sich auch in der Allparteilichkeit, also im Bestreben, alle Mitglieder des Systems aus ihrer Perspektive heraus zu verstehen und ihre Sichtweisen wertzuschätzen. [...]

Dieses Prinzip stärkt Beziehungsqualität, unterstützt Vielfalt und fördert Kreativität. Coaching lädt zum Lernen und Umdenken ein.

Grundhaltung des Nicht-Wissens

Hiermit ist nicht gemeint, dass Coachs so tun, als wüssten sie nichts. Vielmehr bezieht sich diese Grundhaltung auf die Art des Umgangs mit ihrem Wissen. Coachs formulieren und artikulieren Hypothesen nicht aus der überlegenen Haltung eines Experten heraus, der mehr als der Klient weiß, sondern aus der bescheidenen Haltung des Nicht-Wissens. Hintergrund: Coachs wissen nicht, was das Beste für ihre Gesprächspartner ist. Das müssen diese selbst entdecken. [...]

Dieses Prinzip stärkt den Coachee. Es fördert (Selbst-)Vertrauen und Kompetenzzuwachs. Dies ist insbesondere bei Selbstführung von Bedeutung.

Wertschätzung und Respekt für die Person

Ein systemisches Coaching setzt Respekt und Wertschätzung für den Klienten als Person voraus. Diese Haltung ist die Basis für eine fruchtbare Zusammenarbeit. Die nötigen Impulse zur Veränderung hingegen können in einigen Fällen durch die Respektlosigkeit des Coachs dem Problem des Klienten und seinen Symptomen gegenüber kommen. In vielen Fällen ist das sogar notwendig. Dies ist jedoch nur möglich, wenn die Beziehung zwischen Coach und Klient für den Klienten erkennbar und erfahrbar von Respekt und Wertschätzung geprägt ist. [...]

Wertschöpfung durch Wertschätzung: Wertschätzung und Respekt schaffen eine Kultur des Vertrauens und der Integrität und legen damit die Basis für Qualität.

Lösungsorientierung und Ressourcenorientierung

Lösungsorientierung bedeutet: Der Fokus wird vom Problemsystem zum Lösungssystem verlagert: Wer (und was) ist wichtig für die Lösung des Problems? [...]

Ressourcenorientierung bedeutet: Coachs gehen davon aus, dass ihre Klienten die erforderlichen Möglichkeiten und Potenziale haben, ihre Probleme selbst – oder mit selbst organisierter Unterstützung – zu lösen. [...]

Ursache-Wirkungsdiagramm (Ichikawa), Fehlerbaum-Analyse, FMEA etc., sie alle sind primär problemorientiert und in komplexen Systemen überfordert. Coaching ist durch den lösungsorientierten Ansatz eine wirksame Methode im Umgang mit Komplexität.

Coaching sorgt dafür, dass vorhandene Ressourcen genutzt und verborgene Ressourcen erkannt werden. Dies hat nicht nur wirtschaftliche, sondern auch soziale Bedeutung. Coaching motiviert und befähigt die Menschen, verborgene Ressourcen in sich zu entdecken.

Orientierung am Klienten

[...] Coaching orientiert sich primär an den Interessen und Zielen der Klienten und nur sekundär an eigenen Zielen. Ein zentrales Element des Coachings ist die Auftragsklärung. Diese wird so weit operationalisiert, dass möglichst allen Beteiligten klar wird, was das Ziel ist, wie die Zielerreichung aussieht und woran man sie erkennt. Ob und wann das Ziel erreicht ist, entscheidet der Klient. [...]

Ersetzen Sie hier „Klient“ mit „Kunde“ oder „Mitarbeiter“. Es wird deutlich, wie stark Coaching zur Qualitätsentwicklung beitragen kann. Unser Qualitätsprinzip lautet: *Kunden- und Beziehungsfokus statt Egozentrik.*

Die Wirklichkeit ist eine subjektive Konstruktion

Gefragt wird im systemischen Coaching nicht danach, wie es „wirklich“ ist, sondern nach Ideen und Bedeutungsgebungen. Die „Wirklichkeit“ wird nämlich stets als eine subjektive, also vom Individuum selbst konstruierte erachtet, in die individuelle Erfahrungen und Werte einfließen. [...] Aufgabe des Coachs ist es, dem Klienten neue Perspektiven und Sichtweisen und somit neue Möglichkeiten zu eröffnen. [...]

Neue Perspektiven und Sichtweisen sind der erste Schritt für Kreativität und Innovation. Coaching kann dazu beitragen, dass eingefahrene Wege im Unternehmen verlassen und neue Pfade entdeckt werden.

(QM-)Trainings und Beratung arbeiten überwiegend in der „Äußeren Dimension". Coaching betrachtet hingegen auch die innere Sicht (Bild 4.10). Nur so kann eine ganzheitliche, nachhaltige Personal- und Organisationsentwicklung erfolgen. Nur so kann Qualität im Unternehmen erzeugt und gelebt werden.

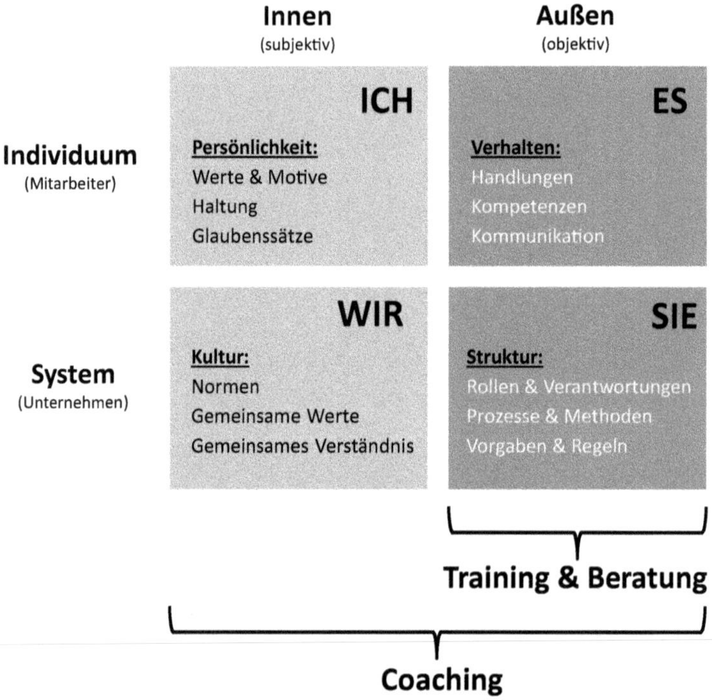

Bild 4.10 Coaching, Training und Beratung im Quadrantenmodell

Nutzen Sie Coaching als „Standardwerkzeug" der qualitätsbestimmten Führung. Coaching ist eine höchst wirksame Qualitätsmethode für Komplexität.

Was Sie tun sollten:

- Klären Sie Sinn und Zweck von Beratung und Trainings mit den Betroffenen.
- Finden Sie die wirklichen Bedarfe und Bedürfnisse der Mitarbeiter heraus und richten Sie Trainings und Beratungen darauf aus.
- Klären Sie erst die Ziele, dann Inhalte und Methoden.
- Entwickeln Sie Coaching-Kompetenz im Unternehmen.
- Setzen Sie Coaching flächendeckend als „Qualitätsmethode" ein.

4.3.4 Trainings mit Führungskräften und Mitarbeitern

Ob bei In-house-Trainings oder offenen Seminaren, in der Fortbildung wird die Trennung zwischen Führungskräften und Mitarbeitern konsequent gelebt. An QM-Seminaren nehmen nur Fachkräfte und keine Führungskräfte teil. In Projektmanagementseminaren sitzen zukünftige Projektleiter. Neben dieser Rolle gibt es im Projektmanagement jedoch noch eine Reihe anderer Rollen z. B. für die Geschäftsleitung, für die Linienmanager und für die Projektmitarbeiter. Doch diese Zielgruppen sind im Seminar nicht anwesend. Change-Management-Seminare werden bevorzugt von Mitarbeitern aus dem Personalbereich besucht. Sie lernen, wie man die Mitarbeiter „verändern" kann bzw. zu Veränderungen bewegt. Die Mitarbeiter selbst sind nicht anwesend. In Führungskräfteseminaren wird das jährliche Mitarbeitergespräch geübt. Da keine Mitarbeiter anwesend sind, übernimmt eine andere Führungskraft die Rolle des Mitarbeiters.

Wenn es um Fachthemen wie Konstruktion, Wareneingang, Maschinenbedienung geht, macht es Sinn, dass die jeweiligen Fachkräfte an den Trainingsmaßnahmen teilnehmen. Bei systemischen Themen ist dieses Vorgehen verfehlt. In sehr vielen Trainings sind systemrelevante Gruppen nicht eingebunden, nicht gefragt, nicht anwesend. Die Konsequenzen und die damit verbundenen Qualitätsprobleme kennen wir. Qualität ist das Ergebnis der Beziehungen und des Zusammenspiels der verschiedenen Systembeteiligten. Es zeigt sich zum wiederholten Male, dass Hierarchie- und Abteilungsdenken und das Ausgliedern von „Qualität" in eine eigene Organisation dem Entstehen von Qualität entgegenwirken.

Was Sie tun sollten:

- Klären Sie, wer die beteiligten Interessensgruppen für ein Trainingsthema sind.
- Führen Sie Bildungsmaßnahmen mit allen relevanten beteiligten Interessengruppen durch.

4.3.5 Die Führungskraft als Coach

Wenn Sie die Autorität im Unternehmen verteilen, wenn Mitarbeiter und Teams sich selbst führen, dann bedarf es keiner konventionellen Führungskräfte mehr. Was es aber braucht, ist Unterstützung und Befähigung zur Selbstführung. Es braucht Führung als Dienst an den anderen und am Ganzen, *Servant Leadership* (Bild 4.11).

> *„Führung heißt, anderen Menschen ihren Wert und ihr Potenzial so klar zu spiegeln, dass sie selbst an sich zu glauben beginnen."*
>
> *Stephen R. Covey*

Als Eltern können wir unsere Kinder nicht ein Leben lang an die Hand nehmen, sie anleiten, ihnen sagen, was sie tun sollen, was gut für sie ist. Aber wir können sie bestärken; in ihren Werten, in ihren Potenzialen. Und genau das können wir auch für unsere Mitarbeiter tun. Anstatt selbst auf Basis von meist unzureichenden Informationen zu entscheiden, leisten wir Entscheidungshilfe. Anstatt Pläne und Vorgaben zu machen – an die die Mitarbeiter und oft sogar wir selbst gar nicht glauben – geben wir Reflexions- und Lösungshilfen. Anstatt zu kontrollieren – Dinge, die wir selbst nur zum Teil verstehen – schenken wir Vertrauen und stärken damit unsere Mitarbeiter.

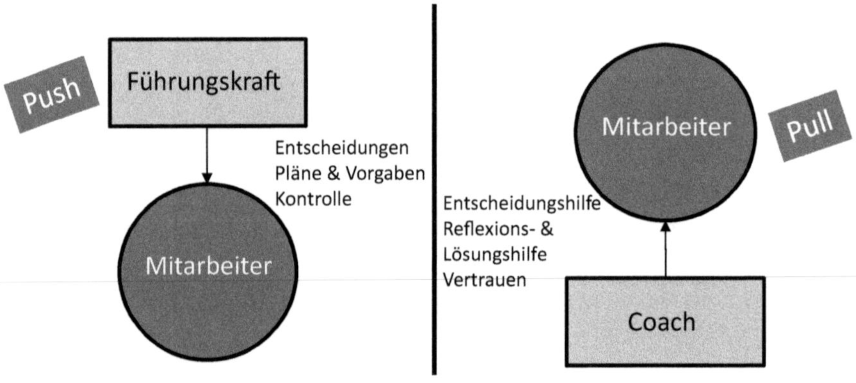

Bild 4.11 Konventionelle Führungskraft vs. Coach („Servant Leader")

Als *Servant Leader* bzw. Coach stehen Sie Ihren und anderen Mitarbeitern und Kolleg*innen immer dann zur Verfügung, wenn Unterstützung benötigt wird. Die Mitarbeiter sollten dann dank Ihres Coachings die Lösungen selbst finden.

Die Entwicklung zu mehr Eigenverantwortung und Selbstführung von Mitarbeitern ist keine Alternative, für die man sich entscheiden kann oder eben nicht, sondern eine existenzielle Anforderung der neuen Arbeitswelt. Viele traditionelle Führungskräfte sind schon heute für die eigentliche, sinnvolle Arbeit nicht mehr nötig.

Als coachende Führungskraft werden Sie gebraucht! Selbstorganisation und Selbstführung benötigen Hilfe und Unterstützung. Freuen Sie sich auf diese neue Rolle! Sie setzt aber einen anspruchsvollen Transformationsprozess voraus, der in Ihnen selbst beginnt. Erst wenn man sich selbst reflektieren und entwickeln kann, kann man anderen bei ihrer Reflexion und Entwicklung zur Seite stehen.

Die Anstrengung lohnt sich, aber nur, wenn man mit ihr einen echten Sinn, eine „gerechte Sache" verfolgt. Der Zweck, „dann kann ich Karriere als Führungskraft machen", trägt nicht genügend, um die notwendigen, tiefgreifenden Entwicklungsprozesse in mir zu begründen.

> Was Sie tun sollten:
>
> Nehmen Sie Abschied vom konventionellen Verständnis der Führungskraft und qualifizieren Sie sich für eine Tätigkeit als dienende Führungskraft, die als Coach agiert.

4.3.6 Business Quality Coaching – vom Push zum Pull

Coaching wird in vielen Lebensbereichen eingesetzt. Im beruflichen Kontext nennt man es Business Coaching. Die Entwicklung sozialer Kompetenz, die im Fokus von Business-Coaching-Ausbildungen steht, spielt in konventionellen QM-Ausbildungen kaum eine Rolle, obwohl dies zwingend gebraucht würde. In der Ausbildung zum Business Coach fehlt hingegen die intensive Auseinandersetzung mit dem Thema Qualität. Ebenso sind die Themen Organisationstruktur und Prozesse meist zu wenig vertreten. Da Business Coaching verstärkt in der Organisationsentwicklung eingesetzt wird, wäre dies aber von Vorteil. Bisher sind QM und Organisationsentwicklung zwei getrennte Bereiche.

Die Synergie aus konventionellem QM und Business Coaching bringt einen wirkungsvollen Ansatz, der den Irrweg des QM verlässt und Qualität intrinsisch fördert (Bild 4.12).

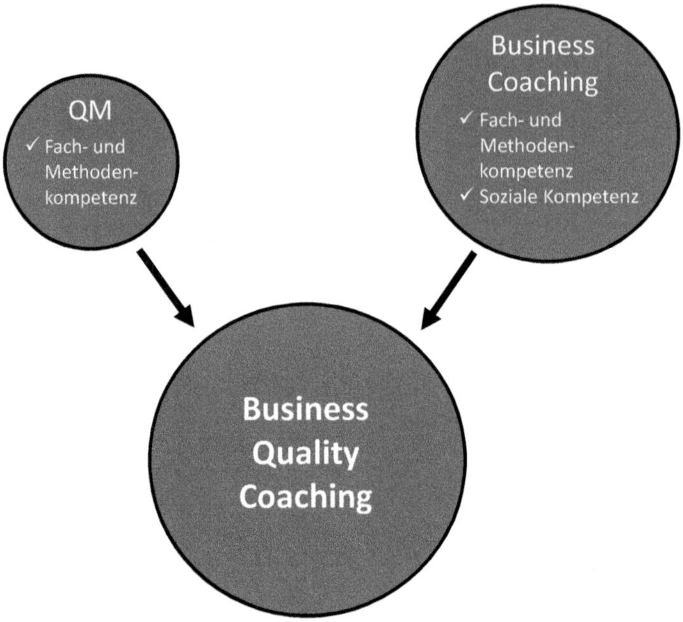

Bild 4.12 Business Quality Coaching: Synergie von Business Coaching und QM

Während (Qualitäts-)Management nur die äußere Dimension von Organisationen betrachtet, berücksichtigt Business Quality Coaching (BQC) die innere und die äußere Dimension. Während (Qualitäts-)Management mit Plänen, Vorgaben und Kontrolle arbeitet, fördert BQC die Reflexion, gibt Entscheidungs- und Lösungshilfen. Dabei gilt die Grundhaltung aus dem Coaching: Der Coachee bzw. der Mitarbeiter ist der Experte und weiß, was er braucht.

Business Quality Coaching ist Hilfe zur Selbsthilfe mit dem Ziel, Qualität von innen nach außen entstehen zu lassen.

Durch einen Mix aus Beratung, Training und Coaching werden Mitarbeiter und Führungskräfte zu „Qualitätsexperten“ für ihren Bereich bzw. für ihre Aufgaben. Sie erlangen die Kompetenz für das Gestalten „ihres“ Managementsystems mit individuellen Lösungen unter Einhaltung der gültigen Standards und Normen. BQC bietet an, die ISO 9001 und ihre Ableger als Instrument einer zeitgemäßen, agilen Betriebsorganisation und Unternehmensführung zu „reframen“ (siehe auch Kapitel 6). Eine Schlüsselrolle im BQC spielen die internen Audits, welche weniger zur Überwachung als vielmehr zum Austausch und zum Lernen durchgeführt werden.

(Qualitäts-)Management

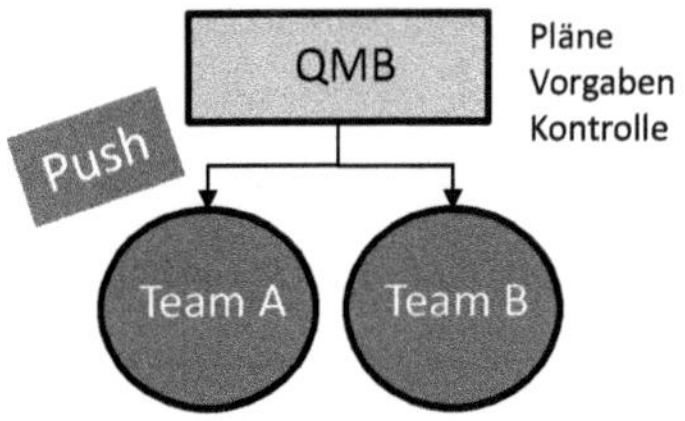

Grundhaltung
- Mitarbeiter müssen angeleitet werden

Grundprinzipien
- Hilfe durch Anleitung und Vorgaben
- Planung, Überwachung und Kontrolle

Geeignet für
- Kompliziertes Umfeld & Aufgaben
- Hierarchische Organisationen
- Führung ‚von oben'
- Risikominimierung & Effizienzsteigerung

Primäre Ziele
- Keine Qualitätsprobleme
- Stabilisierung

Business (Quality) Coaching

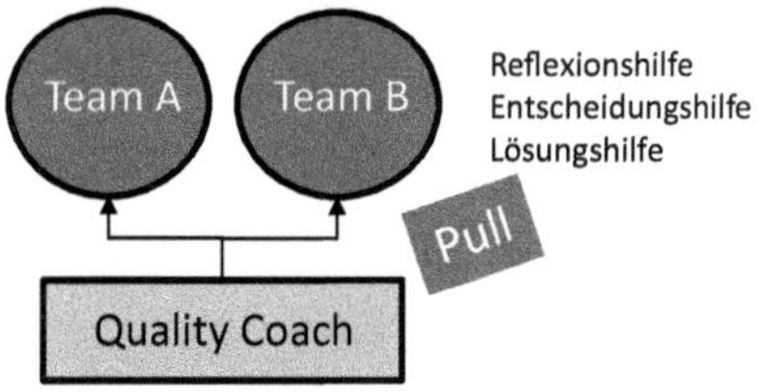

Grundhaltung
- Mitarbeiter wissen, was sie brauchen

Grundprinzipien
- Hilfe zur Selbsthilfe
- Vertrauen, Ermächtigung & Entwicklung

Geeignet für
- Komplexes Umfeld & Aufgaben
- Netzwerkorganisationen
- Selbstführung
- Innovationsförderung & Effektivitätssteigerung

Primäre Ziele
- Lernen & Entwicklung
- Veränderung

Bild 4.13 (Qualitäts-)Management vs. Business (Quality) Coaching

Business Quality Coaching beruht auf nachfolgenden Prinzipien, die in der Ausbildung vermittelt, trainiert und angewendet werden:

- Frage, was die Mitarbeiter brauchen.
- Hinterfrage und verstehe zuerst den Sinn einer Normforderung.
- Frage immer zuerst „Wozu?".
- Reflektiere dich selbst und deine Zusammenarbeit mit anderen.
- Frage deine internen und externen Kunden, was sie erwarten und was sie benötigen, und treffe Vereinbarungen mit ihnen (PULL vor PUSH).
- Kommuniziere deine Anforderungen an deine internen und externen Lieferanten und treffe Vereinbarungen mit ihnen (PUSH vor PULL).
- Verändere und verhalte dich selbst in der Art und Weise, die du es dir von anderen wünschst.
- Schaffe Klarheit und mache die Dinge einfach.
- Lasse Individualität zu und standardisiere nur, wo es sinnvoll und wertschöpfend ist.

- Prinzipien und Vorbilder sind wichtiger als Regeln und Anweisungen.
- Qualität wird durch das Handeln im gegenwärtigen Moment zum Ausdruck gebracht und weniger durch Planung.
- Business Quality Coaching beruht auf wechselseitigem Vertrauen:
  - In die Mitarbeitenden: Jeder will eine gute Leistung erbringen.
  - In die Organisation: Jeder darf und soll wahrgenommene Probleme und Risiken offen ansprechen.
  - Kontrolle dient der Objektivierung, nicht der Disziplinierung.

Die Wandlung vom konventionellen QM zum BQC schafft folgenden Nutzen für das Unternehmen (Bild 4.13):

- **Weniger Bürokratie, mehr Wirksamkeit**

  Durch die Einbindung der Mitarbeiter und Führungskräfte in die Gestaltung der Organisation und des dazu passenden Managementsystems werden wirkungslose Methoden und Werkzeuge identifiziert und eliminiert. Das bürokratische Eigenleben des normbefriedigenden „QM-Schattensystems" hat ein Ende.

- **Agilität und Schnelligkeit**

  Da die Mitarbeiter bzw. die Teams aufgerufen sind, das Managementsystem mit seinen Prozessen und Methoden an die aktuellen Bedürfnisse und Gegebenheiten anzupassen, sind Veränderungen fester Bestandteil des Unternehmensalltags. Groß angelegte Change-Projekte werden überflüssig. Durch die Selbstorganisation der Teams werden Entscheidungen dort getroffen, wo sie benötigt werden.

- **Weniger Aufwand in den Zentralfunktionen**

  Die Einbindung der Mitarbeiter und Führungskräfte in die Pflege des Managementsystems entlastet die Zentralfunktionen merklich. Der Mehraufwand in den Teams für die Gestaltung und Aufrechterhaltung des Managementsystems wird durch Effektivität und Effizienz desselben mehr als kompensiert.

- **Weniger Bedarf an externen Beratern**

  Die beratende und coachende Rolle der internen „Qualitätsexperten" und „Organisationsentwickler" macht den Einsatz von externen Beratern weitestgehend überflüssig.

- **Motivierte Mitarbeiter**

  Mitarbeiter sind grundsätzlich motiviert. Sie werden nur durch fehlendes Vertrauen und unsinnige Vorgaben demotiviert. Durch Mitgestaltung und Selbstorganisation kommt Demotivation erst gar nicht auf.

- **Weniger Aufwand für externe Audits und Re-Zertifizierungen**

  Revisionen von Normen ziehen häufig einen großen Aufwand an Systemanpassung nach sich. Externe Audits werden mit Unterweisungen und Norm-Schulungen akribisch vorbereitet. Diese Aufwände entfallen vollständig, da die Mitarbeiter ihr gelebtes Managementsystem immer auf dem neuesten Stand halten. Ein QMS gibt es nicht!

4.3.6.1 Business Quality Coaches im Unternehmen

Business Quality Coaches sind interne Coaches, Berater und Trainer für qualitätsbestimmte Organisations- und Personalentwicklung. Die Rolle des Business Quality Coach **kann** folgende Aufgaben und Verantwortungen im Unternehmen beinhalten:

- Interne Begleitung der Organisationsentwicklung
- Beratung und Coaching der Fach- und Führungskräfte bezüglich der QM-Norminterpretation und -Anwendung
- Beratung und Coaching zur Verschlankung und Flexibilisierung des Managementsystems
- Moderation von Workshops
- Begleitung und Moderation von strategischen und operativen Verbesserungsprojekten
- Unterstützung und Begleitung der Persönlichkeitsentwicklung der Fach- und Führungskräfte
- Befähigung, Unterstützung und Begleitung von Selbstorganisation und Selbstführung
- Befähigung und Unterstützung bei der Auswahl und Einführung agiler Methoden und Tools
- Moderation von Strategie-Reviews
- Begleitung von strategischen Dialogen (z. B. Stakeholderkonferenz)
- Ausbildung und Entwicklung interner Auditoren
- Interner Kommunikationstrainer
- Ansprechpartner für Zertifizierungsauditoren

Nachdem das Konzept des BQC in der Organisation vorgestellt wurde, sollte die Rolle gemeinsam mit Fach- und Führungskräften entwickelt werden. Besondere Achtsamkeit gilt bei der Festlegung von Befugnissen. Hier kommt es häufig zu Irritationen. Ein Coach hat im Grunde keine Befugnisse. Er holt den Coaching-Auftrag für jeden individuellen Fall beim jeweiligen Kunden ein. Er hat weder vor, während, noch nach dem Coaching Entscheidungsbefugnisse. Seine Autorität bzw.

Akzeptanz erlangt der Coach lediglich über seine Kompetenz und den Erfolg des Coachings.

Die Rolle des *Business Quality Coach* könnte vom bisherigen QMB oder auch von einer (traditionellen) Führungskraft übernommen werden.

Voraussetzungen für die Rolle des Business Quality Coach sind:

- Freiwilligkeit und Interesse
- Bereitschaft, an sich zu arbeiten, die eigenen Verhaltensweisen zu reflektieren und sich weiterzuentwickeln
- Unbegrenzte Lernbereitschaft
- Spaß mit Menschen zu arbeiten und sie in ihrer Entwicklung zu begleiten
- Zeit für die Gestaltung und Ausübung der Rolle
- Und für Führungskräfte: die Bereitschaft, Macht bzw. (Entscheidungs-)Befugnisse abzugeben!

Der letzte Punkt dürfte für die meisten traditionellen Führungskräfte der schwierigste sein. Keine Macht mehr zu haben, keine Entscheidung mehr treffen zu dürfen, wird nicht selten als Versagen und Totalverlust des Arbeitsbeitrags empfunden.

Mit den genannten Voraussetzungen steht einer Ausbildung zum *Business Quality Coach* nichts mehr im Weg. Die Ausbildung kann In-House oder in offenen Seminaren durchgeführt werden. Eine vorab abgeschlossene Ausbildung zum Business Coach oder eine vergleichbare Qualifikation ist hilfreich. Ein großer Kompetenzanteil für die Rolle, das Coachen, ist dann bereits vorhanden. Was noch fehlt, sind die Fähigkeiten zur Entwicklung qualitätsbestimmter Führung im Unternehmen und bei Bedarf eine Ausbildung zur Interpretation und Umsetzung der QM-Normen.

Eine QM-Ausbildung ist für die Rolle des Business Quality Coach nicht nötig. Im Gegenteil, es hat sich gezeigt, dass es Mitarbeitern ohne „QM-Vorbelastung" leichter fällt, Normvorgaben und deren Umsetzung kritisch zu hinterfragen und zu alternativen, kreativen Lösungen zu kommen.

Im Gegensatz zum QMB, der in der Regel in der QM-Abteilung seinen Platz hat, ist die Rolle des Business Quality Coach an keine Abteilung oder Hierarchiestufe gekoppelt. Jeder kann die Rolle im Unternehmen ausüben, in aller Regel zusätzlich zu einer Fach- oder Führungsfunktion. Der Einsatzbereich und der Umfang des Tätigkeitsfelds können nach Belieben variiert werden. In Start-ups und Kleinunternehmen sollte die Gründerin oder der Geschäftsführer die Rolle übernehmen. In mittleren und größeren Unternehmen hat es sich bewährt, dass Mitarbeiter und Führungskräfte aus verschiedenen Bereichen und Ebenen die Rolle übernehmen (Bild 4.14). Bei der SoftwareONE besteht das Team der Quality Coaches aus *Leadern*, Fachkräften und Auszubildenden aus allen Bereichen. Gerade dieser Mix führt zu einem besseren Verständnis zwischen den Fachbereichen, fördert das abteilungsübergreifende Denken und Arbeiten und hilft, Autorität und Kompetenz zu verteilen (Prinzip *Kompetenz statt Hierarchie*).

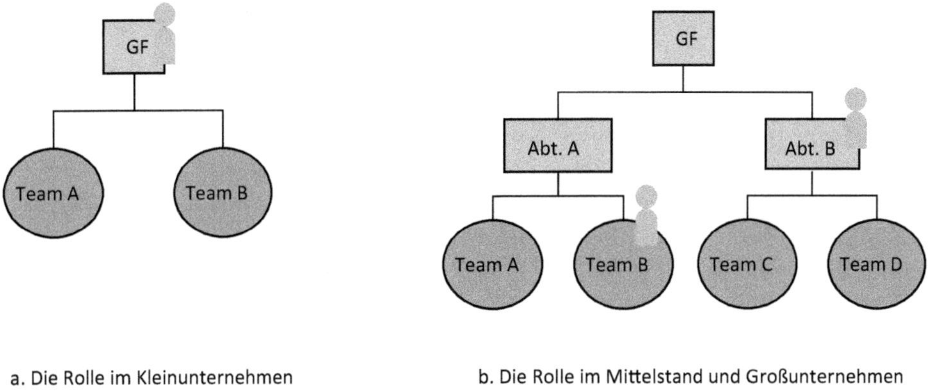

Bild 4.14 Die Rolle des Business Quality Coachs in der Organisation

4.3.6.2 Einführung und Praxis

Die Schritte für eine BQC-Einführung sind:

- Schritt 1: Vorstellung des Business-Quality-Coaching-Konzepts in der Belegschaft
- Schritt 2: Nominierung der Business Quality Coaches auf freiwilliger Basis
- Schritt 3: Ausbildung zum Business Quality Coach intern oder extern (Offene Ausbildung)
- Schritt 4: Selbstständige Bewertung und Analysen der Unternehmensleistung mit Hilfe von Audits, Coachings und Management Review (dies findet bereits während der Ausbildung als praktischer Teil statt)
- Schritt 5: Planung und Durchführung von Organisations- und Systemänderungen (diese finden ebenfalls bereits während der Ausbildung statt)
- Optional Schritt 6: Zertifizierung oder Re-Zertifizierung des Managementsystems
- Schritt 7: Regelmäßige Reviews und Lessons-learned-Sitzungen

Sowohl bei einer In-house als auch bei einer offenen Ausbildung findet also parallel eine Organisationsentwicklung hin zu qualitätsbestimmter Führung – mit oder ohne Zertifizierung – statt.

Start-ups oder KMU ohne ein formelles QMS bzw. ohne eine „ISO-Zertifizierung“ haben die besten Voraussetzungen für die Einführung des BQC-Ansatzes. Die ISO

9001 und ihre Ableger können als Handlungsrahmen für die Organisationsentwicklung neu gedeutet (Reframed) und genützt werden.

Für Auditoren ist es wesentlich, zu erkennen, dass das Managementsystem von den Mitarbeitern „getragen" wird. Dies wird durch den „Hilfe zur Selbsthilfe-Ansatz" weit besser als durch die konventionellen Vorgehensweisen gewährleistet. Einer Zertifizierung steht also nichts im Wege.

> *„Im Audit demonstrierten die Mitarbeitenden einen sehr hohen Grad an Eigentümerschaft am neuen Managementsystem, wie dies selten zu beobachten ist. So tragen gut informierte Mitarbeitende das Managementsystem gemeinsam mit den Führungskräften, hohes Bewusstsein bezüglich des individuellen Beitrages zum Managementsystem und zum geschäftlichen Erfolg ist durchgängig auf allen Ebenen der Organisation erkennbar. Ich bin der Überzeugung, dass SoftwareONE ein sehr gelungenes Managementsystem eingeführt hat, was klare Führung und Weiterentwicklung in agiler Form vereint."*
>
> *Andreas Fischbacher, akkreditierter Lead Auditor, SQS*

Was Sie tun sollten:

- Stellen Sie den BQC-Ansatz den Führungskräften und den Qualitätsfachkräften vor.
- Diskutieren Sie den Ansatz im Team.
- Klären Sie, inwieweit BQC zu Ihren Unternehmenswerten bzw. zu Ihrem Leitbild passt.
- Klären Sie, ob Sie den (Kultur-)Wandel zum BQC mit allen Konsequenzen wirklich wollen.
- Transformieren Sie Ihr QM zum BQC.

4.4 Organisationsstruktur – wie finden wir Stabilität und Agilität?

Ohne Struktur wird kein Unternehmen Bestand haben. Die hierarchische Pyramide hat sich als eine stabile, verlässliche Organisationsstruktur im Industriezeitalter erwiesen. Ihre Zeit ist aber abgelaufen. Nun gilt es, andere Strukturen zu finden. Letztendlich müssen Sie für Ihren Unternehmenssinn, Ihren Unternehmenskontext und Ihre beteiligten Interessen die optimale Organisationsstruktur finden. Und dann bedarfsgerecht anpassen. Nur so entsteht nachhaltige Organisationsqualität.

In diesem Abschnitt erfahren Sie:

- Warum agile Methoden nicht zu einem agilen Unternehmen führen
- Welche Führungsmöglichkeiten es für verteilte Autorität gibt
- Warum Sie schon Experte für Netzwerkorganisationen sind
- Wie Sie Zentralfunktionen neu definieren und nutzen können
- Wie Selbstführung und Selbstorganisation auch für große Unternehmen funktionieren können

4.4.1 Die „agile" Pyramide

Gerne hätten Unternehmen eine Organisationsform, die alles kann: höchste Sicherheit und Stabilität und gleichzeitig höchste Agilität und Kreativität. Beides gleich ausgeprägt kann es jedoch nicht geben. Es ist wie mit Chancen und Risiken. 100 % Risikovermeidung bedeutet eben auch auf alle Chancen zu verzichten.

Da sich die hierarchische Pyramide über so viele Jahrzehnte bewährt hat und fester Bestandteil des Managementparadigmas ist, ist sie auch heute noch die meist verbreitete Organisationsform. Sie befriedigt das Grundbedürfnis nach Sicherheit und Stabilität und das Bedürfnis nach Ausübung von Macht und Kontrolle wie keine andere Struktur. Mit der Einführung von agilen Methoden wie z. B. *Design Thinking* oder *Kanban* wollen Unternehmen nun den Sprung ins Wissenszeitalter schaffen.

Design Thinking ist ein Kreativprozess zur Ideenfindung, der sich am Nutzer orientiert und auf Design-Methoden beruht. (Vertical Media GmbH)

Der Begriff Kanban stammt aus dem Japanischen und bedeutet so viel wie Karte, Tafel oder Beleg, aber auch Behälter. Das 1947 von Taiichi Ohno, dem Erfinder des Toyota-Produktionssystems, entwickelte Kanban ist eine Umsetzung des als Pull- oder Hol-Prinzip bekannten Steuerungsverfahrens in der Produktion bzw. Fertigung. (REFA AG)

Ein *Agile Coach* bringt den Mitarbeitern agile Methoden bei, der *Change Agent* verpasst ihnen das dazugehörige Mindset. Das Top-Management möchte üblicherweise von all dem nicht belästigt werden. Wenn Mitarbeiter dann noch zu hören bekommen, sie sollten sich als Unternehmer im Unternehmen verhalten, stellen sich leicht Zynismus und Widerstand ein. Bild 4.15 illustriert das Vorgehen, wenn agile Methoden in ein hierarchisch strukturiertes Unternehmen eingefügt werden. Ohne Veränderung der Organisationsstruktur können agile Vorgehensweisen jedoch ihre Kraft nicht entfalten. Es bleibt bei vereinzelten positiven Effekten, aber zu einer wirklichen Selbstorganisation mit entsprechender Verantwortungsübernahme wird es nicht kommen.

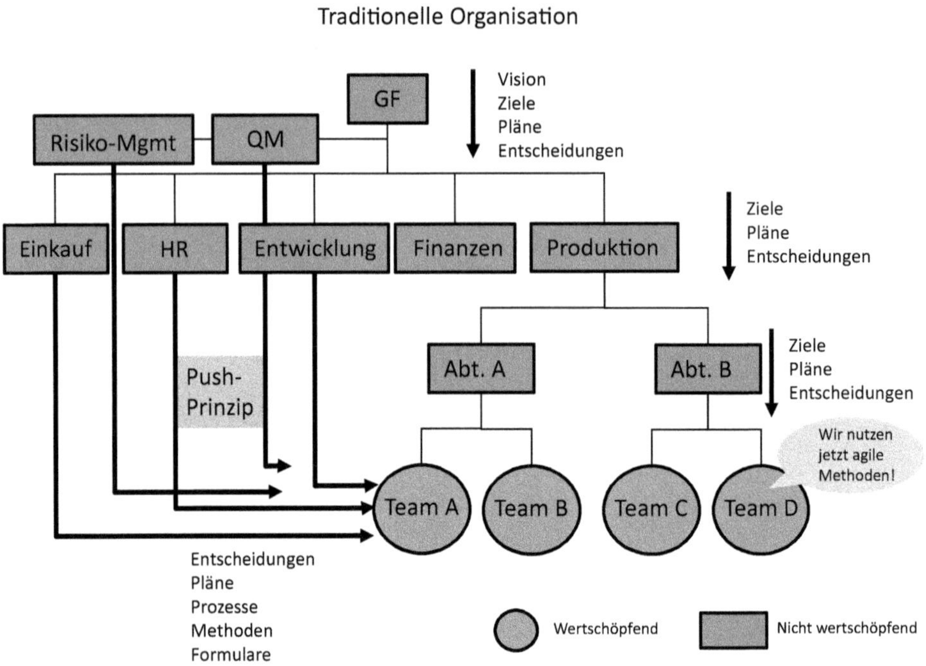

Bild 4.15 Die Einführung von agilen Methoden in hierarchisch geführten Organisation

Agile Methoden in hierarchischen Strukturen sind wie moderne Apps auf einem Windows-2.0-Betriebssystem. Sie laufen nicht.

> *„Ein Unternehmen, welches agile Methoden einführt, ist ein Unternehmen mit agilen Methoden, aber noch lange keine agile Organisation."*
>
> *Markus Reimer*

Bild 4.15 zeigt noch ein anderes Dilemma. Der Anteil der wertschöpfenden Bereiche in einer Organisation wurde mit dem Einzug von Management immer kleiner. Management, allen voran die Pseudo-Disziplinen QM, Risiko-Management und Change-Management, sind zum Selbstzweck mutiert. Aus Sicht der Mitarbeiter – der Anwender – sind die Managementsysteme oft mehr hinderlich als hilfreich und führen zu zusätzlicher Binnenkomplexität innerhalb einer schweren, rigiden Struktur. Aus Mangel an Mut, Kreativität und wahrgenommener Dringlichkeit mögen viele Unternehmen noch an der hierarchischen Pyramide festhalten. Um den Herausforderungen unserer Zeit zu begegnen, sind neue Organisationsformen mit verteilter Autorität nötig.

Was Sie tun sollten:

- Führen Sie ohne Änderung bzw. Anpassung der Organisationsstruktur keine agilen Methoden ein.
- Schaffen Sie erst einmal Raum für neue (agile) Methoden, indem Sie alle nicht wirksamen, system- und normbefriedigenden Prozesse und Methoden abschaffen.

4.4.2 Verteilte Autorität – Führung als Dienstleistung

Um mit der heutigen Komplexität am Markt und im Unternehmen umgehen zu können, müssen die Verantwortungen und Befugnisse dort hingegeben werden, wo das Wissen und die Kompetenz für das jeweilige Problem liegen. Nur mit verteilter Autorität lässt sich erfolgreich in einer komplexen Welt operieren. Es gibt unzählige Beispiele, im Kleinen und im Großen, dass das gut funktioniert. Das Leben in der Familie, in einer Stadt, die Weltwirtschaft; alle diese Systeme haben Strukturen und Regelungen zur Koordination, aber es gibt keine zentrale Führung und Planung.

In einer herausragenden Organisation wird Führung als Tätigkeit verstanden, nicht als Rolle. Geführt wird auf allen Ebenen und in allen Organisationsbereichen. (EFQM Modell 2020)

Verteile Autorität bedeutet, dass Führung nicht mehr als Privileg – gekoppelt an eine Position in der Pyramide – verstanden wird, sondern als Dienstleistung. Und jeder kann diese Dienstleistung ausführen, wenn er oder sie dazu befähigt ist bzw. befähigt wurde.

Die Frage ist nicht „Wer darf führen?“, sondern, „Wer kann führen?“.

Verteilte Autorität in der Praxis

Bei der SoftwareONE hat man ein Leadership-Konzept eingeführt, das den Mitarbeitern nicht nur erlaubt, sondern sie dazu auffordert, sich Hilfe und Unterstützung dort zu holen, wo die zum Problem passende Kompetenz sitzt. Damit ist die Standardvorgabe der Einhaltung des Dienstwegs ausgehebelt. Von *Leadern* wird erwartet, dass sie diese Regelung unterstützen.

Die ALPHA LASER GmbH hat Abteilungen ohne Abteilungsleiter. Es gibt keine Vorgesetzten. „Geführt“ werden die Abteilung von demjenigen oder derjenigen mit der höchsten Kompetenz. Man kann ihn oder sie als eine Art Klassensprecher betrachten. Er oder sie führt Entscheidungen herbei. Die Entscheidung selbst wird im Team getroffen. Die Rolle des „Klassensprechers" ist nicht definiert und wird vom Inhaber individuell ausgelegt.

Bei Betterplace Lab gibt es weder Abteilungen noch Vorgesetzte. Das Unternehmen arbeitet vollständig selbstorganisiert mit stetiger Neubildung von Teams. Eine Verfassung mit definierten Rollen stellt das Regelwerk dafür dar. (*https://www.betterplace-lab.org/unsere-verfassung*)

So unterschiedlich die Umsetzungen von verteilter Autorität und Führung in diesen Unternehmen auch sind, alle haben eines gemeinsam: ein tiefes Vertrauen in ihre Mitarbeiter und den Willen, mit verteilter Autorität zu führen.

Was Sie tun sollten:
Reden Sie mit Menschen bzw. Organisationen, die bereits mit verteilter Autorität und Selbstführung arbeiten.

4.4.3 Die Netzwerkorganisation

Die Netzwerkorganisation wird gerne als das „Organisationsmodell der Zukunft" gepriesen. Bei genauer Betrachtung gibt es sie schon seit Jahrhunderten. Die Netzwerkorganisation kann als ein Verbund von weitgehend autonomen Organisationseinheiten, die gemeinsame Ziele und Interessen verfolgen, verstanden werden. Die Organisationseinheiten können Einzelpersonen, Gruppen oder Institutionen sein. Eine Gesellschaft bildet mit dem Ziel der Verwirklichung gemeinsamer Lebensinteressen ein Netzwerk. Ein Automobilhersteller schafft ein Netzwerk von Lieferanten und Partnern, um gemeinsam ein neues Fahrzeug zu entwickeln.

Die Autonomie der einzelnen Organisationseinheiten, die verteilte Kompetenz und Autorität, machen das Netzwerk agil und schnell.

Eine Netzwerkorganisation innerhalb einer (autonomen) Organisationseinheit zu bilden, bedeutet nichts anderes als eine Teilung in kleinere, autonome Einheiten. In der Natur nennt man das Zellteilung. Wie eine Netzwerkorganisation bzw. wie Selbstorganisation und Selbstführung in großen Unternehmen aussehen können, zeigt das Beispiel von Buurtzorg (Bild 4.16).

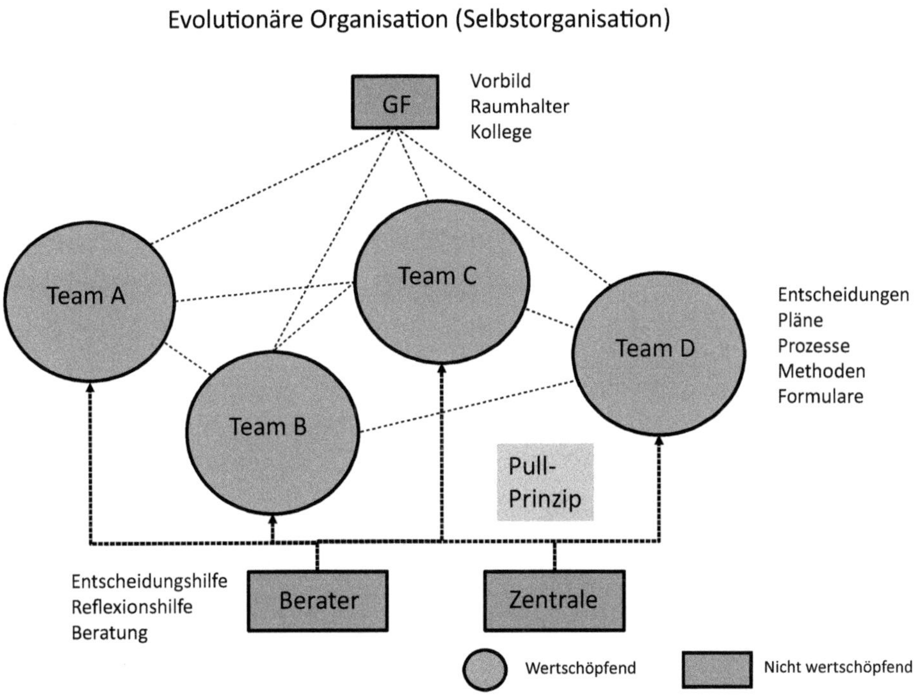

Bild 4.16 Beispiel einer Netzwerkorganisation

Die Basis sind operative Teams von zehn bis zwölf Pflegekräften. Diese Größe hat sich als ideal herausgestellt, um *als Unternehmen im Unternehmen* den Sinn bestmöglich zu verwirklichen. Buurtzorg beruht auf der Arbeit von mehr als 800 solcher Teams! Die Teams führen und organisieren sich selbst. Dafür bedarf es klarer Rollen und Prozesse. Als Gründer und Geschäftsführer hat Jos de Blok keine Weisungsbefugnisse den Teams gegenüber. Er verkörpert drei Funktionen: Vorbild, Raumhalter und Kollege. Den „Raum zu halten" bedeutet, darauf zu achten, dass auch in kritischen Situationen keine traditionellen Managementpraktiken durch die Hintertür Einzug in die Organisation halten. Auch bei Verstößen gilt es, den Wert *Vertrauen* aufrechtzuhalten. Da Selbstführung und Selbstorganisation eine große Herausforderung für die Teams darstellen, gibt es für je 40 bis 50 Teams einen regionalen Berater. Der Berater hat auch keinerlei Weisungsbefugnisse. Er oder sie ist einfach da, um zu helfen. Die Hilfe wird nur im Bedarfsfall, also nach dem Pull-Prinzip in Anspruch genommen.

Der Anteil an Wertschöpfung in selbstgeführten Organisationen ist groß, in Abhebung von hierarchisch geführten Organisationen (Bild 4.16). Aber auch bei Organisationen wie Buurtzorg gibt es ein gewisses Maß an nicht direkt wertschöpfenden Verwaltungs- und Zentralaufgaben. Der größere Teil davon, nämlich alle Verwaltung, die das Team direkt betrifft, wird nach Neigung und Fähigkeit auf die Teammitglieder aufgeteilt. Und die Teams sind durch die Übernahme dieser Aufgaben keineswegs ineffizient geworden. Für die noch verbleibenden Verwaltungstätigkeiten, die sinnvollerweise an zentraler Stelle wahrgenommen werden (z.B. Verhandlungen mit den Kranken- und Pflegekassen), gibt es eine „Zentrale" mit etwa 30 Mitarbeitern – bei einer Firmengröße von ca. 10000 Beschäftigten. Die Pflegekosteneinsparung im holländischen Gesundheitssystem durch Buurtzorg liegt lt. Ernst & Young bei 40%.

Zentralfunktionen sind, wie wir auch am Beispiel von Buurtzorg sehen, grundsätzlich nichts Schlechtes. Entscheidend ist, wie und wofür sie eingesetzt werden. In hierarchisch geführten Unternehmen haben Zentralfunktionen einen anweisenden Charakter. Es gilt das Push-Prinzip. Vorgehensweisen und Richtlinien werden „von oben" erlassen. Zentralfunktionen können jedoch auch „von unten" nach dem Pull-Prinzip unterstützen (Bild 4.17). In dieser Rolle haben sie keine Weisungsbefugnisse. Sie sind Dienstleister im Unternehmen und werden nur bei Bedarf in Anspruch genommen. Es entscheidet die Haltung, weniger die Position.

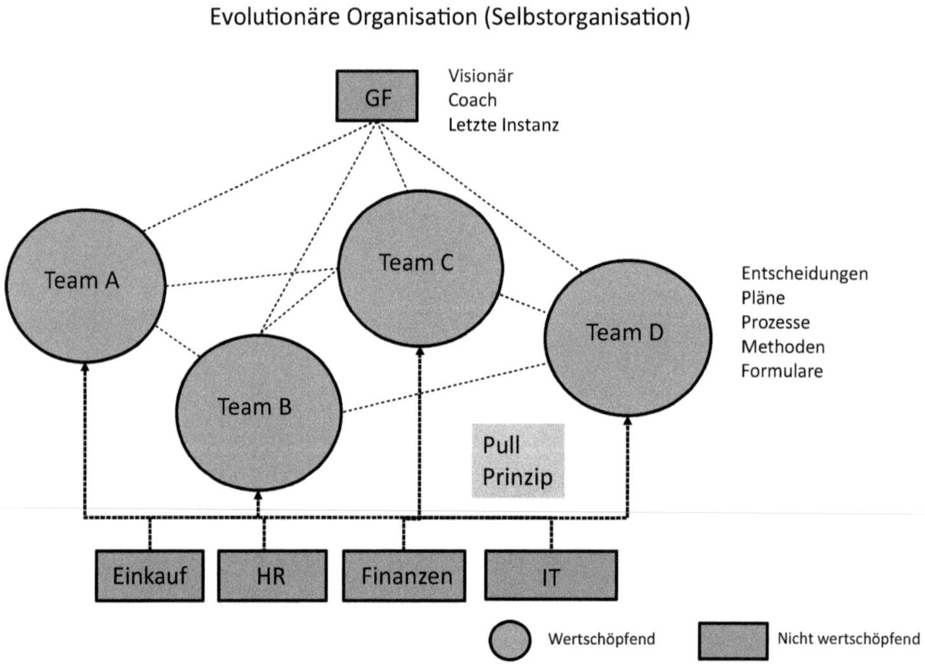

Bild 4.17 Zentralfunktionen als Dienstleister

In Netzwerkorganisationen ist die Verbindung **zwischen** den Teams von großer Bedeutung. Es bedarf klarer Kommunikations- und IT-Infrastrukturen für den Austausch und das Lernen untereinander. So werden Wildwuchs und unbestimmte

Alleingänge vermieden. Standard wird da entstehen, wo er sich bewährt. Durch Wegfall von „von oben" angeordneten Standards bleibt Raum für Kreativität.

Nicht immer können Teams zu 100 % autonom arbeiten. Das von Brian Roberts entwickelte „Managementsystem" *Holacracy* (Bild 4.18) berücksichtigt Abhängigkeiten zwischen den Teams bzw. Rollen mit sogenannten Super- und Sub-Kreisen. Eine Gruppe von Rollen stellt einen Sub-Kreis dar und ist gleichzeitig Teil eines größeren Kreises. Für die Verbindung bzw. Koordination zwischen Super- und Sub-Kreis werden spezielle Rollen in beiden Kreisen definiert. Ein Kreis ist keine Gruppe von Menschen, sondern von Rollen. Jeder Mitarbeiter nimmt mehrere Rollen im Gesamtsystem ein. *Holacracy* lässt sich auf jede Größe skalieren.

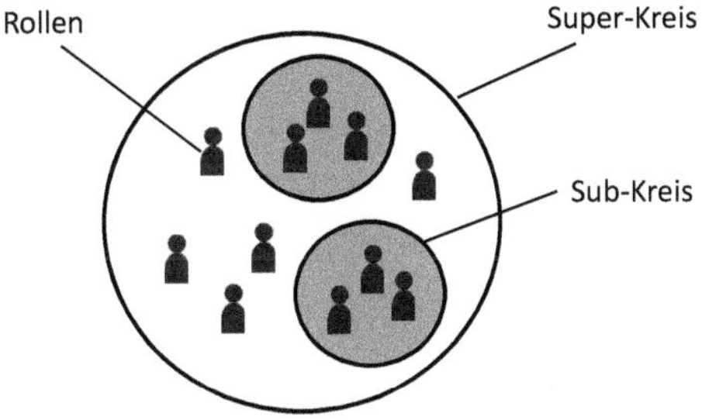

Bild 4.18
Holacracy-Struktur

Alle Unternehmen, die mit Selbstführung arbeiten, haben gemeinsam, dass ihre Organisation sich in einem stetigen Wandel, in einer stetigen Anpassung an Situationen und Herausforderungen befindet. Während in hierarchischen Organisationen die Arbeit der Organisation angepasst wird, wird in agilen Unternehmen die Organisation der Arbeit angepasst (Bild 4.19). Change-Projekte weichen so einem stetigen Wandel und werden überflüssig.

Bild 4.19 Hierarchie vs. Netzwerk

Welche Organisationstruktur Sie für Ihr Unternehmen als passend und richtig ansehen, hängt in hohem Maß von Ihren Werten, Motiven und Glaubenssätzen ab. Ihr Menschenbild entscheidet auf der grundlegendsten Ebene.

Was Sie tun sollten:

- Erkunden Sie Ihre Werte und Motive: Was ist Ihnen wirklich wichtig? Wie wollen Sie Ihre Mitarbeiter und Ihr Unternehmen führen?
- Diskutieren Sie mit Ihren Mitarbeitern, Führungskräften, Kollegen verschiedene Organisations- und Führungsstrukturen.
- Probieren Sie neue Organisations- und Führungsmodelle mit Freiwilligen in Teilbereichen aus.
- Schaffen Sie Strukturen, die Selbstführung fordern und fördern.
- Seien Sie mutig!

4.5 Praxisbericht: Ein Interview mit betterplace lab

Joana Breidenbach, Gründerin von betterplace lab, und Franziska Kreische, designierte Geschäftsführerin über Qualität im Kontext von Selbstführung und Selbstorganisation.

Im Interview erfahren Sie,

- was Muskelarbeit mit Organisationsentwicklung zu tun hat,
- welche Hindernisse und Fehlschläge auf dem Weg zur Selbstführung zu meistern sind,
- wie ein „QMH“ für selbstführende Organisationen aussieht und dienlich sein kann,
- wie Qualität ohne klare Anforderungen definiert und gesichert werden kann,
- wie organisatorische Qualität entsteht und stetig verbessert werden kann,
- wie ein konstruktiver Umgang mit Fehlern gelingen kann.

QR: *Seit fünf Jahren arbeitet Ihr mit Selbstorganisation. Joana, Du beschreibst in einem Artikel, dass sich Lähmung nach der „äußeren Organisationsänderung“ eingestellt hat. Wie sah der dann folgende innere Transformationsprozess aus? Wie wurde das Tagesgeschäft aufrechterhalten und die Entwicklung der Mitarbeiter und der „inneren Organisation“ vorangetrieben?*

JB: Über fast zwei Jahre hatten wir zusammen mit unserem Coach, Bettina Rollow, alle sechs bis acht Wochen halbtägige Workshops, um mit der Transformation voranzukommen und Dinge, die nicht so gut funktionierten, auszuräumen. Mehr und mehr ging es dabei um die innere Dimension. Wir stellten fest, dass die Lösung in der Regel nicht darin lag, Prozesse zu ändern, sondern zu einem geteilten, ganzheitlichen Verständnis der Transformation zu gelangen. Wir stellten Fragen wie

„Wie sehen wir die Welt?“, „Was sind unsere Bedürfnisse, unsere Interessen?“, „Wie sieht die innere Landkarte der Transformation aus?“, „Welche Qualitäten, welche Kompetenzen brauchen wir, um auf solch eine fluide Art miteinander zu arbeiten?“. Aus den Workshops nahmen wir dann immer eine Reihe von konkreten Aufgaben mit, die wir in unseren normalen Arbeitsalltag integrieren konnten.

Wir sind dieses neue Verhalten in der Arbeit ja nicht gewöhnt. Das lernt man ja auch nicht an der Schule oder der Uni.

Vieles muss man regelrecht trainieren wie einen Muskel, beispielsweise seine Bedürfnisse auszudrücken. Wir haben bei jedem Meeting Check-Ins und Check-Outs durchgeführt. Da besteht die Gefahr, dass das mechanisch wird. Also war es nötig, uns immer wieder gegenseitig zu ermutigen, mehr von uns zu zeigen, authentisch zu sein.

Oder die Kompetenz der Metareflexion. Nach größeren Meetings schauen wir immer mal gemeinsam drauf, was darin abgelaufen ist. Es ist ja nicht so einfach, sich von dem zu lösen, was in einem persönlich passiert ist, und quasi eine Vogelperspektive einzunehmen. Und sich dann vielleicht einzugestehen: „Das ist eine Kompetenz, die habe ich noch nicht so recht, aber die kann man trainieren.“

QR: *Ist die Transformation abgeschlossen? Wo steht die Organisation heute?*

JB: So ein Prozess ist nie abgeschlossen. Man erreicht immer wieder Plateaus, wo das, was bisher ein Stretch und schwierig war, besser funktioniert. Dann kommt die neue Lernherausforderung. Die geplante Ausgründung als GmbH stellt so eine neue Herausforderung dar. Das ist ja ein Schritt zu noch mehr Autonomie. Und dazu kommt noch, dass es einen Geschäftsführer braucht, jemanden mit einer vom Gesetz her bestimmten herausgehobenen Stellung. Das wird Franziska werden. Franziska kam vor fünf Jahren als Praktikantin zu uns und ist jetzt Anfang Dreißig.

Die Organisation sieht heute ganz anders aus als nach der Gründung. Sie ist geprägt von dem Team, das die Organisation kollektiv führt. Sie ist risikoaverser, solider, liefert sicherlich bessere Qualität. Ich hatte ja damals eine Blaupause an die Wand geworfen und wollte von außen nach innen arbeiten, weil ich die Ideen einfach cool fand. In der Beziehung musste ich viel lernen. Wir haben tolle Mitarbeiter verloren, weil sie das, was von ihnen erwartet wurde, zu radikal fanden. Beginnen muss alles mit einer Standortbestimmung, einer Klärung, welche Menschen da sind, mit welchem impliziten Verständnis von Führung und Zusammenarbeit. Die Entwicklung der Organisation muss sich von innen nach außen vollziehen. Auf diese Weise entfaltet sich dann auch der evolutionäre Sinn.

QR: *Ihr habt für das betterplace.lab eine 43 Seiten umfassende Verfassung erarbeitet, in der Ihr Euer Selbstverständnis, Eure Werte, Eure Mission sowie in detaillierter Weise Eure Rollen und Prozesse beschreibt. Dieses Dokument ähnelt in seiner Struktur ei-*

nem typischen Qualitätshandbuch. Wie kam es zu der Idee zu dem Dokument, wie wurde es erarbeitet und in Kraft gesetzt?

JB: Zu der Verfassung hatte mich das „Handbook for new Employees" von Valve inspiriert. Unsere Verfassung bewährt sich sehr im Recruiting und Onboarding, weil es Bewerbern und neuen Mitarbeitern eine gewisse Orientierung bietet. Das verhindert aber nicht, dass sich Menschen bewerben, die dann doch nicht passen. Viele Menschen können sich ja selbst nicht gut einschätzen. Sie finden unsere Konzepte als Idee toll, aber merken dann doch, dass sie mehr Guidance, Orientierung und Fremdmotivation brauchen.

QR: *Wie wird mit der Verfassung gearbeitet? Lebt sie, wird sie noch diskutiert und evtl. überarbeitet?*

FK: Wir im Team greifen manchmal zur Verfassung, wenn wir uns nicht mehr ganz sicher sind, wie wir eine bestimmte Sache eigentlich regeln wollten. Das Dokument wird also ziemlich oft verwendet und daher in regelmäßigen Abständen angepasst und kontinuierlich erweitert.

QR: *In der Verfassung taucht zehnmal der Begriff „Qualität" auf. Eine Definition, was Ihr unter dem Begriff versteht, findet sich nicht. Warum ist das so? Braucht Ihr die nicht? Verstehen alle intuitiv das Gleiche unter Qualität?*

FK: Nach dem Bild der Spiral Dynamics verfolgen wir in erster Linie ein Qualitätsverständnis der höheren Stufen, nach Stimmigkeit, sozialer Wirksamkeit und innerer Anbindung. Wir wollen stolz sein können auf unser Produkt und seine Wirkung. Das Messen, KPIs und dergleichen spielen eine untergeordnete Rolle. Es soll das gemessen werden, was messbar ist, aber wenn es um komplexe Themen wie weibliche Gleichberechtigung oder vitale Inklusion geht, wissen wir ja noch nicht einmal, wie das positive Ergebnis aussehen soll.

Im Team haben wir ein geteiltes Qualitätsverständnis, aber auch individuelle Ausprägungen.

Zur Sicherstellung von Qualität betreiben wir offene, ehrliche Dialoge im Team, Sparring und Feedback und unsere kompetenzbasierte Führung bewährt sich: Letztlich kann derjenige, der zu einem Thema die größte Kompetenz mitbringt, bestimmen: So machen wir's!

QR: *Wie betreibt Ihr Qualitätssicherung, in den Projekten und im Rahmen von organisatorischen Veränderungen?*

FK: Bei Projekten sind meistens mehrere Teammitglieder beteiligt, ein Projektlead und Mitarbeiter*innen. Es gibt eine klare Aufgabenverteilung, die erfolgt kompetenzbasiert. Auch der Beratungsprozess ist wichtig, zum Beispiel was die Finanzen betrifft.

Zu Projektbeginn werden gemeinsam mit dem Projektpartner Ziele definiert und auch verschriftlicht. In den wöchentlichen Team-Meetings werden die Meilensteine besprochen und es gibt auch Reportings für die Projektpartner. Am Projektende findet ein obligatorisches Debriefing statt. Einerseits ein Gespräch mit dem Projektpartner und auch eine Innenschau zum Ablauf und den Ergebnissen des Projekts. Die Learnings aus den einzelnen Projekten werden dann auch in das größere Team eingespielt, damit alle davon profitieren können.

Der Qualitätssicherung dient auch ein bei diversen Angelegenheiten geltendes Vier-Augen-Prinzip, zum Beispiel bei der Erstellung von Angeboten, dem Unterschreiben von Verträgen, der Freigabe von Rechnungen, und eine enge Einbindung der Überblicker*innen (Hauptkompetenzträger für verschiedene Bereiche, z. B. Finanzen, Team, IT; Anm. QR).

Organisatorische Veränderungen werden auf der Ebene der Überblicker*innen geplant und gesteuert, wobei wir, um nicht Einzelpersonen zu überfordern, wie es auch bei Holagracy vorgesehen ist, Überblickerkreise gebildet haben. Die gibt es jetzt für Finanzen, für das Team, wo Personalangelegenheiten behandelt werden, für Strategie, für Öffentlichkeit und für IT. Diese Kreise erarbeiten Vorschläge für Prozessanpassungen und haben im Allgemeinen auch die Macht, zu entscheiden, dass das jetzt so gemacht wird. Nur bei wenigen Themen wird die Entscheidung im ganzen Team getroffen. Wir haben halt immer die Spannung zwischen Basisdemokratie und der Notwendigkeit, schnell und agil, kompetenzbasiert zu entscheiden. Wichtig ist immer, viel Verständnis für die Themen im gesamten Team zu pflegen.

Als zentrales Mittel unserer Qualitätssicherung definieren wir häufig unsere Maßstäbe, vor allem über welche Kompetenzen Teammitglieder in welchem Ausmaß verfügen müssen, damit sie für bestimmte Rollen eingesetzt werden können, z. B. für Teamführung, Konzeptionserarbeitung, Projektmanagement. Da gibt es dann sehr offene, manchmal auch schmerzhafte Dialoge.

Das haben wir beispielsweise auch angewendet, um festzustellen, welche Kompetenzen eine Geschäftsführung mitbringen soll. Wir haben die Kriterien in Gesprächen gesammelt, aufgelistet und gewichtet. Mit Abstufungen wie „essenziell", „wichtig" und „nice to have". Wir haben da keine starren Systeme.

Auch beispielsweise bei der Festlegung der Gehälter, die wir ja untereinander verhandeln, können unterschiedliche Maßstäbe einfließen. Unterschiedlichen Menschen sind ja unterschiedliche Dinge wichtig. Der eine bringt seine Leistung im Projekt vor, der andere argumentiert mit seinem persönlichen Bedarf, beispielsweise weil er gerade noch ein Kind bekommen hat oder in eine größere Wohnung zieht. Wir haben für die Gehaltsdiskussion eine Liste von etwa zehn Kriterien aus dem persönlichen und geschäftlichen Bereich. Auf dieser Grundlage kann jeder ganz individuell argumentieren und wir einigen uns dann im Team.

Wir haben eine Mischung von Menschen, die immer wieder auch Spannung erzeugt: zum Beispiel die, die arbeitsmäßig, fachlich exzellent sind und sehr innovativ arbeiten, und die anderen, die mehr für das „Grundrauschen des Unternehmens“ sorgen, die Stabilität bringen, sehr kollegial sind, die überforderten Mitarbeitern unter die Arme greifen und ein Gespür dafür haben, wenn ein Kollege gerade am Rand seiner Kapazität ist. Die sind natürlich auch sehr wichtig. Inzwischen haben wir im Team ein gutes, reifes Verständnis, welchen Mix von Kompetenzen wir brauchen, damit wir gute Qualität liefern können. Nicht nur die Innovativen, die besonders coole Arbeit abliefern, sondern auch die, die weniger aufregende Arbeiten machen, die soliden Projektmanager, die stabile Strukturen halten können. Wir haben jetzt eine sehr schöne Wertschätzung für die unterschiedlichen Formen von Beitrag.

QR: *In der Verfassung gibt es keinen Prozess zum Umgang mit Fehlern. Sind Fehler Konflikte? Wie geht Ihr mit Fehlern um?*

FK: Nein, Fehler sind definitiv keine Konflikte. Ich denke, wir sind sehr transparent im Umgang mit Fehlern. Fehler und die transparente Kommunikation darüber sind maßgebliche Treiber für unser Qualitätsmanagement. Wir sprechen sehr offen, wertschätzend und vertrauensvoll darüber und mit gemeinsamer Anstrengung versuchen wir, daraus entstehende Probleme zu lösen. Da greift einerseits der Beratungsprozess, der hilft, fachliche Themen zu klären und wenn wir auf systemische Schwachstellen treffen, sind es die Überblickerkreise, die klären, woran es liegt und wie das für die Zukunft zu bereinigen ist. Und dabei schauen wir nicht nur auf die äußeren Strukturen und Prozesse, sondern auch auf die innere Dimension. Vielleicht gibt es auch einen inneren Grund dafür, dass wir den Fehler häufig machen, vielleicht sträubt sich was in uns zum Beispiel gegen eine Anforderung, vielleicht gibt es ein Beziehungsthema mit dem Projektpartner? Wir müssen die Fehler ja auf der Ebene beantworten, von der sie herkommen.

Das Gespräch über Fehler kann jederzeit stattfinden, aber wir haben auch im wöchentlichen Teammeeting einen festen Agendapunkt: Was ich nicht schaffe; was nicht gut läuft; wo ich Unterstützung brauche. Damit wollen wir betonen, dass es ganz normal ist, dass nicht alles klappt und hier ist der Slot, in dem wir darüber reden. Damit entsteht so eine Selbstverständlichkeit.

Außerdem werfen wir in den Projekt-Debriefings einen sehr selbstkritischen Blick auf unsere Arbeit, das teilen wir dann auch mit unseren Partnern. Zuletzt kamen wir auch mal zu dem Ergebnis, dass ein Projekt zwar für 1 ½ Jahre unsere Gehälter gezahlt hat, aber in Bezug auf seine soziale Wirksamkeit sinnlos war. Darauf haben wir beraten, welche Soll-Bruchstellen wir in Zukunft in Projekte einbauen sollten, um nicht noch einmal in so eine Situation hineinzulaufen. Denn unser höchstes Qualitätsmerkmal lautet: Sind wir stolz auf das Projekt, weil es im angestrebten Sinn wirksam ist und mit unserem Purpose übereinstimmt?

QR: *Habt Ihr jemals an eine ISO 9001-Zertifizierung gedacht? Was wären Gründe dafür und dagegen?*

JB: Über so etwas machen wir uns überhaupt keine Gedanken. Wir finden auch so standardisierte Zertifikate für bewegliche Start-up-Kontexte sehr schwierig. Wir wüssten auch gar nicht, worin der Mehrwert liegen könnte, außer vielleicht besonders konservative Geldgeber wie Stiftungen oder Ministerien zu beruhigen. Aber das ist nicht unser Angang, so ein paternalistisches Verhältnis, in dem wir unsere Fleißkärtchen vorlegen müssten. Spendensiegel und solche Dinge finden wir nur für die Katz.

Zertifizierung hätte nur einen Wert für uns, wenn wir dabei wirklich was Wichtiges und Nachhaltiges dazulernen könnten.

QR: *Ist neuen Mitarbeitern immer klar, was auf sie zukommt? Was sind Gründe, wenn Mitarbeiter das Unternehmen verlassen?*

JB: Viele Menschen fühlen sich angezogen, vielleicht von unserer Verfassung, die sie gelesen haben. Sie wollen so frei arbeiten, aber sie haben keine Erfahrung damit und haben vielleicht ein höheres Sicherheitsbedürfnis als ihnen bewusst ist. Sie erleben dann doch viel Unsicherheit bei uns, das können wir auch durch gutes Onboarding und intensive Kommunikation nicht ausgleichen. Wir brauchen Mitarbeiter, die innerlich stabil und fähig sind, mit deutlich weniger äußerer Struktur und festen Prozessen als in herkömmlichen Unternehmen klarzukommen. Das Selbstbild, das die Menschen von sich haben, gerade die Millennials, die das cool finden – natürlich bin ich so, ich bin intrinsisch motiviert, ich brauche keinen Boss! –, stimmt häufig nicht mit der Wirklichkeit überein. Wir versuchen das im Recruiting herauszufinden, mit Fragen und Aufgaben, aber häufig fehlt schon die gemeinsame Sprache: Was bedeutet das, „mit Unsicherheit umgehen"?. Man lernt das ja nirgends, es gibt auch keine echten Trainings dafür. Es hat für uns im Team auch Jahre gebraucht, das zu verstehen.

■ 4.6 Literatur und Links

Breidenbach, Joana; Rollow, Bettina: *New Work needs Inner Work – Ein Handbuch für Unternehmen auf dem Weg zur Selbstorganisation.* Das Dach Berlin UG, Berlin 2019

DIN Deutsches Institut für Normung e. V.: *DIN EN ISO 9000:2015.* Beuth, Berlin 2015

Happich, Gudrun: *Was wirklich zählt.* Springer, Wiesbaden 2018

https://definition-online.de/werte/ – aufgerufen am 30.05.2020

https://markusreimer.com/zitate-markus-reimer/ – aufgerufen am 20.05.2020

https://refa.de/service/refa-lexikon/kanban – aufgerufen am 31.05.2020

https://robert-murray.com/culture-eats-everything-breakfast/ – abgerufen 16.07.2020

https://wirtschaftslexikon.gabler.de/definition/konstruktivismus-37530 – aufgerufen am 16.06.2020

https://www.business-wissen.de/artikel/coaching-die-sieben-grundprinzipien-des-coachens/ – aufgerufen am 31.05.2020 https://www.gruenderszene.de/lexikon/begriffe/design-thinking – aufgerufen am 31.05.2020

https://www.integralesforum.org/medien/integrale-bibliothek/theorie-grundlagen/4823-ken-wilbers-integrale-theorie-und-praxis-eine-einfuhrung-2 – aufgerufen am 16.06.2020

https://www.mutaree.com/content/change-management-seit-2010-mit-schlechter-erfolgsquote – aufgerufen am 16.06.2020

https://www.volkswagenag.com/presence/nachhaltigkeit/documents/Mission_Statement_Environment_2019-06-20_de_final_hoch-2.pdf – aufgerufen am 30.05.2020

Janssen, Bodo: *Die stille Revolution.* Ariston, München 2016

Janssen, Bodo: *Kraftquelle Tradition.* Vier-Türme, Münsterschwarzbach 2019

Laloux, Frederic: *Reinventing Organization.* Vahlen, München 2015

Permantier, Martin: *Haltung entscheidet.* Vahlen, München 2019

Roberts, Brian: *Holacracy.* Vahlen, München 2016

Tan, Chade-Meng: *Search inside yourself.* Arkana, Göttingen 2012

Das Wesentliche erkennen

Während der Ausarbeitung der Realisierungsansätze zum neuen Qualitätsparadigma haben sich Peter, Corinna und Daria noch viele Male getroffen und über den Fortschritt ausgetauscht. Die Treffen sind zu einem Ritual geworden und die Drei empfinden sie als hilfreich und wertschöpfend. Nachdem die erarbeiteten Realisierungsansätze zunächst dem Betriebsrat, dann in einer speziellen Mitarbeiterversammlung der Belegschaft vorgestellt wurden, saßen Peter, Corinna und Daria im Besprechungsbereich des neuen Großraumbüros.

C: Wie fühlst Du Dich mit Deiner zukünftigen Rolle Peter?

P: Ich bin freudig aufgeregt. Ich habe wirklich Respekt vor dem Coaching und weiß noch nicht, ob ich ein guter Quality Coach werde.

D: Hab Vertrauen und Zuversicht. Freude ist schon einmal eine gute Voraussetzung. Und dann erhalten Du und die anderen zukünftigen Q-Coaches ja noch eine Ausbildung. Ich werde Dich und Dein Team jedenfalls dabei tatkräftig unterstützen. Coaching ist ja auch mein Lieblingsthema.

P: Ja. Darauf freu ich mich. Vor allem, weil es in dieser Ausbildung nicht mehr nur um Normen und technische Systeme geht, sondern weil endlich die soziale Seite der Qualität, der Umgang mit den Menschen ins Zentrum gerückt wird. Das stelle ich mir sehr spannend vor.

D: Wow, dass ich so was einmal von einem Techniker zu hören bekomme! Daria lacht.

P: Interessiert hat mich so etwas schon immer. In den QM-Seminaren wird auf den Faktor Mensch kurz eingegangen, aber mehr auch nicht. Meistens als Risikofaktor, dem man am besten alles haarklein vorschreibt. Bei manchen unserer Führungskräfte bin ich mir nicht so sicher, ob die das Thema so wie wir sehen. Nicht jeder wird die notwendigen Veränderungen mittragen und die dafür richtige Haltung einnehmen können.

C: Natürlich müssen wir um die Kooperation der Mitarbeiter und vor allem der Führungskräfte werben und viel erklären, warum und wozu wir das Ganze machen. Aber, was im Einzelnen passieren wird, kannst Du nicht wissen. Du hast die Vermutung, dass manche nicht mitziehen werden. Das ist ein Glaubenssatz von Dir. Ich möchte, dass wir jedem Mitarbeiter und jeder Kollegin mit Zuversicht und Vertrauen begegnen. Der Rest wird sich zeigen.

P: Ich merke, dass ich die Coach-Ausbildung brauche, um an meinen Glaubensätzen zu arbeiten, scherzte Peter.

C: Dasselbe gilt auch für mich. Es war für mich sehr lehrreich, aber auch schmerzhaft, die Werte und Glaubenssätze hinter unserem bisherigen Managementsystem und unseren Führungspraktiken aufzudecken. Und, sie aufzudecken ist das eine, sie zu ändern oder sich von ihnen zu befreien ist das andere. Ich gebe zu, dass ich da selber noch eine Menge Arbeit mit mir habe.

D: Schön, dass Du das so siehst. Für mich war Personalentwicklung und die persönliche Entwicklung schon immer ein Schlüssel für mehr Unternehmensqualität. Daria setzte ein verschmitztes Lächeln auf.

C: Ich denke, dass wir das schon immer geahnt haben, wie wichtig diese Bereiche sind, uns aber nicht getraut haben, diese zarten Erkenntnisse in Handlungen umzusetzen. Aber mich beschäftigt noch was anderes. Ihr wisst ja, dass ich nicht gerade mit Geduld gesegnet bin. Ich möchte ungern jetzt mit großem Getöse die Organisationsänderungen ankündigen und dann warten, bis alle die Quality-Coach-Ausbildung abgeschlossen haben. Ich würde gerne ein paar Dinge ändern, die sofort Wirkung zeigen und die Transformation vorbereiten. Und das mehr auf der menschlichen Ebene. Um hier Ängste zu nehmen und Vertrauen zu gewinnen. Habt Ihr da Ideen?

P: Ja, ich hätte da eine Idee. Wir sind ja alle nicht gerade glücklich mit unseren internen Audits. Ich bezweifle, dass wir sie so machen würden, wenn wir keine Zertifizierung hätten. Was haltet Ihr davon, wenn wir diesen Prozess so ändern, dass er zum neuen Qualitätsverständnis passt? Ich meine, Audits sind ja so was wie das Gesicht des Qualitätsparadigmas.

C: Gute Idee. Das ist ein Prozess, der viel verändern sollte. Weitere Ideen, Prozesse?

D: Wir alle wissen, wie wichtig Kommunikation ist. Im Change-Management – ich weiß, ihr wollt das Wort nicht hören – wird immer wieder darauf hingewiesen, wie wesentlich Kommunikation bei Veränderungen ist. Ich finde, wir sollten uns mit der Qualität unserer Kommunikation beschäftigen.

C: Die Karte „Kommunikation" wird ja immer gezogen. Corinna grinste. *Aber Du hast Recht. Kannst Du Dir bitte Gedanken machen, was genau wir da tun können?*

D: Ich hab' schon einige Ideen. Gib mir eine Woche für die Konkretisierung.

C: Noch was?

P: Wir haben doch in unseren Workshops zu den Realisierungsansätzen erarbeitet, dass Werte, Glaubenssätze, Verhaltensnormen die Basis für alles sind und dass nachhaltige Veränderung hier ansetzt. Ich glaube, dass es ein Thema, einen Prozess bei uns gibt, wo sich unsere Kultur in allen Facetten ausdrückt.

C: Das wäre?

P: Der Umgang mit Fehlern!

C: Ups. Ich befürchte, Du hast Recht. Das ist ein Schlüsselprozess. Okay gehen wir all diese „sozialen Prozesse" an.

5 Die Umsetzung – soziale Prozesse

Die soziale Seite, die Beziehung zu den Menschen und zwischen den Menschen ist der elementare Erfolgsfaktor. Methodische oder technische Tools, wie Fragebögen, Flow Charts oder IT-Programme, können Sie bei der Anwendung der Prozesse unterstützen, die Beziehungsarbeit aber müssen Sie als Unternehmensleiter, als Quality Coach, als Führungskraft, als Change Agent oder in welcher Rolle auch immer persönlich leisten.

Selbstführung der Führungskräfte ist der unumgängliche erste Schritt der qualitätsbestimmten Unternehmensführung.

Sie können Veränderungen in einer Organisation nur dann erfolgreich in Gang setzen und fördern, wenn Sie sich selbst authentisch und vorbildlich einbringen. Die primäre Voraussetzung hierfür ist Ihr Selbst-Bewusstsein, das heißt, dass Sie sich Ihrer selbst bewusst sind. Sie müssen also in sich gehen, zunächst einmal klären, wohin die Entwicklung Sie und die Organisation tragen soll und welchem Sinn, welchem Wozu? das dienen soll. Was sind die wahren Motive dafür, dass gerade Sie, gerade jetzt, die Organisation in dieser Richtung verändern wollen? Seien Sie ehrlich. Seien Sie dankbar für jede noch so unerwünscht scheinende Erkenntnis. Sie zeigt Ihnen Ihren Lernbedarf und Ihre Lernmöglichkeiten.

Nur und erst wenn die Beziehungsebene zwischen Ihnen und den an dem Prozess beteiligten Mitarbeitenden vertrauensvoll und offen ist, sollten Sie an die Erprobung oder Durchführung der Prozesse herangehen. Anderenfalls ist ein Scheitern garantiert und das Ergebnis wird verstärktes Misstrauen und vielleicht sogar Zynismus sein.

Der in Abschnitt 4.2.2 ausgeführte Prozess der werteorientierten Organisationsentwicklung sowie der hier folgende Prozess *Fragen* sind Fundamentalprozesse, die Sie für jede nachhaltige Entwicklung benötigen. Das heißt, dass Sie zumindest eine Basiskompetenz hierin schaffen müssen, bevor Sie weitergehende Veränderungen in Ihrer Organisation angehen. Als erstes Veränderungsprojekt nehmen Sie sich dann den Prozess vor, der Ihnen zum gegenwärtigen Zeitpunkt am geeignetsten erscheint. Etwa weil Sie meinen, dass dies in Ihrer Organisation besonders willkommen wäre. Interne Audits sind beispielsweise solch ein notorisches Problemthema. *Coachendes Auditieren* zeigt Ihnen eine Alternative zum konventionellen Vorgehen.

5.1 Fragen – wie schaffe ich die Grundlage für positive Beziehungen?

„Fragen" steht am Anfang unserer Darstellung der Kernprozesse qualitätsbestimmter Führung. Denn Fragen bildet den Kern der Kernprozesse.

In diesem Abschnitt erfahren Sie,

- warum echtes Fragen in unserem Alltagsleben und insbesondere in Organisationen unpopulär ist,
- welche negativen Auswirkungen das konventionelle Kommunikationsmuster in Organisationen hat,
- warum beziehungsförderndes Fragen Kernelement zeitgemäßer Führung sein muss.

Die Fähigkeit und der Antrieb, Fragen zu stellen und darauf Antworten zu suchen, gelten als Motor der menschlichen Entwicklung. Eine Frage soll in der Regel dazu dienen, eine Wissens- oder Verständnislücke zu schließen. Fragen können Lern- und Erkenntnisprozesse initiieren. Jede Aussage kann als Antwort auf eine Frage angesehen werden. Dessen ungeachtet gehört Fragen in unserer Kultur zu den wenig beherrschten und wenig populären Kommunikationsformen.

Wer fragt, ist ein Narr für eine Minute. Wer nicht fragt, ist ein Narr sein Leben lang.
Konfuzius

Das Phänomen, als Fragender für eine Minute zum Narren zu werden, trifft nur auf manche Fragen zu, nämlich diejenigen, auf die man die Antwort nicht kennt und ein ehrliches Interesse daran hat, sie zu erfahren. Auf die echten Fragen also. Bei echten Fragen macht man sich verletzlich, man offenbart seine Unvollkommenheit und macht sich abhängig von dem oder der Gefragten.

Es gibt aber auch Fragen, bei denen es nicht um die Antwort geht, sondern mit denen manipuliert werden soll. Je nach Fragetechnik lassen sich die Denkrichtung des Gegenübers bestimmen oder eigene Einstellungen und Botschaften vermitteln. Doch diese Art des Fragens ist beziehungsschädigend.

Fragen ist ein Kernelement qualitätsbestimmter Führung.

Fragen sind ein äußerst wirkungsvolles Führungsinstrument. Menschen wollen, dass man sich für sie interessiert und sie sich respektiert fühlen. Sie wollen dazugehören, zu Gruppen oder Organisationen, und mitwirken bei Aktivitäten, mit denen sie sich identifizieren können. Dies sind die psychologischen Grundlagen von Motivation und Loyalität. Diese Grundlagen müssen durch Führung aufgebaut bzw. gestärkt werden. Nur mit dieser Art von Führung werden die Menschen auf Dauer ihre volle Leistungsfähigkeit einbringen.

Die konventionelle Kommunikationsbeziehung in Organisationen, in der der Untergebene Fragen stellt und die Vorgesetzte ansagt und belehrt, setzt den Mitarbeitenden herab und wirkt sich negativ auf dessen Motivation, Selbstvertrauen und Loyalität aus.

In unserer Kultur gilt es als Ausweis einer erfolgreichen Karriere, wenn man eine Vorgesetztenposition erreicht hat und damit anderen sagen kann, was sie zu tun haben. Ein modernerer Vorgesetzter erklärt dann auch noch manches, belehrt, informiert, erzählt, überzeugt. Von Vorgesetzten wird erwartet, dass sie viel sprechen, vieles wissen, immer etwas zu sagen haben. Wenn sie Fragen stellen, dann sind das üblicherweise „Führungsfragen“, etwa danach, warum der Auftrag immer noch nicht erledigt ist. Oder in Frageform verkleidete Anordnungen. Zu besonderen, raren Anlässen, etwa im jährlichen Mitarbeitergespräch, fragt die Vorgesetzte dann auch mal nach dem Wohlergehen des Mitarbeiters und seinen Ambitionen, meistens eingerahmt von Ansagen zur Leistungsbeurteilung und der Ankündigung sich daraus ergebender Konsequenzen.

In dieser Rollenverteilung ist es an den Untergebenen, Fragen zu stellen, wenn sie etwas nicht wissen oder nicht verstanden haben. Ansonsten sprechen sie nur, wenn sie dazu aufgefordert werden. Die Rollenverteilung ist klar: Der Vorgesetzte verfügt über Wissen und macht Ansagen, die Untergebene stellt Fragen, weil sie ja auf jeden Fall weniger weiß. Die Kommunikationsbeziehung ist herabsetzend bzw. erhöhend und asymmetrisch.

Was ist zu tun, um eine tragfähige Beziehung zwischen Vorgesetzten und Mitarbeitern aufzubauen, die zum Optimum für die Organisation führt?

Unabhängig von Rang und Titel, Unterschieden in Gehalt und sonstigen Privilegien muss eine grundsätzliche Gleichwertigkeit der in der Organisation tätigen Menschen gelebt werden. Der Schlüssel hierzu liegt in der Kommunikation.

Qualitätsbestimmte Führung stellt gleichwertige Beziehungen in den Vordergrund. Dazu brauchen die Vorgesetzten eine Haltung der Dankbarkeit und Bescheidenheit.

Führung in einem qualitätsbestimmten, agilen Unternehmen ähnelt der Organisation eines Staffelrennens: Für den Erfolg kommt es gleichermaßen auf jeden an und das optimale Zusammenwirken ist (noch) entscheidender als die Leistung des Einzelnen. Das bedeutet auch, dass der Vorgesetzte von seinem Feldherrnhügel heruntersteigen und sich mit den anderen abstimmen muss. Dass er das tut, ist Ergebnis seiner Erkenntnis, dass er von seinen Mitarbeitenden abhängig ist. Diese Erkenntnis kappt automatisch jegliche Anwandlungen von Größenwahn und nötigt dem Vorgesetzten sogar eine Haltung von **Demut** ab.

Um eine angemessene Kommunikationskultur zu entwickeln, muss der Vorgesetzte sich für seine Mitarbeitenden wirklich interessieren und eine Zusammenarbeitsbeziehung entwickeln. Das Wichtigste hierfür sind echte, offene Fragen.

Echte, offene Fragen, die auf Wertschätzung und Interesse am anderen Menschen beruhen und deren Antworten einem wirklich wichtig sind, fördern und entwickeln effektive Zusammenarbeitsbeziehungen.

Wenn sich der Vorgesetzte in die Position begibt, „ein Narr für eine Minute“ zu sein, und sein Interesse für den Mitarbeitenden dadurch bekundet, dass er ihm eine offene Frage stellt, verändert sich schlagartig die Beziehung. Wenn er zum Beispiel, interessiert, ehrlich, ohne manipulative Hintergedanken fragt: „Wie geht es Ihnen mit Ihrer Arbeit?“, „Könnten Sie irgendwelche Unterstützung brauchen?“, „Kann ich etwas für Sie tun?“ oder „Haben Sie Ideen, wie wir unsere Zusammenarbeit verbessern könnten?“ oder gar „Ich habe da ein Problem, zu dem mich Ihre Sicht sehr interessieren würde. Darf ich Ihnen dazu ein paar Fragen stellen?“.

Die Beziehung verändert sich unmittelbar, weil sich der Vorgesetzte mit seiner Frage verletzlich gemacht hat. Der ehrlich Fragende begibt sich in die Abhängigkeit des Gefragten. Er kennt ja die Antwort nicht und wird damit umgehen müssen, wie auch immer sie ausfällt. Das Ermutigende dabei ist: Indem sich der Vorgesetzte in eine vermeintlich schwache Position begibt, steigen in der großen Mehrzahl der Fälle der Respekt und die Loyalität ihm gegenüber.

Die obersten Führungskräfte müssen Vorreiter und Vorbilder der neuen Kommunikationskultur sein.

Damit sie in der ganzen Organisation wirken kann, müssen die obersten Führungskräfte diese Kultur des beziehungsfördernden Fragens vorleben. Sie müssen in der Organisation präsent sein und sich wirklich interessieren für das, was an den verschiedenen Arbeitsplätzen passiert. Und was das für Menschen sind, die da arbeiten. Dann wird sich diese Kommunikationsform ausbreiten und zu einem Kernmerkmal der Organisation werden. Die weiteren Führungskräfte, Quality Coaches und internen Auditoren können eine wichtige Rolle als Multiplikatoren spielen.

Es kommt vor allem auf die Haltung an. Es geht nicht um Fragetechnik. Allerdings ist beziehungsförderndes Fragen im Stil der *Humble Inquiry* [Schein 2016] keineswegs kinderleicht. Es gilt, Gewohnheiten zu verlernen und neue Kompetenz aufzubauen.

Die **Kernaussagen dieses Abschnitts** sind:

- Die dominierende Kultur der westlichen Industrienationen stellt Erzählen, Mitteilen und Belehren über das Fragen.
- In konventionellen Organisationen ist es das Privileg der Vorgesetzten, Ansagen zu machen, zu erklären und zu belehren. Echte Fragen werden in der Regel nur von Untergebenen gestellt.
- Diese konventionelle Kommunikationsbeziehung wirkt sich negativ auf Motivation, Selbstvertrauen und Loyalität der Mitarbeitenden aus.
- Qualitätsbestimmte Führung fordert eine Haltung der Demut, des Respekts und der Wertschätzung bei den Vorgesetzten, die aus dem Bewusstsein ihrer Abhängigkeit von der Leistung aller Mitarbeitenden resultiert.
- Echte, offene Fragen, die auf Wertschätzung und Interesse am anderen Menschen beruhen und deren Antworten einem wirklich wichtig sind, fördern und entwickeln effektive Zusammenarbeitsbeziehungen.
- Die obersten Führungskräfte müssen den Wandel der Kommunikationsbeziehungen durch ihre Praxis einleiten und tragen.
- Beziehungsförderndes Fragen muss gelernt und geübt werden.

5.2 Coachendes Auditieren – wie werden Audits zu willkommenen und fruchtbaren Verbesserungsprojekten?

In diesem Abschnitt erfahren Sie,

- was *Coachendes Auditieren* bedeutet,
- dass *Coachendes Auditieren* eine zeitgemäße und wertschöpfende Umsetzung von internen Audits ermöglicht,
- wie es sich vom konventionellen Auditieren unterscheidet,
- welche Phasen, Prinzipien und Rollen das Coachende Auditieren beinhaltet,
- dass lösungsfokussiertes Coaching und die Retrospektive des agilen SCRUM-Regelwerks dem Coachenden Auditieren nahestehen.

5.2.1 Weg vom konventionellen internen Audit!

Das konventionelle Auditieren ist ein Kernelement des Qualitätsmanagements. Es lädt zur System- und Selbstbefriedigung ein. Es wurde für hierarchische Organisationen mit starren Prozessen und umfangreichen Vorgaben konzipiert. Sinn und Zweck der internen Audits sollte die systematische und unabhängige Überprüfung sein, ob das QMS funktioniert und somit (Norm-)Anforderungen (vermeintlich) wirksam und dauerhaft erfüllt werden (siehe Abschnitt 9.2.1 der ISO 9001:2015). Das konventionelle Audit ist also vor allem eine Konformitätsüberprüfung mit dem Ziel, Normabweichungen zu vermeiden und das System zu stabilisieren. Die Identifikation von lokalen Verbesserungspotenzialen oder gar Lernmöglichkeiten für die Organisation spielt allenfalls eine zweitrangige Rolle.

Das konventionelle Audit wird detailliert vom Auditor geplant und angestoßen. Es gibt eine Agenda (Auditplan) und es werden vorgefertigte Fragenkataloge oder Checklisten in Tabellenform verwendet. Der Auditor ist der Herr des Prozesses. Er richtet sich nach dem Auditprogramm und dem dort festgelegten Auditbedarf, der auditierte Bereich wirkt gemäß den Weisungen des Auditors am Audit mit („Push-Prinzip"). Auch die Überwachung der abgestimmten (Korrektur-)Maßnahmen liegt meist in den Händen des Auditors.

Für eine routine- und standardmäßige Konformitätsüberprüfung in einer obrigkeitlich durchstrukturierten Organisation ist dies ein passender Weg.

In einer sich rasant verändernden, zunehmend komplexen Welt ist das konventionelle Auditieren obsolet.

Die Feststellung von „Konformität" kann immer nur eine Momentaufnahme sein – mit entsprechend geringer Aussagekraft. Und die Rollenverteilung, die den auditierten Bereich zum puren Objekt des Verfahrens macht, ist ebenso wenig zeitgemäß.

5.2.2 Was bedeutet coachendes Auditieren?

Coachendes Auditieren (Coaching Audit) ist eine Schlüsselmethodik des Quality-Coaching-Ansatzes. Es zielt auf Verbesserung, Lernen und Entwicklung, auf qualitätsbestimmte Führung.

> Coachendes Auditieren bietet Begleitung und Unterstützung gemäß dem vom Auditkunden angemeldeten Bedarf.

Das Auditieren, die möglichst offene, differenzierte Wahrnehmung von Sachverhalten und betrieblichen Prozessen, wird verbunden mit einem Coaching-Prozess. Dessen Aufgabe ist es, dem Auditkunden zu dem für ihn optimalen Lern- und Erkenntnisfortschritt zu verhelfen. Die Notwendigkeit von Anpassungen an äußere und innere Veränderungen und die qualitätsbestimmte Organisationsentwicklung stehen im Vordergrund. Coachendes Auditieren gehört zu den wichtigsten Aufgaben der unternehmensinternen Quality Coaches.

Für die Auditorenrolle, wie auch insgesamt für die Rolle der Quality Coaches braucht es normalerweise kein zusätzliches Personal. Es handelt sich hierbei um eine Teilzeitrolle, die neben einer Hauptrolle als Fach- oder Führungskraft ausgeübt wird. Voraussetzungen für die Übernahme der Rolle sind Motivation, eine geeignete Weiterbildung und die Bereitschaft, eigene Interessen den Interessen der Organisation unterzuordnen. Bei größeren Organisationen sollte es in jedem Fachbereich mindesten einen Quality Coach geben. Der Quality Coach übernimmt auch das fachliche Mentoring der fallweise dazu gerufenen Audit-Teammitglieder. Es bedarf also keiner zusätzlichen, nach ISO geschulten, internen Auditoren.

5.2.3 Der Prozess des Coachenden Auditierens

Coachendes Auditieren basiert auf Selbstplanung und Selbstinitiierung. Ein Bereich, der aufgrund aktueller Herausforderungen Impulse für seine Weiterentwicklung sucht, wird zum Auftraggeber des Auditprozesses (Auditkunde).

Der Auditkunde entwirft eine Agenda und ruft einen Quality Coach zur Unterstützung („Pull-Prinzip"), sowohl bei der Präzisierung des Ziels als auch der Planung und Umsetzung des Audits. Je nach Umfang, Komplexität und Lernpotenzial des Audits, stellt der Quality Coach daraufhin ein Audit-Team zusammen.

Die Mitglieder des Teams kommen aus möglichst vielfältigen Bereichen, haben aber alle einen Bezug zu dem Auditgegenstand: Sie verfügen über Fachkenntnisse bezüglich des zu auditierenden Sachverhalts bzw. Prozesses und/oder sie sind als interne Kunden oder Lieferanten davon betroffen (interne Stakeholder). Sie sollen ihre unterschiedlichen Blickwinkel in das Audit einbringen. Und sie sollen vor allem dazulernen. Indem sie ihre Erfahrungen und Lernerträge anschließend in ihre Stammbereiche tragen, findet als Ergebnis des Audits an mehreren Stellen des Unternehmens Organisationsentwicklung statt. Die Teammitglieder bringen gewisse Vorkenntnisse im Coachenden Auditieren mit oder erhalten durch den Quality Coach eine kurze Einführung in die Grundprinzipien.

Der Quality Coach nimmt im Audit eine prozess- und teamkoordinierende sowie eine übergreifende inhaltliche Rolle ein. Sein inhaltlicher Fokus liegt darin, sicherzustellen, dass die Bedürfnisse der externen Kunden bei allen Überlegungen prioritär Berücksichtigung finden. In einem umfassenden Sinn agiert der Quality Coach als Kundenbeauftragter – sowohl des Auditkunden als auch, als oberster Instanz, des externen Unternehmenskunden.

Bild 5.1 zeigt die wesentlichen Unterschiede zwischen konventionellem und Coachendem Auditieren.

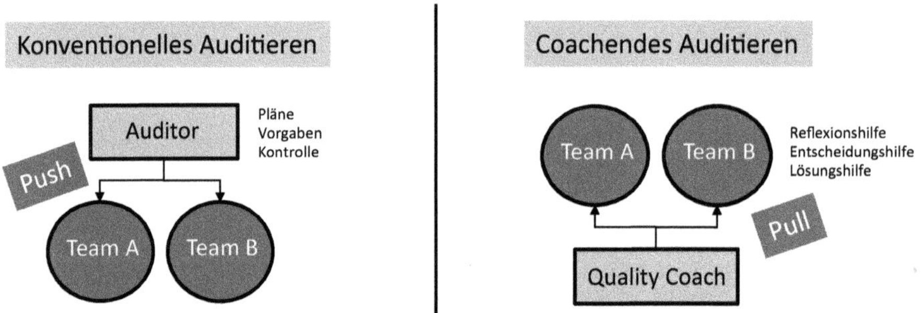

Konventionelles Auditieren	Coachendes Auditieren
Primäre Ziele • Konformität und Compliance erreichen • Stabilisierung	**Primäre Ziele** • Lernen und Entwicklung im auditierten Bereich und bei den Auditoren
Grundprinzipien • Fremdplanung und Fremdinitiierung • Fremdüberwachung und -kontrolle	**Grundprinzip** • Selbstplanung und Selbstinitiierung • Selbstüberwachung und -kontrolle
Tätigkeiten • Konformitätsprüfung • Korrekturmaßnahmen	**Tätigkeit** • Coachen • Veränderungsmaßnahmen

Bild 5.1 Konventionelles vs. Coachendes Auditieren

Im Coaching Audit ist der Auditkunde für Lösungsansätze, die dazugehörigen Maßnahmen, deren Umsetzung und Überwachung verantwortlich. Der Quality Coach und das Auditteam unterstützen mit Fragen zur Selbsthilfe:

- „Welches Problem möchtest Du lösen?“
- „Was wäre für Dich anders, wenn Dein Problem gelöst wäre?“
- „Wie würde sich das auf andere auswirken? Insbesondere: Was wäre der zusätzliche Nutzen für die Kunden und für die wichtigsten Stakeholder?“
- „Wen solltest Du in die Lösung des Problems einbeziehen?“
- „Welche Veränderungsrichtung erscheint Dir als aussichtsreich und warum?“
- „Was spricht dagegen?“ „Welche Hindernisse sind zu erwarten?“
- „Wie könnte eine Lösung aussehen?“
- „Was könntest Du als Nächstes tun?“
- „Was brauchst Du dazu?“
- „Bis wann traust Du Dir das zu?“
- „Woran kannst Du die Wirksamkeit/den Erfolg erkennen?“

Die Ergebnisse und Erfahrungen sollen in einem späteren Coaching-Audit ausgetauscht und reflektiert werden. So entsteht ein kontinuierlicher Lernprozess und Kompetenzaufbau beim Auditkunden und den Auditoren („Lessons learned“).

5.2.4 Retrospektive als Coaching-Audit

Ein Grundprinzip im Coaching ist, auf Funktionierendem aufzubauen. Bevor Coachendes Auditieren als neuer Prozess mit neuen Rollen eingeführt wird, sollte überprüft werden, ob schon etwas da ist, was den Prinzipien des Coachenden Auditierens und den Forderungen der ISO 9001, Kapitel 9.2 entspricht.

Wer mit agilen Methoden bzw. Strukturen wie SCRUM arbeitet, der führt Coachendes Auditieren im weiteren Sinne bereits durch.

Im SCRUM-Rahmenwerk wird nach jedem Sprint die sogenannte Retrospektive als zentrales Mittel der kontinuierlichen Verbesserung durchgeführt. Während es im Sprint-Review um die Überprüfung des Produktfortschritts geht, wird in der Retrospektive das (Zusammen-)Arbeiten im vorangegangenen Zyklus reflektiert und es werden Verbesserungemaßnahmen festgelegt. Dies entspricht der Zielsetzung von Coachendem Auditieren. Die Retrospektive findet nach jedem Sprint statt. Eine spezielle Agenda gibt es nicht.

Retrospektiven werden häufig nach dem 5-Phasen-Modell von Derby und Larsen [Derby & Larsen 2006] durchgeführt. Der Vergleich mit den Phasen eines Audits gemäß den Empfehlungen der ISO 19011 zeigt eine hochgradige Übereinstimmung Tabelle 5.1.

Tabelle 5.1 Vergleich Retrospektive und konventionelles Audit

Phasen des konventionellen Audits gemäß ISO 19011:2018		Phasen der Retrospektive nach Derby und Larsen
Eröffnungsgespräch		Die Bühne betreten (Set the stage)
Interviews		Daten sammeln (Gather data)
Abschlussgespräch	Zusammenfassung und Übereinkunft der Ergebnisse	Einsichten generieren (Generate insights)
	Maßnahmen festlegen	Entscheiden, was zu tun ist (Decide what to do)
	Abschluss	Abschluss (Closing)

Es gibt keine Forderung, dass die Terminologie der ISO 9001:2015 zu übernehmen ist [ISO 9001:2015, Anhang 1, Absatz 2 und 4]. Ersetzen Sie den meist negativ besetzen Begriff „Audit", es sei denn, er löst Begeisterung bei Ihnen aus. Alternative Begriffe könnten beispielsweise sein: Retrospektive, Interne Untersuchung, Quality Coaching Session, Entwicklungsworkshop oder Lern-Review. Finden Sie einen Begriff, der zu Ihrem Unternehmen passt und für eine positive Erwartungshaltung sorgt!

5.2.5 Fokus auf das Ziel und die Lösung

Von Steve de Shazer, dem Begründer der Lösungsfokussierten Kurzzeittherapie stammt der Satz: „Der Lösung ist es egal, wie das Problem entstanden ist." Über die Richtigkeit dieser Aussage kann man trefflich debattieren. Tatsache ist aber, dass sich in einem dynamischen, komplexen Umfeld der Versuch, Problemursachen möglichst detailliert zu erfassen, um daraus Lösungen abzuleiten, meist nicht lohnt. Die exakt gleiche Situation wird nie mehr entstehen, so dass die „perfekte" Lösung für ein Problem im nächsten Moment nicht mehr passt. Zudem mangelt es in der Regel an Zeit: Agile Teams müssen stets nach vorne, nach Lösungen schauen und nicht Probleme analysieren.

Hiermit wird keineswegs gegen „Lessons Learned" argumentiert, im Gegenteil. Der Fokus liegt aber nicht darauf, warum etwas nicht funktioniert hat. Wir richten stattdessen unsere ganze Aufmerksamkeit immer wieder nach vorne, zum Ziel, zum angestrebten Zustand. Von diesem Punkt aus schauen wir zurück, mit einer lösungsfokussierten Ausrichtung unseres Blicks: Wo hat sich in der Vergangenheit der angestrebte Zustand schon mal ein wenig gezeigt und was waren Bedingungen, Schritte, Maßnahmen, die diese positive Situation gefördert haben? Von hier gilt es, eine neue, angepasste Strategie und Taktik zu entwickeln und mit kleinen Schritten zu erproben. „Kleine Schritte“ und „erproben“ vor allem deshalb, weil es in komplexen Systemen keine sicheren Lösungen, sondern nur Wahrscheinlichkeiten gibt.

Für unser Vorgehen des Coachenden Auditierens wenden wir eine besondere Form des Coachings an: das Lösungsfokussierte Coaching. Tabelle 5.2 zeigt die Gegenüberstellung der beiden Denkweisen „Probleme lösen“ und „Lösungsfindung unterstützen“, die ebenso für die konventionelle Beratung vs. Lösungsfokussiertes Coaching und das konventionelle Auditieren vs. dem Coachenden Auditieren grundlegend sind.

Tabelle 5.2 Die zwei Denkweisen nach Dr. Peter Röhring

Probleme lösen	Lösungsfindung unterstützen
Probleme diagnostizieren	Beschreiben, was stattdessen gewünscht wird
Ursachen herausfinden	Herausfinden, was schon funktioniert
Defizite identifizieren	Stärken identifizieren
Detaillierte Aktionspläne ausarbeiten, um das Problem zu lösen	Kleine Schritte, um die Lösung zu entwickeln
Aktionspläne überarbeiten	Fortschritte beobachten und Nützliches erweitern

Die beschriebenen Haltungen und Prinzipien des lösungsfokussierten Coachings von agilen Teams eignen sich ideal für Coachendes Auditieren (Tabelle 5.3). Ebenso lässt sich die Lösungspyramide für Coachendes Auditieren adaptieren (Bild 5.2) (Kotrba & Miarka 2015).

Tabelle 5.3 Haltung und Prinzipien des *Coachenden Auditieren*

Fokus auf die bessere Zukunft	Haltungen und Prinzipien		Der Lösung ist es egal, wie das Problem entstand
Wenn etwas funktioniert, mache mehr davon	Die Haltung des Nicht- Wissens	Jeder ist Experte für sich selbst	Lösungssprache erzeugt Lösungen Problemsprache erzeugt Probleme
Wenn etwas nicht funktioniert, mache etwas anders	Geduld und Zuversicht	Ressourcen-Fokus	Achte auf die positiven Unterschiede
Kleine Schritte können große Veränderungen bewirken	All-Parteilichkeit	Vertraulichkeit	Repariere nichts, was nicht kaputt ist

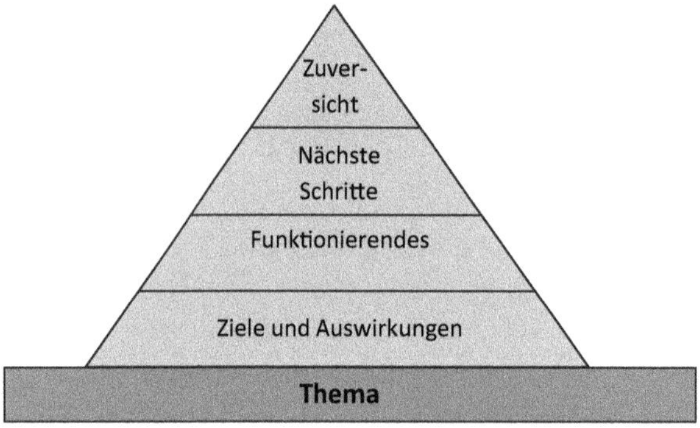

Bild 5.2
Lösungspyramide (in Anlehnung an Kotrba/Miarka 2015)

Der Boden, auf dem die Pyramide steht, ist das Thema bzw. der Grund für das Audit. Im Qualitätsmanagement stellt sich die Frage nach dem Grund für ein Audit in der Regel nicht. Würde der Auditierte nach dem Grund des Audits fragen, würde die Antwort wohl wie folgt lauten: „Das Audit steht so im Auditprogramm." „Wir müssen regelmäßig die Prozesse und die Normanforderungen überprüfen." „Wir sind hier, weil es eine Forderung der ISO 9001 ist." Das konventionelle Audit ist aus Sicht des Auditierten meist eine Pflichtveranstaltung, die möglichst unbeschadet zu bestehen ist. Im Coachenden Auditierten wird das Audit vom Auditkunden initiiert. Es gibt keine Pflicht dafür. Der Auditor bzw. Quality-Coach wird um Hilfe gebeten. Für ihn ist das Thema zunächst fremd. Themen bzw. Gründe für ein Coaching-Audit können u. a. sein:

- Ein aktuelles Problem
- Ein Rückblick (Retrospektive)
- Ein Konflikt im Team
- Eine Reklamation
- Ein Zielkonflikt mit anderen Teams

Das Thema so konkret wie möglich zu beschreiben, ist die Basis, das Fundament der Pyramide. Darauf bauen alle weiteren Schritte im Coaching-Audit auf. Fragen vom Quality-Coach zum Thema können sein:

- „Was ist der Grund, warum Ihr mich zu Euch gebeten habt?"
- „Was ist Euer Anliegen?"
- „Was soll hier heute passieren, damit es sich für euch gelohnt hat?"

5.2.6 In vier Schritten eine Lösung finden

5.2.6.1 Ziele und Auswirkungen definieren

So wie im konventionellen Audit nicht über den Grund des Audits gesprochen wird, wird meist auch nicht über Ziele gesprochen. Im Auditplan findet sich in der Spalte „Auditziel“ der Standardsatz: Ziel des Audits ist die Überprüfung der eigenen Vorgaben und die Einhaltung der Forderungen der ISO 9001:2015. Dies ist für den Auditierten ein unverständliches, unattraktives Ziel. Auch für konventionelle Audits gilt, je konkreter und attraktiver das Ziel (für den Auditierten), desto wertschöpfender das Audit.

> Audits ohne konkretes Ziel werden als wenig nützlich und als ungeliebte Pflichtveranstaltung empfunden.

Die erste Stufe ist der größte Baustein der Lösungspyramide. Da die Formulierung des Ziels und seiner Auswirkungen von entscheidender Bedeutung für die Ausrichtung und den Prozess des Coaching-Audits ist, sind dieser Aufgabe reichlich Aufmerksamkeit und Zeit zu widmen.

> Ohne Klarheit und Einigkeit über Sinn und Zweck, Nutzen und Ziel eines Audits, erreicht das Audit niemals seine volle Wirksamkeit (Qualität) und ist allenfalls zufälligerweise sinnvoll und nützlich.

Einige Fragen zur Zielfindung:

- „Welchem übergeordneten Sinn und Zweck dient euer Vorhaben?“
- „Was möchtet ihr konkret erreichen?“ „Was wird dann anders sein?“/„Was werdet ihr anders machen?“
- „Bis wann wollt Ihr das Ziel erreichen?“
- „Woran wird Euer Chef/der Kunde erkennen, dass das Ziel erreicht ist?“
- „Woran werden andere es erkennen?“
- „Was werden erste Anzeichen dafür sein?“

Das Ziel soll konkret und detailliert beschrieben sein. In *SCRUM* wird ein Ziel bzw. eine Anforderung an ein Produkt mit einer sogenannten User Story beschrieben. Diese Story hat immer denselben Aufbau. Als [ROLLE] möchte ich [BESCHREIBUNG], um [NUTZEN] zu erreichen. Diese Formulierung stellt die Qualität der Anforderungs- bzw. Zielformulierung sicher. Beispiel: „Als Vertriebler brauche ich einen externen Zugang, um meinen Kunden das Produkt zu zeigen.“

Von Toyota stammt das Qualitätssicherungs-Tool „5 Why“. Um vom Symptom eines Problems zur Ursache zu gelangen, soll den Experten fünf Mal die Frage „Warum“ gestellt werden. Diese Methodik impliziert, es gäbe letztlich eine Ursache, einen Root Cause, für ein Problem. Dies trifft nur bei geschlossenen Systemen zu. Auf komplexe Systeme angewendet, kann die Vorgehensweise zu katastrophalen Verkürzungen führen. Hätte man beispielsweise den ersten Absturz der Boeing 737 MAX (in Indonesien) nicht nur auf eine Fehlleistung der Piloten zurückgeführt und stattdessen das komplexe systemische Problem zur Kenntnis genommen, wäre es wohl nicht zum zweiten Absturz (Äthiopien) mit 157 Todesopfern gekommen.

Aber: Leicht modifiziert, lässt sich die „5 Why“-Methode sinnvoll auf die Zieldefinition im Coaching-Audit übertragen. Um Ziel und Nutzen so genau wie möglich zu beschreiben, kann man den Auditkunden fünf Mal die Frage „Wozu“ stellen. So gelangt man zum Ziel hinter dem Ziel bzw. zum wahren Nutzen eines Ziels.

Eine Veränderung für den Einzelnen oder für ein Team hat gleichzeitig Auswirkungen auf dessen Umwelt. Fragen hierzu können sein:

- „Welche Auswirkungen hat die Zielerreichung für Dich persönlich/das Team/die Abteilung/das Unternehmen?“ „Welche noch?“
- „Welche Auswirkung hat die Zielerreichung auf die (externen und internen) Kunden?“ „Welche noch?“
- „Welche Auswirkung hat die Zielerreichung auf die (externen und internen) Lieferanten?“ „Welche noch?“
- „Welche Auswirkung hat die Zielerreichung in Bezug auf unsere Nachhaltigkeitsziele?“ „Welche noch?“
- „Welche Auswirkungen hat die Zielerreichung in Bezug auf unsere wirtschaftlichen Ziele?“ „Welche noch?“
- „Welche Auswirkungen gibt es noch?“

Die Klärung der Auswirkungen des Ziels liefert wichtige Daten für die Reflexion der beteiligten Interessen (= „Stakeholder-Analyse“).

Bevor man auf die zweite Stufe der Lösungspyramide wechselt, sollte die Zielsetzung bzw. die Zielformulierung noch einmal mit folgender Frage überprüft werden.

- „Wie zuversichtlich seid Ihr, auf einer Skala von 0 bis 10 (10 = Ziel komplett erreicht), dass Ihr das Ziel, so wie es jetzt formuliert ist, erreichen könnt?“

Bekommen Sie hier eine Antwort unter 6, sollte das Ziel neu formuliert werden, weil Sie nicht das notwendige Buy-In (psychologische Eigentümerschaft) der Mitarbeitenden haben. Bei einer Antwort um 10 sollte überprüft werden, ob die Mitarbeitenden die Aufgabe angemessen realistisch einschätzen oder ob das Ziel vielleicht zu wenig ambitioniert oder konkret formuliert ist.

Abschließend können Sie die Erfolgsaussichten noch mit dieser Frage erhöhen: „Was wäre jetzt noch hilfreich für Euch, um das Erreichen des Ziels so wahrscheinlich wie möglich zu machen?“

5.2.6.2 Auf Funktionierendem aufbauen

Wir sind es gewohnt, unser Augenmerk auf Fehler und Abweichungen zu legen. Schon in der Schule wird alles „korrigiert“. Und der erste Blick auf das Zeugnis fällt regelmäßig auf die nicht so guten Noten. Da das konventionelle Audit primär eine Konformitätsüberprüfung ist, liegt dort ebenfalls der Fokus auf der Suche nach Fehlern und Abweichungen von Vorgaben. Für die vorhandenen Ressourcen, all das Gute, das Positive, das vorhandene Wissen und Können in der Organisation fehlen häufig der Blick und die Zeit.

Auf Funktionierendem aufzubauen, ist nicht nur sinnvoll, es kann auch äußerst motivierend sein. Über Erfolge zu sprechen, ermutigt und energetisiert Menschen. Dies kommt bei all den Problemanalysen im Unternehmen meist zu kurz. Im Coachenden Auditieren ist es fundamental, sich sehr ausgiebig mit der Reflexion des Funktionierenden zu befassen. Hier gilt das Prinzip: Lösungssprache erzeugt Lösungen, Problemsprache erzeugt Probleme. Fragen zur Lösungsfindung durch Aufbau auf Funktionierendem können sein:

- „Was ist schon da, was gut ist?“/“Was noch?“
- „Was soll auf jeden Fall so bleiben?“/“Was noch?“
- „Was hat schon zu guten Ergebnissen geführt?“ „Was noch?“

Wie im konventionellen Coaching kann hier eine Skalenabfrage weiter klären:

- „Auf einer Skala von 0 bis 10, bei der bei 10 das Ziel erreicht ist, wo steht Ihr jetzt?“
- „Wie ist Euch das gelungen?“

> **!** Setzen Sie beim Sammeln von Beispielen für Funktionierendes die Frage „*Was noch?*“ geduldig und bis zur Schmerzgrenze ein! Aufgrund unserer Sozialisierung fällt es uns meist leichter, über Probleme nachzudenken, als über Funktionierendes. Und das Nachdenken über solche Aspekte, die zumeist als Selbstverständlichkeiten im Unterbewussten schlummern, ist anstrengend. Da das menschliche Gehirn vermeintlich unnötige Anstrengung meidet, möchte es sich, sofort nachdem die erste Antwort gefunden ist, wieder in den Default-Modus schalten oder aber gleich zur Lösung des Problems aufraffen [Daniel Kahneman 2012]. Die bewusste Wahrnehmung von Positivem, Funktionierendem ist ein wichtiges Gehirntraining, das Zuversicht und Agilität im Denken stärkt.

5.2.6.3 Die nächsten Schritte planen

Sind die Stufen 1 und 2 ausreichend bearbeitet worden, fällt es in der Regel leicht, die nächsten Schritte zu tun. Das Prinzip der kleinen Schritte im Coachenden Auditieren hilft dabei. Es entspricht dem Kaizen-Prinzip der klassischen Qualitätslehre.

„Auch der weiteste Weg beginnt mit einem ersten Schritt."

Konfuzius

In kleinen Schritten zu planen und zu handeln, ist die angemessene Vorgehensweise in einer komplexen Welt. Es hilft uns, den Weg hin zum großen Ziel, zur angestrebten Zukunft Wirklichkeit werden zu lassen. Es „erdet" uns, fördert Zuversicht, Realitätssinn und Achtsamkeit. Es ermöglicht uns, kontinuierlich zu überprüfen, ob wir richtig unterwegs sind, also uns im Einklang mit unserem Plan dem Ziel annähern. Sollte dies nicht der Fall sein, muss vielleicht die Planung und eventuell sogar das Ziel revidiert werden. Halten Sie nicht verbissen an Annahmen fest, die sich nicht realisieren lassen! Seien Sie flexibel in der Anpassung Ihrer Handlungen, Planungen und Zielsetzungen! Entwickeln Sie die Vorgehensweise des *Spürens-und-Antwortens* statt *des Vorhersagens-und-Kontrollierens*! [Laloux, 2016] Entscheidend ist allein, dass die Richtung stimmt, das heißt, dass der Sinn und Zweck der Anstrengungen verwirklicht wird.

Mit den folgenden Fragen entsprechen Sie einer Eigenart des menschlichen Gehirns: „Es ist leichter für das Gehirn, nachträglich zu beschreiben, wie eine Lösung zustande gekommen ist, als im Voraus einen Weg in eine bessere, noch unbekannte Zukunft zu planen." [Kotrba/Miarka, 2015]

- „Angenommen, Ihr wärt auf der Skala schon einen Schritt weiter – also bei X+1 – was wäre dann anders?"
- „Welchen Unterschied würde das für Euch/für Euer Unternehmen/für Eure Kunden machen?"
- „Wie werdet Ihr das geschafft haben?" „Und wie noch?"
- „Wer bzw. was wird Euch dabei wie geholfen haben?"
- „Was könnte der nächste Schritt Richtung Ziel sein?"
- „Was wollt Ihr jetzt tun?"

Wie im Management ist es beim Coachenden Auditieren wichtig, dass konkrete Maßnahmen terminiert werden. Es ist ausschließlich der Auditkunde, der die Maßnahmen festlegt. Er ist der Experte und weiß, was er voraussichtlich bis wann schaffen kann.

5.2.6.4 Chancen einschätzen

Dass Maßnahmen aus Audits nur schleppend realisiert werden oder gar in Vergessenheit geraten, ist keine Seltenheit. Die letzte Stufe der Zielpyramide ist daher die Überprüfung der Zuversicht und damit der Motivation für die Aufgabe. Wie bereits am Ende der Phase der Zielformulierung gilt es jetzt noch, die Umsetzung abzusichern. Es wird festgestellt, wie zuversichtlich der Auditkunde ist, dass die geplanten Maßnahmen verwirklicht werden und dass es auch die richtigen Maßnahmen sind. Fragen des Quality Coach können sein:

- „Auf einer Skala von 0 bis 10, wie zuversichtlich seid Ihr, dass die gefundenen nächsten Schritte auch tatsächlich umgesetzt werden?“
- „Was müsste an der Zielformulierung/an den nächsten Schritten noch verändert werden, damit die Zuversicht steigt?“

Ist die Zuversicht niedrig und es kommen zu wenige Vorschläge zur Veränderung der Zielsetzung und/oder der nächsten Schritte, so gibt es wahrscheinlich einen „Elephant in the room“, ein gewichtiges Problem, über das „man nicht spricht“. Solange ein Tabuthema das Vorgehen belastet, bleibt die Erfolgswahrscheinlichkeit gering. Mit respektvollem, aber nachdrücklichem Nachfragen können Sie hoffentlich erreichen, dass der „Elefant“ beim Namen genannt wird:

- „Was müsste passieren, damit Ihr an die Umsetzung der Maßnahmen glaubt?“ „Und was noch?“

Eine solche Zuversicht-Prüfung ist auch ganz im Sinne der Qualitätssteigerung von Besprechungen. In Projekten werden sehr oft Ziele und Aktionen von Führungskräften festgelegt, obwohl die Mitarbeiter nicht daran glauben. Oder die Zielsetzungen der Mitarbeiter sind aus Sicht der Führungskräfte nicht ambitioniert genug und werden dann unter Druck zu anspruchsvoll formuliert. Beides führt später zu Stress, Terminverschiebungen, Nachbesserungen und verärgerten Kunden. Im Coachenden Auditieren ist das Prinzip „Jeder ist Experte für sich selbst“ zu befolgen.

Die **Kernaussagen dieses Abschnitts** sind:

- In einem komplexen System ist Konformitätsüberprüfung wenig hilfreich.
- Die Forderungen der ISO 9001:2015 für interne Audits lassen sich kreativ interpretieren und umsetzen.
- Coaching bzw. Coachendes Auditieren ist ein zeitgemäßes, effektives Vorgehen und eine (Wieder-)Belebung von internen Audits.
- Die Haltungen und Prinzipien des lösungsfokussierten Coachings von agilen Teams eignen sich ideal für Coachendes Auditieren.

5.3 Review und Reflexion

Zurückblicken und Reflektieren sind Grundvoraussetzungen für persönliches und organisatorisches Lernen.

In diesem Abschnitt erfahren Sie,

- warum wir mehr Pausen machen sollten,
- was ein Hamsterrad mit Perspektivenwechsel zu tun hat,
- warum Sie eine Videokamera benötigen,
- wie Sie Reflexion institutionalisieren.

5.3.1 Das Review als kreative Pause

Während wir arbeiten, können wir Verbesserungsmöglichkeiten erkennen. Wir erkennen, dass der Handgriff anders besser funktioniert oder dass die PowerPoint-Folie nicht die gewünschte Wirkung erzielt. Wir erkennen Abweichungen von einem vorgegebenen Plan oder Prozess. Wir erkennen Fehler, Schwächen. Eine sich ständig wiederholende Dienstleistung, z. B. ein QM-Training, lässt sich mit jeder Durchführung kontinuierlich verbessern. Wir lernen, während wir arbeiten. Die Frage, ob das QM-Training überhaupt das Richtige ist und ob wir es nicht völlig anders machen sollten, stellen wir uns nicht während der Arbeit.

Innovation oder bahnbrechende Veränderungen können wir während der Arbeit nicht hervorbringen. Dazu ist unser Gehirn nicht in der Lage. Solange unser Gehirn „arbeitet", kann es keine Idee generieren. Ideen kommen, wenn der Geist bzw. das Gehirn in Ruhe ist. Das kann morgens unter der Dusche sein, beim Radfahren zur Arbeit, beim Joggen nach der Arbeit oder während man im Urlaub in der Hängematte liegt. Ideen brauchen Ruhe. Es hat seinen Grund, warum Google als eines der innovativsten Unternehmen einen Tag in der Woche „nicht arbeitet". Und warum Google für seine Mitarbeiter Achtsamkeitstrainingsprogramme anbietet. Bei Menschen, die besonders trainiert sind, braucht es nämlich manchmal nur ein paar Momente des Innehaltens, des Runterfahrens, der Ruhe, um den Raum für Ideen zu schaffen.

Die ständige Betriebsamkeit in den Unternehmen ist eine der größten Bremsen für Innovation. Es nützt nichts, agile Methoden einzusetzen, wenn man vor lauter Arbeit die Notwendigkeit von Veränderungen gar nicht oder zu spät erkennt. Erst wenn wir aufhören, ständig betriebsam zu sein, wenn wir innehalten, eine „Pause" einlegen, fallen uns Irrwege auf.

Sich eine Pause gönnen. Dieser Ausdruck offenbart unsere Einstellung zur Pause. Pausen müssen wir uns verdienen. Vor der Pause müssen wir ordentlich leisten, am besten bis wir vor Erschöpfung gar nicht mehr anders können, als mal zu pausieren.

> Wenn eine Pause nur der Erholung vom Arbeiten dient, bleiben Innovation und Kreativität auf der Strecke.

Kreative Pausen sollten ebenso wie das „Arbeiten“ als Leistungserbringung bewertet werden. Ein Review sollte als *kreative Pause* genutzt werden. Das Management Review sollte als Ausstieg aus der Betriebsamkeit genutzt werden. Um sein Potenzial zur Förderung von Kreativität und Innovation auszuschöpfen, muss ein „Management Review“ deutlich öfter als einmal im Jahr stattfinden.

5.3.2 Das Review als Perspektivenwechsel

Der Ausstieg aus dem System der Betriebsamkeit eröffnet einen neuen Blick und Zugang zu neuen Erkenntnissen. Ist unser System ein Hamsterrad (Bild 5.3), so könnten wir es von innen, im Betrieb, für eine Karriereleiter halten. Erst der Ausstieg aus dem System und der Blick von außen eröffnen uns eine andere Wahrnehmung, mit der Chance, neue Möglichkeiten zu erkennen.

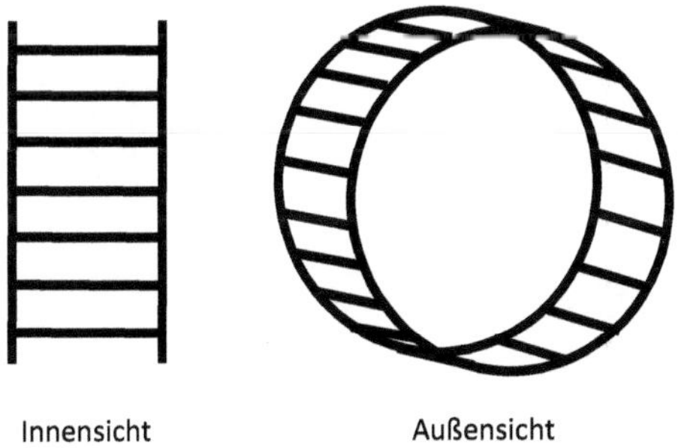

Bild 5.3
Das Hamsterrad

Das Hamsterrad kann symbolisch für viele Systeme stehen, auch für unsere Gesellschaft und Wirtschaft. Die Corona-Krise war eine Vollbremsung dieses großen „Hamsterrads“. Es liegt nahe, sich in der Krise zu fragen, wie ich Schadensbegrenzung betreiben und mein Geschäft möglichst schnell wieder ankurbeln kann. Proaktive, innovative Menschen und Organisationen haben sich aber auch andere Fragen gestellt: Welche neuen Möglichkeiten bietet mir bzw. uns die geänderte Situation? Was ist jetzt möglich, was vorher nicht möglich war oder undenkbar?

Was kann oder sollte ich aus der Krise lernen? Welche Botschaften sollten von mir gehört werden?

Ein (Management) Review bietet die Gelegenheit, eine übergeordnete Sichtweise, von der Metaebene einzunehmen. Von der Metaebene erkenne ich Gesamtzusammenhänge, die mir vorher verborgen blieben. Um geistigen und körperlichen Abstand zum Arbeitsalltag, zum System, zu gewinnen, ist es hilfreich, das (Management) Review außerhalb des Unternehmens durchzuführen. Wir kennen diesen Effekt: Der Blick vom Berg aufs Tal, vom Strand aufs Meer lässt uns die großen Fragen stellen. „Bin ich noch richtig unterwegs?" „Will ich den Job eigentlich noch machen?" „Was möchte ich wirklich?" „Was braucht die Welt jetzt gerade von mir/von uns?"

Aber es muss nicht immer ein großes Review mit Ortswechsel sein, um einen Perspektivenwechsel zu realisieren. Hier zwei einfache Techniken, die Sie in jedem Meeting anwenden können.

Die Perspektive des Kunden

Bestimmen Sie eine Person, die die Rolle des Kunden einnimmt. Es kann sich um einen generischen Kunden für eine allgemeine Betrachtung oder einen speziellen Kunden zur Betrachtung eines konkreten Falls handeln. Der „Kunde" bekommt einen Ehrenplatz im Meetingraum. Vielleicht stellen Sie noch ein Namensschild *KUNDE* auf. Die Rolle des Kunden kann als aktiver Teilnehmer oder als stiller Beobachter eingenommen werden. Beides hat seine Vor- und Nachteile. Als aktiver Teilnehmer kann der Kunde direkt in den Diskurs eingreifen und seine Bedürfnisse, Sichtweisen und Empfindungen kundtun. Das Meeting würde sofort einen anderen Verlauf als üblich nehmen. Als stiller Beobachter könnte der Kunde Ihnen im Anschluss an das Meeting wertvolles Feedback geben, inwieweit er sich in der Besprechung berücksichtigt fühlte. Wie kundenorientiert sind wir überhaupt in unserem gewöhnlichen Denken und Reden?

> **!** Machen Sie sich zur Regel, die Rolle des Kunden intern zu vergeben. Etablieren Sie die Rolle eines *Kundenbeauftragten*.

Die Perspektive der Videokamera

Eine Alternative der stillen Beobachtung bietet der Einsatz einer Videokamera. Sie offenbart noch viel mehr. Über unser eigenes Verhalten, unsere persönliche Kommunikation denken wir im Meeting normalerweise nicht weiter nach. Auch das Verhalten und die Kommunikation der anderen nehmen wir nur soweit wahr, wie es unser Interesse und das von uns (unbewusst) verfolgte Ziel im Meeting einrichtet. Schauen wir später die Videoaufzeichnung an, erleben wir ein anderes Meeting. Sie benötigen nicht unbedingt einen externen Berater, um Ihre Meetingkultur und Kommunikation zu verbessern. Allein die Perspektive der Videokamera ermöglicht es Ihnen, viele Probleme und Verbesserungspotenziale zu erkennen. Im Leistungssport wird diese Technik gerne eingesetzt. Der Trainer kann die (falsche) Bewegung des Sportlers noch so detailliert beschreiben, wenn der Sportler sich selber in der Bewegung sieht, braucht es keine Worte. Er lernt über sich durch den Blick von der Metaebene.

Setzen Sie regelmäßig eine Videokamera ein. Lernen Sie über sich durch den Blick von der Metaebene.

5.3.3 Reflexion

Reflexion meint ein ruhiges, prüfendes, vergleichendes Nachdenken, das es erlaubt, eigenes Verhalten und eigene Erfahrungen aus verschiedenen Blickwinkeln zu betrachten, um daraus Erkenntnisse zu gewinnen.

Die ständige Betriebsamkeit und der eingeschränkte Blick hindern uns daran, das, was passiert, zu reflektieren. Reflexion muss bewusst initiiert werden.

Im *SCRUM* hat sich die *Retrospektive* als wertvolles Reflexionsinstrument bewährt. Während das Sprint *Review* den Blick auf das Produkt (die Software) richtet, sich also auf der Sachebene abspielt, beinhaltet die Retrospektive eine Reflexion der Zusammenarbeit und Kommunikation während der letzten Entwicklungsphase (Sprint). Was war gut? Was hat sich bewährt? Was war nicht so gut? Was sollte nicht mehr passieren? Wie können wir die Zusammenarbeit und unsere Kommunikation verbessern?

Regelmäßige Reflexion ist für organisatorisches und persönliches Lernen essenziell. Sie müssen dazu nicht extra ein weiteres Review einführen. Reflexion kann in jedem Meeting durch Reflexionsfragen angeregt werden: „Was passiert hier gerade?" „Wie würde ein Außenstehender die Situation, das Geschehen wahrnehmen?" „Was würde der Kunden zu diesem Meeting denken und sagen?" „Wie habt Ihr das Meeting (bisher) empfunden?" Solche Reflexionsfragen sind höchst wirksame „Qualitätswerkzeuge". Damit sie überhaupt gestellt werden und bis es zur gewöhnlichen Praxis in Ihrer Organisation geworden ist, sollten Sie jemanden damit beauftragen. Es könnte beispielsweise die Aufgabe eines Moderators, des SCRUM-Masters, des Kundenbeauftragten oder des QMBs sein.

Die Fähigkeit, das eigene Verhalten, die eigene Kommunikation zu reflektieren, haben wir alle. Sie gehört zur menschlichen Grundausstattung. Wir stellen uns selbst Fragen, wie „Wie habe ich gewirkt?" „Welche Haltung habe ich eingenommen?" „Warum war ich so aufgebracht?" „Was fühle ich gerade?" Auch bei dieser Art der Reflexion begebe ich mich auf eine Metaebene. Ich trete quasi aus meinem Körper heraus und beobachte mich selbst von außen. Diese Fähigkeit lässt sich ausbauen, weiterentwickeln, durch Training und Übung. Sie ist wesentlicher Bestandteil der Achtsamkeitspraxis. Im (Qualitäts-)Management wird sie nicht gelehrt, obschon sich damit die Qualität im Unternehmen und die eigene Lebensqualität tiefgreifend verbessern lassen.

Das Team oder einzelne Teammitglieder können als Spiegel für eine Selbstreflexion dienen. „Wie hast Du meine Argumentation empfunden?" „Was ist bei Euch angekommen?" „Wie habe ich auf Dich gewirkt?" Es bedarf Mut und Offenheit, das eigene Verhalten am Feedback der anderen zu reflektieren. Die damit gezeigte Verletzlichkeit schafft Vertrauen und Verbundenheit. Das sind Fundamente von Qualitätsorganisationen. Sie spielen daher bei allen Ansätzen und Prozessen der qualitätsbestimmten Führung eine ausschlaggebende Rolle.

> Reflektieren Sie Ihr eigenes Verhalten. Stellen Sie Reflexionsfragen am Ende eines Meetings.

5.4 Dialogische Kommunikation – wie können wir miteinander denken und lernen?

Qualität im 21. Jahrhundert verlangt neue Formen und eine neue Intensität von Zusammenarbeit, die auf neuen Formen und einer neuen Intensität von Kommunikation beruhen. Es braucht Kommunikation, die kontinuierliches, gemeinsames Lernen in den Mittelpunkt stellt. Dialog und Achtsame Diskussion, die Hauptformen dialogischer Kommunikation, erfüllen diese Anforderung.

> In diesem Abschnitt erfahren Sie,
>
> - wie sich Diskussion und Dialog voneinander unterscheiden,
> - worin das Potenzial von Dialogen liegt,
> - über welche Kernfähigkeiten man im Dialog verfügen sollte,
> - welche Bedingungen und Regeln Achtsame Diskussionen brauchen,
> - warum wir Achtsame Diskussionen zur Förderung von Qualität, Kreativität und Agilität in Organisationen empfehlen,
> - wie eine Stakeholder-Konferenz, als Kernstück der Ausrichtung der Organisation auf Qualität, gestaltet werden sollte.

Die Haltungen und Fähigkeiten, die mit einer dialogischen Kommunikation einhergehen, befähigen uns selbst, unsere Teams und Organisationen dazu, angemessene Antworten für die komplexen Anforderungen unserer Zeit zu finden.

Wir haben bewusst den Terminus „Anforderungen" statt „Probleme" eingesetzt, des Begriffs, den man wohl eher an der Stelle erwartet hätte. Und „Antworten" statt „Lösungen". Wenn etwas zum „Problem" erklärt wird, für das „Lösungen" gefunden werden müssen, hat eine (meist negativ besetzte) Bewertung stattgefunden. Sie beruht auf einer spezifischen Sicht auf die Angelegenheit, basierend auf einem bestimmten Satz von Annahmen.

Ein Beispiel aus dem Themenfeld Qualität und Führung: Autonomie/Entscheidungsbefugnisse an operativen Arbeitsplätzen.

- Sichtweise 1 – *Problem*:

  Die Erteilung von Entscheidungsbefugnissen an operative Mitarbeitende bringt große Risiken für das Unternehmen mit sich.

  Einige *Annahmen* dieser Sichtweise: Aufgrund ihrer niedrigeren Qualifikation und ihres eingeschränkten Bewusstseins verfügen operative Mitarbeitende nicht über den Überblick und die benötigten Kompetenzen für sachgerechte Entscheidungen. Sie brauchen präzise Vorgaben und Kontrolle. Mit Freiheit können sie nicht gut umgehen – die würde sie im Zweifelsfall überfordern. Die Risiken für das Unternehmen würden sich in nicht annehmbarer Weise erhöhen.

  Die *Folgerungen*: Die Entscheidungsräume an operativen Arbeitsplätzen sind zu minimieren. Wichtige Entscheidungen dürfen nur auf höheren Hierarchieebenen getroffen werden.

- Sichtweise 2 – *Chance*:

  Die Erteilung von Entscheidungsbefugnissen an operative Mitarbeitende erhöht die Leistungsfähigkeit des Unternehmens.

  Einige *Annahmen* dieser Sichtweise: Aufgrund ihrer Nähe zu den Arbeitsprozessen sind operative Mitarbeitende besonders kompetent, sach- und fachgerechte Entscheidungen zu treffen. Die Gefahr von Fehlentscheidungen ist weit geringer als bei Entscheidungen in der Hierarchie, fern ab vom Geschehen. Die ihnen eingeräumten Freiheitsgrade stärken Verantwortungsbewusstsein, Motivation und Loyalität der operativen Mitarbeitenden. Dadurch erhöhen sich die Produktivität und der Unternehmenserfolg.

  Die *Folgerungen*: Entscheidungsbefugnisse sind an die Stelle der größten Expertise, möglichst nahe an die betroffenen Prozesse anzulagern. Freiheitsgrade der operativen Mitarbeitenden sind zu erweitern, Vertrauen statt Kontrolle soll wirken.

Ließen wir Vertreter*innen der beiden Sichtweisen miteinander diskutieren, wären sie wahrscheinlich auch noch in der Lage, ihre jeweilige Sicht durch empirische Befunde und persönliche Beobachtungen zu untermauern. Jede mit Belegen für die eine, ihre Sicht der Dinge.

Die Darstellung soll beispielhaft aufzeigen, wie Beobachtungen mit Annahmen und diese mit Bewertungen verknüpft sind, die wiederum zu Folgerungen führen, die Handlungen auslösen. Hinter einer organisatorischen Regelung am Arbeitsplatz steht eine solche *Leiter der Schlussfolgerungen* (Begriff aus der Dialoglehre). In vielen Fällen finden gar keine ausführlichen Diskurse zu derartigen Fragen statt, sondern man handelt wie selbstverständlich auf der Grundlage eines in der Organisation geltenden, meist unbewussten Paradigmas.

Um neue Qualität, Kreativität und Agilität wachsen und erblühen zu lassen, müssen wir Gespräche in erhellender und manchmal schmerzhaft erscheinender Tiefe führen. Voraussetzung hierfür ist unsere Bereitschaft und Bemühung, unsere kommunikativen Kompetenzen zu entwickeln und vieles Gewohnte loszulassen.

5.4.1 Dialog und Diskussion

Dialog und Diskussion sind die zwei Hauptformen von Gruppendiskurs. Sie unterscheiden sich grundlegend, vor allem wegen ihrer Zielsetzung: Während es bei der Diskussion darum geht, ein Ergebnis zu erreichen, eine beste Antwort zu finden, will der Dialog durch das Eröffnen vieler verschiedener Perspektiven den Horizont erweitern. Diskussion und Dialog können sich gegenseitig ergänzen und bereichern. „Ihre Macht liegt in ihrer Synergie." [Peter Senge 1996] Bei vielen Gruppengesprächen vermischen sich beide Formen. Um Synergie zu erzeugen, sollte man sie aber unterscheiden und ihre Elemente gezielt einsetzen.

In Tabelle 5.4 sehen Sie einige Unterschiede zwischen Diskussion und Dialog.

Tabelle 5.4 Diskussion vs. Dialog

	Diskussion	Dialog
Ziel	Zu einem Ergebnis oder einer Entscheidung kommen	Komplexe Fragen erforschen, um zu neuen Einsichten zu gelangen
Vorgehensweise	Darbieten und Verteidigen unterschiedlicher Ansichten, Auswählen der besten Alternative	Darbieten und Hinterfragen unterschiedlicher Ansichten, um ein möglichst umfassendes Verständnis zu erreichen
Strategie	Komplexitätsreduktion	Sichtbarmachen der Komplexität
Hauptaktivität	Begründendes Plädieren	Hinterfragendes Erkunden
Fokus	Ergebnis	Prozess
Zweck	Aufgaben erledigen, Probleme lösen	Sachverhalte verstehen, gemeinsam lernen
Leitsatz	Die beste Idee soll sich durchsetzen!	In der Vielfalt unterschiedlicher Sichtweisen und Ideen liegt der Reichtum!
(Innerer) Ausruf	Das ist es!	Wow – so kann man das auch sehen!

Während wir alltäglich Teilnehmer und Zeugen von Diskussionen/Debatten werden, ist der Dialog eine eher fremde Form von Kommunikation. Zunächst eine Sichtweise, die die Grundhaltung im Dialog beschreibt:

> *„Ich bin nicht nur überzeugt, dass das, was ich sage, falsch ist, sondern auch das, was man dagegen sagen wird.*
>
> *Trotzdem muss man anfangen, davon zu reden.*
>
> *Die Wahrheit liegt bei einem solchen Gegenstand nicht in der Mitte, sondern rundherum wie ein Sack, der mit jeder neuen Meinung, die man hineinstopft, seine Form ändert, aber immer fester wird!“*
>
> *Robert Musil*

Dialog in unserem Verständnis bedeutet, „davon zu reden“, zu zweit, zu dritt, meist in der Gruppe, eventuell sogar allein – in einem Dialog des inneren Teams. Insbesondere in den 1990er-Jahren wurde die Dialogform im Rahmen eines Projekts einer der weltbesten Universitäten, des Massachusetts Institute of Technology (MIT), erforscht, praktisch erprobt und weiterentwickelt. Maßgeblich beteiligt waren hierbei Quantenphysiker und Wissenschaftler der Chaos- und Systemtheorie. Es sollte daher nicht überraschen, dass der moderne Dialog für den Umgang mit Komplexität, Diversität und Unsicherheit optimal geeignet ist.

> Der Dialog ist eine Form von Gespräch, dessen Ziel es ist, gemeinsam zu lernen. Dies geschieht durch beständiges Sichtbarmachen und Hinterfragen, was unseren Gedanken und Handlungen zugrunde liegt.

Im Gegensatz zur Diskussion geht es im Dialog nicht darum, zu einem Ergebnis zu kommen. Keinesfalls gibt es im Dialog das Ziel, individuell zu gewinnen, indem es mir gelingt, meine Ansicht argumentativ durchzusetzen.

> *„Bei einem Dialog gewinnen alle, wenn sie es richtig machen.“*
>
> *David Bohm, Quantenphysiker und Dialogforscher*

Der Dialog ist ein Prozess des Miteinander-Denkens und darüber Sprechens. Er soll den teilnehmenden Menschen zu Einsichten verhelfen, die sie allein nicht erreichen könnten.

Da der Dialog unser Denken mit seinen Begrenzungen, Abkürzungen, Hinzufügungen und Automatismen sichtbar macht, kann er helfen, zu erkennen, wo und wodurch unser Handeln zu unerwünschten Ergebnissen führt. Aufbauend auf dieser Erkenntnis kann die Wahrscheinlichkeit kollektiv günstigerer Ergebnisse des Handelns erhöht werden. Im 21. Jahrhundert, in dem wir permanent, zunehmend in Form globaler Krisen, problematischen Folgen unserer eigenen Aktivitäten begegnen, halten wir das für eine existenzielle Notwendigkeit.

> Wir neigen dazu, selbst geschaffene Strukturen wie QM, trotz ihrer massiven Nachteile, als gegeben hinzunehmen, anstatt sie als Ergebnis vorheriger Entscheidungen und somit als veränderbar zu betrachten.

Mithilfe von offenen, mutigen Diskursen zwischen den Beteiligten und Betroffenen wäre es möglich, für dieses und viele andere Probleme kollektiv günstigere Lösungen zu finden.

5.4.2 Die zehn Kernfähigkeiten im Dialog

Der Dialog in Reinkultur ist eine äußerst anspruchsvolle Kommunikationsdisziplin, die – zumindest anfänglich – externe Begleitung sowie längerfristiges Lernen und Praktizieren erfordert. Die nachstehende Auswahl von Kernfähigkeiten im Dialog und einen Großteil der Erläuterungen dazu verdanken wir Dres. Martina und Johannes Hartkemeyer sowie Prof. L. Freeman Dhority, die sich um die Verbreitung des Dialogs im deutschen Sprachraum sehr verdient gemacht haben.

- **DIE HALTUNG EINES LERNENDEN VERKÖRPERN**

  Kulturell wird uns nahegelegt, als Wissende aufzutreten. Wirkliches Lernen erfordert aber „Offenheit, Anfängergeist und die Bereitschaft, sich einzugestehen, dass ich nichts wirklich weiß“ [M. & J. Hartkemeyer, Dhority 1998]. Die Haltung des Lernenden ist geprägt von Neugier, Interesse und einer gewissen Demut.

- **RADIKALER RESPEKT**

  Respekt in diesem Sinn beinhaltet Empathie. „Ich akzeptiere nicht nur, wer du bist. Ich versuche auch, die Welt aus deiner Perspektive zu sehen.“ Eine Haltung, die in Anbetracht der in unserer heutigen Welt gegebenen Vielfalt und globalen Vernetzung unbedingt gefordert ist. (Qualitätsprinzip *Vielfalt statt Konformismus*) Der Dialog kann helfen, diese Haltung und damit die Fähigkeit der Empathie zu stärken.

- **OFFENHEIT**

  Offenheit ist nicht in erster Linie eine Persönlichkeitseigenschaft („Ich bin ein offener Mensch“). Sie ist ein Merkmal von Beziehungen, die von Vertrauen geprägt sind. Offenheit bedeutet, sich zu zeigen, den anderen die eigene Denkweise mitzuteilen, bereit zu sein, sich von anderen beeinflussen zu lassen und sich von eigenen Überzeugungen zu lösen.

- **„SPRICH VON HERZEN"**

  Diese Aufforderung ist den Regeln der Council-Runden der eingeborenen Amerikaner („Indianer") entnommen. Damit ist gemeint, dass man nur Dinge sagen sollte, die einem am Herzen liegen, einem also wirklich wichtig und es somit wert sind, den anderen mitgeteilt zu werden. Auf die Verbindung von Herz und Verstand, von Gedanken und Gefühlen, kommt es an. Weder abgekoppelte intellektuelle Exkurse noch bewusstlose Gefühlsäußerungen („Mein Bauchgefühl sagt mir ..."), entsprechen dieser Anforderung. (Die Fortsetzung der Council-Regel lautet übrigens: „... und fasse Dich kurz!").

  Wenn ich etwas sagen will, stelle ich mir vorher solche Fragen:

  - Woher kommt dieser Impuls? Welche Motivation liegt dem zugrunde?
  - Will ich eine Meinung äußern? Wie kann ich das so tun, dass ich offen bleibe für die Meinungen anderer? Kann ich mir selbst und den anderen deutlich machen, woher meine Meinung/meine Gedanken kommen?
  - Könnte ich eine Frage stellen, um mein eigenes Verständnis oder das der anderen zu vertiefen?

- **ZUHÖREN**

  Wenn es gelingt, einer anderen Person vorbehaltlos und empathisch zuzuhören, eröffnet dies nicht nur der Zuhörenden den Zugang zu tiefem, ihre Welt erweiterndem Verständnis, es stärkt ebenso Vertrauen und Offenheit auf Seiten des Sprechenden. Gehört zu werden. bedeutet auch, respektiert und anerkannt zu werden.

„Zuhören bedeutet, dass man so zuhört, dass der andere Mensch Dinge aussprechen kann, die er sonst nicht ausgesprochen hätte oder nicht hätte aussprechen können."

B. C. J. Lievegoed

Um diese Fähigkeit des offenen Zuhörens zu entwickeln, ist es zunächst nötig, dass ich tief in mich selbst hineinhöre.

- Als Vorbereitung auf das Gespräch:
  - Ich achte auf meine Art zu hören:
    - Von welcher Position aus höre ich zu?
    - Mit welcher Absicht höre ich zu?
    - Welche innere Stimme filtert das, was ich höre?
  - Ich achte auf meine innere Haltung:
    - Wie beeinflusst meine innere Haltung meine Gedanken und Gefühle?

- Wie beeinflusst und filtert meine innere Haltung das, was andere sagen?
- Dient diese Haltung dem wesentlichen Zweck meiner Teilnahme an dem Gespräch?
- Welche Möglichkeiten habe ich, meine Haltung zu verändern?

- Während des Gesprächs:
  - Ich achte darauf, wie ich zuhöre:
    - Kann ich das, was ich höre, zunächst betrachten, ohne es gleich zu bewerten?
    - Entscheide ich bereits zustimmend oder ablehnend, indem ich, sichtbar oder unsichtbar, nicke oder den Kopf schüttle?
    - Erlaube ich mir, offen für andere Ideen und Gedanken zu bleiben und nicht nur für die, bei denen es mir leichtfällt, zuzustimmen?

> *Zuhören* ist die mit Abstand wichtigste Kompetenz von Auditoren und Coaches!

- **VERLANGSAMUNG**

  Das Charakteristikum der dialogischen Kommunikation, das in unserer hektischen Echtzeit-Ära vielleicht am einschneidendsten wirkt, ist die gewollte Verlangsamung. Sie ist uns so fremd, dass bei vielen Menschen massive Widerstände auftreten. Aber Verlangsamung ist unbedingt notwendig, um wirklich zuhören, von Herzen sprechen und dabei unser Denken beobachten zu können. Das Downloading von Bekanntem, von Mustern, die reflexartigen Impulse aus dem Unbewussten hören ja nie auf (außer vielleicht in meditativen Zuständen). Es gilt, das Feuerwerk von Schnellschüssen und seine Wirkung und Bedeutung zur Kenntnis zu nehmen, um dann den freiwerdenden Raum mit neuen, kreativen Gedanken zu beleben. Dieser Raum muss durch ausreichend Zeit abgesichert werden. Objekte, wie der Redestein, der demjenigen, der ihn in Händen hält, den zeitlichen Raum zum Denken und Reden garantiert, sind hierfür nützliche Instrumente.

- **ANNAHMEN UND BEWERTUNGEN IN DER SCHWEBE HALTEN**

„Sehr viele von unseren Verhaltensmustern sind schon frühkindlich ‚programmiert' worden. Das heißt, die gegenwärtige Welt wird interpretiert durch ein Muster aus alten, vielleicht veralteten Daten."

M. & J. F. Hartkemeyer/L. Freeman Dhority

Wir nehmen die Welt durch eine subjektive Brille von Annahmen, Interpretationen und Bewertungen wahr, die uns im Alltag das Gefühl von Souveränität und Kontrolle vermittelt, aber letztlich unsere Entscheidungen und unser Handeln bestimmt. Im Dialog sollen mithilfe von Verlangsamung und geübter Achtsamkeit Automatismen unterbrochen, Muster sichtbar gemacht und dadurch neue Einsichten ermöglicht werden.

Routinemäßig klettern wir täglich tausendfach, ohne darüber nachzudenken und manchmal in atemberaubendem Tempo, die bereits erwähnte Leiter der Schlussfolgerungen hoch:

- Von der Wahrnehmung (bereits massiv vorgefilterter) Daten, Fakten, Vorgänge
- zu Interpretationen und Annahmen
- über Meinungen und Bewertungen
- und Folgerungen
- zu Handlungen
- und einem (meist verstärkenden) Feedback an die bestehenden Filter und Muster.

Wenn es gelingt, solche Prozesse für mich und andere sichtbar zu machen, die Annahmen, Vorurteile, Schlüsse wie auf einer Wäscheleine aufzuhängen und zu betrachten, schafft das Raum für gemeinsame Reflexion und kreatives Weiterarbeiten.

> Das Ziel ist nicht, keine Annahmen mehr zu haben, nicht mehr zu beurteilen und zu bewerten (das wäre weder möglich noch vorteilhaft), sondern Bewusstsein und Transparenz zu schaffen. Und dann zu fragen: „Wie komme ich eigentlich zu der Annahme oder Bewertung? Muss die so stehenbleiben oder wäre es günstiger, sie zu verändern?“

PRODUKTIVES PLÄDIEREN

Ideen zu präsentieren, für Ziele einzutreten, für Vorgehensweisen zu werben, einen Weg gemeinsam mit anderen begehen zu wollen, hat Platz in einem Dialog. Der wesentliche Unterschied zum gängigen Diskussionsmeeting liegt darin, dass ich meine Sicht der Dinge vorstelle und die anderen dazu einlade, das Bild zu hinterfragen und durch ihre Sichtweisen zu verbessern und zu vervollkommnen. „Produktives“ Plädieren zielt nicht auf einfache Zustimmung, erst recht nicht auf „Gewinnen“, sondern auf Wertschöpfung durch den Gruppenprozess.

Um diese zu fördern, ist folgendes Vorgehen zu wählen:

- Annahmen, Bewertungen, Schlüsse und Daten/Fakten, die verarbeitet wurden, offenlegen,
- die Gedanken möglichst konkret, an Beispielen erläutern,
- dazu einladen, das Modell, die Annahmen, die zugrunde gelegten Daten, den Denkprozess kritisch zu überprüfen, gegebenenfalls zu ergänzen,
- um Unterstützung bitten, wo man unsicher ist,
- immer im Hinterkopf behalten, dass sowohl man selbst als auch andere komplett falsch liegen können (in Bezug auf Einschätzungen und Erwartungen).

Es ist viel Mut notwendig, um sich in solcher Weise vor den anderen zu zeigen. Der Aufbau und die Pflege von Beziehungen, die sich durch Offenheit und Vertrauen auszeichnen, sind gleichzeitig Voraussetzung und Konsequenz von Prozessen dieser Art. Das damit verbundene Entwicklungspotenzial für Sie persönlich, Ihr Team und Ihre Organisation rechtfertigt den Einsatz aber jedenfalls.

- **EINE ERKUNDENDE HALTUNG EINNEHMEN**

Hier treffen wir auf ein Hauptcharakteristikum des Dialogs: Sachverhalte in vorbehaltloser Weise zu erkunden, um als Gruppe zu Einsichten zu gelangen, die dem Einzelnen verschlossen sind. Das Hauptinstrument für die Erkundungen ist ehrliches, aufrichtiges Fragen (siehe Abschnitt 4.5.1). Die Motivation für das Fragen liegt in einer Neugier für die Sache und dem Interesse an den anderen Menschen. In solchen Fragen drückt sich die als 1. Kernfähigkeit genannte „Haltung des Lernenden" aus.

Die Vorgehensweise des Fragens und gemeinsamen Reflektierens ermöglicht es uns, komplexe Zusammenhänge zu verstehen und stärkt gleichzeitig die Beziehungen zwischen den Menschen. Wegen ihrer Beziehungsschädlichkeit haben manipulative, rhetorische und Pseudofragen, die der eigenen Profilierung oder der Herabsetzung von anderen dienen, im Dialog keinen Platz.

- **DEN BEOBACHTER BEOBACHTEN**

Mehrfach haben wir von der Anforderung gesprochen, in sich selbst hineinzuhören, sich selbst Fragen zu stellen, sich Dinge, die in einem selbst ablaufen, bewusst zu machen. Wir sollen also möglichst neutrale Beobachter, „Zeugen" unserer Denkprozesse werden. Individuell und auch auf der kollektiven Ebene, indem wir den gemeinschaftlichen Denk- und Reflexionsprozess und seinen Einfluss auf uns beobachten.

Eine wesentliche Aufgabe im Dialog besteht darin, in mir eine unbestechliche Instanz, einen hellwachen, sachlichen Beobachter aufzubauen, der meine Gedanken und Gefühle, meine Reaktionen auf innere und äußere Vorgänge, zur

Kenntnis nimmt und zur Betrachtung und Reflexion zur Verfügung stellt. Damit diese Beobachtungen ertragreich stattfinden können, ist es unerlässlich, die Denk- und Kommunikationsprozesse massiv zu verlangsamen (6. Kernfähigkeit).

5.4.3 Die Achtsame Diskussion

Die Tatsache, dass der reine Dialog kein Ergebnis anstrebt, sondern sein Zweck in der Erforschung von Denkprozessen und der Generierung von Einsichten liegt, führt zu großen Widerständen gegen seine Anwendung in Unternehmen. Man befürchtet, damit kostbare Zeit zu verschwenden. Dass durch die Konsequenzen vorschneller, nicht ausreichend durchdachter, daher nicht sachgerechter Entscheidungen sehr viel mehr Zeit und Energie vergeudet wird, als dies durch noch so viele Dialogrunden geschehen könnte, bleibt unbeachtet. Dennoch wollen wir Ihnen für den Fall, dass die Hürden für die Einführung des Dialogs in Ihrer Organisation (derzeit) zu hoch sind, eine zweitbeste Lösung empfehlen: Eine Form von Diskurs, die die Ergebnisorientierung der Diskussion mit der gemeinschafts- und lernfördernden Charakteristik des Dialogs verbindet: die **Achtsame Diskussion** (entspricht weitgehend der „Skillful Discussion" nach Rick Ross in Peter M. Senge et al. 1994).

Die Achtsame Diskussion verbindet die Ergebnisorientierung der Diskussion mit der gemeinschafts- und lernfördernden Charakteristik des Dialogs.

Bei Meetings in Unternehmen steht meistens das Plädieren im Vordergrund. Man diskutiert, mit dem Ziel, die stärkste, beste Idee möge gewinnen. Und es soll schnell gehen. Von erheblicher Bedeutung ist meist, *wer* für die Idee plädiert und ob sie im Einklang mit den in der Organisation dominanten Meinungen und Praktiken steht. Gründliche Erkundungen, Hinterfragungen, Reflexionen sind eher die Ausnahme. Es wird üblicherweise nur die Übereinstimmung mit ein paar, als ausschlaggebend angesehenen, Parametern abgecheckt. Diese Vorgehensweise führt regelmäßig zu suboptimalen Ergebnissen und unterdrückt eine produktive Unternehmens- und Teamentwicklung.

In der Achtsamen Diskussion begegnet uns vieles, das wir aus dem „normalen" Unternehmensgeschehen kennen: Es gibt eine Agenda und die Teilnehmer verlassen das Meeting mit Ergebnissen wie Arbeitsaufträgen und Prioritätslisten. Aber das Zustandekommen dieser Ergebnisse unterscheidet sich gründlich vom konventionellen Muster: Die Kernfähigkeiten des Dialogs finden Anwendung, die Kommunikation wird verlangsamt, eine Balance zwischen Plädieren und Erkunden wird angestrebt, Annahmen und Bewertungen werden offengelegt und hinterfragt, die

Denkprozesse werden betrachtet, die Gründe für Meinungsverschiedenheit werden untersucht.

Rick Ross, der die „Skillful Discussion“ entwickelt und vielfach angeleitet hat, empfiehlt fünf Grundsätze für die Teilnehmer:

- **ACHTE AUF DEINE ABSICHTEN**

  Was will ich in dem Meeting erreichen? Sind meine Absichten in Harmonie mit dem Zweck des Meetings, letztlich dem Unternehmenssinn? Bin ich offen, mich beeinflussen zu lassen?

- **VERSUCHE, WIRKLICH ZU VERSTEHEN**

  Wenn ein anderer für eine Sache plädiert, kann ich den Prozess unterstützen, indem ich

  - den anderen bitte, seinen Denkprozess sichtbar zu machen,
  - zur Klärung beitrage, wenn ich eine andere Sicht der Dinge habe.

- **SORGE FÜR EIN GEMEINSAMES VERSTÄNDNIS**

  Durch Nachfragen und konkretes Ausformulieren kann ich sicherstellen, dass alle das Gleiche verstehen.

- **NÜTZE DEINE SELBST-WAHRNEHMUNG**

  - Wenn ich verwirrt, ärgerlich, frustriert oder besorgt bin, stelle ich mir diese Fragen:
    - Was denke ich gerade? (Pause)
    - Was fühle ich gerade? (Pause)
    - Was möchte ich/bräuchte ich in diesem Moment?
  - Dann äußere ich mich in der Gruppe, z. B. „Dein Vorschlag beruht auf einer Annahme, die ich gern näher anschauen würde“, „Als du das gesagt hast, war ich nicht einverstanden, weil ...“ oder auch nur „Ich stelle gerade fest, dass ich mich unwohl fühle und ich weiß nicht genau warum.“

- **STEIG EIN, WENN WIR FESTSTECKEN**

  Ich erforsche die Ursachen von Uneinigkeit oder Sackgassen und halte damit den Weg für Fortschritte offen:

  - Was wissen wir mit Sicherheit?
  - Was halten wir für wahr, haben aber noch keine Daten/Fakten dafür?
  - Was wissen wir nicht?
  - Was können wir gar nicht wissen?
  - Worüber sind wir uns einig und worüber nicht?
  - Wo kommen unsere unterschiedlichen Annahmen her?
  - Hat jemand eine Idee, die uns mehr Klarheit bringen könnte?

Teamdiskurse mit solcher Gründlichkeit, Offenheit und Lernbereitschaft sind nur realisierbar, wenn entsprechende Rahmenbedingungen gegeben sind:

- eine sichere, einladende äußere Umgebung (Meetingraum, der für niemanden eine Heimspielarena und für andere Teilnehmer ein Auswärtsspiel repräsentiert),
- ein unterstützender Prozessbegleiter (Business Quality Coach? – Dialogausbildung sollte Teil der Ausbildung sein),
- eine ausdrückliche Selbstverpflichtung, sich gegenseitig respektvoll und kollegial zu behandeln,
- die Ermutigung zu Offenheit und Vertrauen,
- eine Verpflichtung, dass alles, was in dem Raum passiert, vertraulich gehalten wird,
- eine ausdrückliche Vereinbarung, was nach dem Meeting, wie, an wen kommuniziert wird,
- eine ausdrückliche Einladung und Unterstützung von neuen, unkonventionellen Perspektiven und mutigen Interventionen,
- Abstimmung und Verteilung der Agenda im Voraus,
- ausreichend Zeit, keine Störungen, Erfrischungen an Bord.

> Führen Sie die Achtsame Diskussion als Standardform für Meetings in Ihrer Organisation ein. Sie werden damit bessere Ergebnisse erzielen und zugleich den wertschätzenden Umgang miteinander fördern.

5.4.4 Prozessbeschreibung: die Stakeholder-Konferenz

Ziele des Prozesses:

- Zu einem konkreten Vorhaben wird ein Vorgehen gefunden, das den Unternehmenssinn verwirklicht und den beteiligten Interessen in optimaler Weise gerecht wird.
- Die Fähigkeiten der dialogischen Kommunikation in der Organisation werden gefördert.

Zweck:

Kontinuierliche, ganzheitliche Qualitätsoptimierung

Sinn:

Entwicklung der Organisation und ihrer Menschen in Richtung Empathie und nachhaltige Qualität

Grundparameter des Prozesses:

- Die Stakeholder-Konferenz soll die Interessen aller an einem Vorhaben Beteiligten oder von ihm betroffenen Parteien sichtbar machen und zur Einigung auf ein Vorgehen führen, das ein Gesamtoptimum darstellt. Die Stakeholder-Konferenz ist bei allen größeren Veränderungsvorhaben einzuberufen, beispielsweise wenn neue Produkte oder Herstellverfahren geplant werden, neue Kundenkreise bedient werden sollen oder eine Erhöhung des Qualitätsniveaus angestrebt wird. Stakeholder-Konferenzen können sowohl auf der Ebene der Gesamtorganisation als auch von Teilen der Organisation veranstaltet werden.
- Zunächst werden in möglichst umfassender Form alle relevanten Stimmen und Interessen hörbar und sichtbar gemacht. Der zweite Teil der Konferenz dient dann der gemeinsamen Entscheidung für ein Vorgehen. Aufgrund dieser Struktur bietet es sich an, im ersten Teil einen Dialog zu führen, dem sich eine (achtsame) Diskussion anschließt. Es ist aber auch möglich, den gesamten Prozess als Achtsame Diskussion zu gestalten.
- Die Stakeholder-Konferenz verdankt ihre Lebendigkeit und Tiefenwirksamkeit dem Prozess, bei dem Repräsentanten der Organisation (formelle oder informelle Führungskräfte) die Rollen der verschiedenen *Stakeholder* einnehmen und deren Interessen vertreten. Setzen Sie jeweils die Hauptcounterparts der *beteiligten Interessengruppen* in deren Rolle, also die Vertriebsleiterin als Vertreterin der Kundeninteressen, den Personalchef als Vertreter der Mitarbeiterinteressen, die CFO für die Shareholder, den Einkaufsleiter für die Zulieferer etc. Hier besteht die größte fachliche Nähe und Beziehungsnähe und für die Tätigkeit dieser Führungskräfte ist es ohnehin gefordert, Verständnis für die Interessen und Bedürfnisse ihrer Klientel zu haben. Eine besondere Herausforderung und Lernchance liegen darin, dass die Stakeholder-Vertreter in der Konferenz ihre angestammte Rolle bestmöglich ausblenden und sich ganz in die Rolle des Stakeholders versetzen sollen. Ein möglichst neutraler Prozessbegleiter (Facilitator) sollte hierauf achten.
- Die Rolle des *Sinns* kann nur und muss von der Gründerin/CEO/Geschäftsführerin eingenommen werden. Da der Unternehmenssinn mit einer „gerechten Sache“ verknüpft sein soll und somit dem Wohlergehen in globalerem Maßstab verpflichtet ist, vertritt der CEO auch die Interessen und Bedürfnisse des Planeten (Umwelt/Klima) und übergeordnete soziale und ethische Fragen.
- Die Konferenzteilnehmenden haben einerseits die Aufgabe, den Interessen der von ihnen jeweils vertretenen Stakeholder Geltung zu verschaffen, und andererseits, in der zweiten Konferenzphase, die Mission, eine gemeinsame Entscheidung herbeizuführen. Sie werden also gefordert, Partialinteressen zu vertreten und sie in ein kollektives Interesse einzubringen.

- Gründlichkeit und Erfolg des Prozesses sind maßgeblich abhängig von dem Maß an Vertrauen und Offenheit, das in der Organisation herrscht. Die für die „Achtsame Diskussion“ dargestellten Voraussetzungen hinsichtlich der äußeren Rahmenbedingungen sind unbedingt zu schaffen. Des Weiteren sind, zumindest vor dem ersten Mal, die Teilnehmenden in einer wenigstens eintägigen Trainingssession mit den Grundzügen der dialogischen Kommunikation und den daraus resultierenden Anforderungen vertraut zu machen.
- Für eine Stakeholder-Konferenz auf Ebene der Gesamtorganisation ist die uneingeschränkte Teilnahme des Geschäftsführers/Gründers/CEO unerlässlich. Bei Stakeholder-Konferenzen in Teilen der Organisation (beispielsweise auch, wenn zunächst als „Pilot“ eine Stakeholder-Konferenz in einem Organisationsbereich durchgeführt werden soll, um die Nützlichkeit zu testen) ist die „Schirmherrschaft“ durch die oberste Leitung und eine wenigstens zeitweise Teilnahme (zum Beispiel zu Beginn und am Ende) gefordert. Während seiner Abwesenheit wird die Rolle durch die Leiterin des jeweiligen Organisationsbereichs wahrgenommen.

  Warum kommt es auf die Präsenz des Gründers/Geschäftsführers/CEO so sehr an? Er verkörpert den Sinn, die Identität und die Kultur der Organisation.
- Je nach Anzahl der Konferenzteilnehmer und Komplexität des Vorgehens wird mindestens ein qualifizierter Prozessbegleiter (Facilitator) benötigt.
- Konferenzdauer: Je nach Komplexität zwei Stunden bis zu einem Arbeitstag.

Prozessbeteiligte:

Fünf bis ca. zehn Personen

Bei einer Qualitätskonferenz auf Organisationsebene sollten anwesend sein:

- CEO: Vertreter*in des Sinns, gleichzeitig Vertreter*in des Planeten und des globalen Wohlergehens
- Vertreter*in der Kunden
- Vertreter*in der Mitarbeitenden
- Vertreter*in der Eigentümer
- Leiter*in des betreffenden Projekts/Programms/Produkts
- Facilitator (Business Quality Coach?) + evtl. unterstützender Protokollant
- Zusätzlich gegebenenfalls:
- Vertreter*in der Zulieferer
- Vertreter*in der lokalen Community
- Vertreter*in des Staates
- Vertreter*in verschiedener Kundengruppen

- Vertreter*in von Minderheiten mit besonderen Interessen
- Vertreter*in der Wettbewerber
- ...

Infrastruktur:

- ausreichend großer, freundlicher, ungestörter Meetingraum mit Kreisbestuhlung ohne Tische (evtl. Gestaltung der „Mitte“),
- angeschlossener Bereich für Pausen,
- Pinnwände o. Ä. für Plakate; Klemmbretter mit Papier (möglichst A3) für Teilnehmer,
- möglichst Videokamera für Aufzeichnung der Konferenz.

Die **Kernaussagen dieses Abschnitts** sind:

- Der Dialog ist eine machtvolle Form von Diskurs, da er das Potenzial besitzt, relevante, aber meist unbeachtete Aspekte ans Licht zu bringen und der Reflexion und Bearbeitung zugänglich zu machen.
- Das Hauptziel des Dialogs ist gemeinsamer Erkenntnisgewinn. Das Hauptziel der Diskussion ist es, eine Entscheidung zu begründen.
- Dialog und Achtsame Diskussion sind Haupttypen dialogischer Kommunikation. Sie sind geeignete Formen für die Behandlung komplexer Sachverhalte und fördern Kreativität und Agilität.
- Dialogische Kommunikation beruht auf folgenden Kernfähigkeiten und Grundsätzen:
  - die Haltung eines Lernenden verkörpern,
  - radikaler Respekt,
  - Offenheit,
  - von Herzen sprechen,
  - Zuhören,
  - Verlangsamung,
  - Annahmen und Bewertungen in der Schwebe halten,
  - produktives Plädieren,
  - eine erkundende Haltung einnehmen,
  - den Beobachter beobachten.
- Die Achtsame Diskussion verbindet Charakteristika und Vorzüge von Dialog und Diskussion und bietet sich zur kontinuierlichen Anwendung in Organisationen an.
- Die Stakeholder-Konferenz bietet ein Lernfeld für dialogische Kommunikation und kann als Kernstück der Ausrichtung einer Organisation auf Qualität wirken.

5.5 Entscheiden – wie können wir Kompetenz statt Hierarchie entscheiden lassen?

Über dem Thema „Entscheiden" liegt etwas geradezu Mystisches, sehr Respekteinflößendes. Wirklich bedeutsame Entscheidungen sollten und könnten vernünftigerweise ausschließlich in dem illustren Kreis der hauptberuflichen „Entscheider" gefällt werden, so die gängige Meinung vieler Führungskräfte. Diese kommen dann meist einsam, im Angesicht schwerer, persönlicher Verantwortung, zu ihren Entscheidungen.

In diesem Abschnitt erfahren Sie,

- auf welchen Glaubenssätzen der konventionelle, hierarchische Entscheidungsprozess beruht,
- was die Nachteile der konventionellen Praxis sind,
- wie der „Beratungsprozess" als Kern des neuen Entscheidungsprozesses funktioniert,
- wodurch der neue Entscheidungsprozess Qualität fördert,
- welche Rollen den Führungskräften beim neuen Entscheidungsprozess zukommen,
- wie Sie den neuen Entscheidungsprozess einführen können.

5.5.1 Das konventionelle Paradigma: Nur „Entscheider" entscheiden

Diesem, auch anfangs des 21. Jahrhunderts noch auf der ganzen Welt dominierenden Konzept liegen mehrere Grundannahmen, *Glaubenssätze* zugrunde:

- Arbeiter und Angestellte sind nicht in der Lage, gute Entscheidungen über Dinge zu treffen, die Auswirkungen auf die ökonomische Situation des Unternehmens haben. Führungskräfte sind dagegen gut darin.
- Gute Entscheidungen werden systematisch, rational getroffen. Führungskräfte beherrschen solche Entscheidungsprozesse aufgrund ihrer hochwertigen Ausbildung. Arbeiter und Angestellte neigen zu emotionalen, bauchgesteuerten Entscheidungen.
- Arbeiter und Angestellte wollen für Entscheidungen, die Auswirkungen auf die Ergebnisse der Organisation haben, keine Verantwortung tragen. Führungskräfte wollen und sollen diese Verantwortung tragen.

- Arbeiter und Angestellte können mit sensiblen Informationen über Herausforderungen und Risiken für das Unternehmen nicht umgehen. Solche Informationen gehören nur in die Hände von Führungskräften.

Diese Glaubenssätze basieren auf einem Paradigma, das nicht (mehr) in unsere Welt passt. Denn:

- Das konventionelle Entscheidungsparadigma, in dem sich auch wieder das Taylorsche Grundprinzip der Trennung von Hand- und Kopfarbeit verwirklicht, ist fundamental *undemokratisch*, denn es etabliert eine Klassengesellschaft im Unternehmen.
- Es ist zutiefst *ideologisch*, denn es beruht auf einem Menschenbild (Mc Gregor's Theorie X), für das es keine wissenschaftlichen Grundlagen gibt.
- Es ist *egozentrisch*, denn es dient dazu, exorbitante Vergütungen der Managerklasse durch Verweis auf ihre herausgehobene Verantwortung zu legitimieren.
- Es ist *kontraproduktiv*, denn es verzichtet darauf, das Wissen und Können der Mehrzahl der Menschen für die Führung und Entwicklung des Unternehmens zu nützen. Das fördert bei den Mitarbeitenden wiederum Demotivation und innere Distanzierung vom Unternehmen.
- Es ist *ineffizient*, denn es verlangsamt Entscheidungsprozesse in nicht förderlicher Weise durch das Entstehen von Bürokratie und Bottlenecks.
- Es ist *gefährlich und nicht sachgerecht*, denn es trennt die Entscheidungen von der Praxis und dem detaillierten Sachverstand.
- Es ist komplett *illusionär*, denn auch auf den obersten Führungsetagen gibt es keine rationalen Entscheidungen. Die systematisch-rationale Methodik, die manchmal eingesetzt wird, dient in Wahrheit nur der nachträglichen Begründung bzw. der Haftungsbeschränkung.

Es gibt beeindruckende Live-Beispiele von Unternehmen, in denen das konventionelle Paradigma verlassen und eine grundlegend neue Regelung der Entscheidungsprozesse eingeführt wurde.

5.5.2 Das neue Paradigma: Jeder ist ein „Entscheider"

Der Schritt führt nicht ins Chaos. Die Lösung liegt auch nicht in dem manchmal lähmenden Ringen um Konsens. Sie liegt in der obligatorischen Nutzung der Gesamt-Kompetenz der Organisation, im **Beratungsprozess**.

Prominente Wegbereiter der Idee waren Dennis Bakke und Roger Sant, Gründer und langjährige Top-Manager von Applied Energy Services (AES), einem globalen Energieversorger, der zeitweise in 31 Ländern Kraftwerke und Anlagen unterhielt und bis zu 40 000 Mitarbeitende beschäftigte. Als die beiden im Jahr 1982 die

Firma gründeten, waren sie sich einig über eine Grundanforderung: In ihrem Unternehmen sollte die Arbeit Spaß machen. Und den Schlüssel zur Freude in der Arbeit fanden sie darin, **dass die Mitarbeitenden ermächtigt würden, alle Entscheidungen, die Bedeutung für ihre Arbeit haben, selbst zu treffen**, inklusive des Ausgebens von Unternehmensgeldern, etwa für Investitionen. Einzige Bedingung: Der Mitarbeitende muss vorher Rat suchen und ihn gründlich bedenken. Selbstverständlich ist, dass dem Mitarbeitenden alle für die Entscheidung relevanten Informationen zugänglich sind.

Der Entscheidungsprozess ist im neuen Paradigma so geregelt:

- Grundsätzlich kann jeder Mitarbeitende jede Entscheidung treffen. Er muss sich aber vorher Beratung einholen:
  - von den von der Entscheidung betroffenen Kolleg*innen sowie
  - von Expert*innen für das jeweilige Thema
  - und deren Ratschläge und Hinweise gründlich bedenken.
- Je schwerer die Entscheidung wiegt, desto mehr Menschen in den verschiedenen Funktionen und auf den verschiedenen Ebenen der Organisation sind zu konsultieren. Dies kann durchaus obere und höchste Führungskräfte umfassen. Die Forderung an den „Entscheider", die Ratschläge und Hinweise ernst zu nehmen, bedeutet nicht, ihnen zwanghaft folgen oder sie – koste es, was es wolle – unter einen Hut bringen zu wollen. Letztlich trifft der Mitarbeiter, nach Abwägung, **seine Entscheidung, für die er auch die Verantwortung trägt**.
- Dieser Prozess gilt für jedes Organisationsmitglied, für den Shopfloor-Mitarbeiter ebenso wie für die Geschäftsführerin. Die Missachtung des obligatorischen Beratungsprozesses zählt zu den gravierendsten und dementsprechend streng sanktionierten Verstößen im Unternehmen.

Eine Reihe von unterschiedlichsten Unternehmen, wie der Pflegedienst Buurtzorg, der Automobilzulieferer FAVI oder betterplace lab, praktizieren Entscheidungs-/ Beratungsprozesse, die dem beschriebenen AES-Prozess ähneln.

5.5.3 Der neue Entscheidungsprozess als Kernelement Qualitätsbestimmter Führung

Dieser Prozess erhöht nicht nur in ungekanntem Maß bei den meisten (nicht allen!) Mitarbeitenden die Freude an der Arbeit, die Motivation und die Identifikation mit dem Unternehmen. Die Qualität der Entscheidungen, die aus solchen Beratungsprozessen resultieren, ist regelmäßig höher als beim konventionellen, hierarchischen Vorgehen. Der Prozess wirkt als Qualitätsgenerator.

Im „Beratungsprozess“ verfolgt ein Mitarbeiter ein für seine Arbeit und damit für die Organisation wichtiges Anliegen (verwirklicht einen Sinn) und ist gebunden, Kompetenzträger zu konsultieren und alle Betroffenen einzubeziehen (den beteiligten Interessen gerecht zu werden). Damit erfüllt dieses Vorgehen sämtliche Anforderungen an einen Qualitätsprozess.

Auch die von uns vorgeschlagenen Qualitätsprinzipien, vor allem *Sinnverwirklichung statt Gewinnen-Wollen, Kunden- und Beziehungsfokus statt Egozentrik, Kompetenz statt Hierarchie* und *Achtsamkeit statt Compliance* werden hierbei umgesetzt.

Aus dem Werk des einsamen Entscheiders ist ein *sozialer Prozess* geworden! Trotz alledem sind auch hier Fehler nicht gänzlich ausgeschlossen.

Verlierer der Umstellung scheinen die Führungskräfte zu sein, die Macht und Kontrolle aus der Hand geben. Tatsächlich haben sie aber die Chance auf höchst wertschöpfende, neue Rollen: als Coaches nämlich, als Ermöglicher, als *Servant Leaders*. Wenn die Mitarbeiter aktiv werden, um Entscheidungen voranzubringen, werden sie sich vielfach, Rat und Unterstützung suchend, an die Führungskräfte und Experten wenden. Die Führungskräfte werden so nah und authentisch wie nie zuvor Einblick in den Betrieb und in die Sorgen und Nöte, Wünsche und Ziele der Mitarbeitenden erhalten. Und sie werden ihren Wert als Mitwirkende in der Organisation alltäglich und direkt wahrnehmen können.

Ein enthierarchisierter Entscheidungsprozess ist grundlegend für eine agile Organisation. Wenn Sie das Risiko der Umstellung begrenzen möchten, können Sie den neuen Prozess zunächst dosiert und erprobend einführen: In einzelnen Teams oder Abteilungen, mit gewissen Standardabläufen, für bestimmte Themen oder Themenbereiche, in vorgegebenen finanziellen Grenzen, mit vorgeschriebenen Konsultationsstationen (Finanzmanager, Geschäftsführer, ...). Grundsätzlich gilt, dass Sie keine geltende Regelung aufgeben sollten, ohne über eine wirksame Entsprechung im Neuen zu verfügen (z. B. vernünftige Kriterien bei der Buchung von Dienstreisen). Auch mittel- und langfristig sollten Sie nur die Regelungen einführen, die zu Ihnen und Ihrem Unternehmen passen, mit denen Sie sich wirklich identifizieren können. Aber ohne Vertrauen ins Gelingen, ohne Loslassen von Altem und die Entschlossenheit, dem Neuen zum Erfolg zu verhelfen, geht es nicht.

Die **Kernaussagen dieses Abschnitts** sind:

- Das gängige Paradigma der Entscheidungsbefugnis auf höheren hierarchischen Ebenen beruht auf den Glaubenssätzen der ersten industriellen Revolution.
- Die konventionelle, hierarchische Regelung der Entscheidungsbefugnisse ist kontraproduktiv, ineffizient, gefährlich und qualitätsschädlich und steht zeitgemäßen Veränderungen der Organisation im Weg.
- Es ist unvernünftig, an diesen Regelungen festzuhalten.
- Der neue Entscheidungsprozess ermächtigt alle Mitarbeiter zu „Entscheidern“, gebunden an einen vorherigen Beratungsprozess.
- Der neue Entscheidungsprozess ist ein sozialer Prozess und wirkt als Qualitätsgenerator.
- Der neue Entscheidungsprozess sollte achtsam und mit dem Willen zum Erfolg eingeführt werden.

5.6 Umgang mit Fehlern – warum kann die Lösung nur bei den Menschen liegen?

Wenn Sie sich entschieden haben, Qualität ins Zentrum all Ihrer unternehmerischen Bemühungen zu stellen und darauf beruhend eine neue, grundlegend veränderte Organisation zu gestalten, müssen Sie in einen Experimentalmodus umschalten. Bei Veränderungen an und in komplexen Systemen, was ein Unternehmen nun mal ist, wissen Sie nicht, was passieren wird. Sie können nur Wahrscheinlichkeiten abschätzen und müssen ansonsten hellwach beobachten und behutsam eingreifen, wann und wie Sie es für angebracht halten. „Fehler“, das heißt unerwünschte Vorgänge oder Effekte, werden unumgänglich auftreten. Dafür sollten Sie sich bereit machen.

Darüber hinaus, auch im ganz normalen Produktionsalltag, ist der Umgang mit Fehlern ein fundamental wichtiges Thema. Am Umgang mit Fehlern lässt sich der Charakter einer Organisation, ihre Beziehung zu den Menschen, erkennen.

In diesem Abschnitt erfahren Sie,

- dass das Fehlermachen, die Konsequenzen davon und die Notwendigkeit, aus Fehlern zu lernen, tief in die menschliche Erfahrung eingeprägt sind,
- warum „eine produktive Fehlerkultur" kein Erfolgsfaktor sein kann,
- wie die Qualitätsparadigmen des konventionellen Qualitätsmanagements und der Qualitätsbestimmten Führung lauten,
- welche Ansätze von „Just Culture" es gibt und warum wir nur die „Heilende Fehlerkultur" für geeignet halten,
- warum der Mensch der entscheidende Erfolgsfaktor ist,
- dass und wie man sich nach jedem Fehler, jedem Störfall, der Bedürfnisse von Geschädigten annehmen sollte,
- wie der Prozess der Aufklärung von Fehlerursachen und der Erarbeitung von Verbesserungsempfehlungen gestaltet werden sollte.

„Heute schon gescheitert?" lautet die etwas frivol klingende Werbeansprache für ein brandneues Buch. Scheitern sei „auf dem Weg zum agilen Glück (...) vorprogrammiert – und sogar ausdrücklich erwünscht! Aber Sie müssen ja nicht dieselben Fehler machen wie andere vor Ihnen." Einerseits seien also Fehlschläge, gar „Scheitern", willkommen, andererseits solle man Fehler vermeiden, zumindest diejenigen, die schon jemand vorher gemacht hat. Wir wollen im Folgenden zur Klärung beitragen.

5.6.1 Was sind Fehler?

Der Begriff des Fehlers ist in der Alltagskommunikation geläufig. Fehler bedeutet, dass etwas irgendwie falsch läuft oder gelaufen ist. In der individuellen Biographie bekommt man schon sehr frühzeitig eine erfahrungsbasierte Vorstellung davon, was ein Fehler ist. Wenn eine Handlung nicht zu dem gewünschten Erfolg führt, z. B. die Beendigung eines als bedrohlich empfundenen inneren Zustands wie Hunger, Frieren, Angst, wechselt man bald zu einem anderen Verhalten, um nach Möglichkeit das Ziel zu erreichen. Man lernt durch Versuch und Irrtum und mit fortschreitender Gehirnentwicklung werden die Versuche immer zielgenauer. Der „Irrtum", die Verhaltensweise, die mich nicht zu meinem Ziel bringt, ist in dieser Betrachtung der „Fehler", aus dem man lernen kann (zumindest, wie es nicht funktioniert).

Während unserer Sozialisation werden wir mit sozialen Normen konfrontiert, deren Nichtbeachtung wir als „Fehler" mit unangenehmen Konsequenzen erfahren. Das Thema „Fehler" ist verbunden mit tief in uns verwurzelten, gefühlsmäßig stark aufgeladenen Bildern von „richtigem" und „falschem" Verhalten und deren Konsequenzen. Es ist zeitlebens kein Phänomen, das einfach per rationaler Beeinflussung oder Verstandesentscheidung gesteuert werden kann. Die sensible, emotionale Saite klingt immer mit an; dessen sollten wir uns bewusst sein.

Zum Thema Fehler, das für jeden Menschen Relevanz besitzt und schon in der Antike philosophisch betrachtet wurde, gibt es keine halbwegs konsistente Forschung, ja nicht einmal einen weitgehend als gültig angesehenen Begriff. Verschiedene neuere Arbeiten erschöpfen sich in der Systematisierung von Fehlern. Für unseren Zweck, nämlich die Art und Weise des Umgangs mit Fehlern zu finden, die am besten zur Förderung zeitgemäßer Qualität geeignet ist, sind diese Arbeiten wenig hilfreich.

Auch die Standarddefinition der ISO 9000, ein Fehler sei die „Nichterfüllung einer Anforderung" bringt uns kaum etwas. Qualität ist mehr als die Erfüllung von Anforderungen. Die Erfüllung verbindlicher Anforderungen und Standards (und hierunter fallen auch Zusagen an Kunden) ist eine schlichte Selbstverständlichkeit, eine Abweichung hiervon ein Qualitätsmangel.

Für den Augenblick genügt uns die Einsicht, dass Ziele mehr oder weniger umfänglich und genau erreicht werden und dass es mehr oder weniger günstige Wege bei der Verfolgung von Zielen gibt. Abweichungen vom Optimum bei Prozess oder Ergebnis werden ab einem gewissen Grad als „Fehler" bezeichnet.

5.6.2 Erfolgsstrategie Fehlerkultur?

Seit den 1990er-Jahren hat der Begriff „Fehlerkultur" zunehmende Aufmerksamkeit erfahren. Fehlerkultur wird sogar zur „Erfolgsstrategie" stilisiert (Elke M. Schüttelkopf 2008). Andere Autoren sprechen vom „Erfolgsfaktor Fehler" (Peter Hochreither 2004) oder vom „erwünschten Scheitern" (Thomas Spielhofer 2020). Fehlerkultur ist ein Teilbereich von Kultur und bezieht sich darauf, wie eine Gruppe, eine Organisation, eine Gesellschaft mit Fehlern und den damit einhergehenden Risiken und Folgen umgeht. „Kultur" ist dabei nichts von der Organisation Abtrennbares, Eigenständiges, sondern ein „Abbild der Verhältnisse in einer Organisation" (Niels Pfläging 2019). Kultur drückt sich in allem aus, was in der Organisation gedacht, gesagt und getan wird – auch in allen Strukturen, Systemen, Prozessen und Strategien.

> *„This is how we do things around here."*
>
> *David Bright/Bill Parkin*

Da Kultur Spiegelbild der Organisation ist, lässt sich Kultur als solche auch nicht beeinflussen oder bearbeiten. Die üblicherweise nach öffentlich gewordenen Skandalen ausgerufenen „Kulturinitiativen" in Unternehmen und Organisationen sind von vorneherein zum Scheitern verurteilt. Dies gilt auch für den Teilbereich der Fehlerkultur. Fehlerkultur kann daher auch kein „Erfolgsfaktor“ oder gar eine „Erfolgsstrategie“ sein, sondern allenfalls ein Indikator von Erfolg. Kulturentwicklung ist eine Folge von Organisationsentwicklung. An der Veränderung der Kultur kann man im Lauf der Zeit ablesen, ob die Organisationsveränderung im intendierten Sinn erfolgreich gewesen ist.

Werte und Prinzipien und erst recht die Grundparadigmen einer Organisation werden nur selten reflektiert oder diskutiert, sie sind aber äußerst wirkmächtig, schlagen sich in praktisch jeder Handlung nieder. Was tun, wenn eine Veränderung an diesen Wurzeln des Handelns angestrebt wird? Gefordert sind hier vor allem die Führungskräfte und die oberste Führung (GeschäftsführerIn/GründerIn/CEO) mit folgenden Haltungen und Handlungen:

- vorbehaltlose Reflexion und Diskussion der Grundannahmen, Werte und Prinzipien der Organisation,
- eindeutige Positionierung der obersten Führung zu klaren Grundannahmen, Werten und Prinzipien,
- ausnahmslos konsequentes Handeln der Führung im Sinn der für gültig erklärten Grundannahmen, Werte und Prinzipien,
- Ausrichtung aller Strukturen, Systeme, Strategien, Prozesse auf diese Grundannahmen, Werte und Prinzipien,
- Einladung an alle zur praktischen Umsetzung der Grundannahmen, Werte und Prinzipien
- Einladung an alle, jederzeit Rückmeldung zu geben, wenn Inkonsistenzen oder Verbesserungsmöglichkeiten wahrgenommen werden,
- eindeutige Reaktion der Führung auf massiv oder nachhaltig abweichendes Verhalten.

> Nur wenn die oberste Führung als Ikone der Veränderung wahrgenommen wird, sind grundlegende und nachhaltige Veränderungen der Organisation möglich.

5.6.3 Das Problemparadigma des konventionellen Qualitätsmanagements

Was löst das folgende Statement bei Ihnen aus?

> Niemand macht absichtlich etwas falsch. Die Menschen wollen gute Arbeit leisten. Dazu brauchen sie persönliche Unterstützung und Entfaltungsmöglichkeiten.

Ein „ja, genau so ist es!“ oder ein „aber ...“? Und wie würden Sie die Position hierzu in Ihrem Unternehmen einschätzen? Entspricht diese Aussage der selbstverständlichen Grundannahme in Ihrer Organisation oder lautet die doch eher: „Für die meisten mag das ja gelten, aber es gibt doch immer ein paar faule Äpfel.“ Oder: „Wenn man den Leuten nicht dauernd auf die Finger schaut (und manchmal haut), läuft's schief“? Vielleicht auch noch. „Wenn's den Faktor Mensch nicht gäbe, hätten wir keine Qualitätsprobleme“? Dann befindet sich Ihre Organisation, wie übrigens die meisten, auf der Entwicklungsstufe des konventionellen Qualitätsmanagements. Das zugrunde liegende Paradigma finden Sie in Bild 5.4.

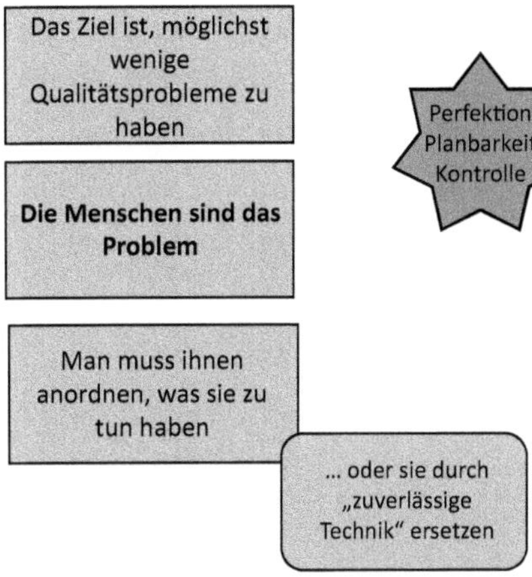

Bild 5.4
Das Problem-Paradigma des konventionellen Qualitätsmanagements

In dieser Sichtweise stellt der (operativ) arbeitende Mensch also die Hauptbedrohung für Qualität dar. Kontrollierte, wo möglich technisch gesteuerte Prozesse sind das Mittel, um Qualität trotz der Fehlerneigung der Menschen sicherzustellen.

Aussagen wie „70 bis 90 Prozent aller Prozessstörungen, Zwischenfälle und Unfälle sind auf menschliche Fehler zurückzuführen“ (Quelle: Lufthansa Technical Training) entstammen solchem Denken, eine Forschung und Lehre unter dem Begriff *Human Factors* widmet sich vorwiegend den Schwächen und Fehleranfälligkeiten der Menschen und deren Neutralisierung. Wir haben sogar die Empfehlung an Unternehmen gefunden, Human Error Science (HES) und Human Error Engineering (HEE) „als Teil der positiven Fehlerkultur“ im Unternehmen zu etablieren.

Diese Ansätze sitzen längst in einer selbst geschaffenen Sackgasse fest. Schon die Zielsetzung, möglichst wenige Qualitätsprobleme zu haben, ist kontraproduktiv. Qualitätsprobleme sind die Folge von Zuständen und Vorgängen in Verbindung mit der Verfolgung organisationaler Ziele. So wie es nicht erfolgversprechend wäre, die Vermeidung technischer Pannen als Ziel der Teilnahme an einem Radrennen auszugeben, lenkt die Fixierung auf Problemvermeidung vom eigentlichen Ziel, dem Erfolg der Organisation durch Qualität, ab.

„Da wollen die Leute immer den Menschen ausschalten, weil der Mensch die Fehlerquelle ist. Was die Leute dabei nicht bedenken, ist, dass der Mensch das Produkt ja auch entwickelt hat und produziert hat. Das Produkt ist durch den menschlichen Geist und durch die menschliche Arbeit zunächst entstanden. Und dann will man den Menschen ausschalten?"

Thomas Golinske, Geschäftsführender Gesellschafter, Alpha Laser GmbH

Noch destruktiver ist die zentrale Grundannahme des Paradigmas, Menschen seien vor allem Fehlerquellen, gegen die man alle möglichen Schutzvorrichtungen bauen muss. Wie können die Menschen unter diesen Bedingungen zu Subjekten von Verbesserung und Innovation werden? All die Bekundungen im heutigen Qualitätsmanagement, Fehler als Chance für Lernen und Entwicklung nutzen zu wollen, scheitern an dem Bild vom Menschen als Problem.

5.6.4 Das Lösungsparadigma der Qualitätsbestimmten Führung

Niemand geht zur Arbeit, um einen schlechten Job zu machen. Die Menschen handeln immer so, wie es in Anbetracht ihrer Ziele, ihres Aufmerksamkeitsfokus und ihres Wissens für sie in dem Augenblick sinnvoll und richtig erscheint. ■

Die im konventionellen Qualitäts- und Sicherheitsmanagement häufig bemühte Diagnose „Menschlicher Fehler" reicht als Begründung für einen Qualitätsmangel und für die Entwicklung kompensatorischer und vorbeugender Maßnahmen niemals aus. Die Feststellung, dass ein arbeitender Mensch an der Entstehung des Mangels beteiligt war, sollte als Ausgangspunkt für die Untersuchung dienen, aus welchen Gründen er oder sie in der gegebenen Situation die Handlungsweise gewählt hat, die sich (nachträglich) als Fehler herausgestellt hat. Auf dieser Grundlage wäre dann mit dem betreffenden Mitarbeitenden zu beraten, wie aus dem Vorfall möglichst viel gelernt und er und die Kolleg*innen in Zukunft in einer ähnlichen Situation besser unterstützt werden können.

Nur der Mensch, der „den Fehler gemacht hat", weiß aus eigener Erfahrung, wie es dazu kam. Und wenn es für ihn Sinn ergab, so zu handeln, wie er es tat, könnte es anderen ebenso ergehen. Wir beziehen also den „Fehlenden" als essenziellen Lieferanten von Wissen und Kreativität in den Prozess der Verbesserung ein. Das Verdikt „menschlicher Fehler", das ja mit einer Schuldzuweisung verbunden ist, würde diese partnerschaftliche Rolle bei der Problemlösung unmöglich machen. Ohne Ent-Schuldigung von „Fehlern" kann tiefgehendes individuelles und organisationales Lernen nicht gelingen. Dies bedeutet keineswegs eine Einladung zur Schlamperei, sondern im Gegenteil die Förderung verantwortlichen Handelns.

Bild 5.5 beinhaltet Kernannahmen, auf denen Qualitätsbestimmte Führung beruht. Es ist ziel- und lösungsorientiert, betrachtet die Menschen als entscheidenden Erfolgsfaktor, behandelt sie als Subjekte und stellt folgerichtig ihre Bedürfnisse in den Mittelpunkt.

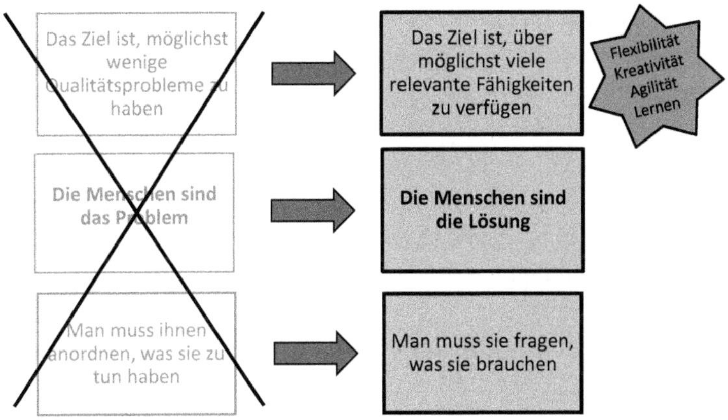

Bild 5.5 Das Lösungsparadigma der Qualitätsbestimmten Führung

Das Ziel wird hier positiv formuliert: Nicht die Vermeidung von Problemen, sondern die Verfügung über qualitätsrelevante Fähigkeiten ist Ziel Qualitätsbestimmter Führung. Hier wird nochmal die Erkenntnis bekräftigt, dass es zunehmend erfolgsentscheidend ist, ein breites Spektrum an Fähigkeiten einsetzen zu können. Vor allem auch zur Bewältigung des Unvorhergesehenen und Unvorhersehbaren:

> *„In komplexem Umfeld geht es nicht um die Frage, wie ein Problem gelöst wird, sondern wer das tun kann. Deswegen werden erfahrene Menschen bedeutsam. Menschen mit Können und Ideen."*
>
> *Niels Pfläging*

Die Menschen machen den ausschlaggebenden Unterschied zwischen einem exzellenten und einem durchschnittlichen Unternehmen, nicht die finanzielle Ausstattung oder die modernen Managementsysteme. Nur die Menschen mit ihren vielfältigen Fähigkeiten sind in der Lage, Qualität in zeitgemäßer Ausprägung zu erzeugen und sicherzustellen. Dazu sollten ihnen die bestmöglichen Bedingungen geboten werden, nicht mittels standardisierter Zwangsbeglückung von oben („Wir wissen schon, was für euch gut ist"), sondern auf der Basis möglichst individueller Bedürfnis- und Bedarfsermittlung. „Man muss sie fragen, was sie brauchen."

5.6.5 Heilung statt Schuld

„Niemand ist schuldig! (There is no blame!)“

Peter Senge: Das 11. Gebot der Lernenden Organisation

Die um sich greifende Propagierung einer positiven, konstruktiven, offenen, sanktionsfreien Fehlerkultur, gar Slogans wie „Fehler sind Freunde“ (monster.de) oder Aufrufe zum Scheitern wecken bei qualitäts- und sicherheitsbewussten Menschen verständliche Sorgen. Wohl eher rhetorische Fragen, wie „Würden Sie gern mit einer Airline fliegen, die Fehler willkommen heißt?“ drücken solches Unwohlsein aus. Dahinter steht die Erfahrung, dass Fehler und Qualitätsmängel nicht selten mit lässigen „Irren-ist-menschlich“-Kommentaren abgetan werden und der Leidtragende mit seinem Schaden allein gelassen wird. Die Befürchtung, dass eine solche Haltung durch das „Reframing“ von Fehlern zu geradezu erstrebenswerten Ereignissen bestärkt wird, liegt nahe.

5.6.5.1 Fehlermanagement nach dem Prinzip der ausgleichenden Gerechtigkeit

Besonders fatal können sich Fehler in sicherheitskritischen Bereichen und Tätigkeiten auswirken. Um hier das Auftreten von Fehlern und ihre schädlichen Folgen zu minimieren, wurden, zunächst in der Luftfahrt, dann ausgeweitet auf die Medizin und andere Hochrisikobranchen, verschiedene Konzepte unter dem Label „Just Culture“ (Gerechte Kultur) und „Non-Punitive Culture“ (Nicht bestrafende Kultur) entwickelt. Die Praktizierung einer solchen Kultur soll die Aufmerksamkeit der arbeitenden Menschen auf die Gefahr von fehlerhaften Handlungen richten. Gleichzeitig soll ihre Bereitschaft gefördert werden, bemerkte Fehler frühzeitig zu melden bzw. einzugestehen. Die Prädikate „gerecht“ und „nicht bestrafend“ beziehen sich auf die Konsequenzen für den Fehlerverursacher: Wenn diesem nur ein „menschlicher Fehler“ unterlaufen ist, einer, der jedem hätte passieren können, ein „ehrlicher Fehler“, wird er dafür auch nicht bestraft. Dieses Prinzip spiegelt sich beispielsweise in der Ansprache des Leiters einer Untersuchung zu einem kritischen Luftfahrtzwischenfall gegenüber dem Piloten: „You have nothing to fear if you have done nothing wrong.“ (nach Prof. Sidney Dekker 2017)

Wenn ihm allerdings ein weitergehender Verstoß zur Last gelegt werden kann, zum Beispiel die Nichtbeachtung einer Vorschrift, erhält er eine „gerechte“ Bestrafung. In Bild 5.6 sehen wir ein Beispiel für eine solche „Just Culture“ nach dem alttestamentarischen Konzept der „ausgleichenden Gerechtigkeit“. (Quelle v. a. David Marx, justculture.com; James Reason 1997)

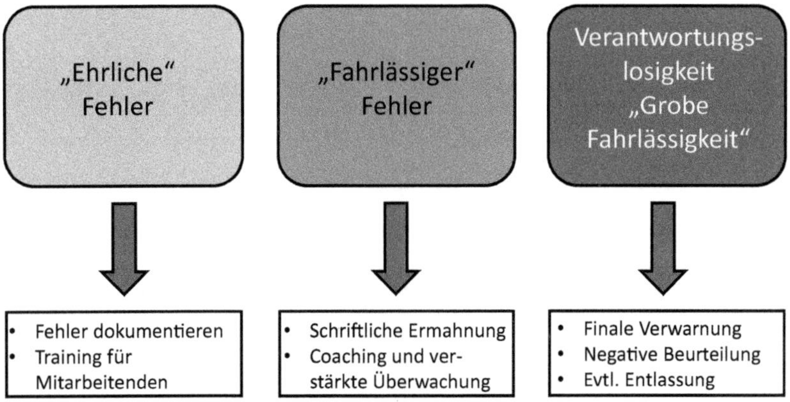

Bild 5.6 „Just Culture“ nach dem Prinzip der ausgleichenden Gerechtigkeit

Bevor es zu der hier dargestellten, detaillierten Ermittlung der Schuldhaftigkeit und der davon abgeleiteten Sanktionen kommt, wurden zur Aufklärung des Falls bereits folgende Fragen gestellt:

- Wer hat den Fehler verursacht?
- Welche Regel hat er/sie verletzt?

Das Fehlermanagement konzentriert sich bei diesem Vorgehen also vor allem auf den Umgang mit dem vermeintlichen Fehlerverursacher. Das ist so gut wie immer jemand am sogenannten Sharp End, also da, wo die eigentliche Arbeit getan wird. Eine Krankenpflegerin, ein Mechaniker, eine Ärztin, ein Pilot, eine Anlagenbedienerin, ein Fahrdienstleiter, eine Wartungstechnikerin. Und diese Person muss eine Regel verletzt haben, sonst wäre ja kein Fehler passiert. Er oder sie hat nicht die erforderliche Aufmerksamkeit und Sorgfalt walten lassen, die Maschine falsch bedient, das Instrument falsch abgelesen, den Zustand eines Patienten falsch eingeschätzt, nicht das richtige Verfahren angewendet, eine geltende Vorschrift nicht beachtet, das angemessene Situationsbewusstsein oder die vorauszusetzende professionelle Sicherheit vermissen lassen und dergleichen mehr.

Nun wird festgestellt: Wie schuldhaft war die Regelverletzung?

Hier sollen jetzt nicht die Konsequenzen des Fehlhandelns (also der entstandene Schaden) maßgeblich sein, sondern die Einstellung, welche der Mitarbeitende durch seine Aktion demonstriert hat. Welches Maß an Schuldhaftigkeit ist ihm aufgrund des von ihm gewählten Verhaltens zuzurechnen? Hat er oder sie sich normal, anständig, eben menschlich verhalten oder sich für eine riskante beziehungsweise sogar eine verantwortungslose Vorgehensweise entschieden? Um diese Einstufung der Fehlhandlung in eine der drei Kategorien durchführen und damit die angemessenen Konsequenzen bemessen zu können, gibt es Entscheidungsbäume, sogar einen Algorithmus in elektronischer Form, die zu eindeutigen Ergebnissen führen.

Was löst dieses Konzept bei Ihnen aus? Ist Ihnen wohl bei der Vorstellung, Ihre Organisation in einen Gerichtssaal zu verwandeln? Wer übernimmt die Rollen des Staatsanwalts, des Verteidigers und des Richters? Kann ein wirklich gerechtes Verfahren sichergestellt werden? Ist dieses Vorgehen tauglich, um Fehler zu verhindern? Wird die Bereitschaft der Mitarbeitenden gefördert, Fehler zu melden und eigene Fehler einzugestehen? Werden Qualität und Sicherheit gesteigert? Was ist besser geworden, nachdem das Urteil gesprochen und vollzogen wurde?

Wir beurteilen dieses Konzept als in sich widersprüchlich, nicht zielführend und ungeeignet für eine zeitgemäße Organisation, gleich welcher Art, selbst für das Militär. Selbst wenn es sich mit zusätzlicher Aufklärung von fehlerfördernden Umweltfaktoren mithilfe von 8D-Reports, 5 W-Prozeduren oder Ishikawa-Diagrammen garniert, ist der personen- und schuldorientierte Grundansatz so verheerend, dass nichts anderes mehr richtig wirken kann. Die der Just Culture zugrunde liegende Intention aber, menschliche Fehler zu entkriminalisieren und verantwortliches Handeln der Mitarbeitenden zu ermutigen, teilen wir dagegen uneingeschränkt.

5.6.5.2 Umgang mit Fehlern nach den Prinzipien der Qualitätsbestimmten Führung

Der erste Schritt im Umgang mit Fehlern besteht immer darin, Sofortmaßnahmen zu treffen, um die unmittelbare Situation zu meistern. Das heißt, den Fehler abzustellen und den Schaden zu begrenzen. Die Feuerwehr wird beim Eintreffen an einer Brandstelle zuerst löschen und Menschen retten, bevor Brandursachen und Konsequenzen untersucht werden. Auch für diese Sofortmaßnahmen gelten Regeln von kompetentem Vorgehen und Qualität. Als Nächstes geht es um die Bewältigung und Bereinigung der Fehlerfolgen und um das Lernen aus dem Fehler.

Alle Aktivitäten in unserer Organisation sollen den Kriterien und Prinzipien der Qualität entsprechen, unbedingt auch der Umgang mit Fehlern. Entsprechend geht es erstmal um die Verwirklichung von Sinn (Prinzip ***Sinnverwirklichung** statt Gewinnen-Wollen*). Welchem Sinn und Zweck soll der Umgang mit Fehlern dienen? Arbeitende Menschen fallabhängig für ihr Verhalten zu bestrafen oder von Schuld freizusprechen? Das kann nicht Sinn und Zweck sein, sondern allenfalls eine als sinnhaft angesehene Maßnahme.

Der **Zweck** des qualitätsbestimmten Umgangs mit Fehlern liegt in der Bewältigung und dem Ausgleich entstandenen Schadens und der Begründung von individuellen und organisationalen Lernprozessen.

Der **Sinn** liegt in der Weiterentwicklung einer Organisation, die auch in schwierigen Situationen ihren ganzheitlichen Qualitätsprinzipien treu bleibt und durch die Exzellenz ihrer Beziehungen im Inneren und zu ihrer Umwelt zur verträglichen Lösung von Problemen und Konflikten beiträgt.

Wer sind *die beteiligten Interessen*, die Stakeholder, denen es, unserem Qualitätsverständnis gemäß, gerecht zu werden gilt, wenn ein Fehler passiert ist? Das sind *zu allererst die durch den Fehler Geschädigten.* Es können die externen Kunden sein, betroffene Mitarbeitende, die Organisation selbst, in Bezug auf ihre innere Balance, ihr äußeres Ansehen und ihre wirtschaftliche Stabilität, die Anteilseigner, Lieferanten, Wettbewerber, die Gemeinde, die Natur ... Und auf jeden Fall auch – was meist der Schuldbetrachtungsweise zum Opfer fällt – die „Fehlerverursacher". Man spricht hier von Opfern zweiten Grades (2nd victims) (Prinzip ***Kunden- und Beziehungsfokus*** *statt Egozentrik*).

Es ergibt sich folgende Fragenreihe für den Umgang mit Fehlern im Rahmen Qualitätsbestimmter Führung:

- Wer wurde geschädigt?
- Was brauchen die verschiedenen Geschädigten?
- Wessen Aufgabe soll es sein, sich der Bedürfnisse der Geschädigten anzunehmen?

Die Organisation hat die Aufgabe, für die Beantwortung dieser Fragen und die Umsetzung der resultierenden Maßnahmen einen jeweils passenden Prozess anzuwenden. Vielleicht halten Sie das für übertrieben oder unrealistisch, aber wir sagen:

> Nach **jedem** Fehler, **jeder** Störung, **jedem** unerwünschten Vorfall muss sich die Organisation um die Bedürfnisse der Geschädigten kümmern.

Das Ausmaß und die Art der Fürsorge und Zuwendung hängen von der Tragweite und den speziellen Bedingungen des spezifischen Vorfalls ab. Die Abarbeitung irgendwelcher Checklisten, die Befüllung von Formblättern oder ähnliche Standardprozeduren müssen vielleicht sein, aber das genügt nicht. Und der lautstarke Ausdruck von Ärger und Verachtung ist kontraproduktiv. Gefragt ist ernsthaftes, lösungsorientiertes, situationsangemessenes Handeln (Prinzip ***Gestaltung*** *statt Rationalisierung*).

Wer wurde geschädigt?

Eine Auswahl möglicher Geschädigter haben wir notiert. Weiten Sie Ihren Blick, lassen Sie Empathie wirken! Beziehen Sie in diesen Klärungsprozess unterschiedliche Menschen aus Ihrer Organisation und möglicherweise Außenstehende ein, um ein umfassendes Bild zu bekommen. Und setzen Sie auf Methoden zur Generierung möglichst vieler Sichtweisen (Prinzip ***Vielfalt*** *statt Konformität).*

Es kann sich hochgradig und dauerhaft beziehungsschädlich auswirken, wenn Menschen sich durch Handlungen anderer geschädigt fühlen, der Schädigende sich darum aber nicht kümmert. Besonders problematisch ist, dass solche Störgefühle in vielen Fällen nicht ausgesprochen werden. Niemand sollte übersehen werden, auch wenn Sie die Schädigung als geringfügig einschätzen.

Was brauchen die verschiedenen Geschädigten?

Noch mehr als bei der Ermittlung der Geschädigten sind zur Beantwortung dieser Frage Empathie und Kreativität gefragt. Arbeiten Sie nicht nur irgendwelche Standardprozesse oder Schemata ab. Diese können allenfalls als Informationsinput und methodische Hilfestellung dienen. Je individueller Ihre Lösungen sind, desto größer die Chance, dass sie den Bedürfnissen der Geschädigten tatsächlich entsprechen und daher heilend wirken. Treten Sie in Kontakt mit den Geschädigten, um deren Wünsche und Bedarfe zu erfahren. Da Standards nicht passen, sollten Sie in dem ganzen Prozess nach der Methode *Spüren-und-Antworten* vorgehen (Prinzip ***Achtsamkeit*** *statt Compliance*).

Wessen Aufgabe soll es sein, sich der Bedürfnisse der Geschädigten anzunehmen?

Der Kontakt mit geschädigten Menschen oder Gruppen ist eine kritische Angelegenheit. Er ist psychologisch anspruchsvoll und kann mit rechtlichen Implikationen verbunden sein. Aus diesen Gründen wählen Organisationen häufig den vermeintlich sicheren Weg der Formalitäten. Die Personalabteilung lädt den Fehlerverursacher vor, das Management erlässt schärfere Regeln, Anwälte sprechen mit Anwälten, CEOs geben wasserdichte öffentliche Statements ab und dergleichen mehr. Den Bedürfnissen der Geschädigten und der Heilung des Schadens dient das alles kaum. Was tun?

Zunächst ist festzustellen, ob es typische, aus dem Schadensfall resultierende Verpflichtungen gibt, nicht unbedingt rechtlicher Natur, sondern moralische, auf den (beschädigten) Vertrauensbeziehungen gründende Verpflichtungen. Da wären zunächst die „Schadensverursacher“:

In dem Vorgehen einer qualitätsbestimmten Führung finden wir keine systematische Sanktionierung, keine Bestrafung für die Mitarbeitenden, die an dem Zustandekommen des Fehlers beteiligt waren. In aller Regel werden sie sich aber schlecht fühlen, für den negativen Vorfall verantwortlich, vielleicht sogar schuldig. Und vielleicht kann und sollte man sie im Einzelfall auch für von ihnen zu verantwortenden Schaden disziplinarisch und/oder finanziell in die Haftung nehmen. Das wäre aber dann nur ein Nebenaspekt des Vorgehens. Der entscheidende Unterschied zu der unter 5.6.5.1 beschriebenen Methodik liegt darin, dass es hier nicht darum geht, Schädigungen durch Gegenschädigungen auszugleichen. Sondern es geht um Heilung des Schadens. Die Verpflichtung des „Schadensverursachers“ liegt darin

- seine oder ihre Rolle bei dem Vorfall ehrlich einzugestehen und anderen Beteiligten oder Betroffenen gegenüber darzustellen,
- Bedauern auszudrücken und anzubieten, bei der Bereinigung des Schadens mitzuwirken,
- verantwortungsbewusst daran mitzuwirken, dass ein ähnlicher Schadensvorfall nach aller Möglichkeit vermieden wird.

Letztere Verpflichtung ergibt sich auch daraus, dass der „Schadensverursacher" zu den wertvollsten Zeugen des Geschehenen gehört und zu dem Lernprozess in der Organisation wahrscheinlich effektiver beitragen kann als alle anderen.

Mit den Verpflichtungen der „Schadensverursacher" ist für sie selbst auch eine große Chance verbunden. Dadurch, dass sie an der Bereinigung des Schadens und der Prävention künftiger negativer Vorfälle mitwirken, können sie etwas von ihrer „Schuld" abarbeiten. Ein Akt der Heilung, denn auch sie sind Geschädigte (2nd victims).

Wessen Aufgabe soll es nun sein, sich der Bedürfnisse der Geschädigten anzunehmen? Es gibt keine festgelegten Stellen oder Funktionen, die für die hier anstehenden Aufgaben zuständig wären. Es geht um die Aufgabe, in einer aktuellen, wichtigen Unternehmensangelegenheit eine Rolle einzunehmen, die der Bereinigung, der Heilung eines Schadens dienen soll.

Die ausgeführten Verpflichtungen geben Hinweise darauf, welche Personen oder Gruppen auf jeden Fall in der einen oder anderen Weise beteiligt sein sollten, nämlich die „Schadensverursacher". Ansonsten entscheidet nur ein Kriterium: Kompetenz. Wer verfügt über die Einstellungen und Fähigkeiten, um in solch einer schwierigen Konstellation erfolgreich, das heißt heilend wirken zu können? (Prinzip ***Kompetenz** statt Hierarchie*) Diese Kompetenz fällt nicht vom Himmel, sie ist das Ergebnis achtsamer Auswahl und Führung von Mitarbeitenden sowie von kontinuierlichem Lernen und Üben.

5.6.6 Prozessbeschreibung: Aufklärung von Fehlerursachen und Formulierung von Empfehlungen für Verbesserung

> Fehler sind grundsätzlich nicht Ausdruck sträflicher menschlicher Fehlleistungen, sondern Begleiterscheinungen normaler Arbeit. Die systemischen Rahmenbedingungen, insbesondere auch Zielkonflikte, haben wesentlichen Anteil am Entstehen von Fehlern. Die Arbeitsbedingungen sind so zu gestalten, dass sie den Menschen bestmögliche Voraussetzungen für Qualitätsarbeit bieten. Individuelle Besonderheiten sind hierbei zu berücksichtigen.

Ziel des Prozesses:

Herausfinden und verstehen, wie ein Fehler zustande kam, um auf dieser Grundlage Maßnahmen entwerfen zu können, um eine Wiederholung zu vermeiden

Zweck:

Fortschreitende Verbesserung der Bedingungen zur Erzeugung von Qualität durch individuelles organisationales Lernen

Sinn:

Entwicklung einer lernenden Organisation, deren Qualitätsniveau kontinuierlich ansteigt

„Je stärker man auf einen Fehler reagiert, desto weniger wird man ihn verstehen."

Prof. Sidney Dekker

Grundparameter des Prozesses:

- Die Grundannahme lautet, dass es selbst im Fall von scheinbar einmaligen „menschlichen Fehlern" begünstigende Bedingungen gab, die zur Entstehung des Fehlers beigetragen haben und die zu einer Wiederholung des Fehlers führen können.
- Bedeutendste Informationsträger sind die Menschen, die unmittelbar am Zustandekommen des Fehlers beteiligt waren. Nur wenn es gelingt, deren Perspektive zum Zeitpunkt der kritischen Vorgänge zu vergegenwärtigen, wird der Ablauf verständlich.
- Das Zustandekommen eines Fehlers verstehen zu wollen, bedeutet nicht, alles, was da gelaufen ist, gut finden zu müssen. Aber es fordert die grundsätzliche Akzeptanz, dass sich die Dinge so und nicht anders abgespielt haben und niemand absichtlich etwas falsch gemacht hat.
- Inhaltlich geht es um die Sammlung von Fakten, nicht um Bewertungen, nicht darum, was die Menschen falsch gemacht haben, übersehen haben, nicht beachtet haben, vermissen ließen, hätten tun sollen, sondern darum, worauf sie tatsächlich ihre Aufmerksamkeit gerichtet haben, was sie getan haben und welche Einflussfaktoren gewirkt haben. Und um verstehen zu können, was da am *Sharp End*, dem operativen Arbeitsplatz, passiert ist, sollte man umfänglich das *Blunt End*, das materielle und psychologisch-kulturelle Umfeld des Arbeitsplatzes, wahrnehmen: In welcher Situation befand sich die Organisation, herrschten vielleicht besonderer Druck, Stress, Unsicherheit? Was war dem untersuchten Vorfall vorangegangen? Welche Mittel standen den Menschen zur Verfügung, wie tauglich waren diese? Wie war die gängige Arbeitspraxis (work as-done vs. work as-planned), etc.?

> Einen „Root Cause“, *eine* Ursache für einen Fehler bestimmen zu wollen, ist genauso unsinnig, wie *eine* Ursache dafür finden zu wollen, dass *kein* Fehler passiert ist.

Prozessbeteiligte:

Abhängig von Tragweite und Umfang von Fehler und Schaden. Jedenfalls eine Person mit Quality-Coaching-Qualifikation. Dazu möglichst als Teammitglieder kompetente Menschen, die sowohl bei den operativen Mitarbeitenden als auch bei der Führung anerkannt sind – möglichst keine Hierarchen. Bilden Sie keine Untersuchungskommission, sondern ein Lernteam, gern unter dem Signum „KVP“ oder Qualitätszirkel.

Als Informationsträger benötigen Sie vor allem die Menschen, die direkt am Zustandekommen des Fehlers beteiligt waren. Gewinnen Sie darüber hinaus möglichst viele als Input- und Ratgeber.

Prozessablauf:

1. Im Idealfall hat sich der betroffene Organisationsbereich an Sie als Quality Coach gewandt. Anderenfalls holen Sie sich eine Beauftragung durch die Unternehmensleitung und/oder die betroffene Abteilung. Stellen Sie Einigkeit über Sinn, Zweck und Stellenwert der Aktion her (Kontinuierliches Lernen und Verbesserung) sowie Akzeptanz von Aufwand und ggf. Vertraulichkeitsanforderungen.
2. Sichern Sie sich Vertrauen und Kooperation von den direkt betroffenen Mitarbeitenden. Treffen Sie verbindliche Vereinbarungen zum Vorgehen mit ihnen.
3. Bilden Sie Ihr Projektteam, verteilen Sie Rollen und Aufgaben. Etablieren Sie eine transparente, allgemein zugängliche Informationsplattform.
4. Machen Sie Ihr Projekt in der Organisation bekannt und laden Sie Inputs ein.
5. Führen Sie Gespräche mit den direkt betroffenen Mitarbeitenden. Lassen Sie sich den Ablauf aus deren Sicht schildern. Kommentieren Sie nicht, bewerten Sie nicht, auch nicht durch Mimik, Gestik, Tonfall oder Ähnliches. Widerstehen Sie der möglichen Versuchung, Gedächtnislücken des Interviewten füllen und/oder Aussagen korrigieren oder ergänzen zu wollen. Nehmen Sie die respektvolle Haltung eines an der Sache und dem Lernen interessierten Unterstützers bzw. eines Coaches ein, der eine Lösung entstehen lassen möchte, die er aber selbst nicht kennt.
6. Zur Absicherung des Gehörten und Verstandenen nutzen Sie die Methode der *Rückformulierung* (erzählen Sie Ihrem Interviewten, was Sie verstanden und notiert haben).
7. Identifizieren Sie nun, zusammen mit den betroffenen Mitarbeitenden, die kritischen Stellen, an denen der Ablauf in die eine oder die andere Richtung hätte

beeinflusst werden können. Versuchen Sie herauszufinden, warum die Menschen dort in der spezifischen Art und Weise gehandelt haben, die zu der unerwünschten Entwicklung geführt hat. Vermeiden Sie dabei aber die Frage „Warum?“, weil die fast automatisch zu Rechtfertigungs- oder Verschleierungsverhalten führt. Eine Auswahl von alternativen Möglichkeiten finden Sie in Bild 5.7.

Bild 5.7 Alternativen zur Warum-Frage nach Andreas Patrzek und Dr. Andreas Steiner

8. Nachdem die Innensicht weitgehend geklärt ist, konfrontieren Sie die Gesprächspartner mit Aspekten der Außensicht, z. B. was Zeugen beobachtet haben, Kameras bzw. Kontrollinstrumente aufgezeichnet haben, welche Informationen, Signale, Hinweise verfügbar gewesen wären, in Abhebung zu den Daten, die tatsächlich wahrgenommen und verarbeitet wurden. Versuchen Sie, herauszufinden, warum es den Betroffenen an dem Punkt nicht möglich war, anders zu handeln, und was aus ihrer Sicht hilfreich gewesen wäre, um Alternativen zu eröffnen. Noch einmal: Hier darf nicht der Eindruck entstehen, Sie wollten den Mitarbeitenden vorhalten, was sie „falsch gemacht“ haben, sondern Ziel ist, das System zukünftig möglichst so zu gestalten, dass die operativen Mitarbeitenden effektiv in ihrer Arbeit unterstützt werden.

   Hier sollen auch individuelle Besonderheiten auf Seiten der Mitarbeitenden Berücksichtigung finden. Nicht die hypothetischen Standardmitarbeitenden, sondern die konkreten Menschen sollen in ihren Tätigkeiten optimal zurechtkommen. Da sich aber die Menschen hinsichtlich ihrer Talente und Belastbarkeit unterscheiden, können Ihre Empfehlungen im äußersten Fall auch die Versetzung eines Mitarbeitenden auf einen anderen Arbeitsplatz umfassen, sofern es nicht möglich ist, die Anforderungen der Tätigkeit so anzupassen, dass der Betreffende sie erfolgreich bewältigen kann.

Auf jeden Fall gilt: Holen Sie sich Beratung von kompetenten Menschen und von potentiell Betroffenen ein, um zu möglichst wirksamen Verbesserungsempfehlungen zu gelangen. Und stellen Sie sicher, dass die betroffenen Menschen wissen, welche Vorschläge Sie formulieren und voranbringen wollen.

9. Wenn Sie schließlich Ihren Bericht abgeben und Ihre Empfehlungen unterbreiten, die üblicherweise Anforderungen an die Organisation beinhalten werden, nehmen Sie die Position eines kompromisslosen, aber realistischen Anwalts der Qualität ein. Legen Sie besonderes Gewicht auf den Einfluss und die Gestaltung der organisationalen Rahmenbedingungen, des *Blunt End*. Allerdings werden Sie nur in einem Unternehmen, das sich der Qualität als leitendem Wert verpflichtet fühlt, hierfür offene Ohren vorfinden.

Die **Kernaussagen dieses Abschnitts** sind:

- Wir verstehen Fehler als Abweichungen von erwünschten Ergebnissen und Abläufen. Weitergehende Kategorisierungen von Fehlern verengen den Blick und tragen nicht zu lösungsorientiertem Umgang mit Fehlern bei.
- Fehlerkultur, wie jede Ausdrucksform von Organisationskultur, ist ein Spiegelbild der Organisation, kann daher nicht als solche verändert werden und somit auch kein „Erfolgsfaktor" sein.
- Das konventionelle Qualitätsmanagement beruht auf dem Paradigma, dass die arbeitenden Menschen ein Problem darstellen, das zu beherrschen ist, indem man den Menschen vorschreibt, was sie zu tun haben, oder sie durch Technik ersetzt.
- Qualitätsbestimmte Führung betrachtet die Menschen als den entscheidenden Lösungsfaktor. Um optimale Bedingungen für das Wirken der Menschen schaffen zu können, muss man sie fragen, was sie brauchen. Ziel qualitätsbestimmter Führung ist die Verfügung über ein Höchstmaß an relevanten Fähigkeiten.
- Die „Just Culture" nach dem Prinzip der ausgleichenden Gerechtigkeit ist nicht geeignet, um Fehler zu vermeiden, Schäden zu begrenzen und aus Fehlern zu lernen.
- Der Umgang mit Fehlern nach den Prinzipien der Qualitätsbestimmten Führung wirkt heilend und fördert individuelle und organisationale Lernprozesse.
- Fehler sind grundsätzlich nicht Ausdruck sträflicher menschlicher Fehlleistungen, sondern Begleiterscheinungen normaler Arbeit. Die systemischen Rahmenbedingungen haben wesentlichen Anteil am Entstehen von Fehlern. Die Arbeitsbedingungen sind so zu gestalten, dass sie den Menschen bestmögliche Voraussetzungen für Qualitätsarbeit bieten. Individuelle Besonderheiten sind hierbei zu berücksichtigen.
- Lern- und Verbesserungsprojekte zur Verarbeitung von Fehlern bauen auf dem Verständnis auf, dass niemand Dinge absichtlich falsch macht und dass die Menschen immer so handeln, wie sie es in einer gegebenen Situation für richtig und sinnvoll halten.

- Die Menschen, die direkt am Zustandekommen eines Fehlers beteiligt waren, sind die wichtigsten Informationsträger und damit Kernfaktor der Lösung.
- Verbesserungsempfehlungen sollen immer besonderes Gewicht auf den Einfluss und die förderliche Gestaltung des organisationalen Umfelds legen.

5.7 Praxisbericht: Interview mit Alpha Laser

Thomas Golinske, geschäftsführender Gesellschafter der ALPHA LASER GmbH über Qualität, ISO-Zertifizierung und zu viel Management.

Im Interview erfahren Sie,

- wie Sie eine „drohende" ISO-Zertifizierung verhindern können,
- wie Mitarbeiter eigene Fehler eingestehen und melden,
- warum Freiheit ein großer Qualitätsmotivator ist,
- was Chefbüros und gutes Essen mit Qualität zu tun haben,
- wie Führung nach Bedarf entsteht,
- warum eine Abweichung von der ISO willkommen sein kann,
- welchen Schaden ein Verhaltenskodex anrichten kann.

QR: *Herr Golinske, wir haben vor ca. einem Jahr eine Gap-Analyse für eine ISO 9001-Zertifizierung bei Ihnen durchgeführt. Sie haben sich danach gegen eine Zertifizierung entschieden. Wie kam es dazu?*

TG: Den Druck zur ISO-Zertifizierung haben wir von großen Automobilherstellern bekommen, die uns anfänglich sagten: Wenn Ihr nicht ISO-zertifiziert seid, werdet ihr bei uns erst gar nicht reinkommen. Das hat sich dann aber schnell relativiert, weil der Projektdruck bei diesen Automobilherstellern so hoch war und sie feststellen mussten, das Problem kann nur ALPHA LASER lösen.

ALPHA LASER gibt es seit über 25 Jahren, wir haben über 10 000 Lasersysteme im Markt und Qualität war nur selten ein Thema. Es gab einen einzigen Vorgang in den zehn Jahren, die ich jetzt hier bin, wo ein System nicht wie geplant funktioniert hat, weil die Materialzusammensetzung einer hochpräzisen Komponente beim Lieferanten geändert wurde. Weder wir, noch unser eigentlicher Lieferant wussten davon. Die Frage, die wir uns dann gestellt haben: Hätte eine ISO-Zertifizierung das verhindert? Eine andere Frage war: Kann ich damit leben? Muss ich deswegen den Prozess in Frage stellen?

Es ist absolut zu verstehen, dass Unternehmen Prozesse standardisieren, die immer gleich ablaufen müssen. Aber sich an Standardprozesse zu halten, wenn der Druck richtig groß ist, z. B. bei Reparatur- oder Nacharbeitsprozessen, ist problematisch. Und eine ganz große Gefahr bei Standardisierungen ist, dass sich die Mitarbeiter nicht mehr für voll genommen fühlen. „Jetzt kommst Du aus Deinem Büro und sagst mir, wie ich meinen Laser bauen soll!?"

QR: *Damit war das Thema Zertifizierung dann wieder vom Tisch?*

TG: Ganz genau.

QR: *Sie haben vorhin einen interessanten Satz gesagt, nämlich „Qualität war nie ein Thema". Sie meinen damit, dass solange Qualität produziert wird, man nicht über sie redet?"*

TG: Was ist Qualität? Qualität ist das, was der Kunde dafür hält. Dazu vielleicht ein schönes Beispiel. Wir verpacken unsere Laseranlagen in Holzkisten. Wir hatten einmal überlegt, ob wir die Holzkisten gegen Pappschachteln austauschen können. Die Holzkisten benötigen sehr viel Lagerplatz. Daraufhin hat uns unser Spediteur erzählt, dass immer wenn er eine unsere Laseranlagen beim Kunden abliefert, er des Öfteren schon vom Kunden gehört hat: „Wow, ist die toll verpackt. Das muss ja ein Qualitätsprodukt sein."

Der Kunde entscheidet, was Qualität ist. Natürlich müssen wir Normen für die Elektrik einhalten. Und natürlich müssen wir Maschinenbaurichtlinien einhalten. Das setzt der Kunde voraus. Aber dann entscheidet die Emotion des Kunden. Und diese Art von Qualität lässt sich nicht genau bestimmen, aber sie macht den Unterschied. Qualität ist eben mehr als das Vermeiden von Fehlern. Und spricht nicht auch die lange Lebensdauer unserer Lasersysteme für höchste Qualität?

QR: *Sie haben kaum dokumentierte Prozesse und erfassen auch keine Fehlerrate oder Reklamationsrate. Sehen Sie da keinen Mehrwert?*

TG: In einem Unternehmen kann man Dinge noch so sehr durch Prozesse, Abläufe „drücken", an die Kernthemen komme ich damit nicht heran. Wenn ich meine Mitarbeiter für dumm halte, dann verhalten sie sich auch dumm, indem sie den Prozessen blind folgen. Wenn ich Mitarbeiter ernst nehme und ihnen auf Augenhöhe begegne, sie respektiere und so mit ihnen spreche, dann machen sie sich Gedanken und melden auch unangenehme Vorfälle.

QR: *Unser Leitprinzip dazu lautet, so viele Vorgaben wie unbedingt nötig, so viel Kompetenz und Verantwortung wie möglich. Uns scheint, dass Führung bei Ihnen ein entscheidender Qualitätsfaktor ist?*

TG: Ja, die Freiheit der Führung. Weil, ich muss mich da nicht drum kümmern. Das machen die Mitarbeiter alles unter sich. Die Mitarbeiter wollen selber Qualität erzeugen. Wir haben das ja auch in unserer Führungsmission verankert: „Jeder Mensch hat das natürliche Bedürfnis, gute Arbeit zu leisten. Wir helfen ihm dabei." Das ist die ALPHA-LASER-Mission.

Wenn ich ein System habe, in dem Mitarbeitende die Freiheit haben, möglichst viel selbst zu entscheiden, wenn nur kontrolliert wird, wenn es unbedingt nötig ist, dann möchten sie dazugehören. Und das ist, so glauben wir, ein ganz großer Qualitätsmotivator.

QR: *Eine Erkenntnis, die wir teilen, ist, dass sich die Menschen in einem System, in einer Organisation vom Grundsatz her so verhalten, wie sie meinen, dass es von ihnen erwartet wird. Das wirkt sich dann auf alle Bereiche aus, wie sie mit Sicherheit und Qualität, mit Produktivität und so weiter umgehen. Sie leben diese Erkenntnis, indem Sie den Mitarbeitern Vertrauen schenken. Es ist schön, dass es sowas in der Wirklichkeit gibt, was man sonst in erster Linie in Büchern liest!*

Wie ist es dazu gekommen, dass sie mit solcher Überzeugung sagen können, die Mitarbeiter wollen gute Arbeit leisten?

TG: Die Kultur bei ALPHA LASER ist Josef Höllbauer. Er hat die Firma in der Garage in Schrobenhausen gegründet. Der Josef hat eine Grundeinstellung dazu, die man sich nicht anlernen kann. Da ist nicht dieses Konkurrenzverhalten. Es gilt: Wenn es dir gut geht, geht es mir auch gut. Der Josef lebt diese Kultur vor.

Ich bin aus einem amerikanischen Unternehmen hierhergekommen. Ich dachte, wieso gibt es hier keine Chefbüros? Es war alles offen! Das war für mich völlig fremd. Als ich nach dem Organigramm gefragt habe, kam die Antwort, „Das haben wir hier nicht“. So ging das weiter. Ich dachte, wie soll das hier nur funktionieren? Auf der anderen Seite, wenn es um gutes Essen für die Mannschaft ging, war alles streng geregelt. Da gibt es keinen Kompromiss. (lacht) Das gilt bis heute.

Wir leben hier so was wie eine soziale Marktwirtschaft. Das ist so gewachsen. Und damit das so bleibt, ist die Einstellung neuer Mitarbeiter entscheidend. Bewerber beurteilen wir zunächst nicht nach ihren Noten. Wir schauen uns den Lebensweg und die Zielstrebigkeit an. Wie ist die Energie mit der Person? Und da haben wir offensichtlich ein gutes Händchen. Wir haben eine vergleichsweise sehr geringe Fluktuation. Das alles trägt dazu bei, dass wir hier eine Gemeinschaft sind, die eben eine Gemeinschaft ist, dass die Menschen spüren, dass sie Teil des Ganzen, Teil des Erfolgs sind, dass wir einen Sinn erkennen, in dem was wir tun. Das ist entscheidend.

Da kommen Mitarbeiter zu uns und sagen, wir haben ein Problem mit unserer Teamgemeinschaft. Können wir da nicht mal was machen?

QR: *Und was machen Sie dann?*

TG: Dann fragen wir: Wie meinst Du das? Wo ist Dir das konkret aufgefallen? Kann es sein, dass es auch irgendetwas mit Dir zu tun haben kann? Hast Du vielleicht Deine Sichtweise verändert. Ist bei Dir gerade etwas nicht im grünen Bereich?

Wenn man miteinander redet, braucht man keinen Rechtsanwalt. Was ich immer wieder beeindruckend finde, ist die Sensibilität bei den Mitarbeitern: „Da stimmt gerade etwas nicht!“

QR: *Sie gehen als Führungskraft dann auch so als Coach rein?*

TG: Ja. Das ist das Beste. Auf Augenhöge zu reden, ist ausschlaggebend. Wenn ich mich selber realistisch einschätze und ich meinen Kollegen*innen vermittle, dass auch ich Fehler mache, dann sind auch die Kollegen*innen viel eher bereit, über ihre Fehler zu reden. Auf Augenhöhe sind sie voll dabei!

Und natürlich hat man auch selber manchmal mit sich Probleme. Den Dialog zu finden, ist dann die Lösung. Durch unser „offenes Büro", das wir haben, herrscht eine Sensibilität dafür, wer gerade wie drauf ist. Die Kollegen*innen kommen zu mir und fragen: „Thomas, Du bist da vorhin so an die Decke gegangen. Was ist da mit Dir passiert?"

QR: *Das eigene Verhalten wird also bewusst reflektiert?"*

TG: Ja. Aber nicht in einem offiziellen Meeting oder mit einem 360° Feedback. Das passiert, weil jemanden gerade etwas bedrückt oder aufgefallen ist. So wie es in einer Fußballmannschaft oder in einer Familie auch sein soll. Das ist das Bemerkenswerte hier. Dass die Kollegen*innen auch untereinander zwischenmenschliche Probleme lösen. Gerade eben hatten wir ein Thema. Ich war der Meinung, dass die Mitarbeiter nicht das tun, was ich glaube, dass sie tun könnten und sollten. Dann kommt ein anderer fast wie bestellt und meint, ich hätte gerade den völlig falschen Blick. Der tut das, der tut das ...

QR: *Es gibt bei ALPHA LASER Abteilungen, aber keine Abteilungseiter. Wie müssen wir uns das vorstellen?*

TG: Es existieren keine offiziell ernannten Abteilungsleiter, aber trotzdem gibt es, wenn Bedarf besteht, eine Teamleitung. Der Einkauf wird beispielsweise vom Ältesten „geleitet". Er ist nie dazu ernannt worden. Die anderen respektieren ihn aufgrund seiner Kompetenz. Im Vertrieb bin ich der „Vertriebsleiter". Die wollen mich (soweit ich weiß) immer noch, obwohl sie alle sehr selbstständig arbeiten. Meine Rolle ist eher der Coach, also mehr ein Begleiter als ein Chef.

QR: *Sie haben mal mit dokumentierten Fehleranalysen in Form von 8D begonnen. Was ist daraus geworden?*

TG: Das ist Papier. Wir haben die Erfahrung gemacht, dass solche Methoden wenig zur praxisnahen Lösungsfindung beitragen. Wenn wir ein wirkliches Problem haben, dann wollen die Kollegen*innen das lösen. Wir hatten einmal vor sechs oder sieben Jahren ein größeres Problem mit einer Anlage. Wir mussten die Produktion stoppen. Die Kollegen arbeiteten Tag und Nacht und am Wochenende. Alle Abteilungen haben an der Lösung mitgearbeitet, ohne dass wir dafür einen definierten Prozess haben.

QR: *Da haben sich die vernetzt, die etwas dazu beitragen konnten?*

TG: Genau. Das ist so eine Art Rudelbildung. Das schweißt so eine Firma zusammen, gerade wenn man durch so eine Krisensituation gegangen ist. Und genau dann fühlen wir uns mit Standardprozessen unwohl. Dann kapseln sich alle ab, halten ihre Regeln ein und ich weiß nicht, ob das Miteinander dann noch existent ist.

Die Leute wollen oft den Menschen ausschalten, weil der Mensch ja die Fehlerquelle sein kann. Was sie dabei nicht bedenken, ist, dass der Mensch das Produkt ja auch entwickelt und produziert hat. Das Produkt ist durch den menschlichen Geist und durch die menschliche Arbeit entstanden! Und dann will man den Menschen ausschalten? Für mich ist das nur widersinnig.

Und dann schauen wir mal 20 Jahre weiter. Was zeichnet einen Arbeitsplatz in 20 Jahren aus? Wie wird der Arbeitsplatz bei ALPHA LASER in 20 Jahren aussehen? Ich habe gelesen, dass das einzige, wo der Mensch sein Alleinstellungsmerkmal gegenüber den Maschinen, der künstlichen Intelligenz, behält, die Kreativität ist. Diese Kreativität dürfen wir aber nicht heute mit Standards und Vorgaben kaputt machen und sagen, in 20 Jahren brauchen wir sie wieder!

Wie können wir die nächste Generation auf die Zukunft gut vorbereiten? Das ist ja eine unserer Aufgaben als Ältere. Um zu erfahren, was Kreativität bedeutet, ob man Kreativität lernen kann, werde ich demnächst mit meinen Kolleginnen und Kollegen an Kreativitätsseminaren teilnehmen. Dann überlegen wir, wie wir das bei ALPHA LASER umsetzen und fördern können.

Was wir jetzt neu im Management dieses Jahr gemacht haben: Wir haben mit einem Vertreter aus jeder Abteilung 15 Unternehmensziele entwickelt und danach eine Detailbeschreibung von jedem dieser Ziele aufgesetzt. Dann haben wir die Ziele bzw. Projekte veröffentlicht und an jedes Ziel fünf Kärtchen gehängt. Jeder Mitarbeiter war angehalten, sich für ein Projekt zu entscheiden und sich auf einem Kärtchen und damit einer Gruppe einzutragen. Somit kann also beispielsweise ein Produktionsmitarbeiter an dem Projekt „Verbesserung der Innovationsprozesse" teilnehmen."

QR: *Denken Sie, dass es gut ist, dass Sie vieles einfach nicht tun?*

TG: Es ist schwer, über seinen eigenen Erfolg zu sprechen. Aber ich glaube, Sie haben Recht. Ein Teil unseres Erfolgs liegt sicher daran, dass wir viele Managementpraktiken einfach nicht tun. Und genau das war ja das Problem, als wir Ihren Bericht zur Gap-Analyse gelesen haben. Vieles, was wir gemäß ISO tun sollten, tun wir nicht oder aber tun wir automatisch und haben es nur nicht aufgeschrieben. Wie haben weder ein Organigramm noch Stellenbeschreibungen. Wir machen keine Fehleranalysen, jedenfalls nicht nach einem fixen Prozess. Wir haben keine Qualitätsziele. Und interne Audits würden auch nicht zu unserer Kultur passen.

QR: *Was ist damals nach der Abgabe unseres Berichts genau passiert?*

TG: Zunächst waren wir alle geschockt, dass wir so weit weg sind von der Norm. Wie waren sauer, weil wir gedacht hatten, wir wären richtig gut.

QR: *Der Bericht hat nicht gesagt, dass Sie schlecht sind, nur, dass Sie weit weg sind von der Norm.*

TG: Genau. Wir wollen ja gar nicht „Norm" sein (lacht). Spaß beiseite. Wir haben versucht, das Ergebnis zu begreifen. Dann haben wir ziemlich viel hinterfragt. Wer wollen wir sein? Wo wollen wir eigentlich hin? Was wollen wir eigentlich? Es kam raus: Wir wollen Spaß haben!

Wir haben in der Vergangenheit Aufträge abgelehnt, weil der Kunde uns in der Vertragsverhandlung schon so unsympathisch war, dass wir gesagt haben, mit dem haben wir keinen Spaß. Und wir haben uns auch schon von unliebsamen Kunden getrennt, obwohl wir dadurch größeren Umsatz verloren haben. Was kann es Besseres geben, als wenn wir bei der Arbeit auch Spaß haben.

QR: *Während unserer Analyse haben wir öfter Sätze gehört wie „Wir brauchen mehr Führung. Wir brauchen mehr Struktur." Wie gehen Sie damit um? Stellen Sie Ihr System auch mal in Frage?*

TG: Wöchentlich. (lacht) Das ist genau der Punkt. Wir hinterfragen oft unser eigenes System. Läuft alles richtig? Wenn Sie permanent anders sind als andere, wenn Sie in der Literatur, in Normen lesen, wie Sie zu sein haben, es aber nicht sind, dann müssen Sie schon stark sein.

Wenn ich zu sehr in Excel-Sheets, in Abläufen verhaftet bin, dann sehe ich den Menschen nicht mehr. Und der Mensch ist ja die Grundlage der Leistungserbringung. Mache ich's richtig in diesem Augenblick? Tue ich das Richtige? Stelle ich mir die richtigen Fragen? Finde ich in der Gruppe die richtigen Antworten? Ich muss mich ständig hinterfragen!

Wir haben den Wunsch der Kollegen*innen nach Führung und Struktur in den Projektarbeiten aufgenommen und sind schon gespannt, was sie im Detail meinen bzw. was hier konkret besser gemacht werden könnte.

Und natürlich hilft es uns als Unternehmen resilient, also krisenfest zu sein, ein Produkt zu haben, das immer läuft. So was wie z. B. die Rübe als Synonym für Stabilität beim Bauern. Unsere „Rübe" ist der mobile Schweißlaser ALM. Kaum Wettbewerb. Läuft wie eine Eins. Der ALM hat 40 Alleinstellungsmerkmale.

Bei Neuprodukten müssen wir drei knallharte Alleinstellungsmerkmale haben, sonst brechen wir die Entwicklung im schlechtesten Fall ab. Der Preis ist kein Alleinstellungsmerkmal.

QR: *Als wir unsere Analyse letztes Jahr hier durchgeführt haben, waren Sie dabei, einen agilen Entwicklungsprozess zu entwickeln. Was ist daraus geworden?*

TG: Wir sind nicht auf einen neuen Zug aufgesprungen, was agile Produktentwicklung angeht. Das Team hat ein neues System entwickelt, was transparent ist und gegenseitige Unterstützung fördert. Wir haben letztes Jahr eine Effizienz in der Entwicklung entwickelt, wie wir sie so nie vorher hatten!

QR: *Soweit wir wissen, wurde das System ohne externe Unterstützung entwickelt?*

TG: Nicht ganz. Die Mitarbeiter haben an Fortbildungen in agilen Methoden teilgenommen. Sie haben dann ein eigenes, agiles System entwickelt. Ihr Motto: Das, was die Berater sagen, haben wir doch schon in uns drin. Wir müssen es nur gekonnt rausholen. Ein sehr intelligenter Ansatz, wie wir finden!

QR: *Was würden Sie tun, wenn ein wichtiger Kunde nun doch eine ISO 9001 fordert?*

TG: Kann man mit dem Kunden nicht reden, schickt er uns nur die Forderung, sind wir draußen. Das können und wollen wir nicht erfüllen. Dann hätten wir ja auch keinen Spaß bei der Sache. Kann man mit dem Kunden reden, würden wir dem Kunden einen individuellen Zertifizierungs- bzw. Qualifikationsprozess für das jeweilige Produkt anbieten, den er auch jederzeit bei ALPHA LASER auditieren kann. Es gilt dabei: Wenn wir von einem einzelnen Kunden abhängig sind, dann haben wir etwas falsch gemacht.

Es bleibt aber leider nicht nur bei ISO-Forderungen. Da kommt z. B. ein Automobilhersteller und fordert für die „Lieferantenzulassung", dass man auf einer externen Website einen Nachhaltigkeitsfrageboden mit 118 Seiten (!!!) ausfüllt. Das sind die Auswüchse der Standardisierung.

Die Frechheit ist, dass ein Unternehmen, das nachweislich seine Kunden und die Behörden betrogen hat, von uns 118 Seiten fordert, um zu bezeugen, dass wir nicht lügen. Das ist ein Grund, warum ich hier sitze. Ich hoffe, dass das in Ihrem Buch auftaucht. Wir treten jetzt in den Interessenverband „Die Familienunternehmer" ein, weil wir der Meinung sind, die OEMs haben eine Grenze überschritten. Das Schlimme ist, wenn Sie dort (beim OEM; Anm. QR) anrufen, bekommen Sie niemanden, mit dem man darüber reden könnte. Niemand ist verantwortlich für diesen Unsinn!

Sie erwarten u. a. von uns einen Verhaltenskodex, der selbstverständlich sein sollte. Wir sollen uns an die Gesetze halten. Wir sollen bestätigen, keine Steuerhinterziehung zu begehen und keine Beihilfe zu Subventionsbetrug zu leisten. Das erinnert mich an die USA-Einreise, wo ich schriftlich erklären muss, dass ich kein Marihuana im Koffer habe. Wenn ich dann in deren Veröffentlichungen lese: „Wir leben Fairness. Wir leben Verantwortlichkeit. Wir leben Respekt." Da fehlen mir dann ehrlich die Worte.

QR: *Wir halten es sogar für schädlich, auf ein Papier zu schreiben: „Wir halten uns an die Gesetze." Was eine Selbstverständlichkeit für ein anständiges Unternehmen ist, wird damit entwertet.*

TG: Eine Entwertung? Das ist genau das, was wir empfunden haben, als wir die Formulare ausgefüllt haben. Wir haben es an unsere Mitarbeiter verschickt. Das wurde von uns so erwartet. Wir haben uns dabei alles andere als wohl gefühlt.

QR: *Da kann man nur hoffen, dass das nicht das falsche Signal an die Mannschaft ist und dass die Mannschaft das differenzieren kann?*

TG: Was im Verhaltenskodex steht, das tun wir ja in unserer täglichen Arbeit. Wir finden es seltsam, dass wir das in einem Papier festhalten müssen. Aber das Papier brauchen wir für die Lieferantenbewertungen.

5.8 Literatur

Bakke, Dennis W.: *Joy at Work - A Revolutionary Approach to Fun on the Job.* PVG, Seattle 2005

Damasio, Antonio: *Im Anfang war das Gefühl - Der biologische Ursprung menschlicher Kultur.* Siedler, München 2017

Dekker, Sidney: *Just Culture - Restoring Trust and Accountability in Your Organization.* CRC Press Taylor & Francis Group, London 2017

Dekker, Sidney: *The Field Guide to Understanding ‚Human Error.* Routledge, London 2014

Derby E.; Larsen D.: *Agile Retrospectives: Making Good Teams Great.* O'Reilly, Sebastopol 2006

Ebner, Gabriele; Heimerl, Peter; Schüttelkopf, Elke M.: *Fehler · Lernen · Unternehmen. Wie Sie die Fehlerkultur und Lernreife Ihrer Organisation wahrnehmen und gestalten.* Peter Lang GmbH, Frankfurt am Main 2008, 151 - 314

Ellinor, Linda; Gerard, Glenna: *Der Dialog im Unternehmen - Inspiration, Kreativität, Verantwortung.* Klett-Cotta, Stuttgart 2000

Hartkemeyer, Martina; Hartkemeyer, Johannes F.; Dhority, L. Freeman: *Miteinander Denken: das Geheimnis des Dialogs.* Klett-Cotta, Stuttgart, 1998. Insbesondere S. 78 - 95

https://de.wikipedia.org/wiki/Fehlerkultur - abgerufen 19.06.2020

https://definition-online.de/reflexion - abgerufen 26.06.2020

https://www.betterplace-lab.org/unsere-verfassung - abgerufen 03.06.2020

https://www.humankapitel.de/durch-fragetechniken-fuehren/ - abgerufen 18.06.2020

Justculture.com - abgerufen 19.06.2020

Kahneman, D.: *Schnelles Denken, langsames Denken.* Siedler, München, 2012

Klein, Gary: *Sources of Power - Hoe People Make Decisions.* MIT Press, 1999

Kotrba, V.; Miarka, R.: *Agile Teams lösungsfokussiert coachen.* dpunkt, Heidelberg 2015

Laloux, Frederic: *Reinventing Organizations - Ein Leitfaden zur Gestaltung sinnstiftender Formen der Zusammenarbeit.* Vahlen, München 2015

Reason, James: *Managing the Risks of Organizational Accidents.* Ashgate, Famham 1997

Schein, Edgar H.: *Humble Inquiry - Vorurteilsloses Fragen als Methode effektiver Kommunikation.* EHP Edition Humanistische Psychologie, Bergisch Gladbach 2016.

Schein, Edgar H.; Schein, Peter: *Organisationskultur und Leadership.* Vahlen, München 2018

Senge, Peter M.: *Die fünfte Disziplin - Kunst und Praxis der lernenden Organisation.* Klett-Cotta, Stuttgart 1996

Senge, Peter M.; et al.: *The Fifth Discipline Fieldbook: Strategies and Tools for Building a Learning Organization.* Currency, Doubleday 1994. Hier insbesondere S. 385 - 396; 253 - 259

Erste Erfolge feiern

Die sozialen Prozesse wurden in Arbeitsgruppen ausgearbeitet. Alle Führungskräfte und zukünftigen Quality Coaches wurden in Dialogischer Kommunikation geschult.

C: Mir scheint, dass sich schon einiges bei uns verändert hat. Was meint Ihr?

D: Ich würde sagen, die Qualität der Zusammenarbeit hat sich merklich verbessert, seit wir achtsamer kommunizieren.

P: „Ich bin jedenfalls sehr froh, dass wir mit der Einführung der sozialen Prozesse wichtige Akzente der Veränderung gesetzt haben. Das Coachende Auditieren und der neue Prozess zum Umgang mit Fehlern werden selbstverständlich noch Zeit benötigen, bis sie etabliert und wirksam sind. Aber ich bin überzeugt, dass wir damit unsere Unternehmenskultur grundlegend verändern werden.

C: Apropos grundlegende Veränderung. Was ist eigentlich mit der ISO? Müssen wir uns Sorgen machen, dass wir durch die ganzen Veränderungen und die Abschaffung des QM Probleme beim nächsten Wiederholungsaudit bekommen?

P: Nein. Du kannst ganz beruhigt sein. Du hast es nicht bemerkt, aber wir haben mit unserer Bestandsaufnahme, der Umfeldanalyse und der Planung der Realisierungsansätze den strategischen Teil der Norm bereits durchlaufen und erfüllt.

C: Was heißt das konkret?

P: Du bzw. wir haben die in der Norm geforderte Managementbewertung zum ersten Mal richtig sinnvoll und wertschöpfend durchgeführt, ohne dass es Dir und den anderen Führungskräften bewusst war. Einen Bericht brauchen wir nicht mehr.

C: Oh. Das ist ja großartig. Aber das musst Du mir näher erklären.

6 ISO 9001 Reframed – Führungssystem für agile Organisationen

Eine Zertifizierung nach ISO 9001 und ihren Ablegern gilt verbreitet als unverzichtbarer, weil objektiver Ausweis für Zuverlässigkeit und Professionalität. Für viele Unternehmen stellt sich die Frage, ob sie sich zertifizieren lassen wollen, gar nicht. Sie müssen es, sei es, um einer Kunden- oder Behördenforderung nachzukommen oder um in einem Markt Fuß fassen zu können.

In diesem Kapitel stellen wir Ihnen einen Weg vor, wie Sie die ISO 9001:2015, die Standardnorm für QMS-Zertifizierungen, als Handlungsrahmen für qualitätsbestimmte Unternehmensentwicklung deuten und nutzen können. Ebenso werden wir aufzeigen, dass die Normforderungen sich mit den Anforderungen an agile Organisationen verbinden lassen. Eine Zertifizierung ist dann lediglich ein Zusatznutzen der Organisationsentwicklung.

6.1 Reframing – wie kann ich die Norm sinnstiftend einsetzen?

Normen für Managementsysteme werden meist als ein Katalog von Anforderungen betrachtet, die es zu erfüllen gilt. Die Norm ist eine Hürde, die man überwinden muss, um an die Zertifizierung zu kommen. So lautet die vorherrschende Sichtweise.

In diesem Abschnitt erfahren Sie,

- wie Sie ohne ein „ISO-Projekt“ zum Zertifikat kommen,
- wie Sie Ihren Chef von Anfang an „an Bord haben“,
- was eine Meta-Norm ist und was dies bedeutet,
- wie Sie Fehlinterpretationen der Norm vermeiden,
- wie Sie die Normkapitel in Beziehung bringen, strategische und operative Anforderungen unterscheiden.

Was bedeutet ISO 9001 *Reframed*? Im Coaching ist *Reframing* eine Methode, um dem Kunden andere Perspektiven und damit oft auch neue Handlungsmöglichkeiten zu eröffnen. Beim *Reframing* weist man Situationen, Sachverhalten oder Objekten eine andere Bedeutung zu. Man betrachtet sie in einem veränderten „Rahmen“.

Reframing bedeutet, Situationen, Sachverhalten oder Objekten eine andere Bedeutung, einen veränderten „Rahmen“ zu geben.

Machen wir uns auf den Weg, die ISO 9001 in einem neuen Rahmen zu betrachten. Eine Frage soll uns dabei leiten: Was brauchen wir, was hilft uns wirklich, um Qualität zu erzeugen?

6.1.1 Der Zweck heiligt die Mittel – die konventionelle Sicht und Vorgehensweise

Das konventionelle Vorgehen: Die Geschäftsführung beauftragt den QMB, mit Unterstützung durch einen externen QM-Berater ein *ISO-Projekt* (Mittel) zu planen und durchzuführen. Es wird ein QM-System, häufig ein Schattensystem, eingeführt, welches dann zertifiziert wird (Zweck), siehe Bild 6.1.

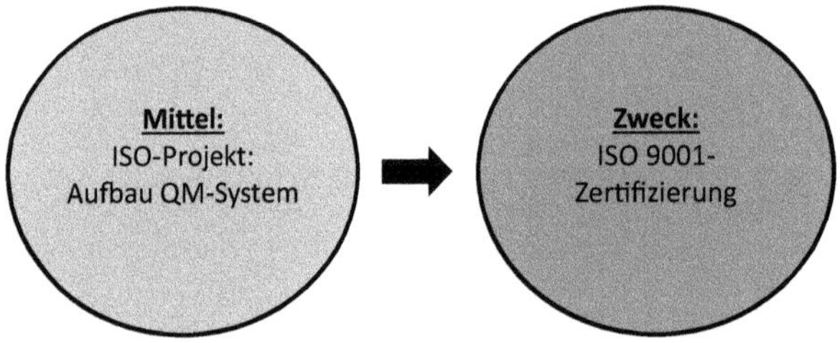

Bild 6.1
Aufbau eines QMS als Mittel zum Zweck einer Zertifizierung

Der dazugehörige Prozess: Das Projekt wird auf Basis einer Gap-Analyse geplant. Diese soll die Abweichungen des Ist-Zustands von den Anforderungen der Norm und damit den Handlungsbedarf aufzeigen. Dann werden Prozesse beschrieben und diverse Dokumente erstellt. Diese werden eingeführt und geschult. Es folgen interne Audits und zu guter Letzt wird ein Management-Review-Bericht erstellt. Dieses Vorgehen entspricht dem Standard der QM-Beratung (Bild 6.2).

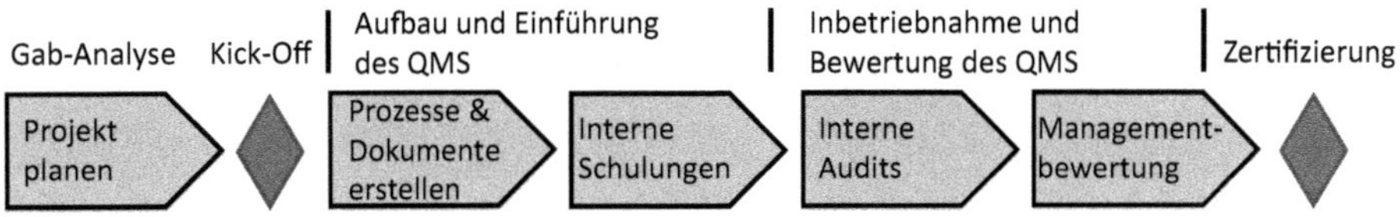

Bild 6.2 Konventionelles Vorgehen für eine Zertifizierung

Im Hinblick auf die Zielerreichung, die Zertifizierung, darf man diesen Ansatz als höchst wirksam bezeichnen. Reflektieren wir den Prozess, werden allerdings folgende „Nebenwirkungen" deutlich:

- Die Geschäftsführung ist Auftraggeber und möchte in aller Regel von dem Projekt so wenig wie möglich belästigt oder eingenommen werden. Es wäre schon eine rühmliche Ausnahme, wenn eine Geschäftsführung sagte, sie wolle gerne in dem Projekt mitarbeiten.
- Die meiste Zeit verbringen der Berater und der QMB zusammen. Sie sind als Duo die Treiber des Prozesses. Sie sind die QM- und „ISO-Experten". Der Versuch, Mitarbeiter und Führungskräfte in das Projekt einzubinden, erweist sich meist als schwierig.
- Auch wenn das vorhandene Managementsystem bereits viele Forderungen der Norm erfüllt, werden im Laufe des „ISO-Projekts" diverse neue Dokumente entstehen. Am Ende liegt nicht selten ein von der Wertschöpfung abgekoppeltes QM-Schattensystem vor (siehe Kapitel 1).
- Ist das QMS dann aufgebaut und eingeführt, wird es in der Regel intern geschult, entweder vom QMB oder vom QM-Berater. Häufig erhalten die Mitarbeiter und Führungskräfte auch eine Unterrichtung in der ISO 9001. Viele Unternehmen sind hier nicht kleinlich. Ein deutscher Premium-Autobauer hat nahezu seiner gesamten Belegschaft weltweit eine Schulung zur ISO 9001:2015 verordnet. Unsere Erfahrung: Selbst, wenn Sie die Schulung noch so witzig und kreativ gestalten, die Teilnehmer werden so gut wie nichts mit in ihren Alltag nehmen. Unser Tipp: Lassen Sie es.
- Da die Norm fordert, dass die Organisation interne Audits durchführt, Führungskräfte und Mitarbeiter aber meistens keine Lust und keine Zeit dafür haben, finden diese geballt kurz vor dem Zertifizierungsaudit in Form einer Generalprobe statt.
- Die letzte große Aktion im „ISO-Projekt" ist das Management Review. Es verkümmert meist zu einem Bericht. Auch hier gilt die Anstrengung der Erfüllung der Normforderungen. Ohne Zertifizierung würde solch ein Bericht nie erstellt werden.

Das erklärte Ziel der Übung, die Zertifizierung, wird mit solch einer Vorgehensweise allzu teuer erkauft. Nicht nur, dass sie keine nachhaltige Verbesserung der

Qualitätsfähigkeit der Organisation erbringt, sie kreiert sogar noch eine Fülle von fragwürdigen Objekten und Ablauferschwernissen, die ab sofort mit Extraaufwand gepflegt werden müssen. Damit sollten wir uns nicht zufriedengeben. Machen wir es anders. Machen wir es besser.

6.1.2 Vom Zweck zum Mittel – die neue Sicht und Vorgehensweise

Die ISO 9001:2015 ist ein kompaktes Regelwerk, das bei der Entwicklung und Führung einer Organisation hilfreich sein kann. Wenn eine Zertifizierung aufgrund äußerer Forderungen unumgänglich erscheint, sollten das nutzenstiftende Potenzial der Norm komplett ausgeschöpft und alle schädlichen „Nebenwirkungen" bestmöglich vermieden werden.

> Die Kernfrage ist nicht, was muss ich für die Norm tun, sondern, was kann die Norm für mich tun?

Wir haben zur Beantwortung dieser Frage ein Prozessmodell entwickelt (Bild 6.3), welches als Handlungsrahmen für jegliche Arten von größeren Vorhaben dienen kann.

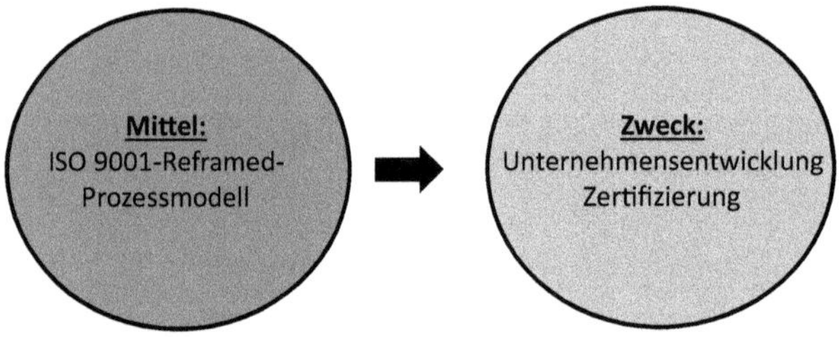

Bild 6.3 „ISO 9001 Reframed" als Mittel zum Zweck der Unternehmensentwicklung

Beim Vorgehen mit dem *ISO 9001-Reframed*-Prozessmodell sind Mittel und Zweck richtiggestellt. Die ISO 9001 wird genutzt (Mittel), um das Unternehmen zu entwickeln und das Managementsystem zu verbessern (Zweck). Das heißt, dass Sie von dem Moment an, da Sie eine Unternehmens- oder Managementsystementwicklung zu planen beginnen, die Anforderungen der ISO 9001 durchlaufen. Die Normanforderungen wirken als Leitfaden und nicht als Hürde.

Bild 6.4 zeigt den zugehörigen Prozess. Im ersten Schritt werden die Ziele festgelegt. Was soll erreicht werden? Umgestaltung der Führungsorganisation, um mit der wachsenden Komplexität besser zurechtzukommen? Neue, digitale Geschäftsmodelle? Mehr Umweltschutz und Nachhaltigkeit? Es folgen eine Bestandsaufnahme mit Analysen und internen Audits sowie eine Kontext- und Stakeholder-Analyse. Dann werden Maßnahmen geplant und es erfolgt die Umsetzung. Die ersten vier Prozessschritte entsprechen der Struktur des Kapitels 9.3 der ISO 9001:2015, *Managementbewertung*. Somit werden die Forderungen des ISO-Kapitels für eine systematische Planung der Unternehmensentwicklung genutzt und das Management-Review **ist** die strategische Planung des Vorhabens.

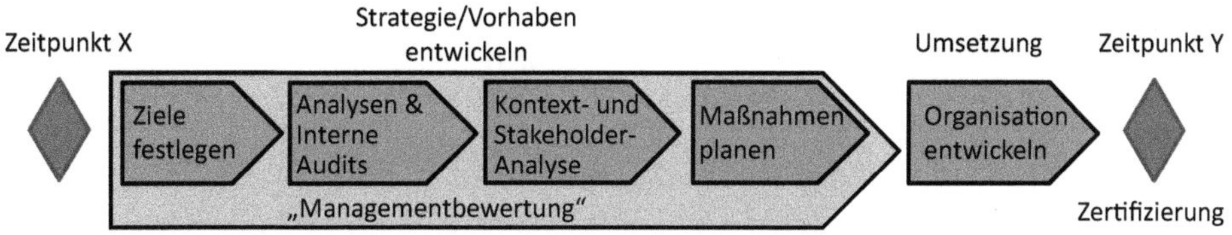

Bild 6.4 Vorgehen für eine qualitätsbestimmte Unternehmensentwicklung

Mit dieser Vorgehensweise lassen sich die unerwünschten Wirkungen vermeiden: Die Norm führt Sie durch einen Gedanken- und Handlungsprozess zur Entwicklung Ihrer Organisation.

- Die Geschäftsführung ist von Anfang an aktiv beteiligt.
- Die Tatsache, dass kein QMS eingeführt wird, begeistert alle, die die Verschwendung von Ressourcen konsequent ablehnen.
- An die Stelle des QM-Beraters tritt ein *Business Quality Coach*. Sie moderiert Workshops mit Fach- und Führungskräften und leistet Hilfe zur Selbsthilfe.
- Die Mitarbeiter und Führungskräfte sind aktiv eingebunden und werden zu Gestaltern ihrer Arbeitsumgebung.
- Die „ISO" ist kein separates, geheimnisvolles Regelwerk. Sie erschließt sich den Führungskräften und Mitarbeitern während des Vorhabens. Es finden keine ISO-Schulungen statt, sondern Übungen in systematischer, zweckgerichteter Unternehmensentwicklung.
- Interne Audits sind elementarer Bestandteil der Bestandsaufnahme und werden mit Unterstützung der *Business Quality Coaches* von den Führungskräften und Mitarbeitern durchgeführt. Dazu bedarf es keiner konventionellen Auditschulung. Der *Business Quality Coach* unterstützt die Kolleg*innen bedarfsgerecht.
- Es wird kein Management-Review-Bericht erstellt. Das „Management Review" wird als strategischer Planungsprozess von Führungskräften und Mitarbeitern im Team „gelebt".

6.1.3 Den passenden Rahmen setzen – wie viel Nutzen wollen wir von der Norm?

Ein QMS wird als Teil bzw. Subsystem des (integrierten) Managementsystems verstanden und gelehrt. Ein Managementsystem darf wiederum als Teil der Organisation betrachtet werden (Bild 6.5). In unserem Paradigma *Quality Reinvented* gibt es kein QMS. Folglich bleibt das Managementsystem oder die gesamte Organisation als möglicher Bezugsrahmen bzw. Anwendungsbereich für die ISO 9001.

Dem Faktor Mensch soll eine ganz besondere Bedeutung zukommen. Der Mensch ist der zentrale Leistungsfaktor in der Organisation. Interpretieren Sie die ISO 9001 als *Mindestanforderung an eine Organisation* bzw. *an ein Unternehmen*. Je größer Sie den Bezugsrahmen bzw. den Anwendungsbereich der Norm setzen, desto wirksamer können Sie die Norm nutzen und umsetzen. Als Geschäftsführer oder Gründer könnte es reizvoll für Sie sein, zu erfahren, wie Sie die ISO 9001:2015 als Instrument der Unternehmensführung einsetzen können.

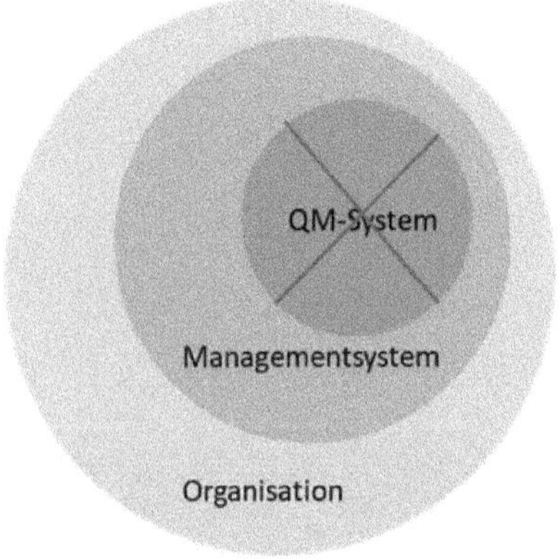

Bild 6.5
Mögliche Bezugsrahmen der ISO 9001

Die ISO 9001:2015 stellt im Kapitel 4.3 die Forderung nach der Festlegung des Anwendungsbereichs. Da die Größe des Anwendungsbereichs einen unmittelbaren Einfluss auf die Kosten einer Zertifizierung hat – wichtigster Parameter ist die Anzahl an Mitarbeiter –, ist es nachvollziehbar, dass manche Firmen den Anwendungsbereich so klein wie möglich halten, wenn sie auf Druck von außen eine Zertifizierung erlangen müssen, es aber eigentlich gar nicht wollen bzw. für sinnvoll halten. Wir unterscheiden zwischen dem Zweck der Zertifizierung und dem Nutzen durch die Anwendung der Norm. Wenden Sie unser Prozessmodell auf die gesamte Organisation an, unabhängig davon, welchen Anteil der Organisation Sie zertifizieren lassen wollen.

Als QMB, QM-Berater oder sonstiger „ISO-Beauftragter" wird es Ihnen vielleicht schwerfallen, die Geschäftsführung für die Nutzung der ISO 9001 als Instrument der Unternehmensführung zu gewinnen. Als Bezugsrahmen wird Ihnen vielleicht nur das *Managementsystem* zur Verfügung stehen. Auch mit diesem, etwas kleineren Rahmen können Sie aber alle Führungskräfte und Mitarbeiter einbinden und sich vom QM-Schattensystem befreien.

6.1.4 Den Interpretationsspielraum nutzen

Die ISO 9001 sowie alle anderen Normen für Managementsysteme sind *Meta-Normen* bzw. *Meta-Standards* (Bild 6.6). In Meta-Standards wird nicht das „Wie", sondern lediglich das „Was" beschrieben. Dies hat eine folgenschwere Konsequenz mit vielen Chancen und Risiken: **Die Norm will und muss individuell interpretiert werden!** Und das ist keine leichte Aufgabe. Viele Unternehmen sind nicht in der Lage, den Interpretationsspielraum und damit den Freiraum, den die Norm bietet, zu nutzen. Fatal ist es, wenn der Freiraum gar nicht genutzt werden soll, wenn der Auftrag an die QM-Beauftragten lediglich in der Erlangung einer Zertifizierung besteht.

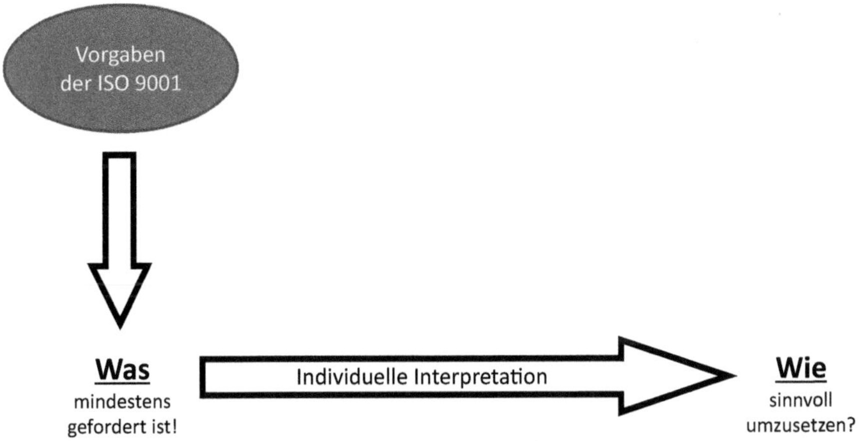

Bild 6.6 Die Meta-Norm ISO 9001

Eine sinnvolle Interpretation und Umsetzung setzen voraus, dass die Anforderungen der Norm und deren Zusammenwirken verstanden wurden. Ansonsten entsteht nur formale Normbefriedigung.

> **!** Fragen Sie sich bei jeder Anforderung, **wozu** es sie gibt und welchen Mehrwert sie erbringen soll.

Können Sie das „Wozu“ nicht klar für sich und andere beantworten, haben Sie die Forderung (noch) nicht verstanden. Sie werden dann das „Wie“ nicht sinnvoll und wertschöpfend bestimmen können. In den nachfolgenden Abschnitten zeigen wir Ihnen Interpretationsspielräume und Umsetzungsmöglichkeiten.

6.1.5 Das Prozessmodell ISO 9001 Reframed

In der ISO 9001:2015 finden Sie ein Prozessmodell, welches die Hauptkapitel (High Level Structure) grafisch im Zusammenwirken darstellt. Mithilfe des Prozessmodells lassen sich Aufbau und Struktur der Norm erklären, arbeiten kann man mit diesem Modell jedoch nicht. Ein wesentliches Manko des Modells ist, dass es keine Unterscheidung zwischen strategischen und operativen Anforderungen bzw. Prozessen macht. Dabei nimmt der strategische Anteil und damit der Aufgabenbereich der Geschäftsführung, in der ISO 9001:2015 großen Raum ein. Ein weiterer Mangel des Prozessmodells liegt darin, dass die Wechselwirkung der Prozesse bzw. der Kapitel nicht erkennbar ist. Auch aufgrund der Schwächen des Modells wird die Norm meist linear von Kapitel 4 bis 10 „zwangserfüllt“. Wir haben daher das Ziel verfolgt, ein Prozessmodell der ISO 9001 zu entwickeln, mit dem sich arbeiten lässt und das die Wechselwirkungen der Kapitel transparent zum Ausdruck bringt.

Bild 6.7 zeigt das *ISO 9001-Reframed*-Prozessmodell. Es finden sich alle Normkapitel bis zur zweiten, in einigen Fällen auch bis zur dritten Ebene und deren wechselseitige Beziehungen wieder.

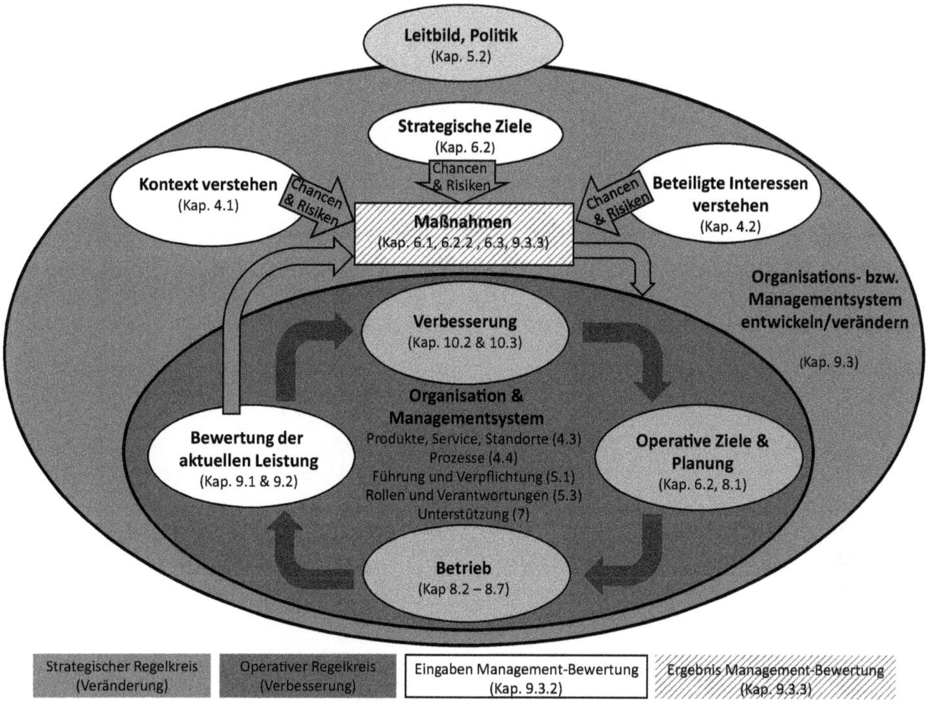

Bild 6.7 *ISO 9001-Reframed*-Prozessmodell

Das Prozessmodell zeigt einen strategischen und einen operativen Regelkreis. Der strategische Regelkreis umfasst den Veränderungs- bzw. Entwicklungsprozess. Die strategische Planung wird mit Hilfe der „Managementbewertung" (Kapitel 9.3) durchgeführt. Die Ergebnisse der Prozessschritte

- strategische Ziele,
- Kontext verstehen,
- beteiligte Interessen verstehen,
- Bewertung der aktuellen Leistung,

fließen in die Managementbewertung (ISO 9001:2015, Abschnitt 9.3.2) ein. Die daraus abgeleiteten Maßnahmen sind das Ergebnis der Managementbewertung (ISO9001:2015, Abschnitt 9.3.3). Die Umsetzung der Maßnahmen führt dann zu Aufbau oder Änderung der Organisation und des Managementsystems, welches den operativen Regelkreis steuert. Standorte, Produkte und Dienstleistungen (ISO 9001:2015, Kapitel 4.3), Prozesse (ISO 9001:2015, Kapitel 4.4), Führung und Organisationsstruktur (ISO 9001:2015, Kapitel 5.1 und 5.3) sowie die benötigten Ressourcen (ISO 9001:2015, Kapitel 7) werden entwickelt oder bedarfsgerecht angepasst.

Sie können den strategischen Regelkreis bzw. die „Managementbewertung“ für Strategieentwicklung, Organisationentwicklung, die (Weiter)Entwicklung Ihres Managementsystems oder die Einführung eines neuen ERP-Systems etc. nutzen. All das ist Unternehmensentwicklung und Teil von Unternehmensführung. Es mag sein, dass unser Prozessmodell für Konzerne und Großunternehmen zu einfach, zu wenig differenziert für eine Strategieentwicklung ist. Für KMU ist das Modell mehr als ausreichend und hat sich gerade wegen seiner Einfachheit dort bestens bewährt. Viele KMU verfügen über keinen methodischen Strategieprozess, müssen aber die Forderungen der ISO 9001 erfüllen. Dieses Prozessmodell kombiniert beides.

Das Kapitel 6 *Planung* der ISO 9001:2015 behandelt eine strategische Planung. Die operative (betriebliche) Planung wird im Kapitel 8.1 behandelt. Auch die laut Norm zu betrachtenden Risiken und Chancen sind primär strategischer Natur, auch wenn viele Auditoren den Schwerpunkt auf operative Risiken legen. Die EN9100:2018, die „ISO“ der Luftfahrt, beinhaltet ein zusätzliches Kapitel 8.1.1 *Operative Risiken* und sorgt damit für mehr Klarheit.

Unser strategischer Regelkreis ist als Führungs- und Controllingprozess zu verstehen, der immer wieder durchgeführt wird, sobald es die Situation fordert. Anstatt einmal im Jahr eine formelle Managementbewertung zu erstellen, durchlaufen Sie den strategischen Part der Norm also permanent. Das macht eine agile Organisation aus. In *Holagracy* ist es das monatliche *Coverment Meeting*, das dazu dient, die Organisation immer wieder den geänderten Anforderungen anzupassen.

Holagracy ist der Name des von Brian Roberts entwickelten „agilen Managementsystems“. Brian Roberts bezeichnet *Holagracy* als eine neue soziale Methodik für die Führung und Arbeitsweise einer Organisation. Selbstorganisation und Selbstführung sind die elementaren Bestandteile der Methodik.

Die **Kernaussagen dieses Abschnitts** sind:

- „ISO-Projekte“ sind reiner Selbstzweck.
- Die *ISO 9001 Reframed* liefert ein zweckmäßiges Prozessmodell für Unternehmensentwicklung.
- Die Struktur der Managementbewertung entspricht einer strategischen Planung.
- Für den größten Nutzen sollte die Norm auf das ganze Unternehmen bezogen bzw. angewendet werden.
- Die ISO 9001:2015 will und muss interpretiert werden.
- Die Normkapitel lassen sich in einem geschlossenen Prozessmodell in Beziehung bringen.

6.2 Die strategische Planung – wie wollen wir das Unternehmen führen und entwickeln?

In diesem Abschnitt erfahren Sie,

- wie Sie mit Hilfe der Managementbewertungen eine Unternehmensentwicklung planen,
- warum Ziele der Qualität schaden können,
- was Qualitätsziele ausmacht und wie sie zu vermitteln sind,
- wie Sie eine lebendige Kontext- und Stakeholder-Analyse durchführen,
- wie Sie mit einer Maßnahmenliste gleichzeitig vier Normkapitel erfüllen,

Bild 6.8 zeigt den strategischen Planungsprozess des *ISO 9001-Reframed*-Prozessmodells. Das Wording der Norm wurde zum besseren Verständnis leicht geändert. Es gibt keine feste Reihenfolge für die Bearbeitung der vier bzw. fünf Inputfelder für das Festlegen der Maßnahmen.

Beginnen Sie mit den Zielen. Sie eröffnen so zunächst den gesamten Raum der Möglichkeiten und stellen fest, wo Sie – unabhängig von äußeren Gegebenheiten – wirklich hinwollen. Nur Ihre Identität und Ausrichtung sollen Sie dabei leiten. Eine zu frühe Einbeziehung von Umfeld und Stakeholdern kann Ihre Kreativität ungewollt einschränken. Wenn es dann um die konkrete Operationalisierung und Terminierung der Ziele geht, sind die bestehenden und erwarteten Rahmenbedingungen einzubeziehen. Ein weiterer Grund, mit den Zielen zu beginnen: Wenn ich meine Ziele kenne, weiß ich, worauf ich den Blick nach innen und außen richten soll. Die Ziele fokussieren die nachfolgenden Analysen und geben vor, was relevant ist. Das Wort *relevant* taucht an vielen Stellen der Norm auf, ohne dass es näher erklärt wird. Sie bestimmen, was relevant ist.

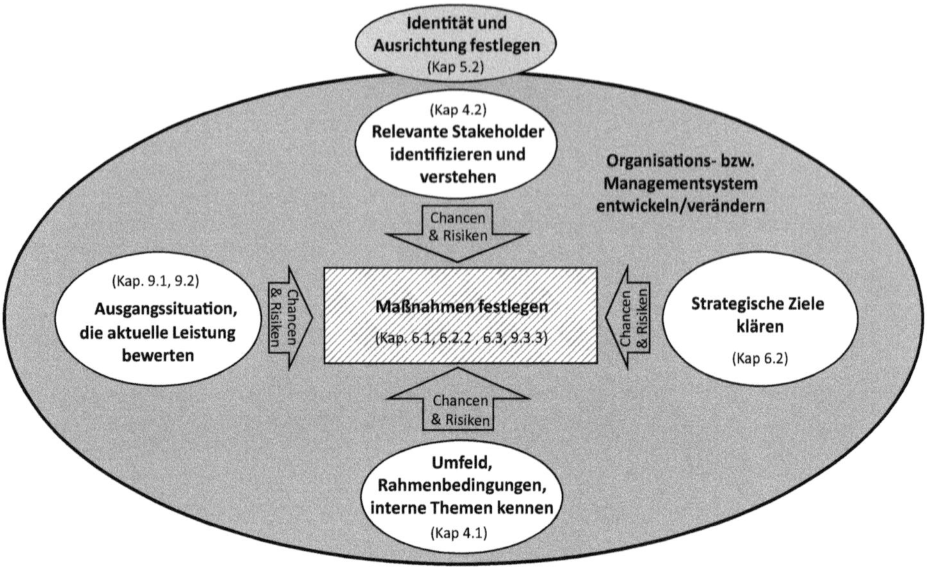

Bild 6.8 Strategische Planung von Veränderungen im *ISO 9001-Reframed*-Prozessmodell

Die strategische Planung im *ISO 9001-Reframed*-Prozessmodell entspricht dem Ansatz des *Risikobasierten Denkens* der ISO 9001:2015. Es bedarf keines separaten Risikomanagement-Prozesses. Optional können Sie eine Chancen-Risiko-Matrix erstellen, bevor Sie die Maßnahmen festlegen. Die ISO 9001:2015 fordert keine Dokumentation der Risikobetrachtung. Chancen und Risiken müssen lediglich im Entscheidungsprozess berücksichtigt werden (siehe Abschnitt 1.4 im Buch und Anhang A4 der Norm).

6.2.1 Identität und Ausrichtung festlegen

Mit der Identität und Ausrichtung legen Sie den Grundstein für alles, was folgt. Hier entscheidet sich, wie die Balance zwischen Stabilität und Agilität, zwischen Normierung und Excellence, zwischen Kontrolle und Vertrauen aussieht (Bild 6.9). Ein Leitbild oder eine Qualitätspolitik ist das dokumentierte, sichtbare Ergebnis eines meist längeren „inneren" Reflexions- und Entwicklungsprozesses zur Festlegung von Identität und Ausrichtung, wie wir ihn in Abschnitt 4.2 beschreiben.

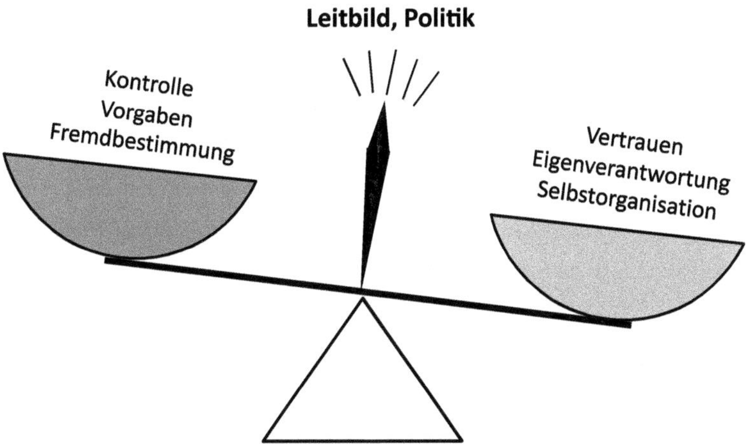

Bild 6.9 Ausrichtung und Identität bestimmen die Balance zwischen Stabilität und Agilität

6.2.2 Strategische Ziele klären

Die ISO 9001:2015 unterscheidet in Kapitel 6.2 nicht zwischen operativen und strategischen Zielen. Das kann zur Folge haben, dass ein Unternehmen eine Reduzierung der Fehlerquote als Qualitätsziel definiert, und ein anderes erklärt eine ISO-Zertifizierung oder die Entwicklung eines neuen Produkts zum Qualitätsziel. In unserem Prozessmodell geht es um die Klärung der Ziele für die Unternehmensentwicklung bzw. die Entwicklung des Managementsystems: Was wollen wir auf dieser Ebene erreichen?

Was ist der Unterschied zwischen Qualitätszielen und sonstigen Unternehmenszielen? Alle Ziele, die sich auf die Verwirklichung des Unternehmenssinns richten, sind Qualitätsziele. Mehr Umsatz oder mehr Gewinn sind keine Qualitätsziele, da dies nicht der Sinn der Organisation sein kann bzw. sein darf. Auch die Erlangung einer ISO-Zertifizierung ist nur dann ein Qualitätsziel, wenn sie dem Unternehmenssinn dient. Die allermeisten Zertifizierungen tun dies nicht. Sie dienen lediglich beteiligten Interessen. Vielleicht hilft Ihnen folgender Tipp:

> **!** Fragen Sie für jedes Ziel drei Mal: Wozu? Wenn Sie dann zum Unternehmenssinn kommen, haben Sie ein Qualitätsziel definiert.

Die ISO 9001:2015 fordert, dass Qualitätsziele dokumentiert und vermittelt werden müssen. Das soll Klarheit schaffen und für Bewusstsein (Kapitel 6.3) sorgen, sowohl beim Sender als auch beim Empfänger. Der Erfolg hängt allerdings davon ab, **wie** Sie die Ziele dokumentieren und vermitteln.

Das Ausfüllen und Abspeichern einer Excel-Tabelle mit Zielen gleicht in der analogen Welt dem Aufschreiben von wichtigen Dingen auf *Post-Its* und dem anschließenden Wegsperren in eine Schublade. Wenn Sie Ihr Ziel, *Einmal im Monat mit meinem Partner/meiner Partnerin ausgehen*, ernst meinen, dann hängen Sie ein DIN-A4-Blatt mit diesem Ziel an den Kühlschrank. Spätestens am Monatsende wird Ihr Partner/Ihre Partnerin mit Ihnen darüber reden wollen. Was heißt das für Unternehmensziele? Der Kühlschrank kann das Internet, das schwarze Brett, das Foyer etc. sein. Hängen Sie die Ziele dort aus, wo sie gesehen werden, und reden Sie regelmäßig darüber. Ziele, die bis zur Vorbereitung des Überwachungsaudits nicht beachtet werden, dienen nur der Normbefriedigung. Ziele zur Realisierung einer Unternehmensentwicklung, die in der gesamten Organisation kommuniziert und verfolgt werden, geraten nicht in Vergessenheit.

Formulieren Sie Ihre strategischen Ziele aus der Innensicht, auf Grundlage Ihrer Identität und Ausrichtung, und konkretisieren Sie sie dann „realistisch".

Im Prozess der Zielverfolgung ist es wichtig, den strategischen Regelkreis regelmäßig zu durchlaufen und kontinuierlich zu überprüfen, inwieweit die äußeren Bedingungen noch den getroffenen Annahmen entsprechen. Gegebenenfalls sind die Ziele den geänderten Situationen anzupassen. Bleiben Sie agil, auch was die Ziele angeht. Viele Unternehmen halten an ihren Budget- und Jahreszielen fest, obwohl sich das Umfeld und die Rahmenbedingungen stark verändert haben.

Vorsicht beim *Führen mit Zielen*! Die grundsätzliche Sinnhaftigkeit von Zielen stellen wir nicht in Frage. Es hat schon immer Sinn gemacht, zu wissen, wo man hinwill. Die von Peter Ferdinand Drucker entwickelte Führungstechnik ist aber tückisch und kann der Qualität nachweislich schaden. Reinhard K. Sprenger hat es in seinem Buch *Das anständige Unternehmen* so formuliert: Mit Zielsystemen werden Mittel und Zweck umgekehrt. Die Arbeit wird als das *Mittel* angesehen, eine Aktivität, die es zu erledigen gilt, um das Ziel, den *Zweck* zu erreichen. Es liegt nahe, dass der Mitarbeiter den schnellsten, einfachsten und sichersten Weg zum Ziel suchen wird, erst recht, wenn es dann noch persönliche Boni für die Zielerreichung gibt. Das, worum es in der Arbeit eigentlich geht, was die Qualität der Arbeit ausmacht, bleibt dabei leicht auf der Strecke. Was wäre, wenn eine Pflegekraft ausschließlich nach der Anzahl der behandelten Patienten bezahlt werden würde und das Ziel wäre, jedes Jahr 5 % mehr Patienten zu pflegen?

Um Qualität zu erreichen, müssen Mittel und Zweck wieder auf den richtigen Platz gestellt werden. Die Frage ist nicht, welche Arbeit dient dem Ziel, sondern welches Ziel dient (dem Sinn) der Arbeit!

Die Frage ist nicht, welche Arbeit dient dem Ziel, sondern welches Ziel dient (dem Sinn) der Arbeit.

6.2.3 Umfeld, Rahmenbedingungen, interne Themen kennen

In Kapitel 2 haben wir vier zentrale, externe Themen bestimmt, die jedes Unternehmen herausfordern. Diese Themen gehören zum übergeordneten Kontext (Bild 6.10). Wir haben ihren Einfluss auf heutige Unternehmen beleuchtet. Unsere sechs Qualitätsprinzipien sollen helfen, diesen Herausforderungen gerecht zu werden.

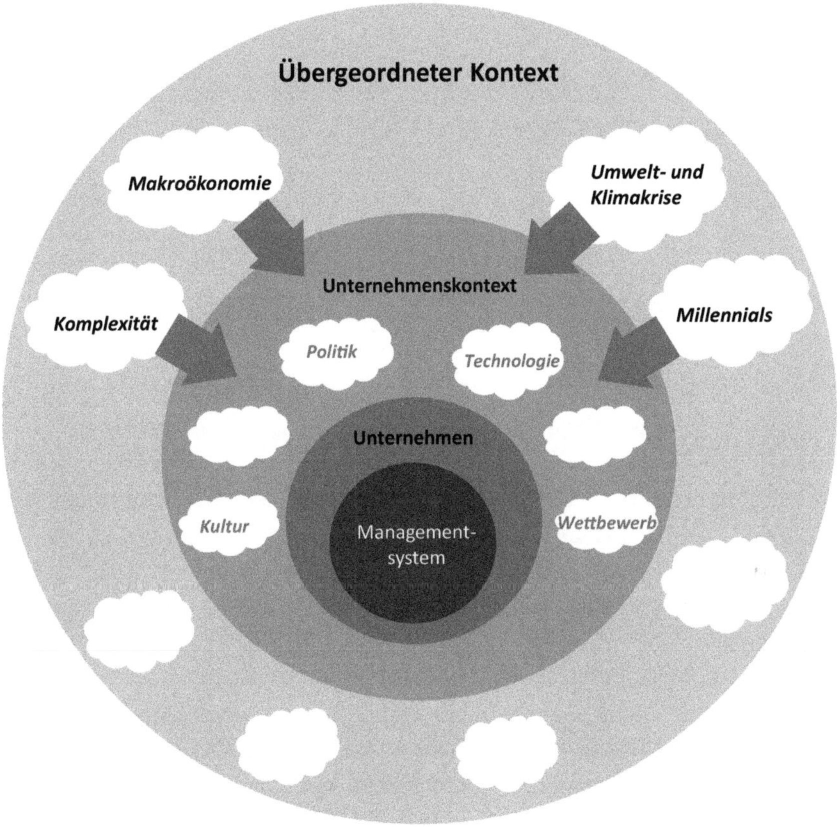

Bild 6.10 Kontext der Organisation

Im Unternehmenskontext müssen Sie die spezifischeren Themen, die für Ihre Unternehmensentwicklung relevant sind, identifizieren. Kategorien können sein: Technologie, Politik, Kultur, soziale Themen, Wettbewerb etc. Bewährt hat sich, im ersten Schritt mit Hilfe von Brainstorming diverse Themen z. B. auf Moderationskarten zu sammeln und dann die Ergebnisse zu Clustern, d. h. die Karten Themenfeldern zuzuordnen.

Zum Unternehmenskontext gehören auch die internen, meist beeinflussbaren Themen. Auch bei den internen Themen sollte man zunächst keine Einschränkung machen und mit Hilfe von Brainstorming möglichst viele Themen sammeln. Danach bietet sich wieder ein Clustern nach Themenfeldern an; z. B. Führung, Dokumentation, Kommunikation, IT, Kapazitäten.

Nutzen Sie für die Einschätzung und Priorisierung der Relevanz der verschiedenen Themen und die Ableitung von Konsequenzen daraus dialogische Gruppendiskurse (siehe Abschnitt 4.5.2) im Rahmen eines Workshops. Am Ende einer solchen *Kontextanalyse* sollten Sie dann die relevanten externen und internen Themen, geordnet nach Themenfeldern, ermittelt und priorisiert haben. Da Sie diesen Planungsprozess regelmäßig durchlaufen werden bzw. müssen, bietet es sich an, ein *strategisches Planungsboard* zu installieren.

> Mithilfe eines strategischen Planungsboards sollten Sie Ihre Strategie für alle sichtbar und nachvollziehbar visualisieren. Es kann sich dabei um eine einfache Tafel handeln oder auch um eine entsprechende Software. Wichtig ist, dass das Ganze nicht statisch ist, sondern veränderbar.

6.2.4 Relevante Stakeholder identifizieren und verstehen

In diesem Planungsschritt müssen Sie das Prinzip *Kunden- und Beziehungsfokus anstatt Egozentrik* leben und situationsgerecht umsetzen. Vermutlich haben Sie schon viele Rückmeldungen, Anforderungen und Bedürfnisse Ihrer Kunden und von anderen beteiligten Interessengruppen gesammelt. Wenn nicht, fangen Sie jetzt damit an. Arbeiten Sie an den Beziehungen, und zwar auf allen Ebenen. In einer traditionellen, hierarchischen Organisation ist es der Vertrieb, der für sich in Anspruch nimmt, den Kunden am besten zu kennen. In einer Organisation, wo das Prinzip *Kompetenz statt Hierarchie* gelebt wird, sind alle gefragt, die Kontakt zum Kunden haben. Wenn Sie tiefer einsteigen wollen, um die beteiligten Interessen zu verstehen, empfehlen wir unsere Stakeholder-Konferenz, die unter 5.4.4 beschrieben ist. Die Ergebnisse sollten Sie am strategischen Planungsboard festhalten.

6.2.5 Die Ausgangssituation, die aktuelle Leistung bewerten

Wer wissen will, wie er wo hinkommt, muss wissen, wo er steht. Das Kapitel 9 der ISO 9001:2015 *Bewertung der Leistung* beinhaltet drei unterschiedliche Arten von Leistungsbewertung. Das Kapitel 9.3 *Managementbewertung* nutzen wir für die Planung von Veränderungen. Es bleiben die Kapitel 9.1 und 9.2.

In Kapitel 9.1 der ISO 9001:2015 geht es primär um die objektiven Leistungsbewertungen durch Überwachungen, Messungen und Analysen. Art und Umfang müssen Sie selbst festlegen. In diese Kategorie fallen Kennzahlenermittlung, Datenanalysen, manuelle und automatische Messungen etc. Hier regiert die Welt der Zahlen, Daten, Fakten. Die meisten Unternehmen haben hier eher zu viel statt zu wenig. Eine Ausnahme bildet Abschnitt 9.1.2 der ISO 9001:2015: *Kundenzufriedenheit*. Die Wahrnehmung des Kunden ist immer subjektiv. Viele Unternehmen versuchen hier jedoch eine vermeintlich objektive Bewertung durchzuführen. „Wir haben seit fünf Jahren eine Kundenzufriedenheit von über 95 %." Welche Einstellung, welche Interessen stecken in dieser Aussage? Die Chance, vom Kunden lernen zu wollen, spiegelt sich hier nicht wider. Ich kann Fragebögen zur Ermittlung der Kundenzufriedenheit so formulieren, dass der Kunde fast immer eine gute Bewertung abgibt. Ohnehin geben Kunden häufig positive Bewertungen ab, um möglichst problemlos mit eher als lästig empfundenen Befragungen umzugehen. Der Mehrwert von standardmäßigen Kundenbefragungen für eine Unternehmensentwicklung ist nahezu null. In einer guten Beziehung sagt der Kunde Ihnen, was er sich wünscht und was man besser machen kann. Dafür brauchen Sie keine Kennzahl.

ISO 9001:2015, Kapitel 9.2 dreht sich um die Leistungsbewertung mit Hilfe von Audits. Interne Audits sollten überwiegend einer subjektiven Bewertung der Leistung der Organisation dienen. Betreiben Sie *Coachendes Auditieren* und lassen Sie die Erkenntnisse in die Planung der Unternehmensentwicklung einfließen. Die Überprüfung der *Angemessenheit von Ressourcen*, so ein weiterer geforderter Input für die Managementbewertung bzw. für unsere strategische Planung, sollte immer auf der Agenda von internen Audits stehen.

Es darf als selbstverständlich betrachtet werden, dass die *Leistung der externen Anbieter* bei der Planung einer Unternehmensentwicklung bewertet und berücksichtigt wird. Ebenso selbstverständlich ist es, dass der Status der bisherigen Maßnahmen zur Unternehmensentwicklung und deren Wirksamkeitsüberprüfung in die neue Planung mit einfließen. Somit haben wir alle *Eingaben für die Managementbewertung* gemäß ISO 9001:2015, Kapitel 9.3.2 erfüllt bzw. genutzt.

6.2.6 Maßnahmen festlegen

Im letzten Schritt der strategischen Planung des *ISO 9001-Reframed*-Prozessmodells werden nun die Maßnahmen auf Basis der bisherigen Erkenntnisse bzw. Ergebnisse festgelegt. Am *strategischen Planungsboard* befinden sich nun vier Felder: *Ziele*, *Kontextanalyse*, *Stakeholder-Analyse* und *Aktuelle Leistung*. Das Ableiten bzw. Identifizieren von Risiken und Chancen aus der Betrachtung dieser Felder kann mündlich oder schriftlich erfolgen. Wir empfehlen eine Chancen-Risiko-Matrix oder einen Gruppendiskurs zu Chancen und Risiken, dokumentiert mit Moderationskarten oder Flipchart.

Die Maßnahmenliste bzw. der strategische Plan erfüllen gleichzeitig vier Kapitel der Norm. Zum einen wird geplant, wie die Ziele erreicht werden (ISO 9001:2015, Abschnitt 6.2.2). Die Maßnahmen berücksichtigen die Chancen und Risiken aus der Kontext- und Stakeholder-Analyse (ISO 9001:2015, Kapitel 6.1) und ziehen möglicherweise eine Veränderung des Managementsystems nach sich (ISO 9001:2015, Kapitel 6.3). Zu guter Letzt sind die Maßnahmen das Ergebnis der „Managementbewertung“ (ISO 9001:2015, Abschnitt 9.3.3). In KMU werden Sie zur strategischen Führung des Unternehmens kaum mehr als eine Maßnahmenliste benötigen.

Als Business Quality Coach haben Sie gelernt, eine Unternehmens- oder Managementsystementwicklung mit Hilfe des *ISO 9001-Reframed*-Prozessmodells zu organisieren und zu moderieren. Sie kennen die Normkapitel hinter den Prozessschritten. Für alle anderen ist die Norm uninteressant. Sie sollten sie daher auch nicht erwähnen.

6.3 Organisationsaufbau – wie gelingt der Spagat zwischen Agilität und Normierung?

Nach der strategischen Planung mit Hilfe des „Management Reviews“ erfolgt die Umsetzung der Maßnahmen. Die Organisation und das Managementsystem werden aufgebaut, wenn es sich um eine Unternehmensgründung handelt, oder verändert bzw. weiterentwickelt, wenn ein Unternehmen bereits existiert und ein Managementsystem schon betrieben wird.

In diesem Abschnitt erfahren Sie,

- wie Sie Prozesse ohne viel Dokumentation „bestimmen“,
- wie Sie Normkapitel in Mitarbeitersprache übersetzen,
- warum es keine Qualitätsdokumente gibt,
- wie Sie den Fokus auf den Faktor Mensch legen.

6.3.1 Anwendungsbereich

Die Frage, welche Standorte, Abteilungen, Produkte und Dienstleistungen vom Vorhaben betroffen sind, stellt sich automatisch. Die ISO 9001:2015 nennt das den *Anwendungsbereich* (ISO 9001:2015, Kapitel 4.3). Ein Start-up wird vermutlich alle Bereiche, Produkte und Dienstleistungen in den Aufbau der Organisation und des Managementsystems mit aufnehmen. Ein Vorhaben *Selbstorganisation und Selbstführung* wird vielleicht nur auf eine Abteilung und deren Leistungen als Pilot beschränkt. Der Anwendungsbereich definiert Größe und Umfang des Vorhabens. Legen Sie ihn schriftlich fest.

6.3.2 Prozesse

Bei einer Unternehmens- oder Managementsystementwicklung kommt es wohl immer zu einer Veränderung von Prozessen. Die ISO 9001:2015 listet in Kapitel 4.4 Anforderungen an Prozesse auf.

> Prozess: Satz zusammenhängender oder sich gegenseitig beeinflussender Tätigkeiten, der Eingaben zum Erzielen eines vorgesehenen Ergebnisses verwendet. [ISO 9000:2015]

Ersetzen Sie in der Definition das Wort *Prozess* durch *Arbeit* und konkretisieren Sie das Wort Eingaben z.B. mit Material, Energie, Information, dann wird deutlich, dass wir dem Begriff *Prozess* zu viel Bedeutung bzw. zu viel Respekt gegenüber bringen. Das Kapitel 4.4, ISO 9001:2015 können wir entmystifizieren, indem wir die Forderungen als eine Checkliste für die Arbeit oder für das tägliche Briefing der Mitarbeiter umformulieren:

ISO 9001:2015, Abschnitt 4.4.1

a) Ist klar, wie das Ergebnis des Auftrags/der Arbeit aussieht? Ist klar, was dafür gebraucht wird?
b) Gibt es Abhängigkeiten von anderen Arbeiten, die zu berücksichtigen sind?
c) Ist die Herangehensweise, sind die Methoden klar? Wie können wir die Leistung bewerten?
d) Haben wir genug Material, Mitarbeiter, Werkzeug? Fehlt noch Wissen?
e) Sind die Verantwortlichkeiten und Befugnisse im Team geregelt?
f) Welche außergewöhnlichen Herausforderungen und Möglichkeiten birgt der Auftrag bzw. die Arbeit?

g) Gibt es notwendige Abweichungen vom üblichen Vorgehen? Generell gilt: Von Standardvorgaben darf und soll im Rahmen des Verantwortbaren abgewichen werden, wenn nur auf diese Weise die vereinbarten Ziele erreicht werden können.

h) Nachlese: Was haben wir aus dem Auftrag/der Arbeit gelernt? Was können wir zukünftig besser machen?

ISO 9001:2015, Abschnitt 4.4.2

a) Haben wir ausreichend klar dokumentierte Vorgaben?

b) Was müssen wir aufzeichnen? Welche Notizen sind sinnvoll? Was müssen und sollten wir protokolieren?

Anmerkungen:

Zu Punkt c): Die ISO 9001:2015 spricht hier von *Leistungsindikatoren*. Das Wort *Kennzahl* taucht in der Norm nicht auf. Die Aussage mancher Auditoren „Jeder Prozess benötigt eine Kennzahl" ist ein Mythos und völlig sinnlos. Sie sollten stattdessen überlegen, was und wie viel Sie überhaupt messen wollen, welche Leistungsindikatoren wirklich benötigt werden und zu welchem Zweck. Zur Mitarbeiterkontrolle? Vielleicht wäre es günstiger für Ihre Unternehmensleistung, Vertrauen einziehen zu lassen? Kein „blindes", aber grundsätzliches Vertrauen. Wenn Ihnen das nicht möglich ist, helfen Kennzahlen auch nicht weiter.

Zu Punkt f): *Herausforderungen* und *Möglichkeiten* sind alternative Begriffe für *Risiken* und *Chancen*, die die Mitarbeiter vielleicht besser verstehen. Probieren Sie es aus.

Zu Punkt g): Eine Abweichung von einem Prozess, einer Vorgabe, einem Standard ist nicht nur laut Norm erlaubt, sondern ausdrücklich gewünscht, damit das beabsichtigte Ergebnis (noch) erreicht werden kann. Unbedingte Compliance im Sinn von „Wir halten uns immer an die Vorgaben" lässt sich somit durch die Norm nicht begründen.

Das Briefing bzw. die Bestimmung eines Prozesses gemäß ISO 9001:2015, Kapitel 4.4 könnte wie im Bild 6.11 aussehen. Im Uhrzeigersinn werden alle Punkte des Normabschnitts angesprochen bzw. behandelt. Prozesse und Rollen können so jeden Tag neu geregelt werden. Dies wäre normkonform, aber sicherlich nicht leicht zu auditieren.

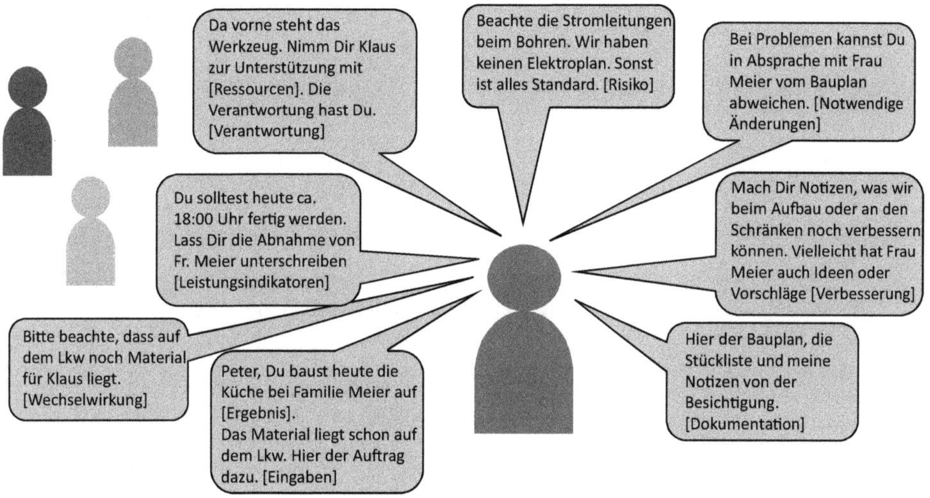

Bild 6.11 Schreinermeister Müller gibt seinem Mitarbeiter Peter Prozess- bzw. Arbeitsanweisungen im Einklang mit Kapitel 4.4 der ISO 9001:2015

Sinnvolle Fragen eines Auditors oder Quality Coach zu diesem Vorgehen könnten sein:

- Kommt dieser Prozess öfter vor? Sind wir in der Lage, ihn zu wiederholen?
- Wer macht bzw. kann das, wenn Peter krank ist?
- Lernen wir ausreichend voneinander?

Ob jeder Schreinermeister seine Mitarbeiter so gut brieft, wie Herr Müller das hier tut, ist fraglich. Dieses Briefing hat Qualität. Dieses Briefing fördert Qualität. Fatal wäre es, wenn ein Auditor oder ein QM-Berater Herrn Müller nötigte, seine Prozesse zu beschreiben. Das Kapitel 4.4, ISO 9001:2015 fordert (zu Recht), dass Prozesse bzw. die Arbeiten *bestimmt* werden müssen. Dies kann, wie in unserem Beispiel, mündlich erfolgen. Dokumentation ist nur **ein** Element für die Bestimmung bzw. Unterstützung von Prozessen. Eine handschriftliche Notiz ist eine *Dokumentierte Information* und kann alle Forderungen des Kapitels 7.5 erfüllen. Unterscheiden Sie nicht zwischen „Qualitätsdokumenten“ und „sonstigen Dokumenten“. Sie laufen sonst Gefahr, dass die *sonstigen Dokumente* keine Qualität haben. Ein Fehler in einem Angebot kann fatale Folgen haben. Angebote gehören aber in den meisten Organisationen nicht zu den „Qualitätsdokumenten“.

Wenn Sie überhaupt eine zentrale Stelle für die Entwicklung von Prozessen benötigen, dann bitte nur eine. In vielen großen Unternehmen herrscht das reinste Prozesschaos. Im QM redet man von den *ISO-Prozessen* und schafft eine dokumentierte Schattenwelt für das Zertifikat. Gleich nebenan gibt es die Abteilung *Prozessmanagement*, die mit modernster Software versucht, alle Geschäftsprozesse abzubilden und zu simulieren, oft fernab der Realität. Eine Etage höher führt ein

Agile Coach agile Prozesse im Entwicklungsbereich ein. Und dann gibt es die „reale Welt“ der Mitarbeiter, die mit all dem oft wenig zu tun hat. Vielleicht wäre das Aussortieren von Unnötigem und die Fokussierung auf das Wesentliche ein Vorhaben für eine Unternehmens- oder Managementsystementwicklung? Sie müssen sie nicht „Agile Transformation“ nennen. *Ausmisten* verstehen die Mitarbeiter besser und sie sind gerne dabei.

6.3.3 Führung und Verpflichtung, Rollen und Verantwortungen

Ob die oberste Leitung ihrer Führung und Verpflichtung gemäß Kapitel 5.1 der ISO 9001:2015 nachkommt, kann nur in einem Gespräch überprüft werden. Der Punkt h) besagt, dass die oberste Leitung Personen einsetzen, anleiten und unterstützen soll, damit diese zur Wirksamkeit des QMS beitragen. Die Rechenschaftspflicht, also die letztendliche Verantwortung für die Wirksamkeit des QMS (*Accountability* wurde mit *Rechenschaftspflicht* übersetzt), bleibt bei der obersten Leitung (Punkt a). Ersetzen wir *QMS* mit *Organisation*, wird dies niemand in Frage stellen. Es ist der obersten Leitung überlassen, welche Rollen sie für die Wirksamkeit des Managementsystems bzw. der Organisation und die Förderung von Qualität bestimmt. Bei der SoftwareONE sind es alle Mitarbeiter, die in Eigenverantwortung das System mitgestalten. Quality Coaches in den verschiedenen Fachabteilungen unterstützen dabei. Diese Lösung folgt den Prinzipien *Kompetenz statt Hierarchie*, *Vielfalt statt Konformismus* und *Gestaltung statt Rationalisierung*. Die Dezentralisierung des Qualitätsmanagements ist ein wesentlicher Agilitätsfaktor bei der SoftwareONE.

Alle relevanten Rollen, Verantwortungen und Befugnisse sind gemäß ISO 9001:2015, Kapitel 5.3 zuzuweisen und bekanntzumachen. Wie das geschieht, bleibt Ihnen überlassen. Für welche Organisationsstruktur Sie sich auch entscheiden, folgen Sie dabei unseren Qualitätsprinzipien.

6.3.4 Unterstützung

Die ISO 9001:2015 definiert in Kapitel 7 neun Elemente bzw. Ressourcen für die Unterstützung der Prozesse bzw. der Arbeit. Warum das Technische Komitee TC176 nur die Elemente des Kapitels 7.1, ISO 9001:2015 als „Ressourcen“ bezeichnet, können wir uns nicht erklären. Ressourcen sind Mittel. Eine Ressource kann ein materielles oder immaterielles Gut sein. Kompetenz (ISO 9001:2015, Kapitel 7.2) ist eine immaterielle Ressource.

Die Forderungen des Kapitels 7 der ISO 9001:2015 lassen sich auf alle Organisationen anwenden. Sie stehen bei richtiger Interpretation und Umsetzung der Agilität nicht im Wege.

In Bild 6.12 haben wir die Elemente nach dem sozio-technischen Modell der menschlichen und technischen Ebene zugeordnet. Das Bild verdeutlicht, dass Prozessdokumentation überbewertet wird. Um agiler zu werden, müssen Sie den Elementen der menschlichen Ebene mehr Aufmerksamkeit schenken. Mit mehr Führung und Befähigung, verteilter Autorität und Business Quality Coaching arbeiten Sie fortlaufend an der Pflege und Entwicklung der „menschlichen Faktoren". Mit unseren *Sozialen Prozessen* werden Sie Wissen, Kompetenz, Bewusstsein und Kommunikation Ihrer Mitarbeiter entwickeln.

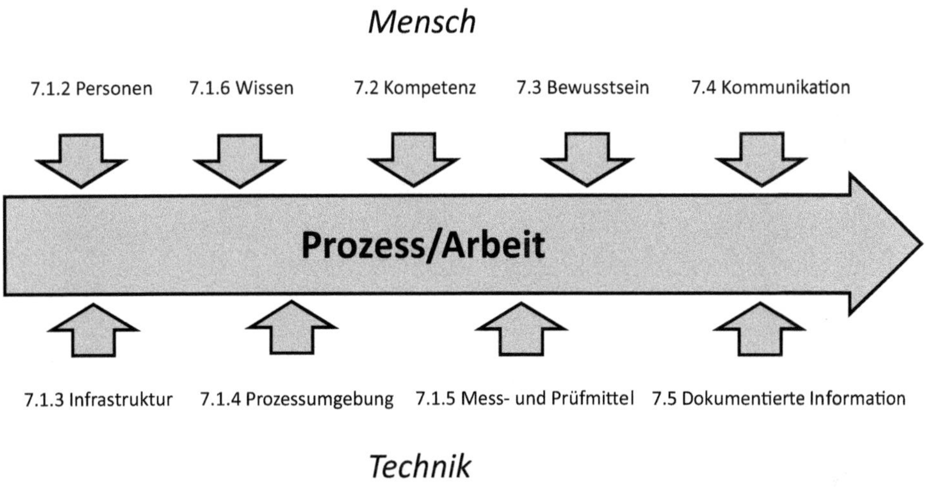

Bild 6.12 Unterstützende Elemente für die Prozesse bzw. die Arbeit gemäß Kapitel 7 der ISO 9001:2015

Wenn sich Unternehmen auf eine ISO-Zertifizierung vorbereiten (lassen), kommt meist die Frage nach dem benötigten Dokumentationsumfang. „Was will der Auditor denn sehen?" Das ist die falsche Frage. Die relevante Frage ist, was wird im Unternehmen benötigt und **wozu**? Gesetzespflichtige Aufzeichnungen und andere extern geforderte Dokumente werden Sie wohl oder übel erstellen müssen. Die meisten Freiheiten haben Sie bei den eigenen Vorgabedokumenten.

Machen Prozessbeschreibungen und Rollenbeschreibungen Sinn? Es kommt darauf an, wie sie entstehen und wozu sie genutzt werden. Wenn Prozessbeschreibungen und Rollenbeschreibungen bei der Einführung eines formellen QMS erstellt werden und wenig mit der realen Welt im Unternehmen zu tun haben, machen sie keinen Sinn. Sie dienen dann lediglich der Zertifizierung. Wenn sie aber das dokumentierte Ergebnis, das „künstlerische Protokoll" einer gemeinsamen Prozess- und Teamentwicklung darstellen, machen sie sehr wohl Sinn.

Während der gemeinsamen Arbeit sind Prozessschritte, Nahtstellen, Rollen und Verantwortungen im Team diskutiert worden. Das Team hat die bisherige Arbeitsweise bzw. die bestehenden Prozesse reflektiert, hat Irrwege und Verbesserungspotenziale erkannt. Während der Zusammenarbeit wurden Beziehungen aufgebaut oder gepflegt. Zum Schluss wurde das Ergebnis in geeigneter Form dokumentiert. Vielleicht wird dieses Dokument danach gar nicht mehr benötigt werden, weil in der Zusammenarbeit, in der Prozessentwicklung alles geklärt und bestimmt wurde. Ganz so, wie es die ISO fordert.

So kann die Entstehung eines QM-Handbuchs ein wertvoller Beitrag für die Unternehmensentwicklung und Qualitätsförderung sein, obwohl das Handbuch danach nur noch selten genutzt wird. (Sie müssen allerdings regeln, ob, wie lange und wie sie das Handbuch auf aktuellem Stand halten wollen.) Entscheidend ist der Entstehungsprozess. Wie auch unsere Qualitätsdefinition betont. Aus diesem Grund muss vom Einsatz vorgefertigter Dokumente, z.B. eines QM-Handbuchs nach Normkapiteln, dringend abgeraten werden. Solche Dokumente werden von QM-Beratern erstellt und tragen zur Qualitätsentwicklung im Unternehmen nichts bei. Dahinter steht wieder das Syndrom vorauseilender Normbefriedigung, obwohl die ISO 9001:2015 gar kein QM-Handbuch verlangt.

Die *Verfassung* des betterplace lab (https://www.betterplace-lab.org/unsere-verfassung) ist im Grunde ein QM-Handbuch. Sie ist das dokumentierte Ergebnis einer sich über einen langen Zeitraum erstreckenden und eigentlich nie endenden Organisationsentwicklung hin zur Selbstführung. *Von den Mitarbeitern, für die Mitarbeiter* kennzeichnet das Dokument. Im Gegensatz dazu sind viele QM-Handbücher vom QMB für den externen Auditor geschrieben.

Die **Kernaussagen dieses Abschnitts** sind:

- Die Anforderungen an Prozesse der ISO 9001:2015 lassen sich auf jede Arbeit sinnvoll übertragen.
- Rollen, Verantwortungen und Befugnisse sind frei wählbar, mündlich oder schriftlich zuzuweisen und jederzeit veränderbar.
- Prozessdokumentation ist überbewertet. Führung und Befähigung sind wesentlich für die Durchführung und Wirksamkeit von Prozessen.
- Der Entstehungsprozess von Dokumenten ist wichtiger als das Dokument selbst.

6.4 Der operative Regelkreis – wie können wir stetig besser werden?

Wenn die Organisation bzw. das Managementsystem aufgebaut, entwickelt oder verändert wurde, startet der operative Regelkreis.

In diesem Abschnitt erfahren Sie,

- was der operative Regelkreis der Norm ist und wie er funktioniert,
- warum das Kapitel 8.3 *Entwicklung* der ISO 9001:2015 immer Anwendung findet.

In unserem Modell folgt der operative Regelkreis dem klassischen Plan-Do-Check-Act-Zyklus (Bild 6.13).

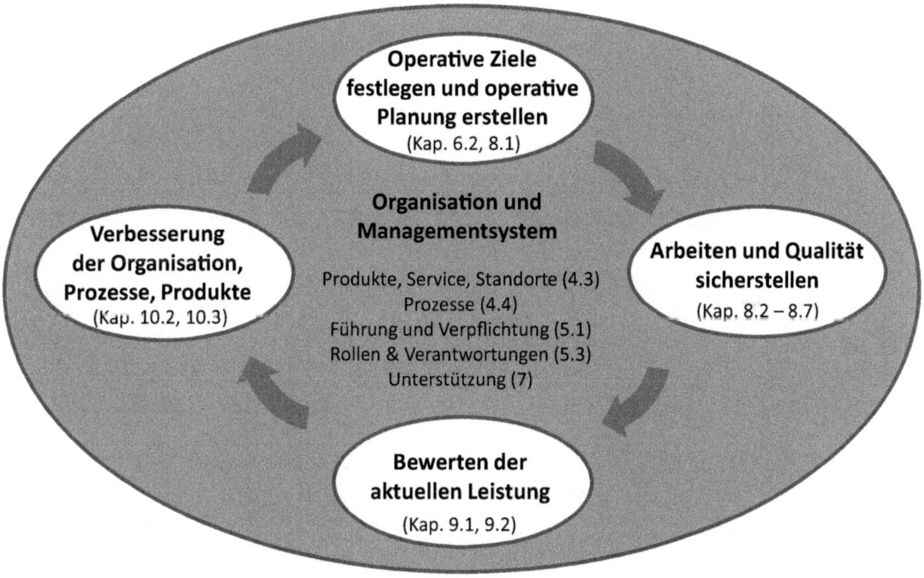

Bild 6.13 Der operative Regelkreis im *ISO 9001-Reframed*-Prozessmodell

Im Schritt „Plan“ werden die operativen Ziele (ISO 9001:2015, Kapitel 6.2) festgelegt und die dazugehörige operative Planung erstellt (ISO 9001:2015, Kapitel 8.1). Die Planung der Fertigungsstraße eines Autos oder die Planung eines Seminars sind typische operative Planungstätigkeiten. Arbeitsvorbereitung und Projektmanagement sind typische Funktionen für operative Planung. Im Schritt „Do“ wird das operative Geschäft ausgeführt. Wir durchlaufen die Kapitel 8.2 bis 8.7 der ISO 9001:2015.

„Können wir das Kapitel 8.3 der ISO 9001:2015 ausschließen?"

Diese Frage kommt immer wieder auf, wenn eine Zertifizierung ins Haus steht. Da eine Zertifizierung meist als notwendiges Übel angesehen wird, ist es zu verstehen, dass Unternehmen versuchen, möglichst viele *Nichtanwendbarkeiten* zu finden. Ein Kapitel nicht anwenden bzw. erfüllen zu müssen, spart Zeit, Dokumentation und Geld.

Das Kapitel 8.3 der ISO 9001:2015: *Entwicklung* findet immer dann Anwendung, wenn

a) die Anforderungen an das Produkt oder die Dienstleistung unklar sind und/oder

b) die Technologie unsicher ist.

Diese beiden Parameter haben wir bereits im *Stacey-Landscape-Diagramm* kennengelernt. Immer dann, wenn der Kunde nicht genau sagen kann, was er will oder Sie nicht sicher sein können, dass etwas funktioniert, werden Sie entwickeln müssen, egal ob es bei Ihnen eine Entwicklungsabteilung gibt, oder nicht. Sie werden Versuche machen, Prototypen bauen, Pilotversionen von Dienstleistungen starten, um sich einem gewünschten Ergebnis (iterativ, inkrementell) zu nähern. Als Checkliste betrachtet, kann Ihnen das Kapitel 8.3, ISO 9001:2015 wertvolle Hilfe sein. Ein dokumentierter *Entwicklungsprozess* ist nicht gefordert und auch nicht für jede Entwicklung sinnvoll. Komplexe Entwicklung findet mehr nach dem Prinzip *Spüren und Antworten* statt, weniger nach dem strikten Regime von Projektmanagement.

Die Bewertung der operativen Leistung erfolgt im Schritt „Check" mit Messungen und Analysen (ISO 9001:2015, Kapitel 9.1) und internen Audits (ISO 9001:2015, Kapitel 9.2). Sie erbringt den Input für die Verbesserung der operativen Leistung, das „Act" (ISO 9001:2015, Kapitel 10.2 und 10.3) und wird gleichzeitig in die nächste strategische Veränderung einfließen.

ISO 9001:2015, Kapitel 10 fordert Verbesserung auf zwei Ebenen (Bild 6.14). Nichtkonformitäten (Fehler/Abweichungen) müssen korrigiert werden (ISO 9001:2015, Kapitel 10.2). Darüber hinaus sind die Produkte und Dienstleistungen fortlaufend zu verbessern (ISO 9001:2015, Kapitel 10.3). Dies sollte proaktiv erfolgen, d. h., das Unternehmen setzt sich selbst höhere Anforderungen als vom Kunden oder Markt gefordert und strebt Qualitätsführerschaft an. Fortlaufende Verbesserung wird gerne mit dem kontinuierlichen Verbesserungsprozess (KVP) gleichgesetzt, obgleich *fortlaufend* nicht zwangsweise *kontinuierlich* sein muss.

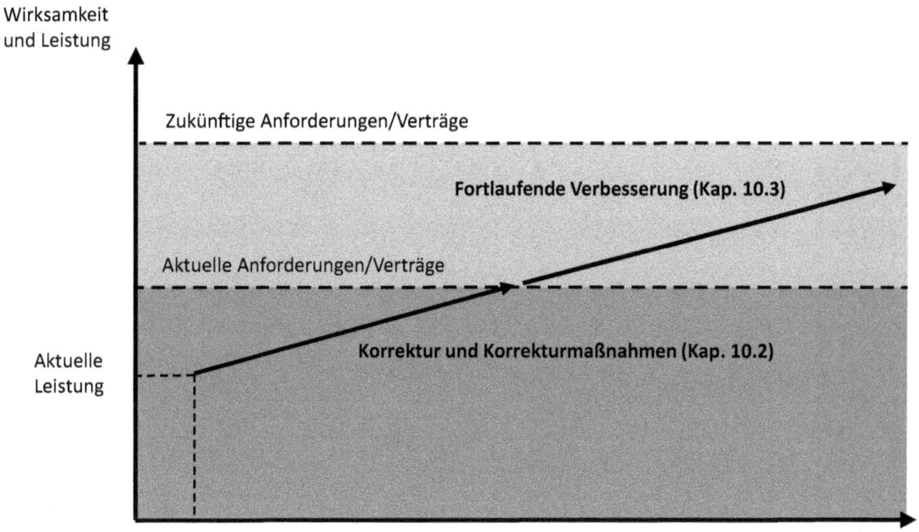

Bild 6.14 Die zwei Ebenen der Verbesserung im Kapitel 10 der ISO 9001:2015

Lediglich in der Anmerkung zum Kapitel 10.1, ISO 9001:2015: *Allgemeines* ist die Rede von Innovation oder bahnbrechenden Veränderungen. In unserem Modell führte dies allerdings zum Ausstieg aus dem operativen Regelkreis und zum Durchlaufen des strategischen Regelkreises.

Innovative Unternehmen nehmen sich Auszeiten für Ideen.

Die Nutzung des *ISO 9001 Reframed* Prozessmodells und eine Zertifizierung sind keine Notwendigkeiten, um unsere Qualitätsprinzipien zu leben und Qualität zu erzeugen. Aber wenn Sie die Norm erfüllen müssen, ist unser Prozessmodell eine wertschöpfende Art und Weise, dies zu tun.

Die **Kernaussagen dieses Abschnitts** sind:

- Das Kapitel 8.3 Entwicklung findet in Komplexität immer Anwendung.
- Verbesserung heißt, das Bestehende zu optimieren oder weiterzuentwickeln.
- Veränderung heißt, das Bestehende zu hinterfragen und etwas anderes zu tun.

6.5 Die Zertifizierung – wie können Sie Ihr Unternehmen darauf vorbereiten?

Das Zertifizierungsaudit unterliegt immer einer besonderen Anspannung. Es kann als Stresstest für das Unternehmen empfunden werden. Das muss nicht sein.

In diesem Abschnitt erfahren Sie,

- wie Sie eine passende Zertifizierungsgesellschaft finden,
- wie Sie Ihr Managementsystem im Audit vorstellen können,
- wie Sie mit schwierigen Situationen im Audit umgehen.

Eine Zertifizierung läuft in folgenden Schritten ab:

- Auswahl der Zertifizierungsgesellschaft
- Bereitschaftsbewertung und Dokumentenprüfung (Stufe 1 Audit)
- Auditplanung
- Auditdurchführung (Stufe 2 Audit)
- Zertifikatserteilung

6.5.1 Auswahl der Zertifizierungsgesellschaft

Zunächst einmal werden Sie sich eine Zertifizierungsgesellschaft aussuchen müssen. Der übliche Weg ist das Einholen und Vergleichen von Angeboten. Für die Erstellung eines Angebots werden Ihnen die Zertifizierungsgesellschaften meist Fragebögen zusenden. Viele dieser Fragebögen sind eine Zumutung, sind sie doch in Normensprache geschrieben und für den „normalen“ Mitarbeiter oder Geschäftsführer nicht verständlich. Die Fragebögen werden gerne als Prozessverbesserung und Qualitätssicherung bezeichnet. Ein persönliches Gespräch, in dem auch die Besonderheiten des Unternehmens geklärt werden, ist immer zu bevorzugen. Fordern Sie solch ein Gespräch ein.

Auswahlkriterien auf Basis der Angebote können sein:

- Preis (Hier ist ein Augenmerk auf die Reisekosten zu legen)
- Renommee
- Akkreditierung (Nicht jedes Zertifikat stammt von einer akkreditierten Zertifizierungsgesellschaft)
- Qualifikation und Berufserfahrung des Auditors/der Auditoren

Der letzte Punkt wird meist unterschätzt oder gar nicht betrachtet. Für einige Zertifizierungen dürfen Sie sich den Auditor nicht aussuchen (DIN EN 9100, IATF 16949), für eine ISO 9001-Zertifizierung jedoch schon. Nutzen Sie diese Gelegenheit. Holen Sie sich Informationen über die Qualifikation und Berufserfahrung des Auditors bzw. der Auditoren ein. Um Ihr agiles Managementsystem zertifizieren zu lassen, ist es unumgänglich, dass der Auditor ein agiles Mindset und Kompetenz in agilen Arbeitsweisen hat. Das Gros der Auditoren hat diese Qualifikation noch nicht.

Auch wenn die Zertifizierungsgesellschaft bzw. der Auditor über eine gewisse Macht verfügt, so sind Sie doch der Kunde, der einen Dienstleister beauftragt. Treten Sie auch als solcher auf. Folgende Fragen können Sie stellen:

- Welchen Mehrwert, außer dem Zertifikat, bekomme ich von Ihnen?
- Was unterscheidet Sie von anderen Zertifizierungsgesellschaften?
- Wie stellen Sie die Kundenorientierung und Kundenzufriedenheit sicher?

6.5.2 Bereitschaftsbewertung und Dokumentenprüfung (Stufe-1-Audit)

Das Stufe-1-Audit dient dazu, festzustellen, ob die Organisation für eine Zertifizierung bereit ist. Es soll vermieden werden, dass im eigentlichen Audit (Stufe 2) gravierende Abweichungen (Nichtkonformitäten) identifiziert werden, die eine Zertifizierung gefährden. Das Stufe-1-Audit kann Remote, z. B. per Videokonferenz, oder vor Ort stattfinden. Ein Remote Stufe-1-Audit spart Zeit und Kosten. Ein Stufe-1-Audit vor Ort gibt Gelegenheit, die beteiligten Personen und das Unternehmen besser kennenzulernen.

Üblich ist eine Dokumentenprüfung im Stufe-1-Audit. Aus Gründen der Geheimhaltung und Datensicherheit sind Sie jedoch nicht verpflichtet, den Auditoren Dokumente zuzusenden. Wir empfehlen, dies auch nicht zu tun. Ebenso müssen Sie keine geheimen oder sicherheitskritischen Informationen, weder schriftlich noch mündlich, dem Auditor mitteilen. Dies gilt auch für das Stufe-2-Audit. Die übermittelten Informationen müssen jedoch aus Sicht des Auditors als Nachweis für eine Konformitätsbestätigung ausreichen. Hier findet sich in der Regel immer ein Kompromiss.

Entscheidender als das Sichten von Dokumenten sollte sein, dass die Vertrautheit mit der Norm überprüft und bestätigt werden kann. Hier können Sie proaktiv sein und den Auditoren z. B. das *ISO 9001-Reframed*-Prozessmodell vorstellen. Es zeigt, dass Sie sich mit der Norm auseinandergesetzt und vertraut gemacht haben.

6.5.3 Auditplanung

Auf Basis der Prozesslandschaft und des Organigramms erstellen die Auditoren den Auditplan. Meist sind die einzelnen Kapitel der Norm Abteilungen oder Rollen zugeordnet (Bild 6.15). Als Kunde haben Sie Einfluss auf den Auditplan. Wenn Sie *ISO 9001 Reframed* zur Entwicklung Ihres Managementsystems und Vorbereitung auf das Audit genutzt haben, könnte der Auditplan den Schritten des Prozessmodells folgen. In jedem Fall können Sie den Zeitplan gemäß der Verfügbarkeit der am Audit beteiligten Personen beeinflussen.

Urzeit	Zeit [min]	Bereich/ Ansprechpartner	Thema/Kapitel der ISO 9001:2015
09:00	15	Alle	Einführungsgespräch und Abstimmung des zeitlichen Auditablaufs
09:15	60	QMB	Managementsystem, Anwendungsbereich Managementsystem, Dokumentationsanforderung, Wissensmanagement
10:15	45	Geschäftsleitung	Kontext der Organisation, Führung und Verantwortung der Leitung, Kundenorientierung, Planung, Politik, Ziele, Chancen und Risiken, Rollen, Verantwortung, Befugnisse, Managementbewertung, Bereitstellung von Ressourcen
11:00	45	Personalmanagement	Personelle Ressourcen, Kompetenz, Schulung, Bewusstsein, Wirksamkeit von Maßnahmen

Bild 6.15 Beispiel eines Auditplans

6.5.4 Auditdurchführung (Stufe-2-Audit)

Das Stufe-2-Audit hat folgende Phasen:

- Eröffnungsgespräch
- Auditdurchführung
- Abschlussgespräch
  - Zusammenfassung und Übereinkunft der Ergebnisse
  - Maßnahmen festlegen
  - Abschluss

Während der Auditdurchführung werden Sie sich den Fragen des Auditors stellen müssen. Es ist nicht Ihre Aufgabe, den Auditor zu verstehen. Es ist Aufgabe des Auditors, dass er von Ihnen verstanden wird. Ein guter Auditor wird die Normensprache und das Referenzieren von Normforderungen vermeiden. Die meisten Auditoren tun dies mittlerweile.

Um eine aktive(re) Rolle einzunehmen, können Sie Schritt für Schritt das Vorgehen und die Ergebnisse Ihrer Unternehmensentwicklung mit dem *ISO 9001-Reframed*-Prozessmodell vorstellen. Stellen Sie den Bezug zu den Normkapiteln her und führen **Sie** den Auditor durch die Norm.

> **!** Lesen Sie die Norm, nicht Schulungsunterlagen zur Norm!

Sie sind vertraut mit der ISO 9001:2015 und haben das „Wozu" jeder Forderung für sich geklärt. Trotz einer guten Vorbereitung und eines proaktiven Einflussnehmens auf den Verlauf des Audits können sich schwierige Situationen ergeben. Nachfolgend einige Beispiele mit entsprechenden Lösungsmöglichkeiten.

Der Auditor sieht eine Abweichung, wo Sie keine sehen

Zunächst einmal muss geklärt werden, was genau das Problem ist und wer das Problem hat. Es kann z. B. sein, dass der Auditor dokumentierte Information, z. B. eine Prozessbeschreibung fordert, weil **er** das Problem der Nachweisführung hat. Sie hingegen haben kein Problem und möchten eine Prozessbeschreibung vermeiden, um flexibel und agil zu bleiben. Sie könnten fragen, was den Auditor davon überzeugt, dass die Prozesse bestimmt sind? Sie können ihm z. B. Gespräche mit verschiedenen Mitarbeitern anbieten.

Diskrepanzen in Feststellungen (Ergebnisse der Beurteilung) kommen häufig in den Graubereichen der Norm vor. Graubereiche sind Freiheiten der Norm, die bei bestimmten Branchen und Firmengrößen üblicherweise zu (Qualitäts-)Problemen führen. Dass Prozesse und Rollen nur mündlich bestimmt werden müssen, kommt dem Kleinstbetrieb zu Gute. Bei einem Unternehmen mit 50 Mitarbeitern ist dieses Vorgehen nicht glaubwürdig. Dann kann der Auditor eine Abweichung feststellen, obwohl Sie argumentieren, dass die Norm keine dokumentierte Information fordert. Aber Sie werden 50 Mitarbeiter nicht jeden Morgen briefen können. Start-ups kommen beim Wachsen ganz automatisch an den Punkt, wo einer aufsteht und sagt: „Wir sollten einmal die Rollen klären und unsere Prozesse beschreiben." Dazu braucht es keine ISO.

Wenn Sie keine Einigung finden, haben Sie zwei Möglichkeiten: Sie akzeptieren die Abweichung oder nicht. Eine Abweichung nicht zu akzeptieren, ist für viele keine Option oder schlichtweg nicht vorstellbar. Ein Fehler. Denn was würde passieren? Der Auditor muss in seinem Bericht die Diskrepanz beschreiben. Der Bericht geht an die Zertifizierungsstelle, die Stellung beziehen muss. Die Zertifizierungsstelle ist gefordert. Zum einen hat sie einen unzufriedenen Kunden, zum anderen muss sie eine möglichst objektive Konformitätsbewertung abgeben. Was spontan als Konflikt gewertet wird, ist in Wahrheit ein Lernprozess. Was würde passieren, wenn es zu einer Normforderung zum wiederholten Male „Einsprüche" gäbe? Die Forderung würde wohl überdacht und ggf. geändert werden. So ließe sich mit Hilfe von Kundenrückmeldungen Irrsinn vermeiden. Meist kommt es jedoch nicht dazu. Abweichungen werden in den allermeisten Fällen akzeptiert.

Der Auditor fordert Standardisierung und Wiederholbarkeit von Prozessen

Der Auditor fragt: „Wenn Sie keine Prozessanweisung haben, wie stellen Sie dann sicher, dass der Prozess beim nächsten Mal genauso abläuft?" „Gar nicht", wäre die ehrliche, aber nicht gerade diplomatische Antwort. Eine günstigere Antwort könnte sein: „Wir sind ein agiles, kreatives Unternehmen. Iterative Prozessverbesserung und -veränderungen sind Teil unserer Qualitätspolitik. Entscheidend ist, dass das Ergebnis mit den Anforderungen konform ist."

Der Auditor fordert etwas, was Sie für irrsinnig und wenig wertschöpfend erachten

Grundsätzlich sollte diese Situation gar nicht auftreten, da der Auditor keine konkreten Lösungen fordern darf. Er stellt nur fest, dass eine Normforderung nicht erfüllt ist, und macht evtl. einen Vorschlag.

Lassen Sie den Auditor an Ihren Gedankengängen zur Lösung teilhaben. Erklären Sie ihm Ihre Interpretation der Normforderung und das „Wozu" hinter der Lösung. Besteht er immer noch auf einer Abweichung, haben Sie wieder die zuvor dargestellten zwei Möglichkeiten.

Unter *www.quality-reinvented.com* können Sie das Prozessmodell mit allen Arbeitsunterlagen, detaillierten Anleitungen und Interpretationshilfen erwerben.

Sie können die Unterlagen als Leitfaden oder Arbeitsplan für eine Zertifizierung heranziehen oder eine einmalige Unternehmensentwicklung damit durchführen. Grundsätzlich ist *ISO 9001 Reframed* als Führungssystem zu verstehen und fortlaufend anzuwenden.

6.6 Praxisbericht: Ein Interview mit SoftwareONE Deutschland GmbH

Hermann Gusmik, Leiter „Qualitätsmanagement“ über ISO-Zertifizierung ohne QM-System und den Ansatz des Business-Quality-Coachings.

Im Interview erfahren Sie,

- wie Sie Mitarbeiter und „Führungskräfte“ für Qualität und ISO begeistern können,
- was *Leader* von klassischen Führungskräften unterscheidet,
- wie Quality Coaches organisatorisches Lernen sicherstellen,
- wie Sie den Aufwand für externe Audits nahezu auf „null“ bringen,
- wieso eine Abweichung vom Prozess willkommen sein kann,
- was gute interne Audits ausmachen.

QR: *Was hat sich durch die ISO 9001-Zertifizierung verändert?*

HG: Es ist Mehrwert entstanden, sowohl aus der Kundensicht als auch aus der Innensicht. Für unsere Kunden sind wir durch das Zertifikat attraktiver geworden. Durch die Beschreibung unseres Qualitätsansatzes auf unserer Homepage wissen die Kunden, wie wir Qualität erzeugen und sicherstellen. Das schafft Vertrauen. Und natürlich ist es wichtig für den Kunden zu wissen, welche Bereiche denn zertifiziert sind.

Intern ergibt sich der Mehrwert aus der viel engeren abteilungsübergreifenden Zusammenarbeit. Da die Quality Coaches nicht - wie sonst üblich - einer QM-Abteilung angehören, sondern in nahezu jedem Fachbereich vertreten sind, haben die Bereiche im Laufe der Zeit ein viel höheres Verständnis für die Arbeit der anderen entwickelt und für den Gesamtprozess, warum er so gemacht wird und nicht anders.

QR: *Ihr habt für die Ausbildung der Quality Coaches Freiwillige aus allen Bereichen und Ebenen zugelassen. Ich erinnere mich, dass die Teilnehmer es als große Bereicherung empfunden haben, die Ausbildung in dieser Zusammensetzung zu durchlaufen. Wie kam es dazu?*

HG: Ein Resultat unserer Core Values ist, dass wir fast hierarchiefrei arbeiten. Jeder in der Organisation genießt den gebührenden Respekt für seine Aufgabe. Wir verstehen uns als Partner auf Augenhöhe, egal wo wir im Organigramm stehen. Es war daher naheliegend, die Ausbildung jedem zugänglich zu machen, der Interesse hat. Das waren dann ja auch sehr viele, deutlich mehr, als wir erwartet hatten.

QR: *Aber Hierarchien habt Ihr in gewisser Weise ja doch?*

HG: Ja, wir haben Hierarchien, aber keine klassischen Führungskräfte, die den Mitarbeitern Anweisungen geben. Wir haben Leader, die die Mitarbeiter anleiten und unterstützen. Sie sind so was wie ein Coach für die Mitarbeiter. Ein Leader zu einem Thema muss nicht zwangsweise ein Vorgesetzter sein. Und wir haben Follower, die den Leadern folgen. Unsere „Hierarchie", wenn man sie denn so bezeichnen möchte, drückt lediglich die Struktur der Organisation aus. Vor fünf bis sieben Jahren war die SoftwareONE ja noch relativ klein, ist dann schnell gewachsen und mit der Übernahme der COMPAREX hatten wir auf einmal doppelt so viele Mitarbeiter wie vorher. Dann benötigt man ein Organigramm, alleine um sich als neuer Mitarbeiter zurechtzufinden.

QR: *Wie kommt Euer Qualitätsansatz bei den Mitarbeitern und Leadern an?*

HG: Sehr gut. Als wir kommuniziert hatten, wir werden ISO-zertifiziert, hatten die meisten die Befürchtung, dass wir massenhaft Dokumente produzieren müssen. Jeder hatte so ein starres, unflexibles System im Kopf, wie viele es von früheren Arbeitgebern kannten. Und sie wussten, wie viel Zusatzarbeit es ist, solch ein System zu pflegen. Mit der Revision 2015 der ISO 9001 und dem Ansatz der Quality Coaches war es dann aber möglich, unser vorhandenes, agiles Managementsystem zertifizieren zu lassen und keine QM-Abteilung aufzubauen. Das hat den Mitarbeitern und natürlich auch der Geschäftsführung gefallen. Das Managementsystem ist heute die Wissensbasis für alle Mitarbeiter. Es wird von den Mitarbeitern getragen und stetig weiterentwickelt. Wir haben somit kein Akzeptanzproblem, wie ich es selber bei anderen Firmen kennengelernt habe.

QR: *Wie groß war der Aufwand für das erste Überwachungsaudit?*

HG: Das war überhaupt kein Aufwand. Wir haben ja kein QM-Schattensystem, wo vor den Audits meist eine Menge an Dokumenten aktualisiert werden muss. Unser agiles System zeichnet sich dadurch aus, dass es immer aktuell und auf Stand ist. Das einzige, was wir aufbereiten mussten, waren gewisse Kennzahlen für unsere Prozesse wie z. B. die Fehlerrate. Wobei ich sagen muss, wir sind in diversen Bereichen wenig zahlengetrieben und sind vorsichtig bei der Bewertung unserer Kennzahlen. Wir sind ja Dienstleister und wir haben selten „einen" Standard in unseren Dienstleistungsprozessen. Wenn der Kunde exotische Wünsche hat, dann gibt mir die Messung der Durchlaufzeit dieser Dienstleistung keinen Mehrwert. Natürlich wollen wir die Prozesse so effizient wie möglich machen, aber wir tracken dafür nicht jede Mitarbeiterminute pro Auftrag. Entscheidend ist, dass der Kunde zufrieden ist und dass wir ihn auf seiner digitalen Transformationsreise so individuell wie möglich betreuen und er einen Mehrwert bekommt, der sich messen lässt.

QR: *Die Rolle der Quality Coaches lässt sich individuell gestalten. Wie hat sich die Rolle entwickelt? Wie kommen die Mitarbeiter mit der Rolle zurecht?*

HG: Die Quality Coaches sind mittlerweile die „Hüter des Wissens". Jede Fachabteilung hat ein Know-how, das es gilt irgendwie zu bewahren. Alle Mitarbeiter in den Fachabteilungen sind aufgefordert, die Prozesse immer wieder auf den Prüfstand zu stellen und gegebenenfalls anzupassen. Funktioniert das so, wie wir uns das vorgestellt haben, oder müssen wir es aus irgendwelchen Gründen anpassen? Sofern eine Anpassung notwendig ist, wird der abteilungsinterne Quality Coach herangezogen, um mit ihm die Anpassung zu besprechen. Bei größeren Änderungen, die eventuell eine Kettenreaktion verursachen, muss sich der Quality Coach mit den anderen Quality Coaches absprechen. So entsteht ein stetiger Wissenstransfer, wie wir ihn vorher so nicht hatten. Die Herausforderung dabei ist, Qualität als permanenten Prozess zu verstehen und zu leben. Im Gegensatz zu einer Produktion, wo es darum geht, konstante Qualität zu erzeugen, ändert sich bei uns die Qualität andauernd, weil sich die Anforderungen ändern.

QR: *Sind die Quality Coaches demnach so was wie Organisationsentwickler?*

HG: Organisationsentwickler möchte ich nicht sagen. Organisationsänderungen, wie ich sie verstehe, werden von der Geschäftsleitung initiiert. Aber die Fachabteilung muss sich dann überlegen, wie die Änderung umgesetzt werden kann. Und dafür hat sich die Rolle der Quality Coaches bewährt. Sie können die richtigen Fragen stellen und kennen die Gesamtzusammenhänge.

QR: *Das klingt für mich jetzt so, als wären die Quality Coaches mittlerweile mehr die Treiber für Veränderungen als die Behüter bzw. Kontrolleure des Bestehenden?*

HG: Absolut. Alles andere würde auch nicht zu uns passen. Wir selber sind ja auch in einer stetigen digitalen Transformation wie unsere Kunden. Wir verändern uns fast täglich und möchten dennoch einen gewissen standort- und länderübergreifenden Standard erreichen bzw. beibehalten. „Standard“ ist bei uns allerdings eher als Guideline, die man auch verlassen kann, zu verstehen.

Die Herausforderung ist also, schnell zu lernen und die Änderungen schnell flächendeckend einzuführen. Für diese Aufgaben hat die angestaubte klassische Rolle des QMB ausgedient und deshalb haben wir uns ja für die Rolle der Quality Coaches entschieden.

QR: *Welche Art von Ausbildung, welche weitere Qualifikation kannst Du Dir für die Quality Coaches vorstellen?*

HG: Wirklich zu coachen und nicht in die Rolle des Trainers oder Beraters zu fallen, ist wichtig. Diese Kompetenz ist nicht bei allen Quality Coaches vorhanden. Hier sehe ich noch Qualifikationsbedarf. Und dann müssen alle für die Frage sensibilisiert werden: Wie definiere ich Qualität überhaupt? Was zeichnet Qualität in der Dienstleistung aus? Ansonsten finde ich es schwierig, Schulung im Voraus zu planen. Im Grunde muss oder sollte sich jedes Unternehmen regelmäßig fragen: Ist mein Managementsystem noch zeitgemäß? Durch die dann festgestellten, notwendigen Änderungen ergeben sich die Schulungsbedarfe.

QR: *Du selber hast ja eine konventionelle QM-Ausbildung absolviert. Würdest Du Mitarbeiter zu konventionellen QM-Schulungen schicken, um die Rolle des Quality Coach ausüben zu können?*

HG: Nein. In diesen Ausbildungen wird a) viel geschult, was wir als Dienstleister nicht benötigen und b) wird dort an Inhalten bzw. Themen festgehalten, die meiner Meinung nach nicht mehr zeitgemäß sind. Heute ist es wichtig, über den Tellerrand zu schauen, Dinge bzw. das System kritisch zu hinterfragen und weniger, Prozesse achtlos zu befolgen. QM steht ja mehr für Beständigkeit und Stabilität. Das passt aber nicht zu uns als äußerst agiles Unternehmen.

QR: *Wie haben sich die internen Auditoren bzw. die internen Audits bei Euch entwickelt?*

HG: Wir mussten feststellen, dass nicht jeder, der damals an der Auditoren-Ausbildung teilgenommen hat, als Auditor geeignet ist. Natürlich muss man in die Rolle hineinwachsen, aber nicht jeder hat die Voraussetzungen dafür. Eine Herausforderung ist, dass der Quality Coach bzw. der Auditor dem Mitarbeiter die Angst nimmt und auf Augenhöhe bleibt. Das gelingt noch nicht jedem. Und es kommt ja – wie gesagt – nicht selten vor, dass vom Prozess, vom Standard abgewichen wird, weil es die Situation fordert. Das zu verstehen und nicht als Abweichung zu bewerten, ist für Auditoren eine Herausforderung.

QR: *Wurde der Auditprozess oder die Zielsetzung der internen Audits noch einmal hinterfragt oder geändert?*

HG: Die generelle Zielsetzung ist, Verbesserungsmöglichkeiten zu finden und weniger, Abweichungen zu identifizieren. Daran hat sich nichts geändert. Das konkrete Ziel für ein Audit wird dann ja mit dem Mitarbeiter abgestimmt. Das hat sich bewährt, weil so der Mitarbeiter das Audit mitgestaltet und sich nicht – wie sonst üblich – ausgeliefert und machtlos fühlt. Was wir schon sehen, ist, dass wir noch mehr Übung, Praxiserfahrung im Auditieren sammeln müssen.

QR: *Welche Herausforderungen siehst Du für die Weiterentwicklung Eures Qualitätsansatzes?*

HG: Die größte Herausforderung wird sein, den Ansatz bzw. die Qualitätsphilosophie in die SoftwareONE-Gruppe zu „migrieren". Dazu gehört auch die „Migration" der ehemaligen COMPAREX-Gruppe.

6.7 Literatur

DIN Deutsches Institut für Normung e. V.: *DIN EN 9100:2018*. Beuth, Berlin 2018

DIN Deutsches Institut für Normung e. V.: *DIN EN ISO 9000:2015*. Beuth, Berlin 2015

Roberts, Brian: *Holagracy - Ein revolutionäres Management-System für eine volatile Welt*. Vahlen, München 2015

Sprenger, Reinhard K.: *Das anständige Unternehmen*. Deutsche Verlags-Anstalt, München 2015

Im Einklang mit der ISO 9001

Als Peter fertig war mit seinen Ausführungen, schauten Corinna und Daria ihn erfreut an.

C: Das gefällt mir. Da brauch ich mich ja weiterhin nicht groß mit der Norm zu beschäftigen.

P: Na ja, ein bisschen Normkenntnisse würden nicht schaden, aber im Grunde hast Du Recht. Es reicht völlig, wenn die Quality Coaches sich mit der Norm auskennen und die Führungskräfte und Mitarbeiter davon verschonen.

D: Ich bin jedenfalls sehr dankbar, dass die ISO unserem Vorhaben nicht im Wege steht und dass sie sogar einen sinnvollen Handlungsrahmen für die Organisationsentwicklung bietet.

P: Und ich bin froh, dass ich keinen Bericht zur Managementbewertung mehr erstellen muss. Was denkst Du, wie lange wird es dauern, bis wir alles umgesetzt haben?

C: Solange es unser Unternehmen gibt, Peter. Es gibt kein fertig mehr. Es gibt keine ruhige Phase mehr. Darauf sollten wir uns einstellen.

7 Veränderung jetzt!? – Wie sollten Sie vorgehen? Worauf müssen Sie sich gefasst machen?

In diesem Kapitel erfahren Sie,

- warum man den Veränderungsprozess sofort starten sollte, sobald man meint, dass das „eigentlich" richtig und angezeigt wäre,
- dass (qualitätsbestimmte) Führung immer mit (qualitätsbestimmter) Selbstführung beginnen muss,
- dass nur der Geschäftsführer/Gründer/CEO über den Grundcharakter der Organisation entscheiden und grundlegende Veränderungen bewirken kann,
- was Sie tun können, wenn Sie nicht die Geschäftsführerin sind,
- mit welchen Herausforderungen Sie bei der Umsetzung von Veränderungen rechnen sollten und wie Sie damit umgehen können.

Das Kapitel heißt „Veränderung jetzt!?". Jetzt ist genau der richtige Zeitpunkt. Denn wenn Sie jetzt nicht damit beginnen, inspiriert und motiviert, aufgeladen mit Einsichten über Notwendigkeit und Chancen, wird es womöglich nie passieren. Sofern Sie zu dem Ergebnis gelangen, es passt im Moment nicht, weil Sie neue Kunden oder Lieferanten brauchen, weil die Re-Zertifizierung ansteht, die Budgetierungsrunde läuft, oder, oder, Sie also gerade keine Zeit für Change haben, würden wir Sie fragen, ob es tatsächlich Ihrer Erfahrung entspricht, dass es später besser wird, dass Ihnen auf einmal freie Zeit zur Verfügung steht? Und gerade wenn Sie um die Existenz Ihres Unternehmens kämpfen müssen, können Sie es sich überhaupt nicht leisten, Energien, das heißt auch Geld, in nicht wertschöpfenden Tätigkeiten zu binden. Und Sie können es sich nicht leisten, die Existenzgrundlage Ihres Unternehmens schlechthin, nämlich Qualität, in einem bürokratischen System verwalten zu lassen.

Das Thema Qualität besitzt ein unvergleichlich tiefes und umfassendes transformatorisches Potenzial.

Zweifellos ist es nötig, realistisch an das Unterfangen heranzugehen. Vor allem abzuschätzen, wie reif Sie, Ihre Kolleg*innen, Ihre Mitarbeitenden und die ganze

Organisation für grundlegende Veränderungen sind und wie Sie diese in die Praxis einbauen können, um möglichst viel an ermutigenden Effekten und möglichst wenige Fehlschläge und Störungen zu produzieren. Es will gut überlegt sein, in welchem Umfang, welcher Tiefe und mit welcher Radikalität Sie den Umbau angehen wollen. Eine Transformation Ihrer Organisation wird Ihnen, Ihrem Team, Ihrer Organisation ein hohes Maß an Lernbereitschaft und Durchhaltevermögen abverlangen. Die werden Sie nur aufbringen, wenn Sie von der Vision erfüllt sind, durch diesen grundlegend neuen Fokus auf Qualität ein Stück einer besseren, sinnvolleren Zukunft zu gestalten.

Qualität ist zu wichtig, um sie in einem bürokratischen System verwalten zu lassen.

Wir möchten Sie dazu ermutigen, denn wir sind überzeugt, dass unsere Zeit eine Neuausrichtung unbedingt fordert und dass das Thema Qualität ein unvergleichlich tiefes und umfassendes transformatorisches Potenzial besitzt. Qualität betrifft jeden Aspekt Ihrer Organisation, jeden Prozess und jeden Mitarbeitenden. Wenn Sie den von uns empfohlenen, neuen Qualitätsansatz konsequent einführen, erledigen Sie damit auch gleich Themen wie Agilität, Nachhaltigkeit, Marktattraktivität und langfristige Unternehmenssicherung. Jedoch, wie weit und wie tief Sie auch gehen wollen, immer kommt es darauf an, erste Schritte zu tun und ihnen weitere folgen zu lassen.

7.1 Wie sollten Sie bei der Einführung von qualitätsbestimmter Führung vorgehen?

Angenommen, Sie sind zu dem Entschluss gekommen, qualitätsbestimmte Führung in Ihrem Unternehmen einführen zu wollen – wie soll das dann gehen? Stets gültig ist das Grundprinzip: Die Entwicklung fängt bei mir selbst an. Nur wenn mein persönlicher Entwicklungsstand, der sich in meinem Denken, Reden und vor allem meinem Handeln manifestiert, als Orientierung und Inspiration für andere wirken kann, wird es mir gelingen, Veränderungen in meinem Umfeld nachhaltig anzustoßen und anzuführen. Wirksame Entwicklung und Führung vollziehen sich von innen nach außen. Der Sozialwissenschaftler Peter M. Senge, der in den 1990er-Jahren bahnbrechende Arbeit am Massachusetts Institute of Technology (MIT) leistete, nannte „Persönliche Meisterschaft" (*Personal Mastery*) als Voraussetzung für eine lernende, sich weiterentwickelnde Organisation.

„Organisationen lernen nur, wenn die einzelnen Menschen etwas lernen. Das individuelle Lernen ist keine Garantie dafür, dass die Organisation etwas lernt, aber ohne individuelles Lernen gibt es keine lernende Organisation."

Peter M. Senge

Personal Mastery ist eine lebenslange Disziplin der Selbstführung und Persönlichkeitsentwicklung. Sie klärt kontinuierlich, was mir wirklich wichtig ist, und befähigt mich, meine grundlegenden Ziele wirksam zu verfolgen. Wir konzentrieren uns im Folgenden auf den beruflichen Bereich, wohl wissend, dass er ein integraler Bestandteil meines Gesamtsystems „Leben" ist.

7.1.1 Qualitätsbestimmte Selbstführung

Gleichgültig ob ich CEO, mittlere Führungskraft oder Fachkraft ohne Führungsverantwortung bin, kann ich die Prinzipien der qualitätsbestimmten Führung auf meine eigene Praxis anwenden. Dies stärkt meine Authentizität und Autorität, die das Fundament von Leadership bilden.

Unser Verständnis von Qualität verlangt, einen Sinn zu verwirklichen, der über die eigene Existenzerhaltung hinausgeht, und den dabei beteiligten Interessen gerecht zu werden.

Die Verfolgung und Umsetzung meines Sinns setzen wiederum voraus, dass ich ihn für mich gefunden und definiert habe. „Wozu soll meine Berufstätigkeit dienen, zu welcher erstrebenswerten Zukunft soll sie beitragen?" Dazu muss ich also tief in mich selbst hineinschauen, in das innere Reich meiner Werte, Sehnsüchte und Ängste.

Und die beteiligten Interessen, denen ich gerecht werden soll, wenn ich Qualitätsarbeit erbringen möchte? Das sind die Interessen aller mit meiner Arbeit verbundenen Stakeholder - beginnend mit mir selbst, zu meinen Mitarbeitenden und Kolleg*innen, über meine Vorgesetzten, die von mir betreuten Kunden, die von mir beauftragten (oder nicht berücksichtigten) Lieferanten, meinen Arbeitgeber, bis hin zu meiner Familie und meinen Freunden, meiner Gemeinde, meinem Staatswesen bis zum Planeten Erde.

Zur Betrachtung meiner eigenen Interessen braucht es eine differenzierte Selbstreflexion, um das eigene „innere Team" (z.B. Schulz von Thun, 2011) in den Blick zu nehmen und den verschiedenen Mitspielern und Rollen mit ihren divergierenden Bedürfnissen in möglichst ausgewogener Art und Weise entsprechen zu können. Manchmal mag einem das noch schwieriger vorkommen als die Aufgabe, die Interessen der diversen externen Stakeholder zu ergründen, und gar nicht angebracht. Weil die Beschäftigung mit der eigenen Psyche einen von der Erledigung der vermeintlich wichtigeren Dinge, der konkreten Arbeit und Leistung, abhält. Doch ich habe nur dann eine Chance, die Bedürfnisse und Interessen der anderen annähernd zu verstehen, wenn ich mich selbst kenne, nämlich die in mir wirkenden Annahmen und Einstellungen gegenüber mir selbst und den anderen. *Intrapersonale Intelligenz* kommt also vor *interpersonaler Intelligenz* (nach Prof. Howard Gardner).

Sollten Sie diese Erläuterungen nun davon abhalten wollen, sich dem Prozess der qualitätsbestimmten Selbstführung zuzuwenden, bitten wir Sie, kurz innezuhalten und zwei Gedanken zuzulassen: Erstens kann jeder in den Disziplinen der *Personal Mastery* beachtliche Fortschritte machen. Dabei ist es möglich, sich durch Coaching, den Besuch von Kursen und/oder durch Ratgeberbücher unterstützen zu lassen, wie etwa dem kurzweiligen Werk *Search inside yourself* von Chade-Meng Tan (Computer-Nerd, Software-Ingenieur und Entwickler des Kurses für achtsamkeitsbasierte emotionale Intelligenz für die Mitarbeitenden und Führungskräfte der Google LLC). Und zweitens benötigen Sie die Entwicklung dieser Kompetenzen ohnehin, wenn Sie ein erfülltes und erfolgreiches (Berufs-)Leben führen wollen. Es gibt also viele gute Gründe, sich aufzumachen, auf den Weg zu sich selbst.

„Wenn es bei einem stark introvertierten und kopfgesteuerten Ingenieur wie mir funktioniert, wird es wahrscheinlich auch bei Ihnen klappen."

Chade-Meng Tan

7.1.2 Für Gründer/CEOs/Geschäftsführer

Wenn Sie in Ihrem Unternehmen frei entscheiden können, Gründerin/CEO/Geschäftsführerin sind, dann **kommt es jetzt entscheidend auf Sie an**. Mit Ihnen steht und fällt das Vorhaben. Aber bevor Sie loslegen, sollte noch eine Voraussetzung erfüllt sein: Sofern Ihr Unternehmen weitere Eigentümer hat, einen Aufsichtsrat oder Vorstand, brauchen Sie deren wetterfeste Zustimmung und Unterstützung für Ihr Vorhaben. Sonst ist die Gefahr groß, dass bei der ersten nennenswerten Krise, die auf jeden Fall kommen wird, Ihrem Entwicklungsprojekt der Stecker gezogen wird.

Dann geben Sie den Startschuss für den Aufbau oder die Transformation des Unternehmens. Sie werden den Raum für diesen Gestaltungsprozess schaffen und ihn immer wieder „halten" müssen, nämlich verhindern, dass eingebrannte Paradigmen und Gewohnheiten das Kommando übernehmen und die Vision aus dem Blickfeld entschwindet.

Bevor es an die Planung und Implementierung von Maßnahmen wie die Abschaffung des Qualitätsmanagements geht, brauchen Sie das Buy-In, besser noch die psychologische Eigentümerschaft, einer kritischen Masse von Mitarbeitenden und Führungskräften für Ihr Zielbild. In diesem Zielbild trägt jedes Mitglied der Organisation **Verantwortung** für die Qualität des Unternehmens, seiner Produkte und seiner internen und externen Beziehungen. Diese Verantwortung kann nur tragen, wem das zugetraut und anvertraut wird. **Vertrauen** wird also vielleicht zum höchsten Wert in der Organisation. Und Sie sind diejenige/derjenige, die/der dieses Vertrauen verkörpern muss, in allem, was Sie tun. Und es muss sich zunehmend in allen Strukturen und Prozessen wiederfinden.

Bedeutet dies blindes Vertrauen, kompletten Verzicht auf Kontrolle, Augen zu - es wird schon gut gehen? Selbstverständlich nicht! Das Ausmaß, in dem es vernünftig ist, jemandem zu vertrauen, wird durch seine **Vertrauenswürdigkeit** begrenzt. Und diese setzt sich aus zwei Aspekten zusammen: Ist jemand **charakterlich** vertrauenswürdig, persönlich integer und verfolgt er Absichten im Sinn des Ganzen? Und besitzt sie/er die **Kompetenz**, um die ihr/ihm anvertrauten Aufgaben zu bewältigen? Um Ersteres sicherzustellen, braucht es eine entsprechende Auswahl und Führung der Mitarbeitenden sowie eine konsistente Unternehmenskultur. Das Zweite kann durch Lernen, Coaching, Ausbildung, Training aufgebaut werden.

Verantwortlichkeit und Vertrauen sind zwei Seiten derselben Medaille. Um bei Veränderungen in der Organisation, die mit dem Abbau von Fremdkontrolle verbunden sind, möglichst keine Fehlentwicklungen zu produzieren, die Sie zum Zurückrudern veranlassen könnten, brauchen Sie Selbstkontroll- und Selbstkorrekturfähigkeiten in der Organisation. Dazu ist ein breites Verständnis in der Organisation von Sinn, Zweck, Anforderungen und Rahmenbedingungen der Veränderung unabdingbar, ebenso wie eine Grundkompetenz im Umgang mit Ziel- und Ergebniskonflikten. Diese Voraussetzungen müssen Sie schaffen, nötigenfalls auch mithilfe von Trennung und Neurekrutierung von Mitarbeitenden.

Detaillierte Handreichungen geben zu wollen, wie Sie die Transformation Ihrer Organisation in ein qualitätsbestimmtes Unternehmen bewerkstelligen, verbietet sich aus unserer Sicht, da sie sehr individuell, Ihrer Organisation und Situation gemäß, erfolgen muss. Wenn es Ihnen zunächst darum geht, das konventionelle Qualitätsmanagement hinter sich zu lassen, empfehlen wir unbedingt die Ausbildung von hauseigenen Quality Coaches.

Die praktische Umsetzung der Organisationsveränderung kann grundsätzlich mit jedem der in diesem Buch vorgestellten sozialen Prozesse beginnen. Wir halten die Anwendung des *ISO-9001-Reframed*-Prozessmodell (Kapitel 6) und den Prozess des *Coachenden Auditierens* (Abschnitt 5.3) für besonders geeignet. Die meisten Prozesse lassen sich auch als Pilotprojekt in einem Teilbereich der Organisation einführen. Wählen Sie den Prozess, mit dem Sie sich am wohlsten fühlen und bei dem Sie nach Ihrer Einschätzung am ehesten die vertrauens- und beziehungsmäßigen Voraussetzungen schaffen können. Lassen Sie sich beraten, coachen, unterstützen, suchen Sie sich Partner für das Experiment. Weihen Sie die beteiligten und betroffenen Kolleg*innen komplett ein, wozu und warum Sie den Prozess ein- oder durchführen wollen und dass jene eine wichtige Rolle bei der Veränderung der Organisation spielen. Richten Sie Feedbackrunden ein, in denen sowohl Sie, als auch die beteiligten Kollegen Verständnisfragen stellen und beantworten, Rückmeldung geben, wie sie die Veränderung empfinden, und Ideen zum weiteren Vorgehen beisteuern. Dann darf auch immer wieder mal was „schief gehen", also nicht perfekt gelingen, ohne dass nachhaltiger Schaden entsteht.

7.1.3 Wenn Sie nicht Gründer/CEO/Geschäftsführer sind

„Die allgemeine Regel scheint zu sein, dass die Bewusstseinsebene einer Organisation nicht über die Bewusstseinsebene des Geschäftsführers hinausgehen kann."

Frederic Laloux

Wie kompetent und motiviert Sie auch sein mögen, es kann Ihnen nicht gelingen, ohne die Unterstützung des Topmanagements eigenständig eine bestehende Organisation tiefgreifend zu verändern. Was Sie aber immer tun können:

- sich persönlich entwickeln auf dem Weg der *Personal Mastery*,
- sich selbst weiterqualifizieren, zum Beispiel in Coaching oder dialogischer Kommunikation,
- in Ihrem eigenen Einfluss- und Führungsbereich menschlicher, wertschöpfender und nachhaltiger agieren,
- in Ihrem Führungsbereich die Entscheidungsspielräume für Ihre Mitarbeiter erweitern,
- Ihre Haltung und Ihren Stil als Auditor ändern,
- in Ihrem Einflussbereich die Achtsame Diskussion erproben,
- Ihre Mitarbeitenden bitten, ihre Ziele selbst festzulegen,
- ohne Missionierungsabsicht über Ihre veränderte Praxis berichten,
- sich anbieten für Veränderungsprojekte und Verantwortung für das Gelingen übernehmen.

Sie haben also einige, aber durch die Gesamtorganisation begrenzte Veränderungsspielräume. Im schlechtesten Fall werden Sie nach einiger Zeit ernsthafter Bemühungen feststellen, dass es Ihnen in dem gegebenen organisatorischen Umfeld nicht gelingt, fruchtbare Impulse zu setzen. Dann ist es an Ihnen, daraus Konsequenzen zu ziehen. Im günstigsten Fall werden Ihre persönliche Entwicklung und Ihre Art, die Dinge zu tun, positiv wahrgenommen und Ihre Geschäftsführerin macht Sie zu ihrer Partnerin auf einem Weg zu neuen Ufern.

7.2 Worauf Sie sich gefasst machen sollten

Bei aller notwendigen Ausrichtung auf motivierende Ziele und aller Entschlossenheit, Vorhaben gelingen zu lassen, ist es vernünftig, sich auf die Herausforderungen, Schattenseiten und Gefährdungen vorzubereiten. Als Erstes empfehlen wir in Zusammenhang mit jedem Wunsch, nach dessen Erfüllung es mich drängt, die Frage zu beantworten: Was bin ich bereit, dafür einzusetzen? Dabei gehen wir nicht von einem Nullsummenspiel aus, bei dem ein Gewinn an einer Stelle zu einem gleich hohen Verlust an anderer Stelle führen muss. Wir vertrauen darauf, dass bisher eingefrorene oder blockierte Energiepotenziale frei werden und zu einer insgesamt deutlich positiven Energiebilanz führen können. Aber ohne erhebliche Anstrengungen und Anfechtungen kann sich die Ablösung eines fest verwurzelten Paradigmas mit all den damit verbundenen Wahrnehmungs-, Denk- und Verhaltensmustern und den äußeren Strukturen, in denen diese manifestiert sind, nicht vollziehen. Hier einige der Dämonen, denen Sie auf Ihrer Heldenreise begegnen werden:

Widerstand gegen Veränderung

Die Widerstände liegen zunächst in mir selbst. Vermutlich kennen wir alle den „inneren Schweinehund“, der sich im Gewohnten eingerichtet hat und lieber hinnimmt, dass dort manches nicht zufriedenstellend ist, als sich aufzumachen zu einem Ort, der mehr Glück und Freude in Aussicht stellt. Dieses Phänomen beruht auf einer menschlichen Grundprogrammierung, nämlich der, jede unnötige Anstrengung vermeiden zu wollen. Um Basismuster des menschlichen Verhaltens zu verstehen, sollten wir zur Kenntnis nehmen, dass der heutige Mensch in seiner körperlichen Ausformung weitgehend seinen Vorfahren von vor 50 000 Jahren gleicht. Dies trifft auch für das Gehirn zu.

Die physische Evolution des Menschen ist hinter den ungeheuren Veränderungen im Lauf der Menschheitsgeschichte hoffnungslos zurückgeblieben. Wir sind Jäger und Sammler mit Smartphones, optimiert für das Leben in der Zeit der Mammuts und Säbelzahntiger. Natürlich war das eine Lebenssituation, in der es existenznotwendig war, Energie sehr sparsam zu verbrauchen. Etwa 20 % der dem Körper zur Verfügung stehenden Energie wird vom Gehirn verbraucht, größtenteils zur Aufrechterhaltung der körperlichen Basisfunktionen, einschließlich der unbewussten Wahrnehmungs- und Verarbeitungsprozesse. Das bewusste Denken, für das noch dazu nur vergleichsweise verschwindend kleine Verarbeitungskapazitäten zur Verfügung stehen, muss sich die nötige Energieversorgung regelrecht erkämpfen. Bewusstes Denken und Handeln wird als langwierig und anstrengend empfunden und daher nach Möglichkeit vermieden. Der „innere Schweinehund“ ähnelt also vielleicht einem schlafenden Säbelzahntiger, den man lieber nicht wecken möchte.

Zurück in die Jetzt-Zeit und in unsere Unternehmungen. Die dargestellten Muster wirken sich, bei mir wie bei den anderen, so aus, dass Veränderungen, die nicht als unbedingt notwendig angesehen werden, tendenziell vermieden werden. Die vielfach beklagte und vom Change Management bekämpfte *resistance to change* ist zuallererst keine Unart wohlstandssaturierter „Beamtentypen" oder Millennials, sondern Ergebnis einer menschlichen Grundprägung. Nur wenn sich im Gehirn eine kritische Masse von Überzeugung breit gemacht hat, dass sich die Sonderanstrengung der Veränderung (zusätzlich zu den ohnehin gegebenen, unumgänglichen Anstrengungen der Lebenserhaltung!) lohnt, wird der Widerstand zurückgehen. Wichtig: Der Deal muss jeweils subjektiv passen, auf Grundlage der beim einzelnen Menschen vorliegenden Lebenssituation, Motivlage und Energieverhältnisse.

Nicht ankommen

„Wenn wir den Auftrag fertig haben, dann wird es ruhiger." „Wenn wir 10 Mio. Umsatz machen, dann spielen wir in einer anderen Liga." „Wenn ich den neuen Job habe, dann geht es mir besser." Meist stellt sich schon nach kurzer Zeit Ernüchterung ein, wenn wir solche Ziele erreicht haben. Es wird nicht besser. Es wird nicht ruhiger. Wie werden nicht zufriedener.

Gegen Ziele ist grundsätzlich nichts zu sagen. Sie helfen uns, einen langen Weg in Etappen aufzuteilen, Erfolge zu sehen und so motiviert zu bleiben. Aber es besteht die große Gefahr, dass Ziele unsere Aufmerksamkeit nur noch auf eine vermeintlich bessere, schönere, ruhigere Zukunft richten und die Gegenwart als ein zu überwindendes Hindernis betrachten lassen. **Die Qualität von Produkten und Dienstleistungen, die Qualität des Lebens entscheiden sich aber im gegenwärtigen Moment.**

Was heißt das für die Unternehmen? Sie müssen lernen, ihre Aufmerksamkeit auf die Gegenwart mit all ihren Herausforderungen und Möglichkeiten (Risiken und Chancen) zu lenken. Dazu hilft ihnen die Mission, der Unternehmenssinn. Die Orientierung allein an kurzfristigen Zielen führt dazu, dass wir niemals irgendwo ankommen. Schon bevor wir ein Ziel erreicht haben, orientieren wir uns häufig bereits am nächsten. Bei der Orientierung am Sinn sind wir gleichzeitig angekommen und weiterhin unterwegs. Und die Erwartung, dass irgendwann mal alles leichter wird, ist einerseits eine Illusion und andererseits eine reale Möglichkeit: Es hängt nämlich ausschließlich von meiner (Be-)Wertung ab.

Kontrollverlust

„Etwas Sicherheit wäre schön!" – so lautete die sehnsuchtsvolle Überschrift eines Zeitungsartikels über eine afrikanische Großstadt, in der Chaos und Ohnmacht herrschten, buchstäblich nichts zuverlässig funktionierte und man sich auf nichts und niemanden verlassen konnte. Die Geschichte der Menschheit kann als immer wieder neuer Versuch angesehen werden, die gesellschaftlichen und natürlichen Bedingungen unter Kontrolle zu bekommen und dadurch sichere und stabile Verhältnisse zu schaffen. Das klappte jeweils nur zeitweise und in aller Regel durften es nur die privilegierten Teile der Bevölkerungen genießen. Ausgehend von der Aufklärung des 17. und 18. Jahrhunderts schien dann der allgemeine Traum erfüllbar zu werden, dauerhafte Kontrolle über die Welt ausüben zu können, wenn man nur die dort herrschenden Gesetzmäßigkeiten versteht und anzuwenden weiß.

Manche Visionäre des Silicon Valleys träumen diesen Traum weiter. In der Realität unserer Tage erleben wir zunehmend das gegenteilige Phänomen – den Kontrollverlust nämlich, allerdings meist relativiert, als „kontrollierten Kontrollverlust“. Wir können unsere heutige Welt als hyperkomplexes Suprasystem, bestehend aus einer unüberschaubaren Anzahl komplexer Einzelsysteme, begreifen. Dank der menschlichen Fähigkeiten leben wir darin in verhältnismäßig stabilen und berechenbaren Verhältnissen. Auch ein Mega-Krisenereignis wie die Covid-19-Pandemie führt wohl nicht dazu, dass die Welt komplett aus ihren Angeln gehoben wird, sondern kann mit einer gewissen Systematik und Zielorientierung bewältigt werden. Daraus wollen wir Folgendes ableiten:

- Wir haben zu akzeptieren, dass sich komplexe Systeme nicht kontrollieren, sondern nur beeinflussen lassen. Wir können also niemals mit Sicherheit und umfassend vorhersagen, wie sich das System verhalten wird und welche Folgen Eingriffe in das System haben werden.
- Andererseits kann es mit kontinuierlicher, achtsamer Beobachtung und sensiblen Interventionen gelingen, komplexe Systeme in einer relativ stabilen, dynamischen Balance zu halten.
- Voraussetzung für einen möglichst sicheren Umgang mit einem komplexen System ist daher die konsequente Aufgabe des Anspruchs auf Kontrolle, also das bewusste Akzeptieren des Kontrollverlusts und die Anwendung der Methodik des Spürens-und-Antwortens.

„Wer alles kontrollieren will, dem gerät das Leben außer Kontrolle.“

Pater Amseln Grün

Wenn Sie eine Organisationsveränderung mit der hier aufgeführten Einstellung und Methodik angehen, minimieren Sie das Risiko gefährlichen Scheiterns und Sie maximieren die Chance für produktives Lernen. „Auf Sicht fahren“, in eine generelle Richtung, die uns der Sinn weist, ist somit die adäquate Vorgehensweise.

Angst vor „Fehlentscheidungen“

Grundsatz 6 des QM heißt *Faktengestützte Entscheidungsfindung* [ISO 9000:2015]. Mittlerweile gibt es erdrückende wissenschaftliche Evidenz, dass rein „rationale“ Entscheidungen nicht existieren, bis hin zu der Feststellung, der Verstand sei nur die „Marketingabteilung“ (Richard David Precht 2020), die die intuitiv oder emotional getroffene Entscheidung nach außen „verkauft“. Wie auch immer die Verhältnisse im Detail sein mögen: Unter den Bedingungen von Komplexität gibt es nicht die eine „richtige“ Entscheidung und die anderen wären dann folglich „Fehlentscheidungen“.

Auch zum Treffen angemessener Entscheidungen empfehlen wir die Methodik des Spürens-und-Antwortens. Selbstverständlich sollen gewichtige Entscheidungen sorgfältig getroffen werden. Unter Einbeziehung möglichst vieler, möglichst divergierender „Fakten“ und dem Bewusstsein, warum gerade diese Fakten ausgewählt und wie sie gewichtet wurden. Aber der Glaube, mit „faktengestützter Entscheidungsfindung“ könnten „Fehlentscheidungen“ ausgeschlossen werden, ist eine ebenso gefährliche Illusion wie die Anmaßung von „Kontrolle“.

Die **Kernaussagen dieses Kapitels** sind:

- Qualität ist zu wertvoll, um sie in einem bürokratischen System verwalten zu lassen.
- Das Thema Qualität ist geeignet, den Kern von tiefgreifender Transformation zu bilden.
- Selbstführung der Führungskräfte ist unverzichtbare Voraussetzung für effektive Führung.
- Eine lernende Organisation verlangt individuelles Lernen.
- Nur die Geschäftsführerin/der Geschäftsführer kann eine grundlegende Veränderung der Organisation bewirken.
- Führungs- und Fachkräfte, die Veränderungen in der Organisation anregen wollen, sollten an ihrer persönlichen Entwicklung arbeiten und in ihrem Einflussbereich vorbildlich agieren.
- Bei der Transformation der Organisation werden verschiedene Herausforderungen wie Widerstände gegen Veränderungen, Angst vor Kontrollverlust, Angst vor Fehlentscheidungen und die Sehnsucht nach Orientierung und ruhigen Verhältnissen auftreten. All diesen Phänomenen begegnet man am besten durch Konzentration auf den Sinn und die Methodik des Spürens-und-Antwortens.

7.3 Literatur und Links

Richard David Precht bei Markus Lanz: https://www.zdf.de/gesellschaft/markus-lanz/markus-lanz-vom-18-juni-2020-100.html

Senge, Peter M.: *Die fünfte Disziplin - Kunst und Praxis der lernenden Organisation.* Klett-Cotta, Stuttgart, 1996

Tan, Chade-Meng: *Search Inside Yourself - Optimiere dein Leben durch Achtsamkeit.* Wilhelm Goldmann, München 2015

Am Ball bleiben und Spaß haben

Drei Jahre nach dem Aufbruch mit *Quality Reinvented* trafen sich Corinna, Daria und Peter an der Kaffeebar. Corinna erinnerte sich an ihr Gespräch mit Peter vor drei Jahren in ihrem Büro.

> *C: Wie geht es Dir eigentlich zurzeit mit Deinem Job? Bist Du glücklich? Würdest Du Dir irgendetwas wünschen?*
>
> *P: Na ja, ich bin schon motiviert und mache meine Arbeit so gut ich kann. Und ich glaube auch, dass sie wichtig ist. Aber manchmal würde ich mir wünschen, dass ich nicht so oft von den Kollegen um interne Audits gebeten werde.*

Alle lachten.

Schlussbemerkung

Wenn Qualität einen zentralen Platz in unseren Unternehmen und unserem Leben einnehmen soll, müssen wir uns von aller Zwanghaftigkeit des Gewinnen-Wollens, des Faster-Cheaper-Better, der täglichen Hetzjagd, des Wissens, Anordnens und Kontrollierens verabschieden und eine neue Sensibilität und Lernkultur entwickeln. Die Geschehnisse in der Covid-19-Krise geben uns einen Eindruck davon, zu welch einschneidenden Veränderungen wir in der Lage sind.

Index

Z

Dank

Wir danken unseren Interviewpartner*innen Joana Breidenbach und Franziska Kreische (betterplace lab), Thomas Golinske (ALPHA LASER GmbH) und Hermann Gusmik (SoftwareONE Deutschland GmbH), dass sie uns einen Einblick in ihre Unternehmen und ihren grundlegend neuen Umgang mit Qualität eröffneten. Wir finden hier überzeugende praktische Anwendungen der in diesem Buch vorgestellten Ansätze – in je individuell ausgestalteter Weise. Dem langjährigen Wegbegleiter des großen „Qualitätsgurus" Philip B. Crosby und erfahrenen Unternehmensberater Heinz Gaugler danken wir für seinen pointierten, kritischen Beitrag zum Irrweg des Qualitätsmanagements. Besonderer Dank gilt auch unseren leidensfähigen Probelesern Andreas Fischbacher, Jochen Kuhn und Torsten Schlichtholz, die immer wieder dafür gesorgt haben, dass wir den Bezug zu den Lesern im Blick behielten.

Dem Hanser Verlag danken wir für Vertrauen und Unterstützung, insbesondere in Form des ruhigen, höchst professionellen Lektorats von Lisa Hoffmann-Bäuml. Dank auch an Gabriele Josiger, Letizia Porcelli und Sophie Strohmeier, die uns in vielfältiger Weise zur Seite standen.

Demütig dankbar sind wir all den Menschen, denen wir im Lauf unseres Ausbildungs- und Berufslebens begegnet sind, und von und mit denen wir all das lernen durften, was wir heute wissen und können. Und die uns zu der Haltung verholfen haben, niemals aufhören zu wollen mit dem Lernen.

Unseren Familien danken wir schließlich von Herzen für ihre Geduld und Ermutigung während der nicht immer einfachen Erarbeitung des Buchs.

Die Autoren

Ralf Kohlen

ist selbstständiger Berater, Trainer und Business Coach für Managementsysteme, Führung, Organisationsentwicklung und leidenschaftlicher Fürsprecher eines neuen, zeitgemäßen Verständnisses von Qualität. Nach seiner Ausbildung zum Flugzeugbauer und dem Studium der Luft- und Raumfahrttechnik war er 17 Jahre in der Luftfahrt- und Automobilindustrie als Entwicklungsingenieur, Entwicklungsleiter, Qualitätsmanager und Geschäftsführer tätig. Während dieser Zeit lernte er Qualitätsmanagement aus verschiedenen Blickwinkeln kennen. Seinen kritischen Blick auf das Thema verdankt er unter anderem seinen Erfahrungen als Dozent für QM an der TÜV SÜD Akademie und seiner Ausbildung und Tätigkeit als Business Coach. Die vielleicht wichtigste Frage aus dem Coaching, „Wozu?“, lernte er immer konsequenter anzuwenden, um Sinnvolles zu verfolgen und Irrsinniges zu unterlassen. So wurde er zum „ISO-Agile“-Experten und Qualitätsmanagementkritiker. Durch die Erkenntnis, dass der entscheidende Faktor im System und für Qualität, der Mensch ist, entwickelte er 2018 das Business Quality Coaching. Mit diesem Ansatz begleitet er Transformationsprozesse, unterstützt bei der Organisationsentwicklung und hilft, Normforderungen agil und wirksam umzusetzen. Seine Kunden aus Mittelstand und Gründerszene schätzen seine pragmatische, lösungsorientierte Umsetzung der Normforderungen. Mit seinem radikalen Plädoyer, QM als Institution in den Unternehmen abzuschaffen und durch qualitätsbestimmte Führung zu ersetzen, provoziert er bewusst und fordert zum Umdenken auf. Er lebt mit Familie und Hund am Chiemsee.

Kontakt: ralf.kohlen@quality-reinvented.com

www.xing.com/profile/Ralf_Kohlen; www.linkedin.com/in/ralf-kohlen-bb064b98

Rudolf A. Müller

ist ein langjährig erfahrener Unternehmer, Personalmanager, Coach und Trainer. Er verfügt sowohl über kaufmännisch-betriebswirtschaftliche als auch über pädagogisch-psychologische Formalqualifikationen und hat sich kontinuierlich, vor allem in den Bereichen Unternehmensführung, Personal- und Organisationsentwicklung, Organisationspsychologie und systemische Kommunikation weitergebildet. Über 35 Jahre hat er in der Luftfahrtindustrie gearbeitet (u.a. als Personalmanager des Flugzeugbauers Dornier und als Leiter eines Personaldienstleistungsunternehmens für technische Fachkräfte). Die hohen Qualitäts- und Sicherheitsanforderungen in der Luftfahrt haben seine Arbeit stark beeinflusst. Er hat sich immer gegen die verbreitete Sichtweise gewandt, die arbeitenden Menschen stellten die Hauptgefahr für Qualität und Sicherheit dar und müssten mithilfe von Technik und Systemen „unschädlich gemacht" werden. Im Gegensatz dazu vertrat und vertritt er die Überzeugung, dass die Menschen der entscheidende Erfolgsfaktor sind und es gilt, sie richtig auszuwählen, zu unterstützen und zu führen. Folgerichtig stand in der von ihm gegründeten und erfolgreich geführten Personaldienstleistungsfirma DO-Professional Services das Ziel der Entwicklung der Mitarbeitenden höher als kurzfristige Gewinninteressen. Seit 2013 ist er mit seiner Firma Human Factor Excellence als Coach und Trainer für Menschen und Organisationen in Hochverantwortungsbereichen tätig. Die Entwicklung und Verbreitung eines sinnerfüllten und wertschöpfenden Konzepts von Qualität, zusammen mit Ralf Kohlen, stellt die konsequente Fortführung seiner Mission der Förderung einer zukunftsweisenden, menschlichen Arbeits- und Unternehmenswelt dar.

Kontakt: rudolf.mueller@quality-reinvented.com

www.xing.com/profile/RudolfA_Mueller; www.linkedin.com/in/rudolf-a-müller-3ba2943a